教育部财政部职业院校教师素质提高计划职教师资培养资源开发项目

工厂供配电技术

主　编　何柏娜　谭博学
副主编　赵云伟　赵卫国　裴　娟

机 械 工 业 出 版 社

本书以实际项目——"某机械厂 10kV 供配电系统的设计、安装、运行与维护"为主线贯穿始末，并将其分为9个子项目，分别为：认识工厂供配电系统，工厂电力负荷计算，短路电流计算，供配电系统主要电气设备选择、校验与维护，工厂变配电所的设计与维护，工厂电力线路的敷设与维护，工厂供配电系统的过电流保护，工厂供配电系统二次回路设计，电气安全与接地、防雷设计。

本书按照"工学结合、项目引导、任务驱动"的原则，结合"某机械厂 10kV 供配电系统的设计、安装、运行与维护"的需要，每一个子项目设计若干任务。每个任务均安排任务导读、任务目标、任务分析、知识准备、任务实施、任务总结6个环节，所有任务完成后，安排项目实施辅导部分，引导学生完成项目。本书在内容编排上由易到难、由局部到整体，遵循学生的认知规律和能力形成规律，便于学生自学；设计了大量计算例题、应用案例、设备校验工艺、设备检修标准、供配电系统运行管理等内容，进一步突出了实用性。

本书主要作为职教师资本科电气工程及其自动化专业教材，也可作为电气工程技术人员的参考书。

图书在版编目（CIP）数据

工厂供配电技术/何柏娜，谭博学主编. —北京：机械工业出版社，2017. 10

教育部财政部职业院校教师素质提高计划职教师资培养资源开发项目

ISBN 978-7-111-58335-6

Ⅰ. ①工… Ⅱ. ①何… ②谭… Ⅲ. ①工厂-供电系统-高等职业教育-教材②工厂-配电系统-高等职业教育-教材 Ⅳ. ①TM727. 3

中国版本图书馆 CIP 数据核字（2017）第 258711 号

机械工业出版社（北京市百万庄大街 22 号 邮政编码 100037）

策划编辑：王雅新 责任编辑：王雅新 王 荣 于苏华

责任校对：刘雅娜 封面设计：马精明

责任印制：李 昂

河北鹏盛贤印刷有限公司印刷

2018 年 6 月第 1 版第 1 次印刷

184mm×260mm · 20. 25 印张 · 493 千字

标准书号：ISBN 978-7-111-58335-6

定价：49. 80 元

出 版 说 明

《国家中长期教育改革和发展规划纲要（2010—2020 年）》颁布实施以来，我国职业教育进入加快构建现代职业教育体系、全面提高技能型人才培养质量的新阶段。加快发展现代职业教育，实现职业教育改革发展新跨越，对职业学校"双师型"教师队伍建设提出了更高的要求。为此，教育部明确提出，要以推动教师专业化为引领，以加强"双师型"教师队伍建设为重点，以创新制度和机制为动力，以完善培养培训体系为保障，以实施素质提高计划为抓手，统筹规划，突出重点，改革创新，狠抓落实，切实提升职业院校教师队伍整体素质和建设水平，加快建成一支师德高尚、素质优良、技艺精湛、结构合理、专兼结合的高素质专业化的"双师型"教师队伍，为建设具有中国特色、世界水平的现代职业教育体系提供强有力的师资保障。

目前，我国共有 60 余所高校正在开展职教师资培养，但由于教师培养标准的缺失和培养课程资源的匮乏，制约了"双师型"教师培养质量的提高。为完善教师培养标准和课程体系，教育部、财政部在"职业院校教师素质提高计划"框架内专门设置了职教师资培养资源开发项目，中央财政划拨 1.5 亿元，系统开发用于本科专业职教师资培养标准、培养方案、核心课程和特色教材等系列资源。其中，包括 88 个专业项目、12 个资格考试制度开发等公共项目。该项目由 42 家开设职业技术师范专业的高等学校牵头，组织近千家科研院所、职业学校、行业企业共同研发，一大批专家学者、优秀校长、一线教师、企业工程技术人员参与其中。

经过三年的努力，培养资源开发项目取得了丰硕成果。一是开发了中等职业学校 88 个专业（类）职教师资本科培养资源项目，内容包括专业教师标准、专业教师培养标准、评价方案，以及一系列专业课程大纲、主干课程教材及数字化资源；二是取得了 6 项公共基础研究成果，内容包括职教师资培养模式、国际职教师资培养、教育理论课程、质量保障体系、教学资源中心建设和学习平台开发等；三是完成了 18 个专业大类职教师资资格标准及认证考试标准开发。上述成果，共计 800 多本正式出版物。总体来说，培养资源开发项目实现了高效益：形成了一大批资源，填补了相关标准和资源的空白；凝聚了一支研发队伍，强化了教师培养的"校—企—校"协同；引领了一批高校的教学改革，带动了"双师型"教师的专业化培养。职教师资培养资源开发项目是支撑专业化培养的一项系统化、基础性工程，是加强职教教师培养培训一体化建设的关键环节，也是对职教师资培养培训基地教师专业化培养实践、教师教育研究能力的系统检阅。

自 2013 年项目立项开题以来，各项目承担单位、项目负责人及全体开发人员做了大量深入细致的工作，结合职教教师培养实践，研发出很多填补空白、体现科学性和前瞻性的成果，有力推进了"双师型"教师专门化培养向更深层次发展。同时，专家指导委员会的各位专家以及项目管理办公室的各位同志克服了许多困难，按照两部对项目开发工作的总体要求，为实施项目管理、研发、检查等投入了大量时间和心血，也为各个项目提供了专业的咨询和指导，有力地保障了项目实施和成果质量。在此，我们一并表示衷心的感谢。

编写委员会

2016 年 3 月

项目专家指导委员会

前　言

　　"十二五"期间，教育部、财政部启动了"职业院校教师素质提高计划本科专业职教师资培养资源开发项目"，其指导思想为：以推动教师专业化为引领，以高素质"双师型"师资培养为目标，完善职教师资本科培养标准及课程体系。

　　本书是"职教师资本科电气工程及其自动化专业培养标准、培养方案、核心课程和特色教材开发项目"的成果之一，是根据电气工程及其自动化专业以及中等职业学校教师岗位的职业性和师范性特点，在现代教育理念指导下，经过广泛的国内调研与国际比较，吸取国内外近年来的研究与改革成果，充分考虑到我国职业教育教师培养的现实条件、教师基本素养、专业教学能力和专业能力，以职教师资人才成长规律与教育教学规律为主线，以中等职业学校"双师型"教师职业生涯可持续发展的实际需求为培养目标，按照开发项目中"工厂供配电技术"课程大纲，经过反复讨论编写而成的。

　　本书紧紧围绕专业人才培养要求，结合国家职业标准，将小型供配电系统设计、工厂供配电设备的运行、维护等典型工作任务相结合，将涉及的"供配电系统计算""供配电设备的结构及选型""供配电设备的操作""供配电设备的测试""供配电设备系统的安装""供配电设备的安全保护""维修电工的职业标准"等多方面的内容进行有序整合。按照"工学结合、项目引导、任务驱动"的原则，设计了一个实际项目——"某机械厂 10kV 供配电系统的设计、安装、运行与维护"贯穿本书始末，并将其分为 9 个子项目，包括认识工厂供配电系统，工厂电力负荷计算，短路电流的计算，供配电系统主要电气设备的选择、校验与维护，工厂变配电所的设计与维护，工厂电力线路的敷设与维护，工厂供配电系统的过电流保护，工厂供配电系统二次回路设计，电气安全与接地、防雷设计。每个项目按照学生的认知规律和能力形成规律，结合"某机械厂 10kV 供配电系统的设计、安装、运行与维护"设计了若干任务。例如，在工厂电力负荷计算子项目中设计了 4 个任务，先进行单台用电设备计算负荷的资料统计，再进行车间三相用电设备组计算负荷的确定，然后进行车间单相用电设备组计算负荷的确定，最后进行工厂计算负荷的确定和年耗电量的计算，任务的安排由易到难，由单一到综合。每个任务均安排任务导读、任务目标、任务分析、知识准备、任务实施、任务总结 6 个环节，所有任务完成后系统实施子项目，安排项目实施辅导部分，引导学生完成项目。另外，在书中安排了计算例题、应用案例、设备校验工艺、设备检修标准、供配电系统运行管理等内容，满足"某机械厂 10kV 供配电系统的设计、安装、运行与维护"项目的需要，进一步突出实用性。

　　本书的策划、选题、立项、制定编写大纲等由谭博学教授（山东理工大学）、何柏娜副教授（山东理工大学）负责；本书的前言、项目 4 和项目 9 由何柏娜副教授编写；项目 1 和项目 2 由赵云伟讲师（山东工业职业学院）编写；项目 3 和项目 6 由赵卫国讲师（山东工业职业学院）编写；项目 5 和项目 8 由裴娟讲师（山东工业职业学院）编写；项目 7 由顾海霞讲师（江苏省泰兴中等专业学校）编写。本书的 PPT、电子教案、图片资源等由隋琦、张正团、崔荣喜等负责。在项目评审过程中，专家指导委员会的刘来泉（中国职业教育技术协会）、姜大源（教育部职业技术教育中心研究所）、沈希教授（浙江农林大学副校长）、吴全全研究员（教育部职业技术教育中心研究所教师资源研究室）、张元利教授（青岛科技大学副校长）、韩亚兰教授（佛山市顺德区梁琚职业技术学校）、王继平教授（同济大学职业技术教育学院）对本书的编写提出了宝贵的意见，在此表示最诚挚的敬意和感谢！另外，本书编写过程中参考了相关资料和教材，在此向这些文献的作者表示衷心感谢！

限于编写组理论水平和实践经验，书中难免有错误和不妥之处，敬请专家和广大读者批评指正。

编　者

目 录

项目1 认识工厂供配电系统

【项目导入】

电能是现代生产的主要能源和动力。电能既易于由其他形式的能量转换而来，又易于转换为其他形式的能量以供应用；电能的输送和分配既简单经济，又便于控制、调节和测量，有利于实现生产过程自动化。因此，电能在现代工业生产及整个国民经济生活中应用极为广泛。毫无例外，电能也是工业生产的主要能源和动力。

现代化电力系统的规模比较大，通常把许多城市的所有发电厂都并联起来，形成大型的电力网络，对电力进行统一的调度和分配。这样不但能显著地提高经济效益，而且还有效地加强了供配电的可靠性。在电力系统中电力从生产到供给用户，通常需要经过发电、输电、变电和配电等几个环节。工厂供配电就是指工厂所需电能的供应和分配。

拟新建一机械厂，面临着工厂供配电系统设计、运行、检修与维护等问题。本项目拟通过企业参观调研的形式，直观认识工厂供配电系统，讨论新建机械厂供配电系统电压的选择，明确工厂供配电系统设计、运行、检修与维护岗位需要的知识和能力。

【项目目标】

专业能力目标	1.理解电力系统、电力网和并网的概念 2.熟悉电力系统中性点运行方式的分类及特点
方法能力目标	1.能说出电力系统图中各符号的含义 2.会根据用户选择电网运行方式 3.会确定工厂供配电电压并根据电网的额定电压确定电气设备的额定电压
社会能力目标	培养学生良好的敬业精神,较强的技术创新意识和新技术、新知识的学习能力

【主要任务】

任务	工作内容	计划时间	完成情况
1	电力系统的一般概念		
2	工厂供配电系统概述		
3	电力系统的电压		
4	电力系统的中性点运行方式		

任务1 电力系统的一般概念

【任务导读】

电能是什么？从何而来？如何传输与运行？为什么需要进行供配电工作？这就是本任务

的主要内容。

【任务目标】

1. 了解供配电工作的意义与要求。

2. 掌握供配电系统及发电厂、电力系统的基本知识。

3. 熟悉企业变电所的组成。

【任务分析】

发电是供配电系统的重要组成部分，我们要明确电力系统的组成，会说出电力系统图中的符号含义，并掌握发电厂的生产过程以及分析供配电系统图的能力。

【知识准备】

电能属二次能源，它是在发电厂中将一次能源（如煤、水等）经过多次能量转换而生成的。电能具有很多优点：容易产生，输送方便，易于分配；可简便地转换为其他形式的能量；便于控制，利于实现生产过程自动化，提高产品质量和经济效益等。因此，电能在工矿企业、交通运输、科学技术、国防建设和人民生活中得到了广泛应用。

由于工矿企业所需要的电能绝大多数是由公共电力系统供给的，所以，本部分对电力系统予以简要介绍。

一、电力系统

电力系统是由发电厂、电力网和用电设备组成的统一整体。

电力网是电力系统的一部分。它包括变电所、配电所及各种电压等级的电力线路。根据电力网的电压高低和供电范围不同，可分为地方电力网和区域电力网两大类。地方电力网的电压在 110kV 以下，供电距离不超过 50km，可以认为区域变电所二次出线以后的网络为地方电力网，如一般工矿企业、城市和农村的电力网等；区域电力网的电压在 110kV 以上，供电距离为几十千米甚至几百千米以上，可以认为从发电厂出口至区域变电所的网络为区域电力网。如我国著名的平武输电线路（北起河南平顶山，南至武汉凤凰山），全长 600 多公里，电压为 500kV，就属于区域电力网。

与电力系统相关联的还有动力系统。动力系统是电力系统和"动力部分"的总和。所谓"动力部分"，包括火力发电厂的锅炉、汽轮机、热力网和用热设备；水力发电厂的水库、水轮机以及原子能发电厂的核反应堆等。所以，电力系统是动力系统的一个组成部分。图 1-1 所示为电力系统、电力网和动力系统三者之间的关系。

电力系统的作用是由各个组成环节分别完成电能的生产、变换、输送、分配和消费等任务。现对这几个环节的基本概念说明如下。

（一）发电厂（或称发电站）

发电厂是将各种形式的能量转换为电能的特殊工厂，它的产品是电能。根据所利用一次能源的不同，发电厂可分为以下几类：①火力发电厂；②水力发电厂；③原子能发电厂；④其他类型的发电厂，如太阳能发电厂、风力发电厂、地热发电厂和潮汐发电厂等。目前在我国接入电力系统的发电厂，主要是火力发电厂和水力发电厂，近几年内原子能发电厂将并入电力系统运行。下面简单介绍火力发电厂、水力发电厂和原子能发电厂的生产过程。

1. 火力发电厂（简称火电厂）

火电厂把燃料的化学能转变成电能，所用的燃料有煤、石油和天然气等，由于我国煤的

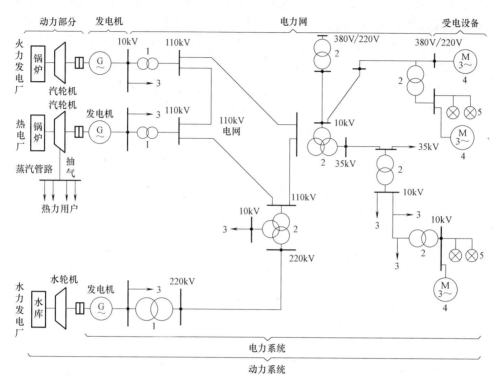

图 1-1　电力系统、电力网和动力系统三者之间的关系

1—升压变压器　2—降压变压器　3—负荷　4—电动机　5—电灯

资源丰富、分布较广，所以我国目前火电厂仍以煤为主要燃料。火电厂使用的原动机有蒸汽轮机、柴油机和燃气轮机等，目前大型火电厂多采用蒸汽轮机。图 1-2 为凝汽式火电厂的生产过程示意图，其生产过程如下：

$$燃料化学能锅炉 \longrightarrow 热能 \longrightarrow 机械能 \longrightarrow 电能$$

在汽轮机内做完功的蒸汽将进入凝汽器 3，蒸汽在凝汽器被冷却，凝结成水，凝结水由凝结水泵 4 打至除氧器 5，经加温脱氧后由给水泵 6 打入锅炉内。

这里需要指出，冷却水在凝汽器中吸收了蒸汽的热量后排出，从而带走了一部分热量。因此，一般凝汽式火电厂效率很低，只有 30%～40%。

热电厂与凝汽式火电厂不同，它的汽轮机中一部分做过功的蒸汽，从中间段抽出来供给热力用户，或经过热交换器将水加热后把热水供给用户。这样，便可减少被循环水带走的热损失。现代热电厂一般都考虑了"三废"（废渣、废水、废气）的综合利用，不仅发电，而且供热，效率可达 60%～70%。

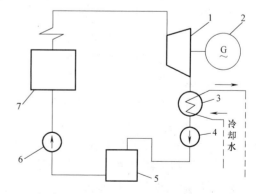

图 1-2　凝汽式火电厂的生产过程示意图

1—汽轮机　2—发电机　3—凝汽器

4—凝结水泵　5—除氧器　6—给水泵　7—锅炉

目前已有采用燃气轮机带动发电机发电的火电厂。燃气轮机是让高温高压燃气直接冲击叶片旋转，带动发电机发出电能，由于燃气轮机省去了笨重的锅炉，所以具有体积小、效率高的优点。柴油发电机多适用于农村、林区、地质勘查和土建施工等供电，容量一般不大。

2. 水力发电厂（简称水电厂）

水电厂是利用高水位处的水经过压力管道，将水的位能变成动能冲击水轮机转动，带动发电机发电。水电厂总容量与水的流量及落差成正比，在流量一定时，要获得较大的发电容量，必须有较大的落差。根据形成落差的方法不同，有三种不同类型的水电厂：堤坝式、引水式和混合式。

（1）水力发电厂的类型

1）堤坝式（或称坝式）水力发电厂。在河道上修建堤坝拦河蓄水，形成水库，提高水位，集中落差，调节径流，利用水能发电。堤坝式水力发电厂又可分为河床式和坝后式两种。

河床式水力发电厂的厂房建在河床上，与堤坝布置在一条直线上，承受水的压力，如葛洲坝水电厂就属于此种形式，其总装机容量达 270 多万 kW。

坝后式水力发电厂的厂房位于坝后（坝的下游），厂房与坝分开，不承受压力，如刘家峡水电厂就属于此种形式。综上所述，坝式水电厂的综合利用效益高，但落差小，水库淹没区大，工程大，投资也多。

2）引水式水力发电厂。在河流坡降较陡的河段上游，筑一堤坝蓄水，通过人工建造的引水渠道、隧洞、压力水管等将水引到河段下游，用以集中落差发电。此种水电厂落差较大，工程较小，造价低，可利用天然地形条件，但综合利用效益差。

3）混合式水力发电厂。这是堤坝式和引水式二者兼有的水力发电厂。其中一部分落差由拦河坝集中，另一部分落差由引水渠道集中。由于有水库，可以调节径流，又具备引水式特点。

（2）水力发电厂的生产过程　水力发电厂的生产过程比火力发电厂简单，下面以堤坝式水电厂为例说明水电厂的生产过程，如图 1-3 所示。由拦河坝 1 维持在高水位的水，经压力水管 2 进入螺旋形蜗壳 3，利用水的流速和压力冲击水轮机叶轮 4，推动转子转动，将水能变成机械能，水轮机再带动发电机 5 转动，将机械能变为电能，即

$$水流位能 \xrightarrow{\text{水轮机}} 机械能 \xrightarrow{\text{发电机}} 电能$$

做过功的水由尾水管 6 排往下游。发电机发出的电能经升压变压器升压后由高压输电线路 7 送到供电系统。

水电厂与火电厂相比，不消耗燃料，没有污染，能量转换效率高，发电成本低（为火力发电的 25% ~ 35%），但建设投资大，运行中易受自然水情影响。由于水轮发电机组起动迅速，运行灵活，易于实现自动化，因此它在电力系统中除担任正常负荷外，也多用于担负尖峰负荷、调频负荷以及作为事故备用电源。

3. 原子能发电厂（简称核电厂）

核电厂和火电厂类似，"原子反应堆"相当于锅炉，利用核裂变产生的大量热能使水汽化来推动蒸汽轮机带动发电机发电。其能量转换过程是：

$$核能变能 \xrightarrow{\text{核反应堆}} 热能 \xrightarrow{\text{汽轮机}} 机械能 \xrightarrow{\text{发电机}} 电能$$

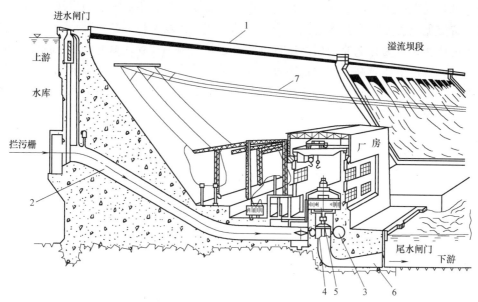

图 1-3　水力发电厂的生产过程

1—拦河坝　2—压力水管　3—螺旋形蜗壳　4—水轮机叶轮　5—发电机　6—尾水管　7—高压输电线

核电厂消耗"燃料"极少，如 100 万 kW 的核电厂，年消耗浓缩铀 30t，相当于标准煤 250 万 t。因此，它可以建立在远离其他一次能源（如煤、水）的用电中心处或用热中心处，如我国广东大亚湾核电站和浙江秦山核电站。

在我国，煤电约占 60%，水电约占 23%，其他约占 17%。由于核能是极其巨大的能源，建设核电站具有重要的经济和科研价值。我国不仅适当发展核电，而且还应因地制宜开发多种发电能源，如由地方兴办小水电、风力发电和地热发电等。

（二）变电所（或称变电站）

变电所是接受电能、变换电压和分配电能的场所。为了实现电能的经济输送和满足用电设备对供电质量的要求，需要对发电机的端电压进行多次变换，这项任务是由变电所完成的。变电所的主要设备有电力变压器、母线和开关设备等。变电所可分为升压变电所和降压变电所两大类：升压变电所的主要任务是将低电压变换为高电压，一般建在发电厂；降压变电所的主要任务是将高电压变换到一个合理的电压等级，一般建在靠近负荷中心的地点。降压变电所根据其在电力系统中地位、作用和供电范围不同，又可分为区域变电所和地方变电所。

（1）区域变电所　它是从 110～500kV 的输电网路受电，将电压降为 35～220kV，供给大区域用电。在区域变电所中多装设大容量的三绕组变压器，将电压降为 35kV 和 60～220kV 两种不同的电压等级，分别供给与发电厂联系的枢纽，故有时称其为枢纽变电所，如图 1-4 中的变电所 B。

（2）地方变电所　这种变电所通过 35～110kV 的网络从区域变电所或本地区发电厂直接受电，将电压降为 6～10kV，向某个市区或某工业区供电，其供电范围较小，一般为数千米，如图 1-4 中的变电所 C 和 D。

只用来接受和分配电能，而不承担变换电压任务的场所，称为配电所，多建在工厂内部。配电所与变电所的不同之处在于配电所没有电力变压器，不需要变换电压。

用来将交流电流变换为直流电流，或反之的电能变换场所称为变流站。

这里需要指出，为什么要采用高压输电呢？这是因为，在导线截面积和线路电压损失一定的条件下，输电电压越高，则输送距离越远，输送功率也越大。如果输送功率、送电距离和线路电压损失一定时，则输电电压越高，其导线截面积将越小，可以大大节省导线所用的有色金属，所以必须采用高压输电。

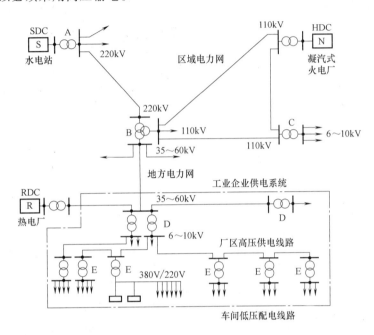

图 1-4　工业企业供电系统图

（三）电力线路（也称输电线）

电力线路是输送电能的通道。由于火力发电厂和水力发电厂多建在水力、煤等动力资源丰富的地方，距电能用户较远，所以需要各种不同电压等级的电力线路，作为发电厂、变电所和电能用户联系起来的纽带，将发电厂生产的电能源源不断地送到电能用户。

通常，把由降压变电所分配给用户的 10kV 及以下电力线路称为配电线路；而把电压在 35kV 及以上的高压电力线路称为送电线路。

（四）电能用户（又称电力负荷）

在电力系统中，一切消费电能的用电设备均称为电能用户。用电设备按其用途可分为：动力用电设备（如电动机等），工艺用电设备（如电解、冶炼、电焊、热处理等设备），电热用电设备（如电炉、干燥箱、空调等），照明用电设备和试验用电设备等，它们分别将电能转换为机械能、热能和光能等不同形式的适于生产需要的能量。

根据 2015 年统计资料，按产业分，我国电能用户用电量比例为：第一产业 1.8%，第二产业 72.7%，第三产业 12.9%，城乡居民生活 13.1%。这些数字表明：第二产业是电力系统的最大电能用户。因此，学好工厂供电，可以做好工矿企业计划用电、安全用电和节约用电。

二、电力系统运行的特点

电力系统的运行与其他工业生产相比，具有以下明显的特点：

1）电能不能大量储存。电能的生产、输送、分配和消费，实际上是同时进行的。即在电力系统中，发电厂任何时刻生产的电能，必须等于同一时刻用电设备所消费的电能与电力系统本身所消耗的电能之和。

2）电力系统暂态过程非常短促。发电机、变压器、电力线路和电动机等设备的投入和切除，都是在一瞬间完成的。电能从一地点输送到另一地点所需的时间也很短促。电力系统由一种运行状态到另一种运行状态的过渡过程也是非常短促的。

3）与国民经济各部门及人民日常生活有极为密切的关系。供电中断或供电质量差都会带来严重的损失和后果。

因此，对电力系统的设计和运行有着严格的要求，必须确保供电的可靠性、经济性和电能质量等指标满足用户要求。

【任务实施】

分析图 1-1 及图 1-4，用讲述的形式实施，并写出分析报告。

姓名		专业班级			学号	
任务内容及名称						
1. 任务实施目的				2. 任务完成时间:1 学时		
3. 任务实施内容及方法步骤						
4. 分析结论						
指导教师评语(成绩)						
					年　月　日	

【任务总结】

通过本任务的学习，让学生能对电力系统的基本知识有大体的了解和认识，并能正确地识别电力系统图，为后续知识的学习做铺垫。

任务2　工厂供配电系统概述

【任务导读】

工厂供配电系统是联合供电系统的一部分，一般来源于国家电网，也有一部分来自于工业企业自发电厂。工业企业供电系统由哪几部分组成呢？

【任务目标】

1. 明确工厂供配电系统的组成部分及各自的任务。

2. 了解工厂供配电系统统计的内容与步骤。

【任务分析】

通过到大型企业参观，查阅工业企业供配电系统的资料，了解工厂供配电系统的组成，理解各部分的作用和任务，领会工厂供配电系统设计的内容与步骤。

【知识准备】

工业企业供电系统由总降压变电所、车间变电所、厂区高低压配电线路以及用电设备等组成。图1-4中点画线框内所表示的即为工业企业供电系统，是联合电力系统的一部分，其具体任务是按企业所需要的容量和规格把电能从电源输送并分配到用电设备。考虑到大型联合企业的生产对国民经济的重要性，需要自建电厂作备用电源；也有一个企业或几个企业单独或联合建立发电厂，满足供热与供电的需要。这种情况，必须经过技术上和经济上的综合分析，证明确实具有明显的优越性时，方可建立适当容量的自备电厂。要求供电不能中断的一般工业企业，也可以采取从电力系统两个独立电源进行供电的方式。所谓独立电源，是互不联系、没有影响，或联系很少、影响很小的两个电源。获得两个独立电源的方法，除建立自备电厂外，也可以采用两条进线分别由不同上级变电所，或由上级变电所中两台不同变压器、两段不同母线供电。

近年来，由于某些大型企业的用电量增大，供电可靠程度要求又高，例如大型矿山、冶金联合企业、电弧炉冶炼以及大型铝厂等，此时可将超高压110~220kV直接引进总降压变电所，且由几路进线供电，如图1-4中的变电所C，由110kV环形电网直接供电。又如某铝厂由220kV四路进线，某热轧厂用110kV三回电缆线路直接供电给总降压变电所。这对企业增容、减少网络上电能损耗和电压损失，以及节省导体材料都有十分重大的意义。

一、总降压变电所

总降压变电所是对工业企业输送电能的中心枢纽，故也称它为中央变电所。它与系统中的地方变电所一样，也是由区域变电所引出的35~220kV网络直接受电，经过一台或几台电力降压变压器向企业内部各车间变电所供电。企业中总降压变电所的数量取决于企业内供电范围和供电容量。有的大型联合企业内设有多达20几个总降压变电所，分别担负各区域供电。为了提高供电可靠性，在各总降压变电所之间亦可互相联系。冶金企业的总降压变电所中通常设置两台甚至多台电力变压器，由两条或多条进线供电，每台容量可达几千甚至几万千伏安，其二次侧出口分别接到二次母线的各段上，由母线上再引出多条3~10kV线路供电给各用电区的车间变电所，如图1-4所示。

在中型冶金企业中一般只建立一个总降压变电所，多由两回线供电。小型工业企业可以不建立总降压变电所，而由相邻企业供电或者几个小型企业联合建立一个共用的总降压变电所，一般仅由电力系统引进一条进线供电。企业中究竟设置多少个总降压变电所，主要视需要容量与供电范围，并通过技术经济综合分析、方案比较后来决定。

一般地，大型工厂和某些负荷较大的中型工厂，常采用35~110kV电源进线，先经总降压变电所将35~110kV的电源电压降至3~10kV，然后经过高压配电线路将电能送到各车间变电所，再由3~10kV降至380V/220V，最后由低压配电线路将电能送至车间用电设备。这种供电方式称为二次降压供电方式。

二、车间变电所

车间变电所从总降压变电所引出的 6~10kV 厂区高压配电线路受电，将电压降为低压如 380V/220V 对各用电设备直接供电，如图 1-4 中的变电所 E。车间内根据生产规模、用电设备的多少、布局和用电量的大小等情况，可设立一个或多个车间变电所。在车间变电所中，设置一台或两台最多不宜超过 3 台、容量一般不超过 1000kVA 的电力变压器，而且采取分列运行，这是为了限制短路电流而采取的相应措施。但近年来由于新型开关设备断路容量的提高，车间变压器的容量已可以采用 2000kVA 的。车间变电所通过车间低压线路给车间低压用电设备供电，其供电范围一般为 100~200m。生产车间的高压用电设备如轧钢车间主轧机、烧结厂主抽风机、高炉水泵，以及选矿车间的球磨、粉碎机等高压电动机，则直接由车间变电所的高压 3~10kV 母线供电。

另外，一般的中小型工厂，多采用 6~10kV 电源进线，或采用 35kV 电源进线，经变电所一次降至 380/220V。这种供电方式称为一次降压供电方式。

在各种变电所中除电力变压器以外，尚有其他各种电气设备，如高压断路器，隔离开关，电流、电压互感器，母线，电力电缆等，这些直接传送电能的设备，通常称为一次设备。此外尚有辅助设备如保护电器、测量仪表、信号装置等，称其为二次设备。

三、厂区配电线路

工业企业厂区高压配电线路主要作为厂区内传送电能之用。电压为 3~10kV 的高压配电线路尽可能采用水泥杆架空线路，因为架空线路投资少、施工简单、便于维护。但厂区内厂房建筑物密集，架空敷设的各种管道纵横交错，电机车牵引用电网以及铁路运输网较多，或者由于厂区内腐蚀性气体较多等限制，某些地段不便于敷设架空线路时，可以敷设地下电缆线路，但电缆线路的投资常常为架空线路的 2~4 倍。

车间低压配电线路用以向低压用电设备传送电能，一般多采用明敷设的线路，即利用瓷绝缘子或瓷夹作绝缘，沿墙或沿顶棚桁架敷设。在车间内如果有易燃或易爆气体或粉尘时，则于车间外沿墙明敷设或于车间内采用电缆、导线穿管敷设。穿管敷设的线路通常可以沿墙沿顶棚敷设明管，也可以预先将管理入墙棚之内。低压电缆线路可以沿墙或沿顶棚悬挂敷设，也可以置于电缆暗沟内敷设。车间内电动机支线多采用穿管配线。

对矿山来说，井筒及井巷内高低压配电线路均应采用电缆线路，沿井筒壁及井道壁敷设，每隔 2~4m 用固定卡加以固定。在露天矿采场内多采用移动式架空线路或电缆线路，但高低压移动式用电设备（如电铲、凿岩机等），应采用橡胶绝缘的电缆供电。

车间内电气照明与动力线路通常是分开的，尽量由一台变压器供电。动力设备由 380V 三相供电，而照明由 220V 相线与中性线供电，但各相所接照明负荷应尽量平衡。事故照明必须由可靠的独立电源供电。

车间低压线路虽然不远，但用电设备多且分散，故低压线路较多，电压虽低但电流却较大，因此导线材料的消耗量往往超过高压供电线路。所以，正确解决车间配电系统是一项很复杂而重要的工作。

电能是工业企业生产的最主要的能源，保证车间电能供应是非常重要的。一旦供电中断，将破坏企业的正常生产，造成重大损失。如某些设备（如高炉供水、矿井瓦斯排出、炼钢浇铸吊车等）即使短时间断电，都会造成巨大损失，甚至损坏设备发生人身伤亡等事故。

可见保证工业企业正常供电是极为重要的。因此当前企业供电系统均装设各种保护装置和自动装置，及时发现故障和自动切除故障，保证可靠地供电。此外企业供电设备和供电系统正确的选择、设计、安装、维护运行也是极为重要的。

四、工厂供配电系统的设计

1. 设计一般原则

工厂供电设计的一般原则按照国家标准 GB 50052—2009《供配电系统设计规范》、GB 50053—2013《20kV 及以下设计规范》、GB 50054—2011《低压配电设计规范》等的规定，进行工厂供电设计必须遵循以下原则：

（1）遵守规程、执行政策　必须遵守国家的有关规定及标准，执行国家的有关方针政策，包括节约能源、节约有色金属等技术经济政策。

（2）安全可靠、先进合理　应做到保障人身和设备的安全，供电可靠，电能质量合格，技术先进和经济合理，采用效率高、能耗低和性能先进的电气产品。

（3）近期为主、考虑发展　应根据工作特点、规模和发展规划，正确处理近期建设与远期发展的关系，做到远近结合，适当考虑扩建的可能性。

（4）全局出发、统筹兼顾　按负荷性质、用电容量、工程特点和地区供电条件等，合理确定设计方案。工厂供电设计是整个工厂设计中的重要组成部分。工厂供电设计的质量直接影响到工厂的生产及发展。作为从事工厂供电工作的人员，有必要了解和掌握工厂供电设计的有关知识，以便适应设计工作的需要。

2. 设计内容及步骤

全厂总降压变电所及配电系统设计，是根据各个车间的负荷数量、性质，生产工艺对负荷的要求，以及负荷布局，结合国家供电情况，解决各部门安全、可靠、经济地分配电能的问题。其基本内容有以下几方面。

1）负荷计算：全厂总降压变电所的负荷计算，是在车间负荷计算的基础上进行的。考虑车间变电所变压器的功率损耗，从而求出全厂总降压变电所高压侧计算负荷及总功率因数、列出负荷计算表、表达计算成果。

2）工厂总降压变电所的位置和主变压器的台数及容量选择：参考电源进线方向，综合考虑设置总降压变电所的有关因素，结合全厂计算负荷以及扩建和备用的需要，确定变压器的台数和容量。

3）工厂总降压变电所主接线设计：根据变电所配电回路数、负荷要求的可靠性级别和计算负荷数综合主变压器台数，确定变电所高、低接线方式。对它的基本要求，既要安全、可靠，又要灵活、经济，安装容易，维修方便。

4）厂区高压配电系统设计：根据厂内负荷情况，从技术和经济合理性确定厂区配电电压。参考负荷布局及总降压变电所位置，比较几种可行的高压配电网布置方案，计算出导线截面积及电压损失，由不同方案的可靠性、电压损失、基建投资、年运行费用和有色金属消耗量等综合技术经济条件列表比值，择优选用。按选定配电系统进行线路结构与敷设方式设计；用厂区高压线路平面布置图、敷设要求、架空线路杆位明细表以及工程预算书表达设计成果。

5）工厂供、配电系统短路电流计算：工厂用电通常为国家电网的末端负荷，其容量运行小于电网容量，皆可按无限容量系统供电进行短路计算。由系统不同运行方式下的短路参数，求出不同运行方式下各点的三相及两相短路电流。

6）改善功率因数装置设计：按负荷计算求出总降压变电所的功率因数，通过查表或计算求出达到供电部门要求数值所需补偿的无功功率。由手册或产品样本选用所需移相电容器的规格和数量，并选用合适的电容器柜或放电装置。如工厂有大型同步电动机，还可以采用控制电机励磁电流方式提供无功功率，改善功率因数。

7）变电所高、低压侧设备选择：参照短路电流计算数据和各回路计算负荷以及对应的额定值，选择变电所高、低压侧电器设备，如隔离开关、断路器、母线、电缆、绝缘子、避雷器、互感器和开关柜等设备，并根据需要进行热稳定和力稳定检验。用总降压变电所主接线图、设备材料表和投资概算表达设计成果。

8）继电保护及二次接线设计：为了监视、控制和保证安全可靠运行，变压器、高压配电线路移相电容器、高压电动机、母线分段断路器及联络线断路器，皆需要设置相应的控制、信号、检测和继电器保护装置，并对保护装置进行整定计算和检验其灵敏系数。设计包括由继电器保护装置、监视及测量仪表、控制和信号装置、操作电源和控制电缆组成的变电所二次接线系统，用二次回路原理接线图或二次回路展开图以及元器件材料表达设计成果。35kV及以上系统尚需给出二次回路的保护屏和控制屏屏面布置图。

9）变电所防雷装置设计：参考本地区气象地质材料设计防雷装置。进行防直击雷的避雷针保护范围计算，避免产生反击现象的空间距离计算，按避雷器的基本参数选择防雷电冲击波的避雷器的规格型号，并确定其接线部位，进行避雷灭弧电压、工频放电电压和最大允许安装距离检验以及冲击接地电阻计算。

10）总降压变电所变、配电装置总体布置设计综合前述设计计算结果，参照国家有关规程规定，进行内外的变、配电装置的总体布置和施工设计。

【任务实施】

联系学校附近的一家机械厂，参观该企业的供配电室，了解该企业供电系统的组成。

姓名		专业班级		学号	
任务内容及名称					
1. 任务实施目的			2. 任务完成时间：1学时		
3. 任务实施内容及方法步骤					
4. 分析结论					
指导教师评语（成绩）					
				年　月　日	

【任务总结】

通过本任务的学习，让学生能对工业企业供电系统的基本知识有大体的了解和认识，并指导各个组成部分的作用及设置，掌握工业企业供配电系统设计的原则与步骤。

任务3　电力系统的电压

【任务导读】

电力系统中的所有设备，都是在一定的电压和频率下工作的。电压和频率是衡量电能质量的重要参数。提高电能质量主要是提高供电电压，那么供电电压的含义是什么？如何进行分类？如何确定供电电压以及如何对供电电压进行调整？

【任务目标】

1. 了解确定电力系统额定电压的基本原则。

2. 掌握电力系统额定电压的分类和含义。

3. 理解工厂供配电电压的选择和工厂供电质量的指标。

【任务分析】

工厂电力系统的电压主要取决于当地电网的供配电电压等级，同时要考虑工厂用电设备的电压、容量和供配电距离等因素。在同一输送功率和输送距离条件下，供配电电压越高，线路电流越小，线路导线或电缆截面积越小，可减少线路的初始投资和有色金属消耗量。通过本任务的学习，首先明确电力系统额定电压的概念、分类及确定额定电压的基本原则，再根据具体的要求选择合适的供电电压和确定用电设备的额定电压。

【知识准备】

一、电力系统的额定电压

为使电气设备生产标准化，便于大批生产，使用中又易于互换，电气设备的额定电压必须统一。所谓额定电压是指发电机、变压器和一切用电设备正常运行时获得最佳经济效果的电压。

（一）确定电力系统额定电压的基本原则

1. 线路的额定电压

由于线路中有电压损失，如图1-5中的用电设备1~4将要得到不同的电压，首端的用电设备得到的电压比末端的高。由于在运行线路上各点电压不恒定，随负荷变化而变化，所以规定：线路的额定电压为线路首端电压 V_1 和末端电压 V_2 的算术平均值，即

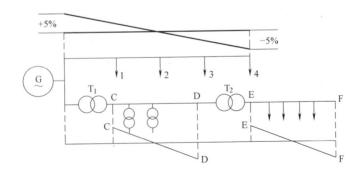

图1-5　电网额定电压的说明

$$V_e = (V_1 + V_2)/2$$

2. 用电设备的额定电压

规定：用电设备的额定电压等于供电线路的额定电压。一般用电设备的实际工作电压允许在额定电压的±5%范围内变动，而线路的电压损失一般为10%，所以始端电压 V_1 比额定电压 V_e 高5%，而末端电压 V_2 比 V_e 低5%，从而保证所有用电设备均处在良好的运行状态。

3. 发电机及变压器的额定电压

发电机处在线路首端。因此规定：发电机的额定电压 V_e 比接入它的线路电压高5%。例如在10kV线路中，发电机的额定电压为10.5kV。

变压器具有用电设备和发电机的双重作用。它的一次绕组接受电能，相当于用电设备；二次绕组输出电能，相当于发电机。变压器的额定电压为：

1）变压器一次绕组的额定电压分两种情况，当变压器直接与发电机相连时，如图1-5中的变压器 T_1，其一次绕组的额定电压应与发电机的额定电压相同，即高于同级电网额定电压5%；当变压器不与发电机相连，而是连接在线路上时，如图1-5中的变压器 T_2，则可看作是线路的用电设备。因此一次绕组的额定电压与电网的额定电压相同。

2）变压器二次绕组的额定电压也分两种情况：但首先要明确，变压器二次绕组的额定电压，是指变压器一次绕组加上额定电压而二次绕组为空载时的电压。当二次绕组带上额定负载后，其中有电流通过，产生了阻抗压降，约为5%。因此如果变压器二次侧供电线路较长（高压电网）时，则二次绕组的额定电压比电网额定电压高10%（其中一部分补偿变压器满载时内部5%的电压降，另一部分考虑变压器二次电压应高于电网额定电压5%），如图1-5中的 T_1。如变压器二次侧线路不太长（如低压电网）或变压器短路电压值较小时，变压器二次侧的额定电压，可采用高于电网额定电压5%，如图1-5中的变压器 T_2。

（二）电力系统额定电压的分类

按照国家标准规定，额定电压分为两类。

1. 3kV 以下的设备与系统的额定电压

此类额定电压包括直流、单相交流和3kV以下的三相交流三种，见表1-1。供电设备的额定电压是指电源（蓄电池、交直流发电机、变压器的二次绕组等）的额定电压。

表 1-1　3kV 以下的额定电压　　　　　　（单位：V）

直流		单相交流		三相交流		备　　注
用电设备	供电设备	用电设备	供电设备	用电设备	供电设备	
1.5	1.5					（1）直流电压均为平均值，交流电压均为有效值
2	2					
3	3					（2）标有■号的只作为电压互感器、继电器等控制系统的额定电压
6	6	6	6			
12	12	12	12			
24	24	24	24			（3）标有*号的只作为矿井下、热工仪表和机床控制系统的额定电压
36	36	36	36	36	36	
48	48	42	42	42	42	（4）标有**号的只准许在矿井下及特殊场合使用的电压
60	60					
72	72					
110	115	100■	100■	100■	100■	（5）标有/号的，斜线之上为额定线电压，之下的为额定相电压
220	230	127*	133*	127*	133*	
400▽,440	400,460	220	230	380/220	400/230	（6）标有▽号的只作为单台设备的额定电压
800▽	800			660/380	690/400	
1000▽	1000			1140**	1200**	

2. 3kV 以上的设备与系统的额定电压

此类电压均为三相交流线电压，国家标准规定见表 1-2。

表 1-2 额定电压及其最高电压 （单位：kV）

用电设备与系统额定电压	供电设备额定电压	设备最高电压	备 注
3, 3.15▽ 6, 6.3▽ 10, 10.5▽	3.15, 3.3 6.3, 6.6 10.5, 11 13.8 * 17.75 * 18 * 20 *	3.5 6.9 11.5	（1）表中标有 * 号的只用作发电机的额定电压，与其配套的约定设备额定电压可取供电设备的额定电压 （2）设备最高电压通常不超过该系统额定电压的 1.15 倍 （3）变压器二次绕组档内 3.3kV、6.6kV、11kV 电压适用于阻抗值在 7.5% 以上的减压变压器 （4）表中标有▽号的只用于升压变压器和减压变压器一次绕组和发电机端直接连接的情况
35 60 110 220 330 500 750▽		40.5 69 126 252 363 550	

二、供电电压的选择

1）对于小型无高压设备的工厂，设备容量在 100kW 以下，输电距离在 600m 以内的，可采用 380/220V 电压供电。

2）对于中小型工厂，设备容量在 100～2000kW，输电距离在 4～20km 以内，采用 6～10kV 电压供电。

3）对于大中型工厂，设备容量在 2000～50000kW，输电距离在 20～150km 以内的，采用 35～110kV 电压供电。

确定供电电压时，应综合考虑。在输送功率和距离一定时，选用电压越高，电压和电能损失就越小，电压质量越容易保证，导线截面积就越小，增容余地就越大。但线路绝缘等级增高，塔杆尺寸加大，一次性投资较大。因此，应多方比较，选择合适的供电电压等级。

三、供电电压的质量

决定工厂供电质量的指标有电压、频率、可靠和经济。其中电压和频率是衡量电力系统电能质量的两个重要指标，它们直接影响电气设备的正常运行。系统电压主要取决于系统中无功功率的平衡，无功功率不足，则电压偏低；频率能否维持不变主要取决于系统中有功功率的平衡，频率偏低，表示系统发出的有功功率不足，应设法增加发电机出力。一般交流电力设备的额定频率为工频 50Hz，其偏差不得超过 ±0.5Hz，若电力系统容量超过 3000MW，频率偏差不得超过 ±0.2Hz，但是频率的调整主要依靠发电厂。对工厂供电系统而言，提高电能质量主要是提高电压质量。

在额定频率下，若加在用电设备上的实际电压与额定电压相差过大时，会导致设备不能正常工作甚至造成危害。当电压降低时：①电动机转矩急剧减小，转速下降，导致产品报废，甚至造成重大事故；②电动机起动困难，运行中温度升高，加速了绝缘老化，缩短了寿命；③若输送功率不变，会导致线路中电流增大，电功率和电能损耗增加，加大了生产成本；④加在白炽灯两端的电压低于额定电压5%时，发光效率约降低18%，低于额定电压10%时，发光效率则降低35%。

当加在电气设备上的电压高于它的额定电压时，同样会对电气设备造成危害，使其寿命缩短，无功消耗增大。为保证电压质量，正常运行情况下，用电设备实际电压变动范围允许值为：①35kV以上供电及对电压质量有特殊要求的设备为±（5~10）%；②10kV以下高压供电和低压电力设备为±7%；③低压照明设备为±（5~10）%。

四、供电电压的调整

为保证较好的电压质量，满足用电设备对电压偏移的要求，可采取下列方法调整电压：

1）正确选择变压器的电压比和分接头，使变压器的二次绕组输出电压高于用电设备的额定电压，高出的电压可以补偿线路压降，使电压偏移不超出允许范围。

2）合理选择导线截面积，减小系统阻抗，以减少线路压降。

3）尽量使三相负荷平衡，三相负荷分布不平衡，会产生不平衡压降，从而加大了电压偏移。

4）在有条件和必要时可考虑装置有载调压变压器，以调整电压。

5）可并联电容器、同步调相机和静止补偿器来改变供电系统无功功率的分布，达到减少线路压降，使电压偏移不超出允许范围。

【任务实施】

到某一电视机厂了解用电负荷，选择该厂电压等级、输送功率、输送距离及企业附近电源电压等级。

姓名		专业班级		学号	
任务内容及名称					
1. 任务实施目的			2. 任务完成时间:2学时		
3. 任务实施内容及方法步骤					
4. 分析结论					
指导教师评语(成绩)					
				年 月 日	

【任务总结】

通过本任务的学习，让学生能对电力系统的额定电压的定义及分类有大体的了解，同时让学生理解电力系统额定电压的选择及供电质量的指标含义。

任务4 电力系统的中性点运行方式

【任务导读】

电力系统中的中性点是指发电机、变压器的中性点，其接线方式有中性点不接地、经电阻接地、经电抗接地、经消弧线圈接地和直接接地等多种方式，采取不同的中性点运行方式会影响电力系统运行的可靠性、设备的绝缘、通信的干扰、继电保护等。

【任务目标】

1. 熟悉电力系统中性点运行方式的分类及特点。

2. 会根据用户选择电网的运行方式。

【任务分析】

电力系统的中性点运行方式是一个涉及面很广的问题。它对于供配电可靠性、过电压、绝缘配合、短路电流、继电保护、系统稳定性以及对弱电系统的干扰等方面都有不同的影响，特别是在系统发生单相接地故障时有明显的影响。所以合理选择中性点运行方式至关重要。

【知识准备】

一、概述

我国电力系统中电源（含发电机和电力变压器）的中性点有三种运行方式：中性点不接地、中性点经消弧线圈接地和中性点直接接地系统，前两种为小电流接地系统，后一种为大电流接地系统。

我国3~66kV的电力系统，大多数采取中性点不接地的运行方式。只有当系统单相接地电流大于一定数值（3~10kV，大于30A；20kV及以上，大于10A）时才采取中性点经消弧线圈接地，否则会造成持续电弧，不易熄灭，造成相间短路。110kV以上的电力系统，则一般均采取中性点直接接地的运行方式。

对于低压配电系统，380V/220V三相四线制电网，它的中性点是直接接地的，而且引出中性线，这除了便于接用单相负荷外，还考虑到安全保护的要求，一旦发生单相接地故障，即形成单相短路，快速切除故障，有利于保障人身安全，防止触电。380V的三相三线制电网，它的中性点不接地或经消弧线圈（阻抗为1000Ω）接地，且通常不引出中性线。

电力系统中电源中性点的不同运行方式，对电力系统供电的连续性、系统的稳定性，以及过电压与绝缘水平都有影响，特别是在发生单相接地故障时有着明显的差别，而且还影响到电力系统二次侧保护装置及监察测量系统的选择与运行，因此有必要予以研究。

二、中性点不接地的电力系统

中性点不接地方式，即电力系统的中性点不与大地相接。由于任意两个导体隔以绝缘介质时，就形成电容，因此三相交流电力系统中的相与相之间及相与地之间都存在着电容。图

1-6a 为三相对称系统，即三相系统的电源电压及线路参数都是对称的。用集中电容 C 来表示相与地间的分布电容，相间电容对所讨论的问题无影响而予以略去。

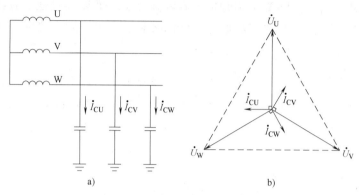

图 1-6　正常运行时的电源中性点不接地的电力系统

a) 电路图　b) 相量图

如图 1-6b 所示，系统正常运行时，三个相的相电压 $\dot{U}_U$、$\dot{U}_V$、$\dot{U}_W$ 是对称的，三个相的对地电容电流也是对称的。因此三个相的电容电流相量和为零，所以中性点没有电流流过，中性点对地电位也为零。每相对地的电压就等于其相电压。

如图 1-7 所示，当系统中任何一相绝缘受到破坏而接地时，各相对地电压、对地电容电流都要发生改变。例如当 W 相完全接地时，W 相对地点电压为零，中性点对地电压为 $-\dot{U}_W$，而 U 相对地电压 $\dot{U}'_U = \dot{U}_U + (-\dot{U}_W) = \dot{U}_{UW}$，V 相对地电压 $\dot{U}'_V = \dot{U}_V + (-\dot{U}_W) = \dot{U}_{VW}$，即正常相对地电压变成线电压，升高为原来的 $\sqrt{3}$ 倍，因而对相间绝缘构成威胁。在这种情况下，由于系统中相间电压的大小和相位均未发生变化，所以运行未被破坏，用电不受影响。加之相对地的绝缘是根据线电压设计的，因此中性点不接地系统在单相接地时还可暂时继续工作。但是，这种单相接地状态不允许长时间运行，因为长期运行下去，有可能引起未故障相绝缘薄弱的地方损坏而接地，造成两相接地短路，产生很大的短路电流，损坏线路设备。因此在中

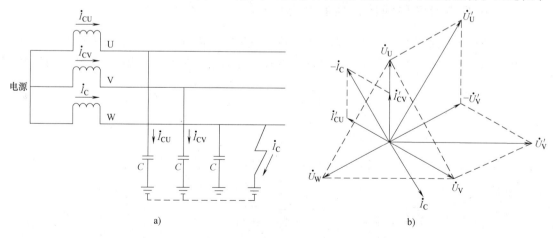

图 1-7　单相接地时的中性点不接地的电力系统

a) 电路图　b) 相量图

性点不接地系统中，应装设单相接地保护或绝缘监测装置，在发生一相接地时，给予报警，提醒运行维护人员力争在最短时间内消除故障，或者把负荷转移到备用线路上。由于 W 相接地，对地电容被短路，所以 W 相对地的电容电流为零，而 W 相接地点的接地电流（即系统的电容电流）I_C 应为 U、V 两相对地电容电流之和。由于一般习惯将从电源到负荷的方向取为各相电流的正方向，因此 $\dot{I}_C = -(\dot{I}'_{CU} + \dot{I}'_{CV})$。

由图 1-7b 可知，$\dot{I}_C$ 在相位上超前 $\dot{U}_W 90°$，在量值上为 $\sqrt{3}\,I'_{CU}$，又有 $I'_{CU} = U'_U / X_C = \sqrt{3}\,U_U / X_C = \sqrt{3}\,I_{CU}$，因此，$I_C = 3I_{CU} = 3I_{C0}$，即一相接地时系统的接地电流 I_C 为正常运行时每相对地电容电流 I_{C0} 的 3 倍。如果已知各相对地电容 C，可得到每相对地电容电流 I_{C0}（A）为

$$I_{C0} = U_X / X_C = \omega C U_X \times 10^{-3}$$

则单相接地电容电流 I_C（A）为

$$I_C = 3\omega C U_X \times 10^{-3}$$

式中，U_X 为线路的相电压（kV）；C 为相对地的电容（μF）；$\omega = 2\pi f$。

由上式可见，接地电流与网路电压、频率和相对地的电容有关。由于 C 难以确定，一般采用经验公式来估算系统单相接地电容电流。经验公式为

$$I_C = \frac{U_N (L_K + 35 L_L)}{350}$$

式中，U_N 为系统的额定电压（kV）；L_K、L_L 分别为同一电压 U_N 的具有电联系的架空线路长度和电缆线路长度（km）。

若 W 相不完全接地时（即经过一些接地电阻接地），W 相对地的电压将大于零而小于相电压，而正常相 U、V 对地的电压则大于相电压而小于线电压，接地电流也比完全接地时小一些。

必须指出，不完全接地时，由于接地不良，接地电流可能在接地点形成间歇性电弧，引起间歇电弧过电压，其值可达 2.5~3 倍的相电压，容易使网路中绝缘薄弱地方击穿而短路，为此单相接地运行时间不允许超过 2h。

三、中性点经消弧线圈接地的电力系统

在中性点不接地系统中，当单相接地电流超过规定数值时，电弧不能自行熄灭，一般采用消弧线圈接地措施减小接地电流，使故障电弧自行熄灭，如图 1-8 所示，这种系统和中性

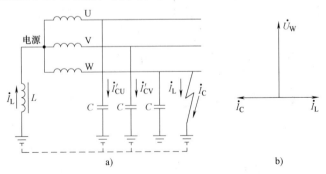

图 1-8 单相接地时中性点经消弧线圈接地的电力系统

a）电路图　b）相量图

点不接地系统在发生单相接地故障时，接地电流都较小，故通常称为小电流接地系统。

消弧线圈是一个具有铁心的电感线圈，铁心和线圈装在充有变压器油的外壳，其电阻很小，感抗很大。通过调节铁心气隙和线圈匝数可改变感抗值，以适应不同系统中运行的需要。

在正常运行时，因为中性点电位为零，所以没有电流流过消弧线圈。若 W 相接地，如图 1-8 所示，此时就把相电压加在消弧线圈上，并有电感电流 $\dot{I}_L$ 通过，故障点处的电流为接地电流 $\dot{I}_C$ 与 $\dot{I}_L$ 的相量和。由于 $\dot{I}_C$ 超前 $\dot{U}_W 90°$，$\dot{I}_L$ 滞后 $\dot{U}_W 90°$，如果适当调节消弧线圈，会使 $\dot{I}_L$ 与 $\dot{I}_C$ 的和最小，即让故障点处电流很小，从而使电弧熄灭，不会发生间歇电弧过电压，导致绝缘击穿，发生短路事故。根据消弧线圈中电感电流对电容电流的补偿程度不同，可分为全补偿（$I_L = I_C$）、欠补偿（$I_L < I_C$）和过补偿（$I_L > I_C$）三种方式。全补偿虽使接地处的电流为零，但因 $X_L = X_C$ 正是谐振条件，正常运行时，一旦中性点对地之间出现电压，会在谐振电路内产生很大电流，使消弧线圈有很大压降，结果中性点对地电压升高，可能造成设备损坏；欠补偿时使接地处出现电容电流（$I_C - I_L$），一旦电网中部分线路断开，使接地电流减小，并有可能使 $I_C = I_L$ 变成全补偿；过补偿时 $I_L > I_C$，不会出现上述缺点，所以通常多用过补偿方式。

但是必须指出，中性点经消弧线圈接地系统和中性点不接地系统一样，当发生一相接地时，接地相对地电压为零，其他两相电压也将升高为原来的 $\sqrt{3}$ 倍，因而单相接地时其运行时间也同样不准超过 2h。

四、中性点直接接地的电力系统

中性点直接接地方式，即电力系统的中性点直接和大地相接。这种方式可以防止中性点不接地系统中单相接地时产生的间歇电弧过电压。在这种系统中，发生单相接地时，短路点和中性点构成回路，产生很大的短路电流，使保护装置动作或熔丝熔断，以切除故障。因而又称这种系统为大电流接地系统，如图 1-9 所示。中性点直接接地系统发生单相接地故障时，既不会产生间歇电弧过电压，又不会使正常相电压升高，因此，各相的绝缘根据相电压设计。对高压系统而言，可大大降低电网造价，对低压配电线路可以减少对人身危害。但是，每次发生单相接地故障时，都会使供电线路或变压器保护装置跳闸，中断供电，使供电可靠性降低。为了提高供电可靠性，克服单相接地必须切断故障线路这一缺点，目前在中性点直接接地系统中常采用自动重合闸装置将线路合闸。若为

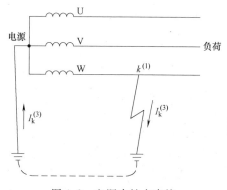

图 1-9 电源中性点直接
接地的电力系统

瞬时故障，线路接通，恢复供电；若为持续性故障，自动保护装置再次切断线路，中断供电。对极重要的用户，为了保证不间断供电，应另外加装设备用电源。

【任务实施】

电网电压为 380V 电力系统中性点接地运行方式测量。找一电力系统中性点接地运行方

式，测量其正常运行时的线电压和相电压，再观察一相接地故障时的现象，并写出报告。

姓名		专业班级		学号	
任务内容及名称					
1. 任务实施目的			2. 任务完成时间:1 学时		
3. 任务实施内容及方法步骤					
4. 分析结论					
指导教师评语(成绩)					
				年 月 日	

【任务总结】

通过本任务的学习，让学生掌握电力系统中性点运行方式及各自的特点，并会根据实际情况选择合适的中性点运行方式。

项目实施辅导

在某机械厂供配电系统的参观调研中，我们直观看到了一些高低压电气设备，了解了供配电系统运行、管理要求等。但是如果要详细了解工厂供配电系统的结构、接线等，就必须查看电气图样。

一、电力电气图的识读

电力电气图分为一次回路图和二次回路图。一次回路图表示一次电气设备（主设备）的连接顺序。一次电气设备主要包括发电机、变压器、断路器、电动机、电抗器、电力电缆、电力母线和输电线等。

为对一次设备及其电路进行控制、测量、保护而设计安装的各类电气设备，如测量仪表、控制开关、继电器、信号装置、自动装置等称为二次设备。表示二次设备之间连接顺序的电气图称为二次回路图。

1. 电气图的种类

电气图主要有系统原理图、电路原理图和安装接线图。

（1）系统原理图　系统原理图用较简单的符号或带有文字的方框，简单明了地表示电路系统的最基本结构和组成，直观表述电路中最基本的构成单元和主要特征及相互间关系。

（2）电路原理图　电路原理图又分为集中式和展开式两种。集中式电路图中各元器件等均以整体形式集中画出，说明元器件的结构原理和工作原理。识读时需清楚了解图中继电器相关线圈、触点（触头）属于什么回路，在什么情况下动作，动作后各相关部分触点发生什么样变化。

展开式电路图在表明各元器件、继电器动作原理、动作顺序方面，较集中式电路图有其独特的优点。展开式电路图按元器件的线圈、触点划分为各自独立的交流电流、交流电压、直流信号等回路。凡属于同一元器件或继电器的电流、电压线圈及触点采用相同的文字。展开式电路图中对每个独立回路，交流按 U、V、W 相序，直流按继电器动作顺序依次排列。识读展开式电路图时，对照每一回路右侧的文字说明，先交流后直流，由上而下、由左至右逐行识读。集中式、展开式电路图互相补充、互相对照来识读更易理解。

（3）安装接线图　安装接线图是以电路原理为依据绘制而成，是现场维修中不可缺少的重要资料。安装图中各元器件图形、位置及相互间连接关系与元器件的实际形状、实际安装位置及实际连接关系相一致。图中连接关系采用相对标号法来表示。

2. 识读电气图须知

1）学习掌握一定的电子、电工技术基本知识，了解各类电气设备的性能、工作原理，并清楚有关触点动作前后状态的变化关系。

2）对常用常见的典型电路，如过电流、欠电压、过负荷、控制、信号电路的工作原理和动作顺序有一定的了解。

3）熟悉国家统一规定的电力设备的图形符号、文字符号、数字符号、回路编号规定通则及相关的国标，了解常见常用的外围电气图形符号、文字符号、数字符号、回路编号及国际电工委员会（IEC）规定的通用符号和物理量符号。

4）了解绘制二次回路图的基本方法。电气图中一次回路用粗实线，二次回路用细实线画出，一次回路画在图样左侧，二次回路画在图样右侧。由上而下先画交流回路，再画直流回路。同一电器中不同部分（如线圈、触点）不画在一起时用同一文字符号标注。对接在不同回路中的相同电器，在相同文字符号后面标注数字来区别。

5）电路中开关、触点位置均在"平常状态"绘制。所谓"平常状态"是指开关、继电器线圈在没有电流通过及无任何外力作用时触点的状态。通常说的动合、动断触点都指开关电器在线圈无电、无外力作用时它们是断开或闭合的，一旦通电或有外力作用，触点状态随之改变。

3. 识读电气图的方法

1）仔细阅读设备说明书、操作手册，了解设备动作方式、顺序，有关设备元器件在电路中的作用。

2）对照图样和图样说明大体了解电气系统的结构，并结合主标题的内容对整个图样所表述的电路类型、性质、作用有较明确认识。

3）识读系统原理图要先看图样说明。结合说明内容看图样，进而了解整个电路系统的大概状况，组成元器件动作顺序及控制方式，为识读详细电路原理图做好必要准备。

4）识读集中式、展开式电路图要本着先看一次电路，再看二次电路，先交流后直流的顺序，由上而下、由左至右逐步顺序渐进的原则，看各个回路，并对各回路设备元器件的状况及对主要电路的控制进行全面分析，从而了解整个电气系统的工作原理。

5）识读安装接线图要对照电气原理图，先一次回路，再二次回路顺序识读。识读安装接线图要结合电路原理图详细了解其端子标志意义、回路符号。对一次电路要从电源端顺次识读，了解线路连接和走向，直至用电设备端。对二次回路要从电源一端识读直至电源另一端。接线图中所有相同线号的导线，原则上都可以连接在一起。

二、课程目标

1. 面向职业岗位

工厂供配电系统的设计、安装、调试、运行、维护、检修、技术改造和技术管理工作。

2. 应具备职业岗位能力

（1）职业能力

1）正确认识本课程的性质、任务及其研究对象，全面了解课程的体系、结构，对供配电系统有一个总体的把握。

2）会进行电力负荷计算及其无功补偿、短路计算。

3）会读变电所所一次主接线。

4）会读变电所的二次原理图与接线图。

5）会选择导线和电缆截面积。

6）会选择常用的一次设备和二次设备，如电力变压器、隔离开关、断路器、电流互感器和电流表等。

7）能熟练地使用各种仪表仪器。

8）根据一、二次图样、能够安装、检测。

9）学会理论联系实际，掌握运用所学理论知识和方法解决相关专业领域实际问题的能力。

（2）知识目标

1）正确认识本课程的性质、任务及其研究对象，全面了解课程的体系、结构，对供配电技术应用有一个总体的把握。

2）熟悉电力负荷计算及其无功补偿、短路计算。

3）掌握变电所的一次主接线。

4）掌握熟悉变电所的二次原理图与接线图。

5）熟悉供配电系统主要电气设备及选择与校验。

6）熟悉供配电线路导线和电缆的选择计算。

7）掌握配电柜安装施工单、一次系统图、二次原理图及二次接线。

8）了解配电间防雷与接地及消防。

9）了解变电所平面布置图及土建。

10）了解变配电所的运行与维护。

（3）社会能力目标

1）培养学生具有良好的思想政治素质、行为规范和职业道德。

2）培养学生具有团结协作的团队精神。

3）培养学生有较强的逻辑思维能力。

4）培养学生的效率观念。

5）培养学生的创新能力。

6）培养学生工作、学习的主动性。

7）培养学生爱岗敬业的工作作风。

8）培养学生的安全意识和环境意识。

思考题与习题

1. 试述各类型发电厂的生产过程、特点和发展趋势。

2. 什么叫变电所？什么叫配电所？什么叫电网？什么叫电能用户？什么叫电力系统？电力系统运行的特点是什么？

3. 试述电力系统与工业企业供电系统的构成、区域和地方电力网的区别以及总降压变电所和车间变电所的区别。

4. 大电机、变压器、输电线路、用电设备的额定电压如何确定？统一规定设备的额定电压的意义是什么？

5. 为了保证电压质量，正常运行情况下，规定的用电设备实际电压变动范围允许值为多少？

6. 对供电电压如何进行调整？

7. 电力系统的中性点运行方式有哪几种？各有什么特点？适用于什么场合？中性点不同的运行方式对电力系统有何影响？

8. 在中性点不接地的三相系统中，怎么估算单相接地电容电流？

工厂电力负荷计算

【项目导入】

某新建机械厂拟建设一个降压变电所，这就需要选择变压器，设计主接线，选择电气设备。而要完成上述工作就必须了解工厂负荷情况和供电电源情况。

通过对工厂用电设备的分析，该厂的负荷统计资料见表2-1。我们如何确定三相设备组的计算负荷、单相设备组的计算负荷、车间的计算负荷、工厂总的负荷及总的用电量？

表2-1 各车间参数和计算负荷

用电单位编号	用电单位名称	负荷性质	设备容量/kW	需要系数	功率因数
1	铸钢车间	动力和照明	1500	0.40	0.65
2	铸铁车间	动力和照明	1000	0.40	0.70
3	热处理车间	动力和照明	750	0.60	0.70
4	组装车间	动力和照明	1000	0.42	0.72
5	机修车间	动力和照明	500	0.25	0.60
6	氧气站	动力和照明	600	0.85	0.80
7	乙炔站	动力和照明	90	0.74	0.90
8	危险品仓库	动力和照明	10	0.91	0.90
9	五金仓库	动力和照明	10	0.71	0.88
10	成品仓库	动力和照明	20	0.86	0.79
11	办公大楼	动力和照明	50	0.85	0.90

【项目目标】

专业能力目标	电力负荷的计算能力,尖峰电流的计算能力
方法能力目标	资料整理与分析能力,理论知识运用能力
社会能力目标	培养学生分析问题、解决问题的能力和严谨的工作作风

【主要任务】

序号	任务内容	计划时间	完成情况
1	工厂电力负荷与负荷曲线		
2	三相用电设备组计算负荷的确定		
3	单相用电设备组计算负荷的确定		
4	工厂计算负荷及年耗电量的计算		

任务1 工厂电力负荷与负荷曲线

【任务导读】

在"项目导入"的案例分析中，我们需要分析某机械厂的电力负荷情况，并确定其电力负荷等级，为变电所的设计提供依据。这就要求我们必须了解什么是电力负荷，如何描述电力负荷，与电力负荷相关的物理量有哪些。

【任务目标】

1. 了解防爆电器厂的电力负荷，确定电力负荷等级。

2. 根据了解的电力负荷情况，正确估计工厂、车间、设备等的负荷曲线。

【任务分析】

通过查阅 GB 50052—2009《供配电系统设计规范》《工厂供电》《电工基础》等相关资料都可以获取电力负荷分级、电力负荷曲线等相关知识，深入工厂查阅资料分析该机械厂的电力负荷情况，确定电力负荷等级，估计电力负荷曲线重要物理量。

【知识准备】

一、工厂电力负荷的分级及其对供电电源的要求

电力负荷又称电力负载，有两种含义：一种是指耗用电能的用电设备或用户，如说重要负荷、一般负荷、动力负荷和照明负荷等；另一种是指用电设备或用户耗用的功率或电流大小，如说轻负荷（轻载）、重负荷（重载）、空负荷（空载）和满负荷（满载）等。电力负荷的具体含义视具体情况而定。

（一）工厂电力负荷的分级

工厂的电力负荷，按 GB 50052—2009《供配电系统设计规范》规定，根据其对供电可靠性的要求及中断供电造成的损失或影响的程度分为三级：

（1）一级负荷　一级负荷为中断供电将造成人身伤亡者，或者中断供电将在政治、经济上造成重大损失者，如重大设备损坏、重大产品报废、用重要原料生产的产品大量报废、国民经济中重点企业的连续生产过程被打乱需要长时间才能恢复等。

在一级负荷中，当中断供电将发生中毒、爆炸和火灾等情况的负荷，以及特别重要场所不允许中断供电的负荷，应视为特别重要的负荷。

（2）二级负荷　二级负荷为中断供电将在政治、经济上造成较大损失者，如主要设备损坏、大量产品报废、连续生产过程被打乱需较长时间才能恢复、重点企业大量减产等。

（3）三级负荷　三级负荷为一般电力负荷，所有不属于上述一、二级负荷者均属三级负荷。

（二）各级电力负荷对供电电源的要求

1. 一级负荷对供电电源的要求

由于一级负荷属于重要负荷，如果中断供电造成的后果将十分严重，因此要求由两路电源供电，当其中一路电源发生故障时，另一路电源应不致同时受到损坏。

一级负荷中特别重要的负荷，除上述两路电源外，还必须增设应急电源。为保证对特别

重要负荷的供电，严禁将其他负荷接入应急供电系统。

常用的应急电源有：①独立于正常电源的发电机组；②供电网络中独立于正常电源的专门供电线路；③蓄电池；④干电池。

2. 二级负荷对供电电源的要求

二级负荷也属于重要负荷，要求由两回路供电，供电变压器也应有两台，但这两台变压器不一定在同一变电所。在其中一回路或一台变压器发生常见故障时，二级负荷应不致中断供电，或中断后能迅速恢复供电。只有当负荷较小或者当地供电条件困难时，二级负荷可由一回路 6kV 及以上的专用架空线路供电。这是考虑架空线路发生故障时，较之电缆线路发生故障时易于发现且易于检查和修复。当采用电缆线路时，必须采用两根电缆并列供电，每根电缆应能承受全部二级负荷。

3. 三级负荷对供电电源的要求

由于三级负荷为不重要的一般负荷，因此它对供电电源无特殊要求。

二、工厂用电设备的工作制

工厂的用电设备，按其工作制分以下三类：

（1）连续工作制设备 这类工作制设备在恒定负荷下运行，且运行时间长到足以使之达到热平衡状态，如通风机、水泵、空气压缩机、电动发电机组、电炉和照明灯等。机床电动机的负荷，一般变动较大，但其主电动机一般也是连续运行的。

（2）短时工作制设备 这类工作制设备在恒定负荷下运行的时间短（短于达到热平衡所需的时间），而停歇时间长（长到足以使设备温度冷却到周围介质的温度），如机床上的某些辅助电动机（例如进给电动机）和控制闸门的电动机等。

（3）断续周期工作制设备 这类工作制设备周期性地时而工作，时而停歇，如此反复运行，而工作周期一般不超过 10min，无论工作或停歇，均不足以使设备达到热平衡，如电焊机和吊车电动机等。

断续周期工作制设备，可用"负荷持续率"（又称暂载率）来表示其工作特征。负荷持续率为一个工作周期内工作时间与工作周期的百分比，用 ε 表示，即

$$\varepsilon = \frac{t}{T} \times 100\% = \frac{t}{t+t_0} \times 100\% \tag{2-1}$$

式中，T 为工作周期；t 为工作周期内的工作时间；t_0 为工作周期内的停歇时间。

断续周期工作制设备的额定容量（铭牌容量）P_N，是对应于某一标称负荷持续率 ε_N 的。如果实际运行的负荷持续率 $\varepsilon \neq \varepsilon_N$，则实际容量 P_e 应按同一周期内等效发热条件进行换算。由于电流 I 通过电阻为 R 的设备在时间 t 内产生的热量为 I^2Rt，因此在设备产生相同热量的条件下，$I \propto 1/\sqrt{t}$；而在同一电压下，设备容量 $P \propto I$；又由式（2-1）可知，同一周期 T 的负荷持续率 $\varepsilon \propto t$。因此 $P \propto 1/\sqrt{\varepsilon}$，即设备容量与负荷持续率的二次方根成反比。由此可见，如果设备在 ε_N 下的容量为 P_N，则换算到实际 ε 下的容量 P_e 为

$$P_e = P_N \sqrt{\frac{\varepsilon_N}{\varepsilon}} \tag{2-2}$$

三、负荷曲线及有关物理量

（一）负荷曲线的概念

负荷曲线是表征电力负荷随时间变动情况的一种图形，它绘在直角坐标纸上。纵坐标表示负荷（有功或无功功率），横坐标表示对应的时间（一般以 h 为单位）。

负荷曲线按负荷对象分，有工厂、车间或某类设备的负荷曲线；按负荷性质分，有有功负荷曲线和无功负荷曲线；按所表示的负荷变动时间分，有年的、月的、日的或工作班的负荷曲线。

图 2-1 是一班制工厂的日有功负荷曲线，其中图 2-1a 是依点连成的负荷曲线，图 2-1b 是依点绘成梯形的负荷曲线。为便于计算，负荷曲线多绘成梯形，横坐标一般按半小时分格，以便确定"半小时最大负荷"（将在后面介绍）。

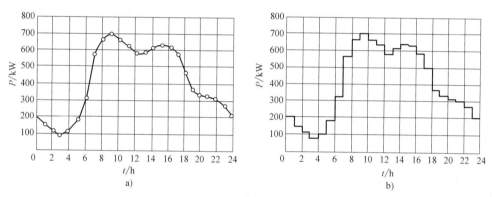

图 2-1　日有功负荷曲线

a）依点连成的负荷曲线　b）依点绘成梯形的负荷曲线

年负荷曲线通常绘成负荷持续时间曲线，按负荷大小依次排列，如图 2-2c 所示。全年按 8760h 计。

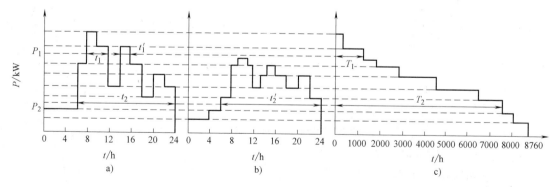

图 2-2　年负荷持续时间曲线的绘制

a）夏日负荷曲线　b）冬日负荷曲线　c）年负荷持续时间曲线

上述年负荷曲线，根据其一年中具有代表性的夏日负荷曲线（见图 2-2a）和冬日负荷曲线（见图 2-2b）来绘制。其夏日和冬日在全年中所占的天数，应视当地的地理位置和气温情况而定。例如在我国北方，可近似地取夏日 165 天，冬日 200 天；而在我国南方，则可近似地取夏日 200 天，冬日 165 天。假设绘制南方某厂的年负荷曲线（见图 2-2c），其中 P_1 在年负荷曲线上所占的时间 $T_1 = 200(t_1 + t_1')$，P_2 在年负荷曲线上所占的时间 $T_2 = 200t_2 + 165t_2'$，其余类推。

年负荷曲线的另一形式，是按全年每日的最大负荷（通常取每日的最大负荷半小时平均值）绘制的，称为年每日最大负荷曲线，如图 2-3 所示。横坐标依次以全年 12 个月份的日期来分格。这种年最大负荷曲线，可以用来确定拥有多台电力变压器的工厂变电所在一年内的不同时期宜于投入几台运行，即所谓经济运行方式，以降低电能损耗，提高供电系统的经济效益。

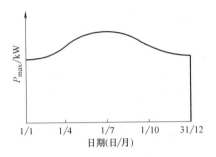

图 2-3　年每日最大负荷曲线

从各种负荷曲线上，可以直观地了解电力负荷变动的情况。通过对负荷曲线的分析，可以更深入地掌握负荷变动的规律，并可以从中获得一些对设计和运行有用的资料。因此负荷曲线对于从事工厂供电设计和运行的人员来说，都是很必要的。

（二）与负荷曲线和负荷计算有关的物理量

1. 年最大负荷和年最大负荷利用小时

（1）年最大负荷　年最大负荷 P_{max} 就是全年中负荷最大的工作班内（这一工作班的最大负荷不是偶然出现的，而是全年至少出现 2~3 次）消耗电能最大的半小时平均功率。因此年最大负荷也称为半小时最大负荷 P_{30}。

（2）年最大负荷利用小时　年最大负荷利用小时 T_{max} 是一个假想时间，在此时间内，电力负荷按年最大负荷 P_{max}（或 P_{30}）持续运行所消耗的电能，恰好等于该电力负荷全年实际消耗的电能，如图 2-4 所示。

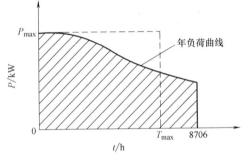

图 2-4　年最大负荷和年最大负荷利用小时

年最大负荷利用小时为

$$T_{max} = \frac{W_a}{P_{max}} \tag{2-3}$$

式中，W_a 为年实际消耗的电能量。

年最大负荷利用小时是反映电力负荷特征的一个重要参数，与工厂的生产班制有明显的关系。例如一班制工厂，$T_{max} \approx 1800 \sim 3000h$；两班制工厂，$T_{max} \approx 3500 \sim 4800h$；三班制工厂，$T_{max} \approx 5000 \sim 7000h$。

2. 平均负荷和负荷系数

（1）平均负荷　平均负荷 P_{av} 就是电力负荷在一定时间 t 内平均消耗的功率，也就是电力负荷在该时间 t 内消耗的电能 W_t 除以时间 t 的值，即

$$P_{av} = \frac{W_t}{t} \tag{2-4}$$

年平均负荷 P_{av} 的说明如图 2-4 所示。年平均负荷 P_{av} 的横线与纵横两坐标轴所包围的矩

形面积恰好等于年负荷曲线与两坐标轴所包围的面积 W_a，即年平均负荷为 P_{av} 为

$$P_{av} = \frac{W_a}{8760h} \qquad (2-5)$$

（2）负荷系数　负荷系数又称负荷率，它是用电负荷的平均负荷 P_{av} 与其最大负荷 P_{max} 的比值，即

$$K_L = \frac{P_{av}}{P_{max}} \qquad (2-6)$$

对负荷曲线来说，负荷系数亦称负荷曲线填充系数，它表征负荷曲线不平坦的程度，即表征负荷起伏变动的程度。从充分发挥供电设备的能力、提高供电效率来说，希望此系数越高，越接近于1越好。从发挥整个电力系统的效能来说，应尽量使不平坦的负荷曲线"削峰填谷"，提高负荷系数。

对用电设备来说，负荷系数就是设备的输出功率 P 与设备额定容量 P_N 的比值，即

$$K_L = \frac{P}{P_N} \qquad (2-7)$$

负荷系数通常以百分值表示。负荷系数（负荷率）的符号有时用 β，也有的有功负荷率用 α 表示，无功负荷率用 β 表示。

【任务实施】

查阅资料分析该机械厂的电力负荷情况，确定电力负荷等级，分析电力负荷曲线重要物理量，并分组汇报分析结果。

姓名		专业班级		学号	
任务内容及名称					
1. 任务实施目的			2. 任务完成时间:1 学时		
3. 任务实施内容及方法步骤					
4. 分析结论					
指导教师评语(成绩)					
					年　月　日

【任务总结】

通过本任务的学习，让学生理解电力负荷分级及有关概念，懂得如何描述车间、工厂的电力负荷情况，为后续知识的学习做铺垫。

任务2 三相用电设备组计算负荷的确定

【任务导读】

某机械厂用电负荷统计过程中，车间内可能有三相用电设备，也可能有两相用电设备，例如，组装车间一线路上的用电设备见表2-2。我们如何确定车间的计算负荷呢？一般，分别确定三相设备组的计算负荷和单相设备组的计算负荷。

表2-2 某机械厂组装车间线路上部分设备的负荷资料

设备名称	380V 手动焊弧机			220V 电热箱		
接入相序	AB	BC	CA	A	B	C
设备台数	1	1	2	2	1	1
单台设备容量	21kVA ($\varepsilon=60\%$)	17kVA ($\varepsilon=100\%$)	10.3kVA ($\varepsilon=50\%$)	3kW	6kW	4.5kW

【任务目标】

1. 掌握按需求系数法和按照二项式法确定计算负荷的方法。
2. 确定机械厂各车间三相用电设备组的计算负荷。

【任务分析】

完成本任务要求学生理解计算负荷的概念，系数法和二项式法的基本公式及其含义，能够根据需要查阅计算负荷需要的基础数据，具备应用掌握的理论知识计算三相用电设备组计算负荷的能力。

【知识准备】

一、概述

通过负荷的统计计算求出的、用来按发热条件选择供电系统中各元器件的负荷值，称为计算负荷（calculated load）。根据计算负荷选择的电气设备和导线电缆，如果以计算负荷连续运行，其发热温度不会超过允许值。

从发热的角度看，截面积在 16mm^2 及以上的导体，大约经 30min（半小时）后可达到稳定温升值，因此计算负荷实际上与从负荷曲线上查得的半小时最大负荷 P_{30}（亦即年最大负荷 P_{max}）是基本相当的。所以，计算负荷也可以认为就是半小时最大负荷。本来有功计算负荷可表示为 P_c，无功计算负荷可表示为 Q_c，计算电流可表示为 I_c，但考虑到"计算"的符号 c 容易与"电容"的符号 C 相混淆，因此大多数供电书籍都用半小时最大负荷 P_{30} 来表示有功计算负荷，无功计算负荷、视在计算负荷和计算电流则分别表示为 Q_{30}、S_{30} 和 I_{30}。这样表示，也使计算负荷的概念更加明确。

计算负荷是供电设计计算的基本依据。计算负荷确定得是否正确合理，直接影响电器和导线电缆的选择是否经济合理。我国目前普遍采用的确定用电设备组计算负荷的方法有需要系数法和二项式法。需要系数法是国际上普遍采用的确定计算负荷的基本方法，最为简便。二项式法的应用局限性较大，但在确定设备台数较少而容量差别较大的分支干线的计算负荷时，采用二项式法比需要系数法合理，且计算也比较简便。本书只介绍这两种计算方法。关于以概率论为理论基础而提出的用以取代二项式法的利用系数法，由于其计算比较繁复而未得到普遍应用，本书省略介绍。

二、按需要系数法确定计算负荷

（一）基本公式

用电设备组的计算负荷是指用电设备组从供电系统中取用的半小时最大负荷 P_{30}，如图 2-5 所示。用电设备组的设备容量 P_e，是指用电设备组所有设备（不含备用的设备）的额定容量 P_N 之和，即 $P_e = \sum P_N$。而设备的额定容量 P_N 是设备在额定条件下的最大输出功率（出力）。但是用电设备组的设备实际上不一定都同时运行，运行的设备也不太可能都满负荷，同时设备本身和配电线路还有功率损耗，因此用电设备组的有功计算负荷应为

$$P_{30} = \frac{K_\Sigma K_L}{\eta_e \eta_{WL}} P_e \qquad (2\text{-}8)$$

式中，K_Σ 为设备组同时系数，即设备组在最大负荷时运行的设备容量与全部设备容量之比；K_L 为设备组的负荷系数，即设备组在最大负荷时输出功率与运行的设备容量之比；η_e 为设备组的平均效率，即设备组在最大负荷时输出功率与取用功率之比；η_{WL} 为配电线路的平均效率，即配电线路在最大负荷时的末端功率（亦即设备组取用功率）与首端功率（亦即计算负荷）之比。

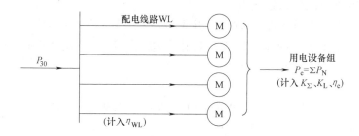

图 2-5　用电设备组的计算负荷说明

令式（2-8）中的 $K_\Sigma K_L / (\eta_e \eta_{WL}) = K_d$，这里的 K_d 称为需要系数（demand coefficient）。由式（2-8）可知，需要系数的定义式为

$$K_d = \frac{P_{30}}{P_e} \qquad (2\text{-}9)$$

即用电设备组的需要系数，为用电设备组的半小时最大负荷与其设备容量的比值。

由此可得按需要系数法确定三相用电设备组有功计算负荷的基本公式为

$$P_{30} = K_d P_e \qquad (2\text{-}10)$$

实际上，需要系数值不仅与用电设备组的工作性质、设备台数、设备效率和线路损耗等因素有关，而且与操作人员的技能和生产组织等多种因素有关，因此应尽可能地通过实测分析确定，使之尽量接近实际。

附表 1 列出工厂各种用电设备组的需要系数值，供参考。

在求出有功计算负荷 P_{30} 后，可按下列各式分别求出其余的计算负荷：

无功计算负荷为

$$Q_{30} = P_{30}\tan\varphi \tag{2-11}$$

式中，$\tan\varphi$ 为对应于用电设备组 $\cos\varphi$ 的正切值。

视在计算负荷为

$$S_{30} = \frac{P_{30}}{\cos\varphi} \tag{2-12}$$

式中，$\cos\varphi$ 为用电设备组的平均功率因数。

计算电流为

$$I_{30} = \frac{S_{30}}{\sqrt{3}\,U_{N}} \tag{2-13}$$

式中，U_{N} 为用电设备组的额定电压。

如果只有一台三相电动机，则此电动机的计算电流就取其额定电流，即

$$I_{30} = I_{N} = \frac{P_{N}}{\sqrt{3}\,U_{N}\eta\cos\varphi} \tag{2-14}$$

负荷计算中常用的单位：有功功率为"千瓦"（kW），无功功率为"千乏"（kvar），视在功率为"千伏安"（kVA），电流为"安"（A），电压为"千伏"（kV）。

例 2-1 已知某机修车间的金属切削机床组，拥有电压为 380V 的三相电动机 7.5kW 3 台，4kW 8 台，3kW 17 台，1.5kW 10 台。试求其计算负荷。

解： 此机床组电动机的总容量为

$$P_{e} = 7.5kW \times 3 + 4kW \times 8 + 3kW \times 17 + 1.5kW \times 10 = 120.5kW$$

查附表 1 中"小批生产的金属冷加工机床电动机"项，得 $K_{d} = 0.12 \sim 0.16$（取 0.2），$\cos\varphi = 0.5$，$\tan\varphi = 1.73$，因此可求得：

有功计算负荷为

$$P_{30} = 0.2 \times 120.5kW = 24.1kW$$

无功计算负荷为

$$Q_{30} = 24.1kW \times 1.73 = 41.7kvar$$

视在计算负荷为

$$S_{30} = \frac{24.1kW}{0.5} = 48.2kVA$$

计算电流为

$$I_{30} = \frac{48.2kVA}{\sqrt{3} \times 0.38kV} = 73.2A$$

（二）设备容量的计算

需要系数法基本公式 $P_{30} = K_{d}P_{e}$ 中的设备容量 P_{e}，不含备用设备的容量，而且要注意，此容量的计算与用电设备组的工作制有关。

1. 一般连续工作制和短时工作制的用电设备组容量计算

其设备容量是所有设备的铭牌额定容量之和。

2. 断续周期工作制的设备容量计算

其设备容量是将所有设备在不同负荷持续率下的铭牌额定容量换算到一个规定的负荷持续率下的容量之和。容量换算的公式如式（2-2）所示。断续周期工作制的用电设备常用的有电焊机和吊车电动机，各自的换算要求如下：

（1）电焊机组 要求容量统一换算到 $\varepsilon = 100\%$，因此由式（2-2）可得换算后的设备容量为

$$P_e = P_N \sqrt{\frac{\varepsilon_N}{\varepsilon_{100}}} = S_N \cos\varphi \sqrt{\frac{\varepsilon_N}{\varepsilon_{100}}}$$

即
$$P_e = P_N \sqrt{\varepsilon_N} = S_N \cos\varphi \sqrt{\varepsilon_N} \tag{2-15}$$

式中，P_N、S_N 为电焊机的铭牌容量（前者为有功功率，后者为视在功率）；ε_N 为与铭牌容量相对应的负荷持续率（计算中用小数）；ε_{100} 为其值等于 100% 的负荷持续率（计算中用 1）；$\cos\varphi$ 为铭牌规定的功率因数。

（2）吊车电动机组 要求容量统一换算到 $\varepsilon = 25\%$，因此由式（2-2）可得换算后的设备容量为

$$P_e = P_N \sqrt{\frac{\varepsilon_N}{\varepsilon_{25}}} = 2P_N \sqrt{\varepsilon_N} \tag{2-16}$$

式中，P_N 为吊车电动机的铭牌容量；ε_N 为与 P_N 对应的负荷持续率（计算中用小数）；ε_{25} 为其值等于 25% 的负荷持续率（计算中用 0.25）。

（三）多组用电设备计算负荷的确定

确定拥有多组用电设备的干线上或车间变电所低压母线上的计算负荷时，应考虑各组用电设备的最大负荷不同时出现的因素。因此在确定多组用电设备的计算负荷时，应结合具体情况对其有功负荷和无功负荷分别计入一个同时系数（又称参差系数或综合系数）$K_{\Sigma p}$ 和 $K_{\Sigma q}$。

对车间干线，取 $K_{\Sigma p} = 0.85 \sim 0.95$，$K_{\Sigma q} = 0.90 \sim 0.97$。

对低压母线，分以下两种情况：

1）由用电设备组的计算负荷直接相加来计算时，取 $K_{\Sigma p} = 0.80 \sim 0.90$，$K_{\Sigma q} = 0.85 \sim 0.95$。

2）由车间干线的计算负荷直接相加来计算时，取 $K_{\Sigma p} = 0.90 \sim 0.95$，$K_{\Sigma q} = 0.93 \sim 0.97$。

总的有功计算负荷为
$$P_{30} = K_{\Sigma p} \sum P_{30i} \tag{2-17}$$

总的无功计算负荷为
$$Q_{30} = K_{\Sigma q} \sum Q_{30i} \tag{2-18}$$

以上两式中的 $\sum P_{30i}$ 和 $\sum Q_{30i}$ 分别为各组设备的有功和无功计算负荷之和。

总的视在计算负荷为
$$S_{30} = \sqrt{P_{30}^2 + Q_{30}^2} \tag{2-19}$$

总的计算电流为
$$I_{30} = \frac{S_{30}}{\sqrt{3}\, U_N} \tag{2-20}$$

必须注意：由于各组设备的功率因数不一定相同，因此总的视在计算负荷与计算电流一般不能用各组的视在计算负荷或计算电流之和来计算，总的视在计算负荷也不能按式（2-12）计算。另外，在计算多组设备总的计算负荷时，为了简化和统一，各组的设备台数不论多少，各组的计算负荷均按附表1所列的计算系数来计算，而不必考虑设备台数少而适当增大 K_d 和 $\cos\varphi$ 值的问题。

例 2-2 某机修车间 380V 线路上，接有金属切削机床电动机 20 台共 50kW（其中较大容量电动机有 7.5kW 的 1 台，4kW 的 3 台，2.2 kW 的 7 台），通风机 2 台共 3kW，电阻炉 1 台 2kW。试确定此线路上的计算负荷。

解： 先求各组的计算负荷。

（1）金属切削机床组

查附表 1，取 $K_d = 0.2$，$\cos\varphi = 0.5$，$\tan\varphi = 1.73$

故
$$P_{30(1)} = 0.2 \times 50\text{kW} = 10\text{kW}$$
$$Q_{30(1)} = 10\text{kW} \times 1.73 = 17.3\text{kvar}$$

（2）通风机组

查附表 1，取 $K_d = 0.8$，$\cos\varphi = 0.8$，$\tan\varphi = 0.75$

故
$$P_{30(2)} = 0.8 \times 3\text{kW} = 2.4\text{kW}$$
$$Q_{30(2)} = 2.4\text{kW} \times 0.75 = 1.8\text{kvar}$$

（3）电阻炉

查附表 1，取 $K_d = 0.7$，$\cos\varphi = 1$，$\tan\varphi = 0$

故
$$P_{30(3)} = 0.7 \times 2\text{kW} = 1.4\text{kW}$$
$$Q_{30(3)} = 0\text{kvar}$$

因此总的计算负荷为（取 $K_{\Sigma p} = 0.95$，$K_{\Sigma q} = 0.97$）
$$P_{30} = 0.95 \times (10 + 2.4 + 1.4)\text{kW} = 13.1\text{kW}$$
$$Q_{30} = 0.97 \times (17.3 + 1.8)\text{kvar} = 18.5\text{kvar}$$
$$S_{30} = \sqrt{13.1^2 + 18.5^2}\,\text{kVA} = 22.7\text{kVA}$$
$$I_{30} = \frac{22.7\text{kVA}}{\sqrt{3} \times 0.38\text{kV}} = 34.5\text{A}$$

在实际工程设计说明书中，为了使人一目了然，便于审核，常采用计算表格的形式，见表 2-3。

表 2-3　例 2-2 的电力负荷计算表（按需要系数法）

序号	设备名称	台数	容量	需要系数 K_d	$\cos\varphi$	$\tan\varphi$	计算负荷 P_{30}/kW	Q_{30}/kvar	S_{30}/kVA	I_{30}/A
1	切削机床	20	50	0.2	0.5	1.73	10	17.3		
2	通风机	2	3	0.8	0.8	0.75	2.4	1.8		
3	电阻炉	2	2	0.7	1	0	1.4	0		
		23	55				13.8	19.1		
	$K_{\Sigma p} = 0.95, K_{\Sigma q} = 0.97$						13.1	18.5	22.7	34.5

三、按二项式法确定计算负荷

(一) 基本公式

二项式法的基本公式是

$$P_{30} = bP_e + cP_x \qquad (2-21)$$

式中，bP_e 为表示设备组的平均功率，其中 P_e 是用电设备组的设备总容量，其计算方法如前需要系数法所述；cP_x 为表示设备组中 x 台容量最大的设备投入运行时增加的附加负荷，其中 P_x 是 x 台最大容量的设备总容量；b、c 是二项式系数。

附表1中也列有部分用电设备组的二项式系数 b、c 和最大容量的设备台数 x 值，供参考。

但必须注意：按二项式法确定计算负荷时，如果设备总台数 n 少于附表1中规定的最大容量设备台数 x 的2倍，即 $n < 2x$ 时，其最大容量设备台数 x 宜适当取小，建议按"四舍五入"取其整数。例如，某机床电动机组只有7台时，则其最大设备台数取为 $x = n / 2 = 7/2 \approx 4$。

如果用电设备组只有 $1 \sim 2$ 台设备时，则可认为 $P_{30} = P_e$。对于单台电动机，则 $P_{30} = P_N / \eta$。在设备台数较少时，$\cos\varphi$ 值也宜适当取大。

由于二项式法不仅考虑了用电设备组最大负荷时的平均负荷，而且考虑了少数容量最大的设备投入运行时对总计算负荷的额外影响，所以二项式法比较适于确定设备台数较少而容量差别较大的低压干线和分支线的计算负荷。但是二项式系数 b、c 和 x 的值，缺乏充分的理论依据，而且只有机械工业方面的部分数据，从而使其应用受到一定的局限。

例 2-3　试用二项式法来确定例 2-1 所示机床组的计算负荷。

解：由附表1查得

$$b = 0.14, c = 0.4, x = 5, \cos\varphi = 0.5, \tan\varphi = 1.73$$

设备总容量（见例 2-1）为　　　$P_e = 120.5\text{kW}$

x 台最大容量的设备容量为　　$P_x = P_5 = 7.5\text{kW} \times 3 + 4\text{kW} \times 2 = 30.5\text{kW}$

因此，按式（2-21）可求得其有功计算负荷为

$$P_{30} = 0.14 \times 120.5\text{kW} + 0.4 \times 30.5\text{kW} = 29.1\text{kW}$$

按式（2-11）可求得其无功计算负荷为

$$Q_{30} = 29.1\text{kW} \times 1.73 = 50.3\text{kvar}$$

按式（2-12）可求得其视在计算负荷为

$$S_{30} = \frac{29.1\text{kW}}{0.5} = 58.2\text{kVA}$$

按式（2-13）可求得其计算电流为

$$I_{30} = \frac{58.2\text{kVA}}{\sqrt{3} \times 0.38\text{kV}} = 88.4\text{A}$$

比较例 2-1 和例 2-3 的计算结果可以看出，按二项式法计算的结果比按需要系数法计算的结果稍大，特别是在设备台数较少的情况下。供电设计的经验说明，选择低压分支干线或分支线时，按需要系数法计算的结果往往偏小，以采用二项式法计算为宜。我国建筑行业标准 JGJ 16—2008《民用建筑电气设计规范》也规定："用电设备台数较少、各台设备容量相

差悬殊时，宜采用二项式法。"

（二）多组用电设备计算负荷的确定

采用二项式法确定多组用电设备总的计算负荷时，也应考虑各组用电设备的最大负荷不同时出现的因素，但不是计入一个同时系数，而是在各组设备中取其中一组最大的有功附加负荷 $(cP_x)_{max}$，再加上各组的平均负荷 bP_e，由此求得其总的有功计算负荷为

$$P_{30} = \sum (bP_e)_i + (cP_x)_{max} \qquad (2\text{-}22)$$

总的无功计算负荷为

$$Q_{30} = \sum (bP_e \tan\varphi)_i + (cP_x)_{max} \tan\varphi_{max} \qquad (2\text{-}23)$$

式中，$\tan\varphi_{max}$ 为最大附加负荷 $(cP_x)_{max}$ 的设备组的平均功率因数角的正切值。

关于总的视在计算负荷 S_{30} 和总的计算电流 I_{30}，仍按式（2-19）和式（2-20）计算。

为了简化和统一，按二项式法计算多组设备的计算负荷时，也不论各组设备台数多少，各组的计算系数 b、c、x 和 $\cos\varphi$ 等，均按附表 1 所列数值。

例 2-4 试用二项式法确定例 2-2 所述机修车间 380V 线路的计算负荷。

解： 先求各组的 cP_x 和 bP_e。

（1）金属切削机床组

查附表 1，取 $b = 0.14$，$c = 0.4$，$x = 5$，$\cos\varphi = 0.5$，$\tan\varphi = 1.73$，故

$$bP_{e(1)} = 0.14 \times 50\text{kW} = 7\text{kW}$$

$$cP_{x(1)} = 0.14 \times (7.5\text{kW} \times 1 + 4\text{kW} \times 3 + 2.2\text{kW} \times 1) = 8.68\text{kW}$$

（2）通风机组

查附表 1，取 $b = 0.65$，$c = 0.25$，$\cos\varphi = 0.8$，$\tan\varphi = 0.75$，故

$$bP_{e(2)} = 0.65 \times 3\text{kW} = 1.95\text{kW}$$

$$cP_{x(2)} = 0.25 \times 3\text{kW} = 0.75\text{kW}$$

（3）电阻炉

查附表 1，取 $b = 0.7$，$c = 0$，$\cos\varphi = 1$，$\tan\varphi = 0$，故

$$bP_{e(3)} = 0.7 \times 2\text{kW} = 1.4\text{kW}$$

$$cP_{x(2)} = 0$$

以上设备组中，附加负荷以 $cP_{x(1)}$ 为最大，因此总的计算负荷为

$$P_{30} = (7 + 1.95 + 1.4)\text{kW} + 8.68\text{kW} = 19\text{kW}$$

$$Q_{30} = (7 \times 1.73 + 1.95 \times 0.75 + 0)\text{kvar} + 8.68 \times 1.73\text{kvar} = 28.6\text{kvar}$$

$$S_{30} = \sqrt{19^2 + 28.6^2}\,\text{kVA} = 34.3\text{kVA}$$

$$I_{30} = \frac{34.3\text{kVA}}{\sqrt{3} \times 0.38\text{kV}} = 52.1\text{A}$$

按一般工程设计说明书要求，以上计算可列成表 2-4 所示电力负荷计算表。

比较例 2-2 和例 2-4 的计算结果可以看出，按二项式法计算的结果较之按需要系数法计算的结果大得比较多，这更为合理。

表2-4　例2-4的电力负荷计算表（按二项式法）

序号	设备名称	台数		容量		二项式系数		$\cos\varphi$	$\tan\varphi$	计算负荷			
		总台数 n	最大容量台数 x	P_e/kW	P_x/kW	b	c			P_{30} /kW	Q_{30} /kvar	S_{30} /kVA	I_{30} /A
1	切削机床	20	5	50	21.7	0.14	0.4	0.5	1.73	7+8.68	12.1+15.0		
2	通风机	2	5	3	0	0.65	0.25	0.8	0.75	1.95+0.75	1.46+0.56		
3	电阻炉	1	0	2	0	0.7	0	1	0	1.4	0		
总计		23		55						19	28.6	34.3	52.1

【任务实施】

根据【任务导读】中给出的相关数据信息，完成某机械厂组装车间一线路三相用电设备的负荷计算。

姓名		专业班级			学号	
任务内容及名称						
1. 任务实施目的			2. 任务完成时间：0.5学时			
3. 任务实施内容及方法步骤						
4. 分析结论						
指导教师评语(成绩)						
					年　月　日	

【任务总结】

通过本任务的学习，让学生正确理解有功计算负荷、无功计算负荷、视在计算负荷及计算电流的区别与联系；能够正确区分需要系数法和二项式法的应用场合；能根据要求查阅需要系数；能应用需要和二项式法正确计算有功计算负荷、无功计算负荷、视在计算负荷及计算电流；完成某机械厂车间三相设备组的负荷计算。

任务3　单相用电设备组计算负荷的确定

【任务导读】

某机械厂用电负荷统计过程中，车间内可能有三相用电设备，也可能有两相用电设备，见表2-2。在任务2中，我们掌握了三相用电设备计算负荷的确定方法，计算了组装车间三相用电设备的电力负荷。本任务将学习单相用电设备计算负荷的确定，计算组装车间单相用电设备的电力负荷，进而确定整个车间的计算负荷。

【任务目标】

1. 掌握单相用电设备组计算负荷的确定及其等效三相负荷的计算。

2. 机械厂各车间单相用电设备计算负荷和设备容量的计算。

【任务分析】

单相设备接在三相线路中，应尽可能均衡分配，使三相尽可能平衡。如果三相线路中单相设备的总容量不超过三相设备总容量的15%，则不论单相设备如何分配，单相设备可与三相设备综合按三相负荷平衡计算。如果单相设备容量超过三相设备容量的15%时，则应将单相设备容量换算为等效三相设备容量，再与三相设备容量相加。由于确定计算负荷的目的，主要是为了选择线路上的设备和导线，使线路上的设备和导线在通过计算电流时不致过热或烧毁，因此在接有较多单相设备的三相线路中，不论单相设备接于相电压还是接于线电压，只要三相负荷不平衡，就应以最大负荷相有功负荷的三倍作为等效三相有功负荷，以满足安全运行的要求。

完成本任务需要了解单相用电设备容量换算为等效三相设备容量的意义；掌握单相用电设备组计算负荷的确定；掌握单相用设备组等效三相负荷的计算。

【知识准备】

单相设备组等效三相负荷的计算

1. 单相设备接于相电压时的等效三相负荷计算

单相设备接于相电压时等效三相设备容量 P_e 应按最大负荷相所接单相设备容量 $P_{e.m\varphi}$ 的三倍计算，即

$$P_e = 3P_{e.m\varphi} \tag{2-24}$$

其等效三相计算负荷则按前述需要系数法计算。

2. 单相设备接于线电压时的三相负荷计算

由于容量为 $P_{e.\varphi}$ 的单相设备在线电压上产生的电流 $I = P_{e.\varphi}/(U\cos\varphi)$，此电流应与等效三相设备容量产生的电流相等，因此其等效三相设备容量为

$$P_e = \sqrt{3}P_{e.\varphi} \tag{2-25}$$

3. 单相设备分别接于线电压和相电压时的负荷计算

首先应将接于线电压的单相设备容量换算为接于相电压的设备容量，然后分相计算各相的设备容量与计算负荷。总的等效三相有功计算负荷为其最大有功负荷相的有功计算负荷 $P_{30.m\varphi}$ 的三倍，即

$$P_{30} = 3P_{30.m\varphi} \tag{2-26}$$

总的等效三相无功计算负荷为最大负荷的无功计算负荷 $Q_{30.m\varphi}$ 的三倍，即

$$Q_{30} = 3Q_{30.m\varphi} \tag{2-27}$$

关于将接于线电压的单相设备容量换算为接于相电压的设备容量的问题，可按照以下换算公式进行换算：

A 相
$$P_A = p_{AB-A}P_{AB} + p_{CA-A}P_{CA} \tag{2-28}$$

$$Q_A = q_{AB-A}P_{AB} + q_{CA-A}P_{CA} \tag{2-29}$$

B 相
$$P_B = p_{BC-B}P_{BC} + p_{AB-B}P_{AB} \tag{2-30}$$

$$Q_B = q_{BC-B}P_{BC} + q_{AB-B}P_{AB} \tag{2-31}$$

C 相

$$P_C = p_{CA-C}P_{CA} + p_{BC-C}P_{BC} \tag{2-32}$$

$$Q_C = q_{CA-C}P_{CA} + q_{BC-C}P_{BC} \tag{2-33}$$

式中，P_{AB}、P_{BC}、P_{CA} 分别为接于 AB、BC、CA 相间的有功设备容量；P_A、P_B、P_C 分别换算为 A、B、C 相的有功设备容量；Q_A、Q_B、Q_C 分别换算为 A、B、C 相的无功设备容量：p_{AB-A}、q_{AB-A}、…分别为接于 AB、…等相间的设备容量换算为 A、…等相设备容量的有功和无功功率换算因数，见表 2-5。

表 2-5 相间负荷换算为相负荷的功率换算因数

功率换算因数	负荷功率因数								
	0.35	0.4	0.5	0.6	0.65	0.7	0.8	0.9	1.0
p_{AB-A}，p_{BC-B}，p_{CA-C}	1.27	1.17	1.0	0.89	0.84	0.8	0.72	0.64	0.5
p_{AB-B}，p_{BC-C}，p_{CA-A}	−0.27	−0.17	0	0.11	0.16	0.2	0.28	0.36	0.5
q_{AB-A}，q_{BC-B}，q_{CA-C}	1.05	0.86	0.58	0.38	0.3	0.22	0.09	−0.05	−0.29
q_{AB-B}，q_{BC-C}，q_{CA-A}	1.63	1.44	1.16	0.96	0.88	0.8	0.67	0.53	0.29

例 2-5 如图 2-6 所示的 220/380V 三相四线制线路，接有 220V 单相电热干燥箱 4 台，其中 2 台 10kW 接于 A 相，1 台 30kW 接于 B 相，1 台 20kW 接于 C 相。此外接有 380V 单相电焊机 4 台，其中 2 台 14kW（$\varepsilon = 100\%$）接于 AB 相间，1 台 20kW（$\varepsilon = 100\%$）接于 BC 相间，1 台 30kW（$\varepsilon = 60\%$）接于 CA 相间。试求此线路的计算负荷。

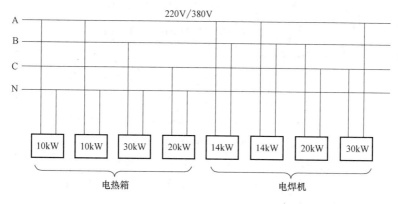

图 2-6 例 2-5 电路

解：（1）电热干燥箱的各相计算负荷

查附表 1 得 $K_d = 0.7$，$\cos\varphi = 1$，$\tan\varphi = 0$，因此只需计算其有功计算负荷：

A 相

$$P_{30.A(1)} = K_d P_{e.A} = 0.7 \times 2 \times 10\text{kW} = 14\text{kW}$$

B 相

$$P_{30.B(1)} = K_d P_{e.B} = 0.7 \times 1 \times 30\text{kW} = 21\text{kW}$$

C 相

$$P_{30.C(1)} = K_d P_{e.C} = 0.7 \times 1 \times 20\text{kW} = 14\text{kW}$$

（2）电焊机的各相计算负荷

先将接于 CA 相间的 30kW（$\varepsilon = 60\%$）换算至 $\varepsilon = 100\%$ 的容量，即 $P_{CA} = \sqrt{0.6} \times 30\text{kW} = 23\text{kW}$。

查附表 1 得 $K_d = 0.35$，$\cos\varphi = 0.7$，$\tan\varphi = 1.02$；再由表 2-5 查得 $\cos\varphi = 0.7$ 的功率转换系数为

$$p_{AB-A} = p_{BC-B} = p_{CA-C} = 0.8, p_{AB-B} = p_{BC-C} = p_{CA-A} = 0.2$$

$$q_{AB-A} = q_{BC-B} = q_{CA-C} = 0.22, q_{AB-B} = q_{BC-C} = q_{CA-A} = 0.8$$

因此，各相的有功和无功设备容量为

A 相
$$P_A = 0.8 \times 2 \times 14kW + 0.2 \times 23kW = 27kW$$
$$Q_A = 0.22 \times 2 \times 14kvar + 0.8 \times 23kvar = 24.6kvar$$

B 相
$$P_B = 0.8 \times 20kW + 0.2 \times 2 \times 14kW = 21.6kW$$
$$Q_B = 0.22 \times 20kvar + 0.8 \times 2 \times 14kvar = 26.8kvar$$

C 相
$$P_C = 0.8 \times 23kW + 0.2 \times 20kW = 22.4kW$$
$$Q_C = 0.22 \times 23kvar + 0.8 \times 20kvar = 21.1kvar$$

各相的有功和无功计算负荷为

A 相
$$P_{30.A(2)} = 0.35 \times 27kW = 9.45kW$$
$$Q_{30.A(2)} = 0.35 \times 24.6kvar = 8.61kvar$$

B 相
$$P_{30.B(2)} = 0.35 \times 21.6kW = 7.56kW$$
$$Q_{30.B(2)} = 0.35 \times 26.8kvar = 9.38kvar$$

C 相
$$P_{30.C(2)} = 0.35 \times 22.4kW = 7.84kW$$
$$Q_{30.C(2)} = 0.35 \times 21.1kvar = 7.39kvar$$

（3）各相总的有功和无功计算负荷

A 相
$$P_{30.A} = P_{30.A(1)} + P_{30.A(2)} = 14kW + 9.45kW = 23.5kW$$
$$Q_{30.A} = Q_{30.A(1)} + Q_{30.A(2)} = 0 + 8.61kvar = 8.61kvar$$

B 相
$$P_{30.B} = P_{30.B(1)} + P_{30.B(2)} = 21kW + 7.56kW = 28.6kW$$
$$Q_{30.B} = Q_{30.B(1)} + Q_{30.B(2)} = 0 + 9.38kvar = 9.38kvar$$

C 相
$$P_{30.C} = P_{30.C(1)} + P_{30.C(2)} = 14kW + 7.84kW = 21.8kW$$
$$Q_{30.C} = Q_{30.C(1)} + Q_{30.C(2)} = 0 + 7.39kvar = 7.39kvar$$

（4）总的等效三相计算负荷

因 B 相的有功计算负荷很大，故取 B 相计算其等效三相计算负荷，由此可得

$$P_{30} = 3P_{30.B} = 3 \times 28.6kW = 85.8kW$$

$$Q_{30} = 3P_{30.B} = 3 \times 9.38kvar = 28.1kvar$$

$$S_{30} = \sqrt{85.8^2 + 28.1^2}\,kvar = 90.3kvar$$

$$I_{30} = \frac{90.3kVA}{\sqrt{3} \times 0.38kV} = 137A$$

【任务实施】

根据任务 2 中得出的相关数据信息，完成机械厂组装车间一线路单相用电设备的计算负荷和设备容量。

姓名		专业班级		学号	
任务内容及名称					

1. 任务实施目的	2. 任务完成时间:0.5学时

3. 任务实施内容及方法步骤

4. 分析结论

指导教师评语(成绩)

年　月　日

【任务总结】

通过本任务的学习，让学生能准确说出在何种情况下单相用电设备容量需要换算为等效的三相用电设备，能正确估算单相用电设备的容量，能应用需要系数法或二项式法正确对单相用电设备等效换算成三相负荷。

任务4　工厂计算负荷及年耗电量的计算

【任务导读】

工厂计算负荷是选择工厂电源进线及主要电气设备包括主变压器的基本依据，也是计算工厂功率因数和无功补偿容量的基本依据。通过前面任务2和任务3，我们完成了机械厂组装车间三相用电设备和单相用电设备的计算负荷的确定，本任务根据【项目导入】给出数据信息，完成机械厂总的计算负荷的确定及年耗电量的计算。

【任务目标】

1. 机械厂总的计算负荷的确定。

2. 机械厂年耗电量的计算。

【任务分析】

确定工厂计算负荷的方法很多，首先学习常用确定工厂负荷的方法，然后根据前面任务完成的结果确定防爆电器厂总的计算负荷及年耗电量。

【知识准备】

一、工厂计算负荷的确定

确定工厂计算负荷的方法很多，可按具体情况选用。

（一）按需要系数法确定工厂计算负荷

将全厂用电设备的总容量 P_e（不计备用设备容量）乘上一个需要系数 K_d，即得全厂的有功计算负荷，即

$$P_{30} = P_e K_d \qquad (2\text{-}34)$$

附表 1 列出部分工厂的需要系数值，供参考。

全厂的无功计算负荷、视在计算负荷和计算电流，可分别按式（2-11）、式（2-12）和式（2-13）计算。

（二）按年产量估算工厂计算负荷

将工厂年产量 A 乘上单位产品耗电量 a，就可得到工厂全年耗电量为

$$W_a = Aa \qquad (2\text{-}35)$$

各类工厂的单位产品耗电量可由有关设计手册或根据实测资料确定，亦可查有关设计手册。

在求得工厂的年耗电量 W_a 后，除以工厂的年最大负荷利用小时 T_{max}，就可求出工厂的有功计算负荷为

$$P_{30} = \frac{W_a}{T_{max}} \qquad (2\text{-}36)$$

其他计算负荷 P_{30}、Q_{30} 和 I_{30} 的计算，与上述需要系数法相同。

（三）按逐级计算法确定工厂计算负荷

如图 2-7 所示，工厂的计算负荷（这里举有功负荷为例）$P_{30(1)}$，应该是高压母线上所有高压配电线路计算负荷之和，再乘上一个同时系数。高压配电线路的计算负荷 $P_{30(2)}$，应该是该线路所供车间变电所低压侧的计算负荷 $P_{30(3)}$，加上变压器的功率损耗 ΔP_T 和高压配电线路的功率损耗 ΔP_{WL}……，如此逐级计算即可求得供电系统中所有元器件的计算负荷。但对一般供电系统来说，由于高低压配电线路一般不很长，因此在确定计算负荷时其线路损耗往往略去不计。

在负荷计算中，新型低损耗电力变压器如 S9、SC9 等的功率损耗可按下列简化公式近似计算：

有功损耗　　$\Delta P_T \approx 0.01 S_{30}$　　　(2-37)

无功损耗　　$\Delta Q_T \approx 0.05 S_{30}$　　　(2-38)

式中，S_{30} 为变压器二次侧的视在计算负荷。

（四）工厂的功率因数、无功补偿及补偿后工厂的计算负荷

1. 工厂的功率因数

（1）瞬时功率因数　瞬时功率因数可由相位表（功率因数表）直接测出，或由功率表、电压表和电

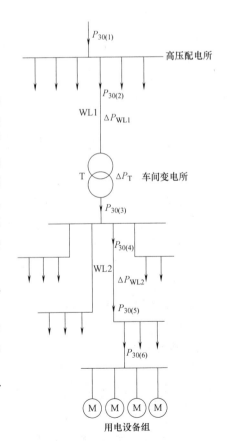

图 2-7　工厂供电系统中各部分的计算负荷和功率损耗（只示出有功部分）

流表的读数通过下式求得（间接测量）：

$$\cos\varphi = \frac{P}{\sqrt{3}\,UI} \qquad (2-39)$$

式中，P 为功率表测出的三相有功功率读数（kW）；U 为电压表测出的线电压读数（kV）；I 为电流表测出的电流读数（A）。

瞬时功率因数可用来了解和分析工厂或设备在生产过程中某一时间的功率因数值，借以了解当时的无功功率变化情况，研究是否需要和如何进行无功补偿的问题。

（2）平均功率因数　平均功率因数亦称加权平均功率因数，按下式计算：

$$\cos\varphi = \frac{W_{\mathrm{p}}}{\sqrt{W_{\mathrm{p}}^2 + W_{\mathrm{q}}^2}} = \frac{1}{\sqrt{1 + \left(\dfrac{W_{\mathrm{q}}}{W_{\mathrm{p}}}\right)^2}} \qquad (2-40)$$

式中，W_{p} 为某一段时间（通常取一月）内消耗的有功电能，由有功电能表读取；W_{q} 为某一段时间（通常取一月）内消耗的无功电能，由无功电能表读取。

我国供电企业每月向用户计取电费，就规定电费要按月平均功率因数的高低进行调整。如果平均功率因数高于规定值，可减收电费；而低于规定值，则要加收电费，以鼓励用户积极设法提高功率因数，降低电能损耗。

（3）最大负荷时功率因数　最大负荷时功率因数指在最大负荷即计算负荷时的功率因数，按下式计算：

$$\cos\varphi = \frac{P_{30}}{S_{30}} \qquad (2-41)$$

《供电营业规则》规定：用户在当地供电企业规定的电网高峰负荷时的功率因数应达到下列规定："100kVA 及以上高压供电的用户功率因数为 0.90 以上。其他电力用户和大、中型电力排灌站、趸购转售企业，功率因数为 0.85 以上"，凡功率因数未达到上述规定的，应增添无功补偿装置，通常采用并联电容器进行补偿。这里所指功率因数，即为最大负荷时功率因数。

2. 无功功率补偿

工厂中由于有大量的感应电动机、电焊机、电弧炉及气体放电灯等感性负荷，还有感性的电力变压器，从而使工厂的功率因数降低。如果在充分发挥设备潜力、改善设备运行性能、提高其自然功率因数的情况下，尚达不到规定的功率因数要求时，则需要考虑增设无功功率补偿装置。

图 2-8 表示功率因数的提高与无功功率和视在功率变化的关系。假设功率因数由 $\cos\varphi$ 提高到 $\cos\varphi'$，这时在用户需用的有功功率 P_{30} 不变的条件下，无功功率将由 Q_{30} 减小到 Q'_{30}，视在功率将由 S_{30} 减小到 S'_{30}。相应地，负荷电流 I_{30} 也将有所减小，这将使系统的电能损耗和电压损耗相应降低，既节约了电能，又提高了电压质量，而且可选择较小容量的供电设备和导线电缆，因此提高功率因数对供电系统大有好处。

由图 2-8 可知，要使功率因数由 $\cos\varphi$ 提高到 $\cos\varphi'$，必须装设无功补偿装置（并联电容器），其容量为

$$Q_{\mathrm{C}} = Q_{30} - Q'_{30} = P_{30}(\tan\varphi - \tan\varphi') \qquad (2-42)$$

或
$$Q_C = \Delta q_c P_{30} \qquad (2\text{-}43)$$

式中，Δq_c 为无功补偿率（或比补偿量），$\Delta q_c = \tan\varphi - \tan\varphi'$，表示要使 1kW 的有功功率由 $\cos\varphi$ 提高到 $\cos\varphi'$ 所需的无功补偿容量 kvar 值。

并联电容器的无功补偿率，可利用补偿前和补偿后的功率因数直接查得。

在确定了总的补偿容量后，即可根据所选并联电容器的单个容量 q_c 来确定电容器个数，即

$$n = \frac{Q_C}{q_c} \qquad (2\text{-}44)$$

部分常用的并联电容器的主要技术数据，如附表 5 所列。

由上式计算所得的电容器个数 n，对于单相电容器（其全型号后面标"1"者）来说，应取 3 的倍数，以便三相均衡分配。

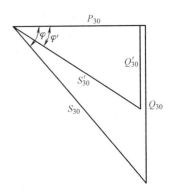

图 2-8 功率因数提高与无功功率、
视在功率变化的关系

3. 无功补偿后的工厂计算负荷

工厂（或车间）装设了无功补偿装置以后，总的计算负荷 P_{30} 不变，而总的无功计算负荷应扣除无功补偿容量，即总的无功计算负荷为

$$Q'_{30} = Q_{30} - Q_C \qquad (2\text{-}45)$$

总的视在计算负荷为

$$S_{30} = \sqrt{P_{30}^2 + (Q_{30} - Q_C)^2} \qquad (2\text{-}46)$$

由式（2-46）可以看出，在变电所低压侧装设了无功补偿装置以后，由于低压侧总的视在负荷减小，从而可使变电所主变压器容量选得小一些，这不仅可降低变电所的初投资，而且可减少工厂的电费开支，因为我国供电企业对工业用户是实行的"两部电费制"：一部分叫基本电费，按所装设的主变压器容量来计费，规定每月按容量大小（kVA）交纳电费，容量越大，交纳的电费也越多，容量减小了，交纳的电费就减少了；另一部分叫电能电费，按每月实际耗用的电能（kWh）来计算电费，并且要根据月平均功率因数的高低乘一个调整系数。凡月平均功率因数高于规定值的，可减交一定百分率的电费。由此可见，提高工厂功率因数不仅对整个电力系统大有好处，而且对工厂本身也是有一定经济实惠的。

例 2-6 某厂拟建一降压变电所，装设一台主变压器。已知变电所低压侧有功计算负荷为 650kW，无功计算负荷为 800kvar。为了使工厂变电所高压侧的功率因数不低于 0.9，如在低压侧装设并联电容器进行补偿时，需装设多少补偿容量？补偿前后工厂变电所所选主变压器容量有何变化？

解：（1）补偿前应选变压器的容量和功率因数

变压器低压侧的视在计算负荷为

$$S_{30(2)} = \sqrt{650^2 + 800^2}\,\text{kVA} = 1031\text{kVA}$$

主变压器容量的选择条件为 $S_{NT} > S_{30(2)}$，因此在未进行无功补偿时，主变压器容量应选为 1250kVA。

这时变电所低压侧的功率因数为

$$\cos\varphi_{(2)} = 650/1031 = 0.63$$

（2）无功补偿容量

按规定变电所高压侧的 $\cos\varphi \geqslant 0.9$，考虑到变压器的无功功率损耗 ΔQ_T 远大于其有功损耗 ΔP_T，一般 $\Delta Q_T = (4 \sim 5)\Delta P_T$，因此在变压器低压侧进行无功补偿时，低压侧补偿后的功率因数应略高于 0.9，这里取 $\cos\varphi'_{(2)} = 0.92$。

要使低压侧功率因数由 0.63 提高到 0.92，低压侧需装设的并联电容器容量为

$$Q_C = 650 \times (\tan\arccos0.63 - \tan\arccos0.92)\text{kvar} = 525\text{kvar}$$

取

$$Q_C = 530\text{kvar}$$

（3）补偿后的变压器容量和功率因数

补偿后变电所低压侧的视在计算负荷为

$$S'_{30(2)} = \sqrt{650^2 + (800-530)^2}\text{kVA} = 704\text{kVA}$$

因此补偿后变压器容量可改选为 800kVA，比补偿前容量减少 450kVA。

变压器的功率损耗为

$$\Delta P_r \approx 0.01 \times S'_{30(2)} = 0.01 \times 704\text{kVA} = 7\text{kW}$$

$$\Delta Q_r \approx 0.05 \times S'_{30(2)} = 0.05 \times 704\text{kVA} = 35\text{kvar}$$

变电所高压侧的计算负荷为

$$P'_{30(1)} = 650\text{kW} + 7\text{kW} = 657\text{kW}$$

$$Q'_{30(1)} = (800-530)\text{kvar} + 35\text{kvar} = 305\text{kvar}$$

$$S'_{30(1)} = \sqrt{657^2 + 305^2}\text{kVA} = 724\text{kVA}$$

补偿后工厂的功率因数 $\cos\varphi' = P'_{30(1)}/S'_{30(1)} = 657/724 = 0.907$，满足要求。

由此例可以看出，采用无功补偿来提高功率因数能使工厂取得客观的经济效益。

二、工厂年耗电量的计算

工厂的年耗电量可用工厂的年产量和单位产品耗电量进行估算，如式（2-35）所示。

工厂年耗电量较精确的计算，可利用工厂的有功和无功计算负荷 P_{30} 与 Q_{30}，即

年有功电能损耗量：$W_{p.a} = \alpha P_{30} T_a$

年无功电能损耗量：$W_{q.a} = \beta Q_{30} T_a$

式中，α 为年平均有功负荷系数，一般取 $0.7 \sim 0.75$；β 为年平均无功负荷系数，一般取 $0.76 \sim 0.82$；T_a 为年实际工作小时数，按每周 5 个工作日计，一班制可取 2000h，两班制可取 4000h，三班制可取 6000h。

例 2-7　假设例 2-6 所示工厂为两班制生产，试计算其年电能消耗量。

解：按式（2-47）和式（2-48）计算，取 $\alpha = 0.7$，$\beta = 0.8$，$T_a = 4000\text{h}$，得

工厂年有功耗电量为

$$W_{p.a} = 0.7 \times 661\text{kW} \times 4000\text{h} = 1.85 \times 10^6\text{kWh}$$

工厂年无功耗电量为

$$W_{q.a} = 0.8 \times 312\text{kvar} \times 4000\text{h} = 0.998 \times 10^6\text{kvarh}$$

【任务实施】

根据【项目导入】中给出的相关数据信息，完成机械厂总的用电设备的计算负荷和设

备容量的计算，并讨论交流。

姓名		专业班级		学号	
任务内容及名称					
1. 任务实施目的			2. 任务完成时间：1 学时		
3. 任务实施内容及方法步骤					
4. 分析结论					
指导教师评语（成绩）				年 月 日	

【任务总结】

通过本任务的学习，能正确应用各种方法对工厂计算负荷进行估计；能正确对工厂年耗电量进行计算和来年的耗电量进行预估。

项目实施辅导

通过前面的学习，进行电力负荷计算主要采用的方法有需要系数法和二项式系数法。结合本工程的实际情况，选用需要系数法计算电力负荷。

一、机械厂电力负荷计算的思路

工厂供配电系统负荷计算的步骤应从负载端开始，逐级上推，到电源进线端为止。首先确定各用电设备的用电容量，然后将用电设备按需要系数表上的分类方法分成若干组，进行用电设备组的负荷计算；将配电干线上各用电设备组的计算负荷相加后乘以最大负荷同时系数，即得配电干线上的计算负荷；采用同样的方法确定车间变电所低压母线上的计算负荷，根据低压母线的计算负荷就可以选择电力变压器、低压侧主开关和低压母线等，由于低压配电线路一般不长，线路的功率损耗可略去不计。

二、机械厂电力负荷计算的步骤

1. 先求各组的计算负荷

单组的有功计算负荷：$P_C = K_d \sum_{i=1}^{n} P_{Ni}$

单组的无功计算负荷：$Q_C = P_C \tan\varphi$

单组的视在计算负荷：$S_C = \sqrt{P_C^2 + Q_C^2}$

单组的计算电流：$I_C = \dfrac{S_C}{\sqrt{3}\,U_r}$

2. 再求总的计算负荷（K_Σ 为同时系数）

总的有功计算负荷：$P_C = K_\Sigma K_d \sum\limits_{i=1}^{n} P_{Ni}$

总的无功计算负荷：$Q_C = K_\Sigma P_C \tan\varphi$

以上两式中的 $\sum\limits_{i=1}^{n} P_{Ni}$ 和 $P_C \tan\varphi$ 分别表示所有各组设备的有功和无功计算负荷之和。

总的视在计算负荷：$S_C = \sqrt{P_C^2 + Q_C^2}$

总的负荷电流：$I_C = \dfrac{S_C}{\sqrt{3}\,U_r}$

三、机械厂配电系统负荷计算的确定

结合本工程的实际情况，按照上述计算负荷的步骤，确定电力负荷见表2-6。

表2-6　某机械厂各车间负荷计算

用电单位名称	设备容量/kW	需要系数	功率因数	有功功率/kW	无功功率/kvar	视在功率/kVA	计算电流/A
铸钢车间	1500	0.40	0.65	1200	1403	1846	2797
铸铁车间	1000	0.4	0.70	800	816	1143	1732
热处理车间	750	0.60	0.70	900	918	1286	1948
组装车间	1000	0.42	0.72	420	405	583	883
机修车间	500	0.25	0.60	250	333	536	812
氧气站	600	0.85	0.80	510	383	638	967
乙炔站	90	0.74	0.90	67	32	74	112
危险品仓库	10	0.91	0.90	9	5	10	15
五金仓库	10	0.71	0.88	7	4	8	12
成品仓库	20	0.86	0.79	17	13	21	32
办公大楼	50	0.85	0.90	43	21	48	73
合计	5530	0.49	0.71	2648	2597	3787	5738

乘以同时系数，得出电力负荷数据见表2-7。

表2-7　某机械厂电力负荷计算

有功同时系数（k_1）	无功同时系数（k_2）	有功功率/kW	同时无功功率/kvar	视在功率/kVA	计算电流/A
0.90	0.90	2383	2337	3338	5058

根据供电部门提供的有关规定，工业企业平均功率因数如果达不到要求，需进行无功功率的补偿。

$$\tan\varphi 1 = \tan(\arccos 0.71) = 0.9918$$

$$tan\varphi_2 = \tan(\arccos 0.90) = 0.4843$$

需要补偿的容量为

$$Q_{cc} = P_C(\tan\varphi_1 - \tan\varphi_2) = 2383 \times (0.9918 - 0.4843)\,kvar = 1210\,kvar$$

因为是功率自动补偿装置，是通过投切电容器随时调整的，考虑三相均衡分配应装设15个，每相5个，每个容量为100kvar，自动补偿的容量应该为1500kvar。

补偿电容器的型号为 BWF10.5-100-1W（型号中字母含义：B　并联电容器；W　十二烷基苯；F　纸、薄膜复合；W　户外型）。

补偿后实际平均功率因数为

$$\cos\varphi_{av} = \frac{P_{av}}{S_{av}} = \frac{P_{av}}{\sqrt{P_{av}^2 + (P_{av}\tan\varphi_{av1} - Q_{cc})^2}} = \frac{2383}{2526} = 0.94$$

补偿后实际计算负荷见表2-8。

表2-8　功率补偿表

补偿前功率因数	补偿后功率因数	无功补偿容量/kvar	实际补偿容量/kvar	补偿后计算有功功率/kW	补偿后计算无功功率/kvar	补偿后计算视在功率/kVA	补偿后计算电流/A
0.71	0.90	1210	1500	2383	837	2526	2827

思考题与习题

1. 电力负荷按重要程度分为哪几级？各级负荷对供电电源有什么要求？

2. 工厂用电设备按其工作机制分为哪几类？什么叫负荷持续率？表征哪些设备工作特性？

3. 什么叫最大负荷利用小时？什么叫年最大负荷和年平均负荷？什么叫负荷系数？

4. 什么叫计算负荷？计算负荷为何通常采用半小时最大负荷？正确确定负荷有何意义？

5. 确定计算负荷的需要系数法和二项式法有什么特点？各适合哪些场合？

6. 在确定多组用电设备总的视在计算负荷和计算电流时，可否将各组的视在计算负荷和计算电流相加来求？为什么？应如何正确计算？

7. 在接有单相用电设备的三相线路中，什么情况下可将单相设备与三相设备综合按三相负荷的方法来确定计算负荷？

8. 什么叫平均功率因数和最大负荷时功率因数？各如何计算？各有何用途？

9. 为什么进行无功功率补偿？如何确定补偿容量？

10. 什么叫尖峰电流？如何计算单台设备和多台设备的尖峰电流？

11. 已知某一电器开关制造工厂用电设备的总容量为4500kW，线路电压为380V，试估算该厂的计算负荷（需要系数 $K_d = 0.35$、功率因数 $\cos\varphi = 0.75$、$\tan\varphi = 0.88$）。

12. 已知某机修车间金属切削机床组，拥有380V的三相电动机7.5kW 3台，4kW 8台，3kW 17台，1.5kW 10台（需要系数 $K_d = 0.2$、功率因数 $\cos\varphi = 0.5$、$\tan\varphi = 1.73$）。试求计算负荷。

13. 某机修车间380V线路上，接有金属切削机床电动机20台共50kW（其中较大容量电动机有7.5kW 1台，4kW 3台，2.2kW 7台；需要系数 $K_d = 0.2$、功率因数 $\cos\varphi = 0.5$、

$\tan\varphi = 1.73$），通风机 2 台共 3kW（需要系数 $K_d = 0.8$、功率因数 $\cos\varphi = 0.8$、$\tan\varphi = 0.75$），电阻炉 1 台 2kW（需要系数 $K_d = 0.7$、功率因数 $\cos\varphi = 1$、$\tan\varphi = 0$），同时系数 $K_{\Sigma p} = 0.95$，$K_{\Sigma q} = 0.97$，试计算该线路上的计算负荷。

14. 某动力车间 380V 线路上，接有金属切削机床电动机 20 台共 50kW，其中较大容量电动机有 7.5kW 1 台，4kW 3 台，$b = 0.14$、$c = 0.4$、$x = 3$、$\cos\varphi = 0.5$、$\tan\varphi = 1.73$。试求计算负荷。

15. 某机修车间 380V 线路上，接有金属切削机床电动机 20 台共 50kW，其中较大容量电动机有 7.5kW 1 台，4kW 3 台，2.2kW 7 台，$b = 0.14$、$c = 0.4$、$x = 5$、$\cos\varphi = 0.5$、$\tan\varphi = 1.73$。试求计算负荷。

项目3　短路电流计算

【项目导入】

某新建机械厂，拟建设一个 10kV 降压变电所，变电所主接线一、二次侧均采用单母线分段。线路实际运行时，采用了单母线分段联络，双电源分列运行的主接线形式。又因为两路 10kV 高压母线联络非经过特殊许可的，一般只能作手动操作分、合高压断路器；而在低压侧 220/380V 配电系统母线上采用高性能低压断路器作自投、互投、自复装置，系统回路设置过电流、短路、失电压、过电压保护。

对于新建变电所，就需要选择变压器及线路出线保护设备，为此需要计算各线路短路电流的大小，以确定保护电流动作值继而选择继电保护设备。

供配电系统中的短路，是指相导体之间或相导体与地之间不通过负载阻抗而发生的电气连接，是系统常见的故障之一。

进行短路电流计算的原因如下：

1）校验系统设备能否承受可能发生的最严重短路。

2）作为设置短路保护的依据。

3）可通过短路电流大小判断系统电气联系的紧密程度，作为评价各种接线方案的依据之一。

系统发生短路的主要原因是系统中某一部位的绝缘遭到破坏。绝缘遭到破坏的原因有很多，根据长期的事故统计分析，主要有以下一些原因：

1）雷击或高电压侵入。

2）绝缘老化或外界机械损伤。

3）误操作。

4）动、植物造成的短路。

对中性点接地系统，可能发生的短路类型有三相短路、两相短路、单相短路和两相接地短路，后者是指两根相线和大地三者之间的短路。单相短路有相线与中性线间的短路，也有相线直接与大地之间的短路，这时的单相短路又称单相接地短路。

对中性点不接地系统，可能发生的短路类型有三相短路和两相短路。另外，异相接地也应算作一种特殊类型的短路，它是指有两相分别接地，但接地点不在同一位置而形成的相间短路。

据统计，从短路发生的类型来看，单相短路或接地的发生率最高；从短路发生的部位来看，线路上发生的短路或接地的比例最大。我国在中压系统中采用中性点不接地系统，主要就是为了避免单相接地造成的停电。

短路计算分最小、最大运行方式两种计算。

为确定系统短路电流，就需要理解掌握电力系统短路的类型和原因，通过对短路过程的分析，得出短路后短路电流的变化规律，进一步得到短路电流的计算方法。

【项目目标】

专业能力目标	短路后短路电流的变化过程
方法能力目标	短路电流的计算
社会能力目标	培养学生分析问题、解决问题的应变能力

【主要任务】

任务	工作内容	计划时间	完成情况
1	短路概述		
2	无限大容量供电系统三相短路分析		
3	无限大容量供电系统三相短路电流的计算		
4	两相和单相短路电流的计算		
5	短路电流的效应和稳定度校验		

任务1　短路概述

【任务导读】

某大型煤矿，当班操作员反映一二线煤磨系统掉电，电气人员来到电力室发现煤磨变压器跳停，高压柜分闸，综保显示故障，随即速断，经仔细检查发现变压器下属设备低压柜处一二线煤磨照明断路器上端熔断器进线线路短路损坏所致，随即将变压器所属高压柜退出停电挂牌，对损坏线路进行更换，并对整排低压柜母排进行了清灰处理，随即恢复变压器送电。产生短路的原因是什么？还有其他形式的短路故障吗？

【任务目标】

1. 了解短路产生的原因及类型。

2. 熟悉短路所产生的后果。

3. 掌握短路的表示方法和分析方法。

【任务分析】

分析上述短路故障的产生原因，一方面，熔断器上端接线松动，接触电阻增大发热，是致使线路短路的原因；另一方面，照明线路断路器下端负载分布不均，其中一相电流很大，致使熔断器上端发热损坏，导致短路。

短路的危害是十分严重的，因此必须尽力设法消除可能引起短路的一切因素。严格遵守电气设备的运行操作规程，提高设计、安装、检修的质量。选择合理的电气接线图及合理运行方式，使操作简单，杜绝误操作；使变压器和线路分列运行，减少并列回路，从而减小短路电流。另外通过严密的短路电流计算，正确选择电气设备，保证有足够的短路动稳定性和热稳定性；还可以选用可靠的继电保护装置和自动装置，及时切除短路回路，防止事故扩大。

【知识准备】

一、短路概述

（一）短路的原因

工厂供电系统发生短路，究其原因，主要是以下方面：

（1）电气绝缘损坏　这是发生短路故障的主要原因。绝缘损坏可能是绝缘自然老化而损坏，也可能是机械外力造成设备绝缘受损，另外过电压、直接雷击、设备本身质量差、绝缘不够等都有可能使绝缘损坏。

（2）误操作　没有严格依据操作规程的误操作也将造成短路故障，如倒闸操作时带负荷拉开高压隔离开关；检修后未拆接地线接通断路器，或者误将低压设备接上较高电压电路。

（3）鸟兽害　鸟类及蛇鼠等小动物跨越在裸露的不同电位的导体之间，或者咬坏设备和导线电缆的绝缘，都会造成短路事故。

（二）短路的后果

短路后，由于短路回路阻抗远比正常运行负荷时电路阻抗小得多，因此短路电流往往比正常负荷电流大几十倍甚至几百倍。在现代大型电力系统中，短路电流可高达几万安或几十万安。如此大的短路电流将对供电系统造成极大的危害：

1）短路电流产生很大的电动力并使通过短路电流的导体和电气设备的温度急剧上升而造成极大的破坏力。

2）使供电电源母线电压骤降，若电压低于额定电压40%以上，持续时间不小于1s，电动机就有可能停止转动，严重影响设备正常运行。

3）造成停电事故，发生短路后，短路保护装置将动作切除短路，从而使电源终止供电。短路点越靠近电源，短路引起停电范围越大，造成经济损失也越大。

4）损坏供电系统的稳定性，严重的短路故障产生的电压降低可能引起发电机之间并列运行的破坏，造成系统解列。

5）单相接地短路可产生电磁干扰，单相接地短时不平衡电流所产生的电磁干扰，将使附近的通信线路、信号系统及电子设备无法正常运行，甚至发生误动作。

由此可见，短路的危害是十分严重的，因此必须尽力设法消除可能引起短路的一切因素，如严格遵守电气设备的运行操作规程；提高设计、安装、检修的质量。选择合理的电气接线图及合理运行方式，使操作简单杜绝误操作；使变压器和线路分列运行，减少并列回路，从而减小短路电流。另外通过严密的短路电流计算，正确选择电气设备，保证有足够的短路动稳定性和热稳定性；还可以选用可靠的继电保护装置和自动装置，及时切除短路回路，防止事故扩大。

（三）短路的类型

三相系统中短路的基本类型有三相短路、两相短路、单相短路（单相接地短路）和两相接地短路，如图3-1所示，其中，k表示短路状态，$k^{(3)}$、$k^{(2)}$、$k^{(1)}$、$k^{(1.1)}$分别表示三相短路、两相短路、单相短路（或单相接地短路）、两相接地短路。两相接地短路常发生在中性点不接地系统中，两相在同一地点或不同地点同时发生单相接地。在中性点接地系统中单相接地短路将被继电器保护装置迅速切除，因而发生两相接地短路可能性很小。

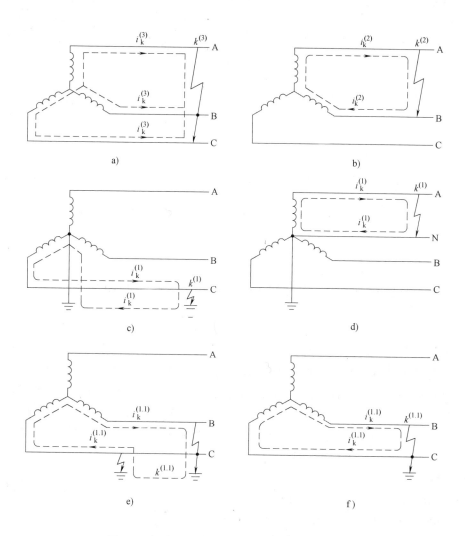

图 3-1　短路的形式（虚线表示短路电流的路径）

a）三相短路　b）两相短路　c）单相接地短路　d）单相短路　e）、f）两相接地短路

上述三相短路属于对称短路，其他形式的短路均属于不对称短路。

运行经验表明，电力系统中发生单相短路的可能性最大，两相短路及两相接地短路次之，三相短路可能性最小。但是三相短路电流最大，造成的危害最为严重。因此电气设备的选择和校验要依据三相短路电流，这样才能确保电气设备在各种短路状态下均能可靠地工作。后面所讲的短路计算也以三相短路为主。

【任务实施】

查阅资料，描述一项电力系统短路故障实例，并分析其短路故障产生的原因。属于哪种形式的短路？

姓名		专业班级		学号	
任务内容及名称					
1. 任务实施目的			2. 任务完成时间:1学时		
3. 任务实施内容及方法步骤					
4. 分析结论					
指导教师评语(成绩)				年 月 日	

【任务总结】

通过本任务的学习,让学生了解了短路的原因主要有电气设备绝缘损坏、有关人员误操作和鸟兽危害事故,短路的形式主要有三相短路、两相短路、单相短路和两相接地短路。

任务2 无限大容量供电系统三相短路分析

【任务导读】

短路后,短路电流数值通常是正常工作电流的十几倍或几十倍甚至更大。当它通过电气设备时,设备温度急剧上升,过热会使绝缘加速老化、损坏;大电流会产生很大的电动力,可使设备的载流部分变形或损坏,选用设备时要考虑它们在短路电流作用下的力稳定性及机械强度。同时由于短路电流在线路上通过也会产生很大的电压损失,离短路点越近的母线,电压下降越厉害,从而影响与该母线连接的电动机或其他设备的正常运行。本任务主要对三相短路后短路电流的变化过程进行分析。

【任务目标】

1. 了解什么是无限大容量电力系统。

2. 掌握无限大容量电力系统发生三相短路的短路过程。

3. 掌握系统发生三相短路后短路电流及电压的变化过程。

4. 掌握各短路物理量的表示方法。

【任务分析】

当系统发生三相短路时,负载和部分线路被短接,短路回路阻抗远比正常回路总阻抗低,而电源电压不变,依据欧姆定律,短路电流会急剧增大。由于短路电路中存在电感,电流不能突变,因此短路电流的变化必然存在一个过渡过程,即短路暂态过程,最后短路电流才达到一个新的稳定状态。

【知识准备】

一、无限大容量电力系统

无限大容量电力系统就是这个系统的容量相对于单个用户(例如工厂)总的用电设备

容量大得多，以至于馈电给用户的电路上无论负荷如何变化甚至发生短路时，系统变电站馈电母线上的电压始终保持基本不变。无限大容量电力系统的特点是系统容量无穷大，母线电压恒定，系统阻抗很小。

一般说来，小工厂的负荷容量相对于现代电力系统是很小的，因此在计算中小工厂供电系统的短路电流时，可以认为电力系统是无限大容量。

二、无限大容量电力系统三相短路过程

图 3-2 所示为一由无限大容量电力系统供电的计算电路图。其中图 3-2a 为三相电路发生三相短路的等效电路。由于三相短路是一对称短路，因而可用图 3-2b 所示的等效单相电路表示。

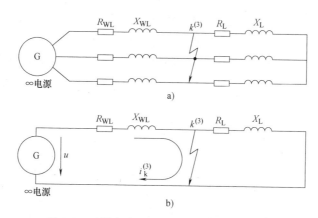

图 3-2　无限大容量电力系统中发生三相短路

系统正常工作时，负荷电流取决于电源电压和回路总阻抗（包括线路阻抗和负载阻抗）。当系统发生三相短路时，负载阻抗和部分线路阻抗被短接，短路回路阻抗远比正常回路总阻抗低，而电源电压不变，依据欧姆定律，短路电流急剧增大。短路电路中存在电感，按照楞次定律，电流不能突变，因此短路电流的变化必然存在一个过渡过程，即短路暂态过程，最后短路电流才达到一个新的稳定状态。

下面就短路电流变化过程简要分析如下：

在图 3-2b 中根据基尔霍夫电压定律有下列方程

$$u = U_m \sin(\omega t + \theta) = i_k R + L \frac{\mathrm{d}i_k}{\mathrm{d}t} \tag{3-1}$$

解这个微分方程可得短路电流瞬时值为

$$i_k = \frac{U_m}{Z} \sin(\omega t + \theta - \varphi_k) + C e^{-\frac{t}{\tau}} = I_{pm} \sin(\omega t + \theta - \varphi_k) + C e^{-\frac{t}{\tau}} \tag{3-2}$$

式中，I_{pm} 为短路电流正弦周期变化分量的幅值；U_m 为电源相电压幅值；Z 为短路回路总阻抗；θ 为电源相电压初相角；φ_k 为短路电流与电源相电压之间的相位角，由于短路电路中感抗 X_L 远大于电阻 R，φ_k 可近似为 90°；C 为常数，其值根据短路初始条件决定；τ 为短路回路的时间常数，$\tau = \frac{L}{R}$。

根据式（3-2）可知，短路电流的全电流是由两部分叠加而成，一部分为呈正弦规律变

化的周期分量 i_p，另一部分为呈指数函数变化的非周期分量 i_{np}，即

$$i_k = i_p + i_{np} \tag{3-3}$$

短路电流周期分量 i_p，是由短路电路的电压和阻抗所决定，在无限大容量系统中，由于电源电压不变，故 i_p 的幅值 I_{pm} 也固定不变。

短路电流非周期分量 i_{np}，主要是由于电路中电感的存在而产生，其衰减快慢与电路中的电阻和电感有关，电阻值越大和电感越小，i_{np} 衰减越快。

可以证明，电路中产生最大短路电流的条件：①电路短路前为空载，即 $i_k(0-) = 0$；②短路回路近似为纯感性电路；③短路瞬间电压恰好通过零点，即 $\theta = 0$，将上述条件代入式（3-3），可得

$$i_k = I_{pm}\sin(\omega t - 90°) + I_{pm}e^{-\frac{t}{\tau}} \tag{3-4}$$

可见，短路后经过半个周期即出现短路全电流的最大瞬时值。

图 3-3 表示无限大容量电力系统发生三相短路时，短路电流为最大相的短路全电流 i_k 和两个分量 i_p 和 i_{np} 的变化曲线，假定电路在 $t = 0$ 时刻发生三相短路，$t = 0$ 以前为正常运行状态。

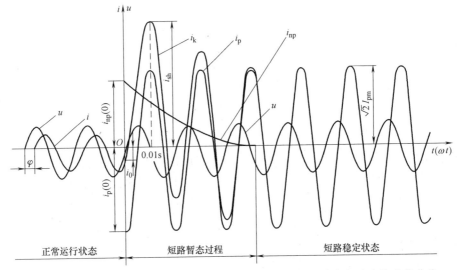

图 3-3　无限大容量电力系统发生三相短路时短路电流为最大相短路电流变化曲线

三、短路有关物理量

1. 短路电流的周期分量

短路电流的周期分量 i_p，出即方程式的特解，它是一按正弦规律变化的周期量，其值在短路过程中自始至终保持不变。由于短路电路的电抗远大于电阻，所以该周期分量 i_p 差不多滞后电压 90°。假若在电压过零时短路，则 i_p 的值瞬间增大到负的幅值，其初始值为：

$$i_p(0_+) = -I_{pm} = -\sqrt{2}I'' \tag{3-5}$$

式中，I'' 是短路次暂态电流的有效值，它是短路后第一个周期内短路电流周期分量 i_p 的有效值。

2. 短路电流的非周期分量

短路电流的非周期分量 i_{np}，也即方程式的通解，它是一按指数规律变化的函数，约经过十个周期后，其非周期分量消亡。假若在电压过零时短路，则 i_{np} 的值瞬间增大到其正的

幅值，其初始值为：

$$i_{np}(0_+) = I_{pm} = \sqrt{2}I''\qquad(3\text{-}6)$$

3. 短路全电流

短路全电流为周期分量与非周期分量之和，或者说是通解与特解之和，即：

$$i_k = i_p + i_{np}\qquad(3\text{-}7)$$

在短路瞬间 $t = 0$ 时刻，由于系统近似纯感性电路，故电流不能突变，这时短路电流的周期分量与非周期分量的初始值大小相等方向相反，所以短路初始电流保持原初始值不变。

4. 短路冲击电流

假若电路在电压过零时短路，则短路电流约经过半个周期（即 $t = 0.01\text{s}$ 时），其瞬时值可达到最大值，该最大值称为短路冲击电流，用 i_{sh} 表示。短路冲击电流的有效值是指短路后第一个周期内短路电流对应的有效值，用 I_{sh} 表示。

在高压电路中（一般指大于 1000V 的电压）发生三相短路时，短路冲击电流及短路冲击电流的有效值一般取：

$$i_{sh} = 2.55I''\qquad(3\text{-}8)$$

$$I_{sh} = 1.51I''\qquad(3\text{-}9)$$

在低压电路中（一般指小于 1000V 的电压）发生三相短路时，可取：

$$i_{sh} = 1.84I''\qquad(3\text{-}10)$$

$$I_{sh} = 1.09I''\qquad(3\text{-}11)$$

5. 短路稳态电流

短路电流非周期分量一般经过十个周期后衰减完毕，短路电流达到稳定状态。这时的短路电流称为短路稳态电流，用 I_∞ 表示。在无限大容量电力系统中，短路电流周期分量的有效值 i_k 在短路全过程中是恒定的。因此有：

$$I_k = I_\infty = I''\qquad(3\text{-}12)$$

【任务实施】

分组讨论无限大容量电力系统发生三相短路的物理过程及有关物理量的内涵

姓名		专业班级		学号	
任务内容及名称					
1. 任务实施目的			2. 任务完成时间：1 学时		
3. 任务实施内容及方法步骤					
4. 分析结论					
指导教师评语（成绩）					
				年　月　日	

【任务总结】

通过本任务的学习，让学生了解无限大容量电力系统发生三相短路的物理过程，知道短路电流周期分量、短路电流非周期分量、短路全电流、短路冲击电流和短路稳态电流等物理量的含义，为进行短路电流计算打下基础。

任务3　无限大容量供电系统三相短路电流的计算

【任务导读】

短路电流的计算方法常用的有欧姆法和标幺制法。欧姆法又称有名单位制法，也是短路电流计算最基本的方法，一般适用于低压短路回路中电压级数少的场所。但在高压短路回路中，电压级数较多，如用欧姆法进行计算时，常常需要折算，非常复杂。标幺制法又称相对单位制法，标幺制法由于采用了相对值，不需折算，运用起来简单迅速，目前在工程设计中被广泛采用。

【任务目标】

1. 采用欧姆法计算短路电流。
2. 采用标幺制法计算短路电流。
3. 短路电流计算各基准量的选取和计算。

【任务分析】

本章重点讲解利用标幺制法进行短路电流的计算与分析，通过对供电系统各元器件的电抗标幺制进行计算，进而计算出短路电流的大小。对欧姆法进行短路电流的计算不进行分析。

【知识准备】

一、概述

进行短路电流计算，首先要绘出计算电路图，如图 3-4 所示。在电路图上将计算所需考虑的各元器件的额定参数都标出来，并将各元器件依次编号，然后确定短路计算点。短路计算点的选择要使得需要进行短路校验的电气元器件有最大可能的短路电流通过。

短路电流计算的方法，常用的有欧姆法和标幺制法。这里仅给出欧姆法计算公式，不做具体阐述。

采用欧姆法计算短路电流的公式为

$$I_k = \frac{U_c}{\sqrt{3} \mid Z_\Sigma \mid} = \frac{U_c}{\sqrt{3} \sqrt{R_\Sigma^2 + X_\Sigma^2}} \tag{3-13}$$

式中，U_c 为短路计算点所在那一级网络的平均额定电压，比额定电压 U_N 高出 5%；$\mid Z_\Sigma \mid$、R_Σ、X_Σ 分别为短路电路的总阻抗、总电阻和总电抗。

二、采用标幺制法进行三相短路电流的计算

1. 标幺值及其基准

某一物理量的标幺值（A^*），是该物理量的实际值（A）与所选定的基准值（A_d）的比值，即

$$A^* = \frac{A}{A_d} \tag{3-14}$$

标幺制法计算短路电流，一般是先选定基准容量 S_d 和基准电压 U_d。工程计算通常取

$S_d = 100MVA$。

基准电压的值取发生短路的那一段线路区间的平均电压作为基准电压，即为短路计算点所在那一级网络的平均额定电压 U_c。$U_d = U_c$，U_c 比额定电压 U_N 高出 5%。

确定了基准容量和基准电压后，根据三相交流系统中的容量、电压、电流、阻抗的关系，基准电流和基准阻抗有以下关系式：

$$I_d = \frac{S_d}{\sqrt{3}\,U_d} \tag{3-15}$$

$$|Z|_d = \frac{U_d}{\sqrt{3}\,I_d} = \frac{U_d^2}{S_d} \tag{3-16}$$

2. 短路回路总阻抗

在计算短路电流时，先应根据供电系统做出计算电路图，根据它对各短路点做出等效电路图，然后利用网络简化规则，将等效电路逐步简化，求出短路回路总阻抗。根据短路回路总阻抗就可进一步求出短路电流。

在高压电路的短路计算中，短路回路总电抗值（X_Σ）远大于总电阻（R_Σ），可以只计电抗不计电阻。只有当短路回路中 $R_\Sigma > \frac{1}{3} X_\Sigma$ 时，才计入电阻。

用标幺值计算总阻抗，需将短路回路中各元器件归算到同一基值条件，才能做出等效电路图，而按网络简化规则求出总阻抗。

图 3-4 所示为几个电压级的电路，图中所标明的电压为各级的平均额定电压（U_{c1}、U_{c2}、U_{c3}），各元器件电抗值分别对应于所在电压级的平均额定电压，如 X_1 对应于 U_{c1}，X_2 和 X_3 对应于 U_{c2}，X_4 对应于 U_{c3}。

求图 3-4 中的短路电流，应将各电抗折算到 U_{c3}。电抗等效核算的条件是元器件的功率损耗不变。因此由 $\Delta Q = \frac{U^2}{X}$ 的关系可知元器件的电抗值是与电压的二次方成正比的，电抗 X 由某一电压级 U_c 折算到另一电压级 U_d 时，有

$$X' = \left(\frac{U_d}{U_c}\right)X \tag{3-17}$$

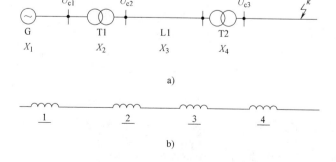

图 3-4　计算电路图与等效电路图

由式（3-17）和图 3-4 得短路点 k 短路回路总阻抗为

$$X_{\Sigma k} = X_1' + X_1' + X_3' + X_4' = \left(\frac{U_{c3}}{U_{c1}}\right)^2 X_1 + \left(\frac{U_{c3}}{U_{c2}}\right)^2 X_2 + \left(\frac{U_{c3}}{U_{c2}}\right)^2 X_3 + X_4 \qquad (3-18)$$

取基值功率为 S_d，基准电压 $U_d = U_{c3}$，则

$$X_d = \frac{S_d}{U_d^2}$$

将式（3-18）两边分别乘以 $\dfrac{U_d}{Y_{c3}}$，则有

$$\frac{S_d}{U_d^2} X_{\Sigma k} = \frac{S_d}{U_{c1}^2} X_1 + \frac{S_d}{U_{c2}^2} X_2 + \frac{S_d}{U_{c2}^2} X_3 + \frac{S_d}{U_{c3}^2} X_4$$

即

$$X_{\Sigma k}^* = X_1^* + X_2^* + X_3^* + X_4^* \qquad (3-19)$$

由式（3-19）可以看出，元器件的电抗标幺值与所选基值功率以及元器件本身所在网络平均额定电压有关，与基值电压（短路计算点所在平均额定电压）无关。在多级电压的高压网络中，计算不同电压等级的各短路点的总阻抗时，用标幺值表示可共用一个等效电路，大大简化计算过程。这就是计算高压网络短路电流时工程设计常用的标幺制法的主要原因。

3. 电力系统主要元器件电抗标幺值

确定短路回路总电抗标幺值，需首先按同一基值求出各主要元器件电抗标幺值。

（1）电力系统的电抗标幺值　对工厂供电系统来说，电源即电力系统的电抗值牵涉的因素较多，并且缺乏数据，不容易准确确定。但是工厂供电系统的最大短路容量受电源出口断路器断流容量限制，电力系统的电抗标幺值可以依据出口断路器断流容量进行估算，且计算出的电抗标幺值结果偏小，使计算出的短路电流偏大，对选择电气设备是有利的。

$$X_s^* = \frac{X_s}{X_d} = \frac{U_c^2}{S_{oc}} \bigg/ \frac{U_d^2}{S_d} = \frac{S_d}{S_{oc}} \qquad (3-20)$$

式中，S_{oc} 为系统出口断路器的断流容量。

（2）电力变压器的电抗标幺值　电力变压器的电抗标幺值依据变压器技术参数所给出的阻抗电压百分数 $U_k\%$ 近似求得

$$X_T^* = \frac{X_T}{X_d} = \frac{U_k\%}{100} \frac{U_c^2}{S_N} \bigg/ \frac{U_d^2}{S_d} = \frac{U_k\% S_d}{100 S_N} \qquad (3-21)$$

（3）电抗器的电抗标幺值　电抗器的电抗标幺值根据电抗器技术参数所给出的电抗百分值 $X_L\%$ 求得

$$X_L^* = \frac{I_c}{I_{NL}} \frac{U_{NL}}{U_c} \frac{X_L\%}{100}$$

式中，I_c 为基准电流，由基准容量 S_d 及电抗器所在网络的平均额定电压 U_c 获得，$I_c = \dfrac{S_d}{\sqrt{3}\, U_c}$；$U_{NL}$、$I_{NL}$ 为电抗器的额定电压与额定电流。

（4）电力线路的电抗标幺值　电力线路的电抗标幺值可由已知截面积和线距的导线或

已知截面积和电压的电缆的单位长度的电抗得到

$$X_{\mathrm{WL}}^{*} = \frac{X_{\mathrm{WL}}}{X_{\mathrm{d}}} = \frac{X_0 l}{U_{\mathrm{d}}^2 / S_{\mathrm{d}}} = \frac{X_0 l S_{\mathrm{d}}}{U_{\mathrm{c}}^2} \tag{3-22}$$

式中，X_0 为导线或电缆的单位长度电抗，可查有关设计手册或产品标本得到，LJ 铝绞线及 LGJ 钢芯铝绞线的 X_0 可查附表 5，户内明敷及穿管的绝缘导线（BLX、BLV）的 X_0 可查附表 5。

如果线路的结构数据不知，可以取导线和电缆电抗平均值，6~10kV 电力线路、架空线路单位长度电抗平均值 X_0 取 $0.38\Omega/\mathrm{km}$。电缆线路单位长度电抗平均值 X_0 取 $0.08\Omega/\mathrm{km}$。

4. 采用标幺制法计算三相短路电流

在忽略短路回路电阻的前提下，无限大容量电力系统三相短路电流周期分量有效值为

$$I_{\mathrm{k}}^{(3)} = \frac{U_{\mathrm{c}}}{\sqrt{3}\,X_{\Sigma}} \tag{3-23}$$

根据标幺值定义，三相短路电流周期分量有效值的标幺值为

$$I_{\mathrm{k}}^{*} = \frac{I_{\mathrm{k}}}{I_{\mathrm{d}}} = \frac{U_{\mathrm{c}}/\sqrt{3}\,X_{\Sigma}}{U_{\mathrm{d}}/\sqrt{3}\,X_{\mathrm{d}}} = \frac{X_{\Sigma}}{X_{\mathrm{d}}} = \frac{1}{X_{\Sigma}^{*}} \tag{3-24}$$

由此在设定基准容量、基准电压得出基准电流的条件下，三相短路电流周期分量有效值采用标幺制法可表示如下：

$$I_{\mathrm{k}}^{(3)} = I_{\mathrm{k}}^{*} \cdot I_{\mathrm{d}} = \frac{I_{\mathrm{d}}}{X_{\Sigma}^{*}} \tag{3-25}$$

求出 $I_{\mathrm{k}}^{(3)}$ 后，就可利用前面公式求出 $I''^{(3)}$、$I_{\infty}^{(3)}$、$i_{\mathrm{sh}}^{(3)}$ 和 $I_{\mathrm{sh}}^{(3)}$，三相短路容量可由下式求出：

$$S_{\mathrm{k}}^{(3)} = \sqrt{3}\,U_{\mathrm{c}} I_{\mathrm{k}}^{(3)} = \sqrt{3}\,U_{\mathrm{c}} \frac{I_{\mathrm{d}}}{X_{\Sigma}^{*}} = \frac{S_{\mathrm{d}}}{X_{\Sigma}^{*}} \tag{3-26}$$

5. 标幺制法短路计算的步骤和示例

按标幺制法进行短路计算的步骤大致如下：

1）绘制短路计算电路图，并根据短路计算目的确定短路计算点。

2）确定标幺值的基准，取 $S_{\mathrm{d}} = 100\mathrm{MVA}$，$U_{\mathrm{d}} = U_{\mathrm{c}}$（有几个电压级就取几个 U_{c}），求出所有基准电压下的 I_{d}。

3）计算短路电路中所有主要元器件的电抗标幺值。

4）绘出短路电路的等效电路图，用分子标明元器件序号或代号，分母用来表明元器件的电抗标幺值，在等效电路图上标出所有短路计算点。

5）分别简化各短路计算点电路，求出总电抗标幺值。

6）计算短路点的三相短路电流周期分量有效值 $I_{\mathrm{k}}^{(3)}$。

7）计算短路点其他短路电流 $I''^{(3)}$、$I_{\infty}^{(3)}$、$i_{\mathrm{sh}}^{(3)}$ 和 $I_{\mathrm{sh}}^{(3)}$ 以及短路点的三相短路容量 $S_{\mathrm{k}}^{(3)}$。

例 3-1　某供电系统如图 3-5 所示。无限大容量电力系统出口断路器 QF 的断流容量为 300MVA，工厂变电所装有两台并列运行的 SL7-800/10 型电力变压器。试用标幺制法计算该变电所 10kV 母线上 k_1 点短路和 380V 母线 k_2 点短路的三相短路电流和短路容量。

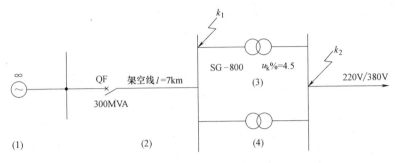

图 3-5 例 3-1 的短路计算电路图

解：（1）确定标幺值的基准

取 $S_d = 100\text{MVA}$，$U_{d1} = U_{c1} = 10.5\text{kV}$，$U_{d2} = U_{c2} = 0.4\text{kV}$，则

$$I_{d1} = \frac{S_d}{\sqrt{3}\,U_{d1}} = \frac{100\text{MVA}}{\sqrt{3}\times 10.5\text{kV}} = 5.50\text{kA}$$

$$I_{d2} = \frac{S_d}{\sqrt{3}\,U_{d2}} = \frac{100\text{MVA}}{\sqrt{3}\times 0.4\text{kV}} = 144\text{kA}$$

（2）计算短路电路中各主要元器件电抗标幺值

1）电力系统的电抗标幺值

$$X_1^* = \frac{S_d}{S_{oc}} = \frac{100}{300} = 0.333$$

2）架空线路的电抗标幺值（X_0 取架空线路的平均值 $0.38\Omega/\text{km}$）

$$X_2^* = X_0 l S_d / U_{c1}^2 = 0.38\times 7\times 100/10.5^2 = 2.413$$

3）电力变压器的电抗标幺值

$$X_3^* = X_4^* = \frac{U_k\% S_d}{100 S_N} = \frac{4.5\times 100}{100\times 0.8} = 5.625$$

（3）绘制短路电路的等效电路图（见图 3-6）。

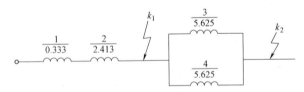

图 3-6 例 3-1 的等效电路图

（4）计算 k_1 点的短路电路总电抗标幺值及三相短路电流和短路容量

1）总电抗标幺值

$$X_{\Sigma(k1)}^* = X_1^* + X_2^* = 0.333 + 2.413 = 2.75$$

2）三相短路电流周期分量有效值

$$I_{k1}^{(3)} = \frac{I_{d1}}{X_{\Sigma(k1)}^*} = \frac{5.50}{2.75}\text{kA} = 2\text{kA}$$

3）其他短路电流

$$I''^{(3)}_{k1} = I^{(3)}_{\infty(k1)} = I^{(3)}_{k1} = 2\text{kA}$$

$$i^{(3)}_{sh(k1)} = 2.55 I''_{k1} = 5.1\text{kA}$$

$$I^{(3)}_{sh(k1)} = 1.51 I''_{k1} = 3.02\text{kA}$$

4）三相短路容量

$$S^{(3)}_{k1} = S_d / X^*_{\Sigma(k1)} = 100\text{MVA}/2.75 = 36.4\text{MVA}$$

（5）计算 k_2 点的短路电路总电抗标幺值及三相短路电流和短路容量

1）总电抗标幺值

$$X^*_{\Sigma(k2)} = X^*_1 + X^*_2 + X^*_3 // X^*_4 = 0.333 + 2.413 + 5.625/2 = 5.559$$

2）三相短路电流周期分量有效值

$$I^{(3)}_{k2} = \frac{I_{d2}}{X^*_{\Sigma(k2)}} = \frac{144}{5.559}\text{kA} \approx 26\text{kA}$$

3）其他短路电流

$$I''^{(3)}_{k2} = I^{(3)}_{\infty(k2)} = I^{(3)}_{k2} = 26\text{kA}$$

$$i^{(3)}_{sh(k2)} = 1.84 I''_{k2} \approx 1.84 \times 26\text{kA} = 47.8\text{kA}$$

$$I^{(3)}_{sh(k2)} = 1.09 I''_{k2} \approx 1.09 \times 26\text{kA} = 28.3\text{kA}$$

4）三相短路容量

$$S^{(3)}_{k2} = S_d / X^*_{\Sigma(k2)} = 100\text{MVA}/5.559 = 18\text{MVA}$$

在工程设计中要列出短路计算表，见表3-1。

表3-1　例3-1短路计算表

短路计算点	短路电流/kA					短路容量/MVA
	$I^{(3)}_k$	$I''^{(3)}$	$I^{(3)}_\infty$	$i^{(3)}_{sh}$	$I^{(3)}_{sh}$	
k_1	2	2	2	5.1	3.02	36.4
k_2	26	26	26	47.8	28.3	18

【任务实施】

试用标幺制法计算【项目介绍】中变电所10kV母线上 k_1 点短路和380V母线 k_2 点短路的三相短路电流和短路容量，试确定短路电流。

姓名		专业班级		学号	
任务内容及名称					
1. 任务实施目的			2. 任务完成时间：1学时		
3. 任务实施内容及方法步骤					
4. 分析结论					
指导教师评语（成绩）				年　月　日	

【任务总结】

通过本任务的学习，让学生能够利用标幺制法进行短路电流的计算与分析，通过对供电系统各元器件的电抗标幺值进行计算，进而计算出短路电流的大小。

任务4 两相和单相短路电流的计算

【任务导读】

两相短路一般发生在三相电力系统中的任意两相之间，其主要短路形式分别为 AB 两相、BC 两相和 AC 两相三种情况。单相短路一般发生在中性点接地的电力系统中，其短路主要分为相线对中性线及相线对地短路两种情况。三相短路电流一般不仅比两相短路电流大，而且也比单相短路电流大。但两相短路电流可能比单相短路电流大，也可能比单相短路电流小，这要看具体短路情况而定。因此为了方便，在计算校验继电保护时，把两相短路电流作为最小的短路电流来进行校验。

【任务目标】

1. 两相短路电流的分析计算。

2. 单相短路电流的分析计算。

3. 各种短路情况下短路电流大小的比较。

【任务分析】

通过对两相短路电流和单相短路电流的分析计算，得出其短路电流的大小，进而与三相短路电流进行比较，得知三相短路电流一般不仅比两相短路电流大，而且也比单相短路电流大；但两相短路电流可能比单相短路电流大，也可能比单相短路电流小，这要看具体短路情况而定。因此为了方便，在计算校验继电保护时，把两相短路电流作为最小的短路电流来进行校验。

【知识准备】

一、两相短路电流的计算

在无限大容量系统中发生两相短路时，其等效化简电路如图 3-7 所示。由电路分析可得两相短路时，其负载阻抗为两相之和，其短路电压为线电压，则短路电流的计算值为

$$I_k^{(2)} = \frac{U_C}{2Z_\Sigma} \tag{3-27}$$

式中，U_C 为短路点计算电压；Z_Σ 为电源到短路点的总等效电抗。

而三相短路电流的大小可由下列公式求得

$$I_k^{(3)} = \frac{U_C}{\sqrt{3}\,Z_\Sigma} \tag{3-28}$$

所以，两相短路电流与三相短路电流之比为

$$\frac{I_k^{(2)}}{I_k^{(3)}} = \frac{\sqrt{3}}{2} = 0.866$$

或

$$I_k^{(2)} = \frac{\sqrt{3}}{2} I_k^{(3)} = 0.866 I_k^{(3)} \tag{3-29}$$

式（3-29）说明，无限大容量电力系统中，

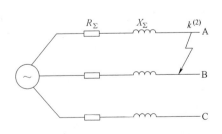

图 3-7 无限大容量系统发生两相短路

同一地点的两相短路电流为三相短路电流的 86.6%，因此在求出三相短路电流后，可利用式（3-29）直接求得两相短路电流。

二、单相短路电流的计算

单相短路一般发生在中性点接地的电力系统中，其短路主要分为相线对中性线及相线对地短路两种情况。

1）若相线对中性线短路，则短路电流的计算式为

$$I_k^{(1)} = \frac{U_C}{2Z_\Sigma} \tag{3-30}$$

式中，U_C 为相电压；若相线与中性线截面积相同，则相线与中性线的阻抗相等，均为 Z_Σ。

2）若相线对地短路，则短路电流的计算式为

$$I_k^{(1)} = \frac{U_C}{Z_\Sigma} \tag{3-31}$$

式中，U_C 为相电压；Z_Σ 为相线与接地阻抗之和。

由以上计算可以看出，若相线对中性线短路，当相线与中性线截面积相同，则阻抗相等（一般三相中性线较相线截面积要小，故阻抗值比相线阻抗值大），但电压为相电压，所以其短路电流较三相短路及两相短路电流都要小。若相线对地短路，一般其接地电阻值都较小，故其短路电流值比两相短路电流值要大些，但要小于三相短路电流值。

【任务实施】

分组讨论两相短路电流和单路短路电流的计算方法以及它们与三相短路电流之间的关系。

姓名		专业班级		学号	
任务内容及名称					
1. 任务实施目的			2. 任务完成时间：1 学时		
3. 任务实施内容及方法步骤					
4. 分析结论					
指导教师评语（成绩） 　　　　　　　　　　　　　　　　　　年　月　日					

【任务总结】

通过本任务的学习，让学生能够了解两相短路电流和单路短路电流的计算方法以及它们与三相短路电流之间的关系。

任务5　短路电流的效应和稳定度校验

【任务导读】

电气设备及导体流经短路电流时，截流部分受短路电流电动力的影响，产生大的机械应力，严重者可使设备及导体扭曲变形造成重大损坏。因此在选择有关电气设备、母线和瓷绝缘子时需进行短路电流的动稳态性校验。

在变配电所中，大多数情况是三相载流导体布置于同一平面内，此时，中间相导体所受力最大。计算载流导体电动力的目的是检验发生短路时，变配电所中的电气设备在承受最大电动力 F_{max} 的冲击时，能保持机械强度上的稳定性。因此，计算最大电动力应按在最不利条件下发生短路，并通过短路冲击电流时的条件进行校验，那么，在其他任何情况下自然能满足要求。

线路从短路发生直至故障有效切除，由于时间很短，该过程可当作绝热过程，短路电流产生的热量未向外发散，全部转化为载流导体的温升，最后达到某一较高的温度。所谓开关设备热稳定校验，就是将这一温度与导体最高允许温度相比，若导体的这一温度低于导体最高允许温度，则载流导体（设备）不致因短路电流发热而损坏，即热稳定校验合格。在工程设计中，为了简化计算，采用在满足短路发热时的最高允许温度下，所需导体的最小截面积 A_{min} 来校验载流导体的热稳定性。

【任务目标】

1. 短路电流的电动力计算和效应。
2. 短路电流的发热计算和效应。
3. 短路电流的动稳态性校验。
4. 短路电流的热稳定性校验。

【任务分析】

电气设备及导体流经短路电流时，截流部分受短路电流电动力的影响，产生大的机械应力，严重者可使设备及导体扭曲变形造成重大损坏。因此在选择有关电气设备、母线和瓷绝缘子时需进行短路电流的动稳态性校验。

同时，短路电流还产生大量的热量，由于时间很短，短路电流产生的热量未向外发散，全部转化为载流导体的温升，最后达到某一较高的温度。所谓开关设备热稳定性校验，就是将这一温度与导体最高允许温度相比，若导体的这一温度低于导体最高允许温度，则载流导体（设备）不致因短路电流发热而损坏，即热稳定校验合格。

【知识准备】

一、短路电流的电动力效应

载流导体的电动力效应，是指载流导体之间，存在着一定的作用力。由电磁学知道，在空气中，两平行导体间的电动力 F 的大小相等，当两电流同向时两力相吸，两电流反向时两力相斥。其大小的计算公式为

$$F = 2.0 i_1 i_2 \frac{l}{a} \times 10^{-7} \text{N/A}^2 \tag{3-32}$$

式中，a 为两平行导体间距离；l 为导体两相邻支点间距离，即档距；i_1、i_2 分别为两导体通过的电流。

在变配电所中，大多数情况是三相载流导体布置于同一平面内，此时，中间相导体所受力最大。计算载流导体电动力的目的是检验发生短路时，变配电所中的电气设备在承受最大电动力 F_{max} 的冲击时，能保持机械强度上的稳定性。因此，计算最大电动力应按在最不利条件下发生短路，并通过短路冲击电流时的条件进行校验。

1. 发生三相短路时产生的电动力

当三相供电系统中发生三相短路，三相短路冲击电流 i_{sk} 通过中间相时，导体产生的电动力最大，即

$$F^{(3)} = \sqrt{3}\, i_{sk}^{(3)2} \frac{l}{a} \times 10^{-7} \text{N/A}^2 \qquad (3\text{-}33)$$

2. 发生两相短路时的电动力

若系统中发生两相短路，则两相短路冲击电流 $i_{sk}^{(2)}$ 通过两相导体时产生的电动力最大，即

$$F^{(2)} = 2.0\, i_{sk}^{(2)2} \frac{l}{a} \times 10^{-7} \text{N/A}^2 \qquad (3\text{-}34)$$

因此，三相短路与两相短路产生的最大电动力之比为

$$F^{(3)} / F^{(2)} = 2/\sqrt{3} = 1.15 \qquad (3\text{-}35)$$

由此可知，最严重的情况为：三相线路中发生三相短路时，中间相导体所受的电动力最大。所以，如果以最不利的条件来进行校验并证明能满足电动力的要求，那么，在其他任何情况下自然能满足要求。

二、短路电流的热效应

（一）短路时导体的发热过程

导体在使用中及短路后都要发热，在各个阶段的发热情况可用图 3-8 表示。

1）在 t_0 以前，线路无负荷，不发热，导体温度和环境温度相同。

2）当 $t = t_0$ 时，电路带负荷，导体通过负荷电流 I_1，因导体本身有电阻，要产生热量。该热量一方面使导体温度升高；另一方面向周围介质散热，温度越高，散热越快。当导体产生的热量与向周围介质扩散的热量一致时，导体就达到一定的温度而不再升高，即达到热平衡，如图 3-8 所示，其温度由周围环境 θ_0 逐渐上升到 θ_L，这被称为额定负荷发热或长期发热。

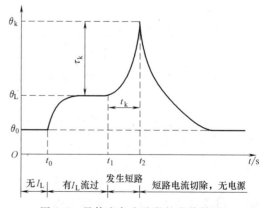

图 3-8　导体在各个阶段的发热情况

3）当 $t = t_1$ 时，线路发生短路，由于短路电流作用时间很短（一般不超过 2~3s），还来不及向周围介质扩散热量，可以近似认为是一个绝热过程。也就是说，I_k 产生的热量没有

向周围介质散热，全部被导体吸收并用来提高温度，如图 3-8 所示，导体最终可达到最高温度 θ_k。

4）经过一定的短路时间后，当 $t=t_2$ 时，短路电流被切除，温度开始下降，按曲线最终下降至环境温度 θ_0。

（二）载流导体的发热计算

线路从短路发生直至故障有效切除，由于时间很短，该过程可当作绝热过程，短路电流产生的热量未向外发散，全部转化为载流导体的温升，最后达到的温度为 θ_k，其线路温升为 τ_k，即 $\tau_k=\theta_k-\theta_L$。所谓开关设备热稳定校验，就是将 θ_k 与导体最高允许温度 $\theta_{N\cdot max}$ 相比，并使其满足 $\theta_k \leqslant \theta_{N\cdot max}$，则载流导体（设备）不致因短路电流发热而损坏，即热稳定校验合格。不同载流导体的最高允许温度 $\theta_{N\cdot max}$ 见表 3-2。

表 3-2 导体的最高允许温度 $\theta_{N\cdot max}$

导体种类和材料	短路时导体的最高允许温度 $\theta_{N\cdot max}/℃$	导体长期允许工作温度 $\theta_N/℃$	热稳定系数 C
铝导线及铝母线	200	70	87
硬铝及铝锰合金	200	70	87
铜导线及硬铜母线	300	70	171
铜母线(不与电器直接连接)	410	70	70
钢母线(与电器直接连接)	310	70	63
铝芯交联聚乙烯绝缘电缆	200	90	80
铜芯交联聚乙烯绝缘电缆	230	90	135
铝芯聚氯乙烯绝缘电缆	130	65	65
铜芯聚氯乙烯绝缘电缆	130	65	100

要求出 θ_k，必须先求出温升 τ_k。导体的温升与在短路电流 I_{kt} 的作用下产生的热量有关，设短路作用的时间为 $t_1 \sim t_2$，则热量 Q_k 为

$$Q_k = 0.24\int_{t_1}^{t_2} I_{kt}^{2} R \mathrm{d}t \qquad (3-36)$$

式中，I_{kt} 为短路全电流的有效值（A）；R 为导体的电阻（Ω）。

值得指出的是：式中短路全电流的有效值 I_{kt} 在短路过程中不是常数，这是因为系统短路端的电源（发电机）具有电压负反馈调节作用，其变化过程比较复杂。为了便于工程分析计算，常以短路稳态分量的有效值 I_∞ 代替 I_{kt}，则

$$Q_k = 0.24 I_\infty^{2} R t_j = 0.24 I_\infty^{2} R(t_{jz}+t_{jfi}) = Q_{kz}+Q_{kfi} \qquad (3-37)$$

式中，t_j 为短路电流作用的假想时间；t_{jz} 为短路电流周期分量作用的假想时间；t_{jfi} 为短路电流非周期分量作用的假想时间。

周期分量的假想时间 t_{jz}：由于无限大容量电源供电系统的短路电流周期分量保持不变，即 $I_{zt}=I_\infty$，因此，短路电流持续时间 t 与周期分量的假想时间 t_{jz} 相同，即为保护装置的动作时间 t_b 和断路器切断电路的实际动作时间（固有分闸时间）t_{QF} 之和。

$$t = t_{jz} = t_b + t_{QF} \qquad (3-38)$$

断路器的固有分闸时间 t_{QF}：脱扣线圈接通开始到主电路三相触点最后消弧所需的时间，由产品目录可查得。若缺乏适当数据，保护装置无延时，快速及中速动作的断路器的分闸时

间可取 $t_{QF} = 0.15s$，慢速动作的断路器的分闸时间取 $t_{QF} = 0.2s$。

非周期分量的假想时间 t_{jfi} 可依据下列公式计算：

$$i_{fi} = \sqrt{2} I_z e^{-\frac{t}{\tau}}$$

故其产生的热量为

$$Q_{kfi} = 0.24 \int_{t_0}^{t_1} i_{fi}^2 R dt = 0.24 I_Z^2 R (1 - e^{-\frac{2t}{\tau}}) T_{fi} \tag{3-39}$$

当 $t > 0.1s$，且 $t_{fi} = 0.05s$ 时

$$Q_{kfi} = 0.24 I_Z^2 R \times 0.05 \tag{3-40}$$

由于

$$Q_{kfi} = 0.24 I_\infty^2 R t_{jfi}$$

故

$$t_{jfi} = 0.05 \left(\frac{I_z}{I_\infty} \right)^2$$

对于无限大功率电源系统，取 $t_{jfi} = 0.05s$。

当 $t < 1s$ 时，非周期分量产生的热量相对于周期分量产生的热量来说不宜忽视，但当 $t > 1s$ 时，由于非周期分量衰减较快，产生的热量有限，Q_{kfi} 可视情况忽略。

综上可知，绝热过程可列出短路过程的热平衡方程为

$$0.24 I_\infty^2 t_j \frac{\rho}{A} l = \int_{\theta_N}^{\theta_k} A l \gamma c d\theta \tag{3-41}$$

式中，A 为导体的截面积；l 为导体的长度；γ 为导体材料的密度；ρ 为导体材料的电阻率，该值实际上是温度的函数，即 $\rho = \rho_0 (1 + \alpha\theta)$，其中，$\rho_0$ 是 0℃ 时的电阻率，α 是 ρ_0 的温度系数；c 为导体的比热容，$c = c_0 (1 + \beta\theta)$，其中 c_0 是导体在 0℃ 时的比热容，β 是 c_0 的温度系数。

整理式（3-41）积分后有

$$I_\infty^2 t_j = A^2 (M_k - M_N) \tag{3-42}$$

式中，

$$M_k = \frac{k_0}{0.24\rho_0} \left[\frac{\alpha - \beta}{\alpha^2} l_n (1 + \alpha\theta_k) + \frac{\beta}{\alpha} \theta_k \right] \tag{3-43}$$

$$M_N = \frac{k_0}{0.24\rho_0} \left[\frac{\alpha - \beta}{\alpha^2} l_n (1 + \alpha\theta_N) + \frac{\beta}{\alpha} \theta_N \right] \tag{3-44}$$

在导体的材料确定后，M 值仅为温度的函数，即 $M = f(\theta)$。为了使 M_k、M_N 的计算简化，工程上是将不同材料的导体其 $M = f(\theta)$ 的关系绘制曲线如图3-9所示。利用图3-9所示曲线求 θ_k 的步骤如下：

1）从纵坐标上找出导体在正常负荷电流时的温度 θ_N 值。

2）由 θ_N 向右查得对应于该导体材料 $M = f(\theta)$ 曲线上的 a 点，进而求出横坐标上的 MN 值。

3）根据式（3-42）可求出

$$M_k = M_N + \left(\frac{I_\infty}{A} \right)^2 t_j \tag{3-45}$$

4）由计算出的 M_k 值查出对应 $M = f(\theta)$ 曲线上的 b 点，进而求出纵坐标上的 θ_k 值。载流导体和电器设备承受短路电流作用时，满足热稳定的条件是

$$\theta_{N \cdot max} \geqslant \theta_k \qquad (3-46)$$

在工程设计中，为了简化计算，采用在满足短路发热时的最高允许温度下，所需导体的最小截面积 A_{min} 来校验载流导体的热稳定性，即

$$A_{min} \geqslant \frac{I_\infty}{\sqrt{M_k - M_N}}\sqrt{t_j} = \frac{I_\infty}{C}\sqrt{t_j} \qquad (3-47)$$

式中，C 为与材料有关的热稳定系数，$C = \sqrt{M_k - M_N}$，见表 3-3。

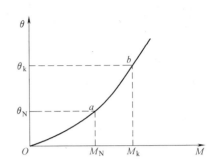

图 3-9　由 θ_N 查 θ_k 的步骤说明

通常电器设备在出厂前都是要经过试验检测的，并给出了设备在 t 时间内允许通过热稳定电流 I_t 值，即

$$I_t^2 t \geqslant I_\infty^2 t_j \qquad (3-48)$$

或

$$I_t \geqslant I_\infty \sqrt{\frac{t_j}{t}} \qquad (3-49)$$

如果不满足热稳定要求，则说明载流导体的截面积选得太小。如果所选导体的截面积

$$A \geqslant A_{min} \qquad (3-50)$$

则其满足短路热稳定度要求，式（3-50）是截面积满足热稳定的必需条件。由熔断器保护的载流导体可以不进行热稳定校验。

表 3-3　导体在正常和短路时的最高允许温度及热稳定系数

导体种类和材料		最高允许温度/℃		热稳定系数 $C/(A \cdot s^{1/2}/mm^2)$
		额定负荷时	短路时	
母线	铜	70	300	171
	铝	70	200	87
油浸纸绝缘电缆	铜芯 1~3kV	80	250	148
	铜芯 6kV	65	250	150
	铜芯 10kV	60	250	153
	铜芯 35kV	50	175	
	铝芯 1~3kV	80	200	84
	铝芯 6kV	65	200	87
	铝芯 10kV	60	200	88
	铝芯 35kV	50	175	
橡皮绝缘导线和电缆	铜芯	65	150	131
	铝芯	65	150	87
聚氯乙烯绝缘导线的电缆	铜芯	70	160	115
	铝芯	70	160	76
交联聚乙烯绝缘电缆	铜芯	90	250	137
	铝芯	90	200	77
含有锡焊中间接头的电缆	铜芯		160	
	铝芯		160	

【任务实施】

姓名		专业班级		学号	
任务内容及名称					
1. 任务实施目的			2. 任务完成时间:1 学时		
3. 任务实施内容及方法步骤					
4. 分析结论					
指导教师评语(成绩)				年　月　日	

【任务总结】

通过本任务的学习,让学生能够掌握短路电流的计算、短路电流的发热计算和力的效应计算,能够进行短路电流的动稳态性校验和热稳定性校验。

项目实施辅导

一、机械厂电力供电系统短路电流的计算思路

通过前面任务学习,电力系统短路电流的计算,主要采用标幺制法进行计算,其计算步骤大致如下:

1) 绘制短路计算电路图,并根据短路计算目的确定短路计算点。

2) 确定标幺值的基准,取 $S_d = 100MVA$, $U_d = U_C$(有几个电压等级就取几个 U_C),求出所有基准电压下的 I_d。

3) 计算短路电路中所有主要元器件的电抗标幺值。

4) 绘出短路电路的等效电路图,用分子标明元器件序号或代号,分母用来表明元器件的电抗标幺值,在等效电路图上标出所有短路计算点。

5) 分别简化各短路计算点电路,求出总电抗标幺值。

6) 计算短路点的三相短路电流周期分量有效值 $I_k^{(3)}$。

7) 计算短路点其他短路电流 $I''^{(3)}$、$I_\infty^{(3)}$、$i_{sh}^{(3)}$ 和 $I_{sh}^{(3)}$ 以及短路点的三相短路容量 $S_k^{(3)}$。

二、机械厂电力系统短路电流的计算

根据上述方法,对短路电流进行计算,各计算参数分别为:

$u_z\% = 6$, $\Delta P_k = 25kW$, $S_r = S_{r.T} = 2500kVA$, 变压器高压侧设为无限大容量电源,即 $S_k = \infty$。

短路计算分最小、最大运行方式两种计算。

1. 最小运行方式短路计算

选定功率基值 $S_B = 100MVA$，$U_{BI} = 10.5kV$，$l = 1km$，$x_0 = 0.38\Omega/km$，确定基准电流

$$I_{BI} = \frac{S_B}{\sqrt{3}\,U_{BI}} = 5.5kA$$

$$I_{B\,II} = \frac{S_B}{\sqrt{3}\,U_{B\,II}} = 144kA$$

架空线路阻抗标幺值　$X_L^* = x_0 l \Big/ \left(\dfrac{U_{BI}^2}{S_B}\right) = 0.38 \times 1 \times \dfrac{100}{10.5^2} = 0.34$

求 k_1 点的短路总阻抗及三相短路电流和容量。

总阻抗标幺值　　　　　　　　$X_\Sigma^* = X_L^* = 0.34$

绘制短路等效电路如图 3-10 所示。

三相短路电流周期分量有效值　$I_{k1}^{(3)} =$
$I_{B1}/X_\Sigma^* = 5.5/0.34 = 16.18kA$

其 他 三 相 短 路 电 流 $I''^{(3)} = I_\infty^{(3)} =$
$I_{k1}^{(3)} = 16.18kA$

图 3-10　短路等效电路图

对 l 较大的中高压系统，取 $K_{sh} = 1.8$，则

$$i_{sh}^{(3)} = \sqrt{2}\,I_{k1}^{(3)} K_{sh} = \sqrt{2} \times 16.18 \times 1.8kA = 41.18kA$$

$$I_{sh} = I''^{(3)} \sqrt{1 + 2\,(K_{sh}-1)^2} = 16.18 \times \sqrt{1 + 2 \times (1.8-1)^2}\,kA$$

$$= 16.18 \times 1.51kA = 24.43kA$$

三相短路容量　　　　$S_{k1}^{(3)} = \dfrac{S_B}{X_\Sigma^*} = \dfrac{100}{0.34}MVA = 294MVA$

计算 k_2 点短路中元器件电抗值。

架空线路阻抗标幺值　$X_L^* = x_0 l \Big/ \left(\dfrac{U_{BI}^2}{S_B}\right) = 0.38 \times 1 \times \dfrac{100}{10.5^2} = 0.34$

电力变压器的阻抗标幺值　$X_T^* = \dfrac{u_k\%}{100} \times \dfrac{S_B}{S_N} = \dfrac{6}{100} \times \dfrac{100 \times 10^3}{2500} = 2.4$

绘制短路等效电路如图 3-11 所示。

图 3-11　短路等效电路图

计算 k_2 点短路电路总阻抗标幺值　$X_2^* = 2.4 + 0.34 = 2.74$

k_2 点三相短路电流　　　　$I_{k2}^{(3)} = \dfrac{I_{d2}}{X_2^*} = \dfrac{144}{2.74}kA = 52.55kA$

短路冲击电流有效值　$i_{\text{sh}}^{(3)} = \sqrt{2} K_{\text{sh}} I_{\text{k2}}^{(3)} = \sqrt{2} \times 1.34 \times 52.55\text{kA} = 96.7\text{kA}$

$$I_{\text{sh}}^{(3)} = 1.09 \times 52.55\text{kA} = 57.3\text{kA}$$

三相短路次暂态电流和稳态电流　$I''^{(3)} = I_{\infty}^{(3)} = I_{\text{k2}}^{(3)} = 11.32\text{kA}$

三相短路容量　$S_{\text{k2}}^{(3)} = \dfrac{S_{\text{B}}}{S_{\text{k2}}^{*}} = \dfrac{100}{2.74}\text{MVA} = 36.5\text{MVA}$

2. 最大运行方式短路计算

1）绘制等效电路如图 3-12 所示。

图 3-12　短路等效电路图

2）计算 k_2 总阻抗　$X_{\Sigma}^{*} = X_{\text{L}}^{*} + \dfrac{X_{\text{T1}}^{*} \times X_{\text{T2}}^{*}}{X_{\text{T1}}^{*} + X_{\text{T2}}^{*}} = 1.54$

3）k_1 点与最小运行方式相同。

4）三相短路电流周期分量有效值　$I_{\text{k2}}^{(3)} = \dfrac{I_{\text{d2}}}{X_{2}^{*}} = \dfrac{144}{1054}\text{kA} = 93.51\text{kA}$

三相短路次暂态电流和稳态电流　$I''^{(3)} = I_{\infty}^{(3)} = I_{\text{k2}}^{(3)} = 93.51\text{kA}$

5）短路冲击电流有效值　$i_{\text{sh}}^{(3)} = \sqrt{2} K_{\text{sh}} I_{\text{k2}}^{(3)} = \sqrt{2} \times 1.34 \times 93.51\text{kA} = 172.06\text{kA}$

$$I_{\text{sh}}^{(3)} = 1.09 \times 93.51\text{kA} = 101.93\text{kA}$$

三相短路容量　$S_{\text{k2}}^{(3)} = \dfrac{S_{\text{B}}}{S_{\text{k2}}^{*}} = \dfrac{100}{1.54}\text{MVA} = 65\text{MVA}$

3. 短路计算结果

短路计算结果见表 3-4、表 3-5。

表 3-4　最小运行方式计算结果

	$I_{\text{k}}^{(3)}/\text{kA}$	$I''^{(3)}/\text{kA}$	$I_{\infty}^{(3)}/\text{kA}$	$i_{\text{sh}}^{(3)}/\text{kA}$	$I_{\text{sh}}^{(3)}/\text{kA}$	S_{k}/MVA
k_1	16.18	16.18	16.18	41.18	24.43	294
k_2	52.55	52.55	52.55	96.7	57.3	36.5

表 3-5　最大运行方式计算结果

	$I_{\text{k}}^{(3)}/\text{kA}$	$I''^{(3)}/\text{kA}$	$I_{\infty}^{(3)}/\text{kA}$	$i_{\text{sh}}^{(3)}/\text{kA}$	$I_{\text{sh}}^{(3)}/\text{kA}$	S_{k}/MVA
k_1	16.18	16.18	16.18	41.18	24.43	294
k_2	93.51	93.51	93.51	172.06	101.93	65

思考题与习题

1. 什么是电力系统的短路？短路故障有哪几种类型？哪些是对称短路？哪些是不对称短路？

2. 什么是标幺值？标幺值有何特点？

3. 什么是无限大容量电力系统？

4. 无限大容量电力系统中发生短路时，短路电流如何变化？

5. 什么是短路电流的周期分量、非周期分量、冲击短路电流、母线残压？

6. 某 110kV 变电站通过一条 10km 的 35kV 架空线路供电给一座化工厂的专用变电站，该站装有两台容量为 3150MVA、$U_k\% = 7$ 的变压器并列运行，110kV 变电站的 35kV 线路的出口断路器的断路容量为 200MVA，试求该厂专用变 35kV 侧和 10kV 侧短路电流周期分量、$t = 0$s 时的非周期分量、冲击短路电流的最大值和有效值。

7. 某新建电厂一期安装两台 300MW 机组，机组采用发电机—变压器组单元接线接入厂内 220kV 配电装置，220kV 采用双母线接线，有二回负荷线和二回联络线。按照最终规划容量计算的 220kV 母线三相短路电流（起始周期分量有效值）为 30kA，动稳定电流为 81kA；高压厂用变压器为一台 50/25-25MVA 的分裂变，半穿越电抗 $X_d\% = 16.5$，高压厂用母线电压为 6.3kV。本工程选用了 220kV SF$_6$ 断路器，其热稳定电流为 40kA、3s，负荷线的短路持续时间为 2s。试计算此回路断路器承受的最大热效应。

8. 某电力系统接线图如图 3-13 所示。试分别计算 k 点发生三相短路故障后 0.2s 和 2s 的短路电流。各元器件型号及参数如下：

水轮发电机 G_1：100MW，$\cos\varphi = 0.85$，$X_d^* = 0.3$；汽轮发电机 G_2 和 G_3 每台 50MW，$\cos\varphi = 0.8$，$X''_d = 0.14$；水电厂 A：375MW，$X''_d = 0.3$；S 为无限大系统，$X = 0$。变压器 T_1：125MVA，$U_k\% = 13$；T_2 和 T_3 每台 63MVA，$U_{k(1-2)}\% = 23$，$U_{k(2-3)}\% = 8$，$U_{k(1-3)}\% = 15$。线路 L_1：每回 200km，电抗为 0.411Ω/km；L_2：每回 100km，电抗为 0.4Ω/km。

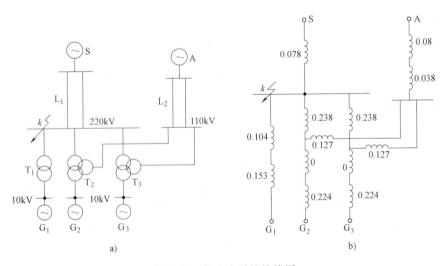

图 3-13 某电力系统接线图

项目4 供配电系统主要设备的选择、校验与维护

【项目导入】

在项目 2 和项目 3 的工作中，我们确定新建机械厂的电力负荷等级为一级，根据统计负荷数据信息确定工厂总的计算负荷，并分别用最小、最大运行方式进行短路计算。这些都为进行供电系统的设计、运行及维修维护提供了理论基础。本项目拟完成某机械厂变电所主要设备的选择、校验及检修。

【项目目标】

专业能力目标	掌握供配电系统常用的变换设备、高低压设备的结构、用途、选择、操作及维护
方法能力目标	能够运用所学的变换设备、高低压一次设备等基本知识,根据《电气安全规范》标准熟练操作和检修一次设备
社会能力目标	培养学生的安全、质量等意识,使其具备良好的职业道德,严格遵守职业纪律

【主要任务】

任务	工 作 内 容	计划时间	完 成 情 况
1	电力变压器的选择与维护		
2	电压互感器和电流互感器的选择与维护		
3	高压一次设备的选择、校验与维护		
4	低压一次设备的选择、检验与维护		

任务1 电力变压器的选择与维护

【任务导读】

项目 2 中，我们已经确定某机械厂的负荷等级为一级，总的视在功率为 3338kVA 等信息，那么应该选择几台变压器？选择什么型号的变压器？变压器如何检修与维护？

【任务目标】

1. 完成某机械厂变压器台数的确定。

2. 完成某机械厂变压器容量的确定。

3. 整理变压器日常维修、维护的要点。

【任务分析】

要完成某机械厂变压器台数的确定、型号的选择以及检修维护工艺要点的制订，不仅要了解当地的自然环境、新建机械厂的计算负荷等信息，还要了解电力变压器的结构、原理、接线方式等基础知识。

【知识准备】

变压器是一种静止的电气设备，属于一种旋转速度为零的电机。电力变压器在系统中工

作时，可将电能由它的一次侧经电磁能量的转换传输到二次侧，同时根据输配电的需要将电压升高或降低。故它在电能的生产输送和分配使用的全过程中，作用十分重要。整个电力系统中，变压器的容量通常为发电机容量的 3 倍以上。

变压器在变换电压时，是在同一频率下使其二次侧与一次侧具有不同的电压和电流。由于能量守恒，其二次侧与一次侧的电流与电压的变化是相反的，即要使某一侧电路的电压升高，则该侧的电流就必然减小。变压器并不是也决不能将电能的"量"变大或变小。在电力的转换过程中，因变压器本身要消耗一定能量，所以输入变压器的总能量应等于输出的能量加上变压器工作时本身消耗的能量。由于变压器无旋转部分，工作时无机械损耗，且新产品在设计、结构和工艺等方面采取了众多节能措施，故其工作效率很高。通常，中小型变压器的效率不低于 95%，大容量变压器的效率则可达 80% 以上。

一、电力变压器的分类与工作原理

（一）电力变压器的分类

根据电力变压器的用途和结构等特点可分如下几类：

1）按用途分有：升压变压器（使电力从低压升为高压，然后经输电线路向远方输送）和降压变压器（使电力从高压降为低压，再由配电线路对近处或较近处负荷供电）。

2）按相数分有：单相变压器和三相变压器。

3）按绕组分有：单绕组变压器（为两级电压的自耦变压器）、双绕组变压器和三绕组变压器。

4）按绕组材料分有：铜线变压器和铝线变压器。

5）按调压方式分有：无载调压变压器和有载调压变压器。

6）按冷却介质和冷却方式分有：油浸式变压器和干式变压器。

油浸式变压器的冷却方式一般为自然冷却、风冷却（在散热器上安装风扇）和强迫风冷却（在前者基础上还装有潜油泵，以促进油循环）。此外，大型变压器还有采用强迫油循环风冷却和强迫油循环水冷却等。

干式变压器的绕组置于气体中（空气或 SF_6 气体），或是浇注环氧树脂绝缘。它们大多在部分配电网内用作配电变压器。目前已可制造到 35kV 级，其应用前景很广。

（二）变压器的工作原理

变压器是基于电磁感应原理工作的。正是因为它的工作原理以及工作时内部的电磁过程与电机（发电机和电动机）完全相同，故将它划为电机一类，仅是旋转速度为零（即静止）而已。变压器本体主要由绕组和铁心组成。工作时，绕组是"电"的通路，而铁心则是"磁"的通路，且起绕组骨架的作用。一次侧输入电能后，因其交变，故在铁心内产生了交变的磁场（即由电能变成磁场能）；由于匝链（穿透），二次绕组的磁力线在不断地交替变化，所以感应出二次电动势，当外电路沟通时，则产生了感应电流，向外输出电能（即由磁场能又转变成电能）。这种"电—磁—电"的转换过程是建立在电磁感应原理基础上实现的，这种能量转换过程也就是变压器的工作过程。

单相变压器的原理图如图 4-1 所示，闭合

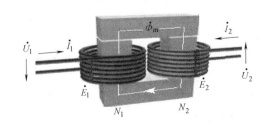

图 4-1　单相变压器原理图

的铁心上绕有两个互相绝缘的绕组。其中接入电源的一侧叫作一次绕组，输出电能的一侧叫作二次绕组。当交流电源电压 $\dot{U}_1$ 加到一次绕组后，就有交流电流 $\dot{I}_1$ 通过该绕组并在铁心中产生交变磁通 $\dot{\Phi}_m$。这个交变磁通不仅穿过一次绕组，同时也穿过二次绕组，两个绕组中将分别产生感应电动势 $\dot{E}_1$ 和 $\dot{E}_2$。这时若二次绕组与外电路的负载接通，便会有电流 $\dot{I}_2$ 流入负载，即二次绕组就有电能输出。

根据电磁感应定律可以导出：

一次绕组感应电动势 $\qquad\qquad E_1 = 4.44 f N_1 B_m S \times 10^{-4}$ （4-1）

二次绕组感应电动势 $\qquad\qquad E_2 = 4.44 f N_2 B_m S \times 10^{-4}$ （4-2）

式中，f 为电源频率（Hz），工频为50Hz；N_1 为一次绕组匝数；N_2 为二次绕组匝数；B_m 为铁心中磁通密度的最大值（T）；S 为铁心截面积（cm^2）。

由式（4-1）和式（4-2）可以得出

$$E_1 / E_2 = N_1 / N_2 \qquad\qquad (4\text{-}3)$$

可见，变压器一、二次侧感应电动势之比等于一、二次绕组匝数之比。

由于变压器一、二次侧的漏电抗和电阻都比较小，可忽略不计，故可近似地认为 $E_1 = U_1$，$E_2 = U_2$，于是有

$$U_1 / U_2 \approx E_1 / E_2 = N_1 / N_2 = K \qquad\qquad (4\text{-}4)$$

式中，K 为变压器的电压比。

变压器一、二次绕组的匝数不同，将会导致一、二次绕组的电压高低不等。显然，匝数多的一边电压高，匝数少的一边电压低。这就是变压器能够改变电压的道理。

在一、二次电流 I_1、I_2 的作用下，铁心中总的磁动势为

$$I_1 N_1 + I_2 N_2 = I_0 N_1 \qquad (4\text{-}5)$$

式中，I_0 为变压器的空载励磁电流。

由于 I_0 比较小（通常不超过额定电流的3%~5%），在数值上可忽略不计，故上式可演变为

$$I_1 N_1 + I_2 N_2 = I_0 N_1 \approx 0 \qquad (4\text{-}6)$$

进而可推得

$$I_1 N_1 = -I_2 N_2 \qquad (4\text{-}7)$$

$$I_2 / I_1 = N_1 / N_2 = K \qquad (4\text{-}8)$$

可见，变压器一、二次电流之比与一、二次绕组的匝数成反比。即绕组匝数多的一侧电流小，匝数少的一侧电流大；也就是电压高的一侧电流小，电压低的一侧电流大。

二、变压器结构与器身构造

电力变压器的基本结构是由铁心、绕组、带电部分和不带电的绝缘部分组成，为使变压器能安全可靠地运行，还需要油箱、冷却装置、保护装置及出线装置等。其结构组成如图4-2所示。

铁心和绕组（及其绝缘与引线）合称变压器

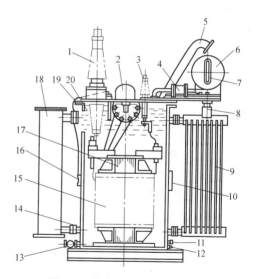

图4-2 电力变压器结构图

1—高压套管 2—分接开关 3—低压套管
4—气体继电器 5—安全气道（防爆管）
6—储油柜 7—油位计 8—吸湿器 9—散热器
10—铭牌 11—接地螺栓 12—油样活门
13—放油阀门 14—活门 15—绕组
16—信号温度计 17—铁心 18—净油器
19—油箱 20—变压器油

本体或器身，它是变压器的核心，也是最基本的组成部分，如图 4-3 所示。以下简述电力变压器各组成主要部分的构造及作用。

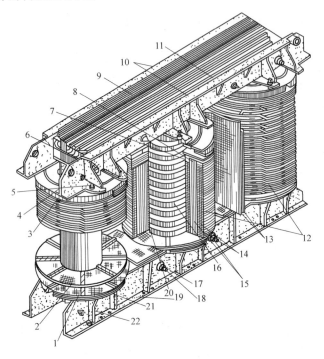

图 4-3　电力变压器器身构造图

1—平衡绝缘　2—下铁轭绝缘　3—压板　4—绝缘纸圈　5—压钉　6—方铁　7—静电环　8—角环　9—铁轭
10—上夹件　11—上夹件绝缘　12—高压绕组　13—相间隔板　14—绝缘纸筒　15—油隙撑条　16—铁心柱
17—下夹件腹板　18—铁轭螺杆　19—下夹件下肢板　20—低压绕组　21—下夹件上肢板　22—下夹件加强筋

（一）铁心

按铁心形式，变压器可分为内铁式（又称心式）和外铁式（又称壳式）两种。内铁式变压器是绕组包围着铁心，外铁式变压器则是铁心包围着绕组。套绕组的部分称为铁心柱，连接铁心柱的部分称为铁轭。大容量变压器为了减低高度、便于运输，常采用三相五柱铁心结构。这时铁轭截面积可以减小，因而铁心柱高度也可降低。

1. 铁心材料

变压器使用的铁心材料主要有铁片、低硅片和高硅片。由于变压器铁心内的磁通是交变的，故会产生磁滞损耗和涡流损耗。为了减少这些损耗，变压器铁心一般用含硅 5%，厚度为 0.35mm 或 0.5mm 的硅钢片冲剪后叠成，硅钢片的两面涂有绝缘用的硅钢片漆（厚）并经过烘烤。

变压器的质量与所用的硅钢片的质量有很大的关系，硅钢片的质量通常用磁通密度 B 来表示，一般黑铁片的 B 值为 6000 ~ 8000T、低硅片为 9000 ~ 11000T，高硅片为 12000 ~ 16000T。

2. 铁心装配

铁心有两种装配方法，即叠装法和对装法。对装法虽方便，但它会使变压器的励磁电流增大，机械强度也不好，一般已不采用。叠装法是把铁心柱和铁轭的钢片分层交错叠置，每一层的接缝都被邻层的钢片盖上，这种方法装配的铁心其空气隙较小。这种接缝叫作直接缝，适用于热轧硅钢片。

3. 铁心的接地

为防止变压器在运行或试验时，由于静电感应在铁心或其他金属构件上产生悬浮电位而造成对地放电，铁心及其所有构件，除穿心螺杆外都必须可靠接地。由于铁心叠片间的绝缘电阻较小，一片叠片接地即可认为所有叠片均已接地。铁心叠片只允许有一点接地，如果有两点或两点以上接地，则接地点之间可能会形成闭合回路。当主磁通穿过此闭合回路时，就会在其中产生循环电流，造成局部过热事故。

（二）绕组

绕制变压器通常用的材料有漆包线、沙包线和丝包线，最常用的是漆包线。对导线的要求是导电性能好，绝缘漆层有足够耐热性能，并且要有一定的耐腐蚀能力。一般情况下最好用 Q_2 型号的高强度的聚酯漆包线。

绕组是变压器的电路部分，通常采用绝缘铜线或铝线绕制而成，匝数多的称为高压绕组，匝数少的称为低压绕组。按高压和低压绕组相互间排列位置不同，可分为同心式和交叠式。

（1）同心式绕组 它是把一次、二次绕组分别绕成直径不同的圆筒形线圈套装在铁心柱上，高、低压绕组之间用绝缘纸筒相互隔开。为了便于绝缘和高压绕组抽引线头，一般是将高压绕组放在外面。同心式绕组结构简单，绕制方便，故被广泛采用。按照绕制方法的不同，同心式绕组又可分为圆筒式、螺旋式、连续式和纠结式等几种。

（2）交叠式绕组 它是把一次、二次绕组按一定的交替次序套装在铁心柱上。这种绕组的高、低压绕组之间间隙较多，因此绝缘较复杂、包扎工作量较大。其优点是机械性能较高，引出线的布置和焊接比较方便，漏电抗也较小，故常用于低电压、大电流的变压器（如电炉变压器、电焊变压器等）。

（三）绝缘

1. 绝缘等级

绝缘材料按其耐热程度可分为 7 个等级，它们的最高允许温度也各不相同。一般情况下，所有绝缘材料应能在耐热等级规定的温度下长期（指 15~20 年）工作，保证电机或电器的绝缘性能可靠并在运行中不会出现故障。

各级绝缘材料通常有：

Y 级绝缘材料：棉纱、天然丝、再生纤维素为基础的纱织品，纤维素的纸、纸板、木质板等。

A 级绝缘材料：经耐温达 105℃ 的液体绝缘材料浸渍过的棉纱、天然丝、再生纤维素等制成的纺织品、浸渍过的纸、纸板、木质板等。

E 级绝缘材料：聚酯薄膜及其纤维等。

B 级绝缘材料：以云母片和粉云母纸为基础的材料。

F 级绝缘材料：玻璃丝和石棉及以其为基础的层压制品。

H 级绝缘材料：玻璃丝布和玻璃漆管浸以耐热的有机硅漆。

C 级绝缘材料：玻璃、电瓷和石英等。

纯净的变压器油的抗电强度可达 200~250kV/cm，比空气的高 4~7 倍，因此用变压器油作绝缘可以大大缩小变压器体积。此外，油具有较高的比热和较好的流动性，依靠对流作用可以散热，即具有冷却作用。

2. 绝缘结构

变压器的绝缘分为外绝缘和内绝缘两种。外绝缘指的是油箱外部的绝缘，主要是一次、二次绕组引出线的瓷套管，它构成了相与相之间和相对地的绝缘；内绝缘指的是油箱内部的绝缘，主要是绕组绝缘和内部引线的绝缘以及分接开关的绝缘等。

绕组绝缘又可分为主绝缘和纵绝缘两种。主绝缘指的是绕组与绕组之间、绕组与铁心及油箱之间的绝缘；纵绝缘指的是同一绕组匝间以及层间的绝缘。

(四) 引线及调压装置

1. 引线

引线是指连接各绕组、连接绕组与套管，以及连接绕组与分接开关的导线。引线要从绕组内部引出来，必然要从绕组之间、绕组与铁心油箱壁之间穿过，因此必须保证引线对这些部分有足够的绝缘距离，如要缩小这些距离，则引线的绝缘厚度应当增加。不使沿着包扎绝缘的交接处发生沿面放电，交接处应做成圆锥面，以加长沿面放电的路径。引线如遇到尖角电极（如铁轭的螺钉），除保持一定的绝缘距离外，为改善引线和尖角电极间的电场，可以采用金属屏蔽使电场比较均匀。

2. 调压装置

电压是电能质量指标之一，其变动范围一般不得超过额定电压值的±5%。为了保证电压波动能在一定范围内，就必须进行调压。采用改变变压器的匝数进行调压就是一种方法。为了改变绕组匝数（一般是高压侧的匝数），常把绕组引出若干个抽头，这些抽头叫作分接头。当用分接开关切换到不同的抽头时，便接入了不同的匝数。这种调压方式又分无励磁（无载）调压和有载调压两种。无励磁调压是指切换分接头时，必须在变压器不带电的情况下进行切换。切换用的开关称为无励磁分接开关；有载调压就是用有载分接开关，在保证不切断负载电流的情况下由一个分接头切换到另一个分接头。

有载调压可分为平滑调压和有级调压两种。平滑调压可将电压进行大幅度连续调节，但材料消耗多、效率低，容量只能做到几十或至多几百 kVA，大多用在电工试验和科学实验方面。分级有载调压就是从变压器绕组中引出若干分接头，通过有载分接开关，在保证不切负载电流的情况下，由一个分接头"切换"到另一分接头，以变换绕组的有效匝数。采用这种调压方式的变压器，材料消耗量少、变压器体积增加不多，可以制成很高的电压和大的容量。切换过程需要过渡电路，过渡电路有电抗式和电阻式两种。电抗式有载分接开关因体积大、消耗材料多，触点烧蚀严重已不再生产。这里主要介绍电阻式。电阻式的特点是过渡时间较短、循环电流的功率因数为 1，切换开关电弧触点的电寿命可由电抗式的 1 万 ~ 2 万次提高到 10 万 ~ 20 万次。但由于电阻是短时工作的，操作机构一经操作便必须连续完成。倘若由于机构不可靠而中断、停留在过渡位置，将会使电阻烧损而造成事故。如果选用设计合理的机构和优质材料，这个问题是可以解决的。

简单的有载调压原理电路如图 4-4 所示。在图 4-4a 中，分接开关的两个触点 K_1 和 K_2 都和分触点 2 相接触，负载电流由分触点 2 输出。与触点 K_1 相串联的电阻 R 为限流电阻。而图 4-4b 为触点 K_1 已切换到分接头 1 上，这时负载电流仍由分触点 2 输出。电阻 R 起限制循环电流的作用。若没有限流电阻，则分接头 1 和 2 间的绕组将被触点 K_1 和 K_2 短路，而引起巨大的短路电流。在图 4-4c 中，触点 K_2 已离开分触点 2 而尚未达到分触点 1，负载电流由分触点 1 经触点 K_1 输出。在图 4-4d 中，触点 K_2 已切换至分触点 1。至此切换过程全部结束。原来由分触点 2 输出的电流就改换为由分触点 1 输出，在整个切换过程中不停电。

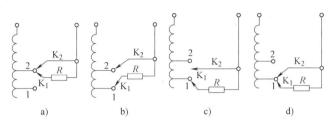

图 4-4　简单的有载调压原理电路

在电流不大、每级电压不高时，让切换触点直接在各个分接触点上依次切换，这就是"直接切换式"有载分接开关，也称"复合型"或"单体型"有载分接开关。这种开关所有分接触点都要承担断开电流的任务，故触点上都需镶嵌耐电弧的铜钨合金。它不适用于大容量或高电压的情况。为解决这个问题，通常是把切换电流的任务交由单独的切换开关来承担，这一单独部分称作选择开关。

有载调压分接开关通常由选择开关、切换开关和操作机构等部分组成。切换开关是专门承担切换负载电流的部分，它的动作是通过快速机构，按一定程序快速完成的。选择开关是按分接顺序，使相邻的即刻要换接的分触点预先接通，并承担连续负载的部分。它的动作是在不带电的情况下进行的。操作机构是使开关本体动作的动力源，它可以电动，也可以手动。此外，它还带有必需的限动、安全联锁、位置指示、计数以及信号发生器等附属装置。有载调压开关如图 4-5 所示。

三、变压器油箱及其他装置

电力变压器结构中，除作为核心部分的器身外，尚有油箱及其他一些装置，否则它将无法正常地投入运行。

（一）油箱与冷却装置

油浸式电力变压器的冷却方式，按其容量大小可分为油浸自冷、油浸风冷及强迫油循环（风冷或水冷）三类。变压器在工作时有能量损耗，损耗转变为热量，热量可以通过油箱表面及其他冷却装置散入大气。

（二）变压器的保护装置

1. 储油柜（俗称油枕）和吸湿器（俗称呼吸器）

储油柜是用钢板制成的圆桶形容器，它水平安装在变压器油箱盖上，用弯曲联管与油箱连接。储油柜的一端装有玻璃油位计（俗称油表），储油柜容积一般为变压器所装油量的 8%～10%。当变压器油的体积随着油

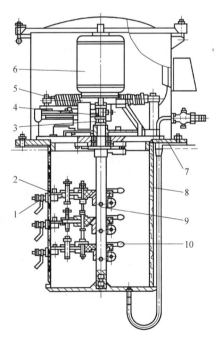

图 4-5　有载调压开关结构示意图

1—动触点　2—定触点　3—斜齿轮　4—蜗杆
5—弹簧　6—电动机　7—变压器箱盖
8—绝缘筒　9—选切开关轴　10—限流电阻

温的变化膨胀或缩小时，储油柜起储油和补油的作用，若变压器不装储油柜，油箱内的油面要在油箱盖以下，油温改变时油箱内油面要发生变化，油箱将排出部分空气或从大气中吸入部分空气，使油受潮和氧化，油及浸在其中的绝缘材料的电气强度便会降低。采用储油柜后，储油柜的油面比油箱内的油面小得多，使油与空气接触面积减小，从而减少了油受潮和氧化的可能性，且储油柜内油的温度比油箱上部油温低得多，故油的氧化过程也较慢。储油柜内的油几乎不和油箱内的油对流循环，因此从空气中吸入油中的水分，绝大部分会沉到储油柜中的沉积器（集污盒）中而不进入油箱。此外，装设储油柜后还能装用气体继电器。

为防止空气中的水分浸入储油柜的油内，储油柜是经过一个吸湿器与外界空气连通的，吸湿器内盛有能吸收潮气的物质（通常为硅胶），硅胶被氯化钴浸渍过后称为变色硅胶，它在干燥状况下呈蓝色，吸收潮气后渐渐变为淡红色，此时即表示硅胶已失去吸湿效能。如把吸潮后的硅胶在108℃高温下烘焙10h，使水分蒸发出去，则硅胶又会还原成蓝色而恢复吸湿能力。

2. 防爆管

防爆管安装在变压器油箱盖上，作为油箱内部发生故障而产生过高压力时的一种保护，所以又称为安全气道。凡容量为800kVA及以上的油浸式变压器均应设此装置。爆管的主体是一个长形钢质圆筒，圆筒顶端装有胶木或玻璃膜片。变压器内部发生故障时，油箱里压力会升高，当达到一定限度时，变压器油和产生的气体将会冲破膜片向外喷出，因而减轻了油箱内压力，防止油箱爆炸或变形。

3. 温度计

变压器的油温反映了变压器的运行状况，因此需进行测量与监视。一般都把测温点选在油的上层，即测量油箱内的上层油温。常用的温度计有水银式、气压式和电阻式等。我国变压器的温升标准，均以环境温度40℃为准，故变压器顶层油温一般不得超过40℃+55℃=95℃。顶层油温如超过95℃，其内部线圈的温度就要超过线圈绝缘物的耐热强度，为了使绝缘不致过快老化，规定变压器顶层油温的监视应控制在85℃以下。

4. 净油器

净油器又称温差滤过器，它是改善运行中变压器油的性能、防止变压器油继续老化的装置。油与吸附剂接触后其中的水分、渣滓、酸和氧化物等均被吸附剂吸收，从而使油质保持清洁，延长了油的使用年限。在线净油装置如图4-6所示。

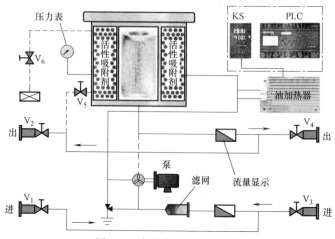

图4-6 在线净油装置示意图

5. 气体继电器（俗称瓦斯继电器）

气体继电器安装于油箱和储油柜间的连通管上，作为变压器运行时内部故障的一种保护。继电保护规程规定，凡容量为800kVA及以上的油浸式变压器和400kVA及以上的厂用变压器，均应设此附件。它的作用是当变压器油位下降或内部发生短路故障并伴随产生气体时，给值班人员发出报警信号或切断电源以保护变压器，不使故障扩大。

（三）变压器的出线装置

变压器的套管是将变压器绕组的高、低压引线引到油箱外部的绝缘装置，它是引线对地（外壳）的绝缘，同时又担负着固定引线的作用。变压器套管有纯瓷套管、注油式套管和电容式套管等多种。1kV以下采用实心磁套管，10～35kV采用空心充气或充油式套管，110kV及以上采用电容式套管和充油式套管。为了增大外表面放电距离，套管外形做成多级伞形裙边。电压等级越高，级数越多。

四、变压器铭牌及技术参数

在变压器的铭牌中，制造厂对每台变压器的特点、额定技术参数及使用条件等都做了具体的规定。按照铭牌规定值运行，就叫额定运行。铭牌是选择和使用变压器的主要依据。根据国家标准规定，电力变压器铭牌应标明以下内容。

（一）型号

变压器的型号分两部分，前部分由汉语拼音字母组成，代表变压器的类别、结构特征和用途，后一部分由数字组成，表示产品的容量（kVA）和高压绕组电压（kV）等级。

汉语拼音字母含义如下：

第1部分表示相数：D—单相（或强迫导向）；S—三相。

第2部分表示冷却方式：J—油浸自冷；F—油浸风冷；FP—强迫油循环风冷；SP—强迫油循环水冷。

第3部分表示电压级数：S—三级电压；无S表示两级电压。

其他：O—全绝缘；L—铝线圈或防雷；O—自耦（在首位时表示降压自耦，在末位时表示升压自耦）；Z—有载调压；TH—湿热带（防护类型代号）；TA—干热带（防护类型代号）。

（二）相数和额定频率

变压器分单相和三相两种。一般均制成三相变压器以直接满足输配电的要求。小型变压器有制成单相的，特大型变压器做成单相后组成三相变压器组，以满足运输的要求。

变压器的额定频率是指所设计的运行频率，我国规定为频率50Hz（常称"工频"）。

（三）额定容量（S_N）

额定容量是制造厂所规定的在额定工作状态（即在额定电压、额定频率、额定使用条件下的工作状态）下变压器输出的视在功率的保证值，以S_N表示。对于三相变压器的额定容量，是指三相容量之和；对于双圈变压器，其额定容量以变压器每个绕组的容量表示（双绕组变压器两侧绕组容量是相等的）；对于三绕组变压器，中压或低压绕组容量可以为$50\%S_N$或$66.7\%S_N$（其中之一也可为100%）。因此额定容量通常是指高压绕组的容量；当变压器容量因冷却方式而变更时，则额定容量是指它的最大容量。

（四）额定电压（U_N）

变压器的额定电压就是各绕组的额定电压，是指额定施加的或空载时产生的电压。一次额定电压 U_{1N} 是指接到变压器一次绕组端点的额定电压；二次额定电压 U_{2N} 是指当一次绕组所接的电压为额定值、分接开关放在额定分触点位置上，变压器空载时二次绕组的电压（单位为 V 或 kV）。三相变压器的额定电压指的均是线电压。

一般情况下在高压绕组上抽出适当的分接头，因为高压绕组或其单独调压绕组常常套在最外面，引出分接头方便；其次是高压侧电流小，引出分接引线和分接开关的载流部分截面积小，分接开关接触部分容易解决。若是升压变压器则在二次侧调压，此时磁通不变，为恒磁通调压；降压变压器因在一次侧调压其磁通改变，故为变磁通调压。

降压变压器在电源电压不为额定值时，可通过高压侧的分接开关接入不同位置来调节低压侧电压。用分接电压与额定电压偏差的百分数表示则为：如 35kV 高压绕组为 $U = 35000$ $(1\pm5\%)$V，有三档调节位置，即 -5%，$\pm0\%$，$+5\%$。若 $U = 35000$ $(1\pm2\times2.5\%)$V，有五档调节位置，即 -5%，-2.5%，$\pm0\%$，$+2.5\%$，$+5\%$。

（五）额定电流（I_1、I_2）

变压器一、二次额定电流是指在额定电压和额定环境温度下使变压器各部分不超温的一、二次绕组长期允许通过的线电流，单位以 A 表示。或者说它是由绕组的额定容量除以该绕组的额定电压及相应的相系数而算得的流经绕组线端的电流。因此，变压器的额定电流就是各绕组的额定电流，且显然是指线电流并以有效值表示。若是组成三相组的单相变压器且绕组为三角形联结，则绕组的额定电流是线电流再除以 $\sqrt{3}$。

（六）阻抗电压

阻抗电压俗称短路电压（$U_Z\%$），它表示变压器通过额定电流时在变压器自身阻抗上所产生的电压损耗（百分值）。用试验求取的方法为：将变压器二次侧短路，在一次侧逐渐施加电压，当二次绕组通过额定电流时，一次绕组施加的电压 U_Z 与额定电压 U_N 之比的百分数，即：$U_Z\% = U_Z/U_N\times100\%$。变压器的短路阻抗百分比是变压器的一个重要参数，它表明变压器内阻抗的大小，即变压器在额定负荷运行时变压器本身的阻抗压降大小。它对于变压器在二次侧发生突然短路时，会产生多大的短路电流有决定性的意义。

同时，两台变压器能否并列运行，并列条件之一就是要求阻抗电压相等；电力系统短路电流计算时，也必须用到阻抗电压。如果阻抗电压太大，会使变压器本身的电压损失增大，且造价也增高；如果阻抗电压太小，则变压器出口短路电流过大，要求变压器及一次回路设备承受短路电流的能力也加大。因此选用变压器时，要慎重考虑短路电压的数值，一般是随变压器容量的增大而稍提高短路电压的设计值。

（七）空载电流（I_0）

变压器一次侧施加（额定频率的）额定电压，二次侧断开运行时称为空载运行，这时一次绕组中通过的电流称为空载电流，它主要仅用于产生磁通，以形成平衡外施电压的反电动势，因此空载电流可看成励磁电流。变压器容量大小、磁路结构和硅钢片的质量好坏，是决定空载电流的主要因素。

严格讲，空载电流 I_0 中，其较小的有功分量 I_{0a} 用以补偿铁心的损耗，其较大的无功分量 I_{0r} 用于励磁，以平衡铁心的磁压降。空载电流 $I_0 = \sqrt{I_{0a}^2 + I_{0r}^2}$，且它通常以对额定电流之比的百分数表示，它一般为 $I_0\% = I_0/I_N \times 100\%$。

空载合闸电流是当变压器空载合闸到线路时，由于铁心饱和而产生的数值很大的励磁电流，故也常称励磁涌流。空载合闸电流大大地超过稳态的空载电流 I_0，甚至可达到额定电流的 5~7 倍。

（八）空载损耗（P_0）

空载电流的有功分量 I_{0a} 为损耗电流，由电源所汲取的有功功率称为空载损耗 P_0。忽略空载运行状态下一次绕组的电阻损耗时可称为铁损，因此空载损耗主要取决于铁心材质的单位损耗。可见变压器在空载状态下的损耗主要是铁心中的磁滞损耗和涡流损耗。因此空载损耗也叫铁损（单位为 W 或 kW），它表征了变压器（经济）性能的优劣。变压器投运后，测量空载损耗的大小与变化，可以分析变压器是否存在铁心缺陷。

（九）负载损耗（P_f）

负载损耗是变压器二次侧短接、一次绕组通过额定电流时变压器由电源所汲取的（亦即消耗的）功率（单位为 W 或 kW）。负载损耗=最大一对绕组的电阻损耗+附加损耗。其中，附加损耗包括绕组涡流损耗、并绕导线的环流损耗、结构损耗和引线损耗；而电阻损耗也称铜损或铜耗，因此负载损耗又叫铜损。

空载损耗与所带负载大小无关，只要一通电，就有空载损耗。负载损耗与所带负载大小有关，变压器性能参数中的负载损耗是额定值，也就是流过额定电流时所产生的损耗。

（十）联结组别

变压器的联结组别表示变压器各相绕组的联结方式和一、二次线电压之间的相位关系。6~10kV 配电变压器（二次电压为 220V/380V）有 Yyn0 和 Dyn11 两种常见的联结组。

变压器 Yyn0 联结组的接线和示意图如图 4-7 所示。其一次线电压与对应的二次线电压之间的相位关系，如同时钟在零点（12 点）时分针与时针的相互关系一样。图中，一、二次绕组标注有黑点"·"的端子为对应的"同名端"。

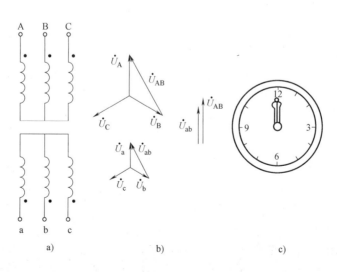

图 4-7　变压器 Yyn0 联结组

a）一、二次绕组接线　b）一、二次电压相量　c）时钟示意图变压器 Dyn11 联结组的接线和示意图如图 4-8 所示。其一次线电压与对应的二次线电压之间的相位关系，如同 11 点的分针与时针之间的相位关系一样。

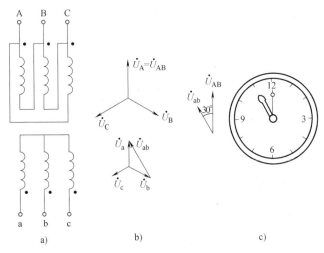

图 4-8 变压器 Dyn11 联结组

a）一、二次绕组接线 b）一、二次电压相量 c）时钟示意图

我国过去的配电变压器一般采用 Yyn0 联结组的接线，近年来 Dyn11 联结组的接线也得到广泛推广应用。配电变压器使用 Yyn0 联结和 Dyn11 联结的优缺点见表 4-1。

表 4-1 Yyn0 联结和 Dyn11 联结的优缺点与适用范围

联结组别	Yyn0	Dyn11
优点	1. 一、二次绕组机械强度大，能经得住较大的短路电流 2. 正常运行下每相对地电压只有线电压，制造工艺简单，消耗材料少	1. 没有中性线电压不稳定的弱点，承担单相负荷能力强 2. 在绕组外部线路上不会产生三次谐波电压及零序电压 3. 有较强的抵抗二次侧入侵的雷击过电压的能力，损耗相对较小
缺点	1. 中性线断线，将引起很大的中性点电位偏移，易烧毁电气设备 2. 较大的三相不平衡负载，将引起很大中性点电位偏移，并增加低压配电线路损耗 3. 对于二次侧入侵的雷电过电压抵御能力差 4. 在低压绕组外部的线路上可能产生三次谐波电压及零序电压	1. 制造工艺较复杂 2. 机械强度较差 3. 一次侧耐压要求高
适用范围	柱上配电变压器一次侧采用跌落式熔断器；三相四线制供电，用于同时有动力负荷和照明负荷的场合	一次侧采用负荷开关—熔断器组合电器场合；三相四线制供电，照明负荷占比例较大场合

（十一）冷却方式

表示绕组及箱壳内外的冷却介质和循环方式。冷却方式常由 2 或 4 个字母代号标志，依次为线圈冷却介质及其循环种类，外部冷却介质及其循环种类，冷却方式标志见表 4-2。

表 4-2 冷却方式及适用范围

冷却方式	代号标志	适用范围
干式自冷式	AN	一般用于小容量干式变压器
干式风冷式	AF	绕组下部设有通风道并用冷却风散吹风,提高散热效果,用于 500kVA 以上变压器时是经济的
油浸自冷式	ONAN	容量小于 6300kVA 变压器采用,维护简单
油浸风冷式	ONAF	容量为 8000～31500kVA 变压器采用
强油风冷式	OFAF	用于高压大型变压器
强油水冷式	OFWF	

（十二）使用条件

使用条件是指制造厂规定变压器安装和使用的环境条件，如户内、户外、海拔、湿热带等（海拔 1000m 以上称为高海拔地区，需加强绝缘）。

五、变电所主变压器的选择

（一）变电所主变压器台数的选择

选择主变压器台数时应考虑下列原则：

1）应满足用电负荷对供电可靠性的要求。对供有大量一级、二级负荷的变电所，应采用两台变压器，以便当一台变压器发生故障或检修时，另一台变压器能对一级、二级负荷继续供电。对只有二级而无一级负荷的变电所，也可以只采用一台变压器，但必须在低压侧敷设与其他变电所相连的联络线作为备用电源，或另有自备电源。

2）对季节性负荷或昼夜负荷变动较大，采用经济运行方式的变电所，也可考虑采用两台变压器。

3）除上述两种情况外，一般车间变电所宜采用一台变压器。但是负荷集中且容量相当大的变电所，虽为三级负荷，也可以采用两台或多台变压器。

4）在确定变电所主变压器台数时，应适当考虑负荷的发展，留有一定的余地。

（二）变电所主变压器容量的选择

1. 只装一台主变压器的变电所

变压器容量 $S_{\mathrm{N \cdot T}}$ 应满足全部用电设备总计算负荷 S_{30} 的需要，即

$$S_{\mathrm{N \cdot T}} \geqslant S_{30}$$

2. 装有两台主变压器的变电所

每台变压器的容量 $S_{\mathrm{N \cdot T}}$ 应同时满足以下两个条件：

1）任一台变压器单独运行，宜满足总计算负荷 S_{30} 大约 $60\% \sim 70\%$ 的需要，即

$$S_{\mathrm{N \cdot T}} = (0.6 \sim 0.7) S_{30}$$

2）任一台变压器单独运行，应满足全部一、二级负荷的需要，即

$$S_{\mathrm{N \cdot T}} \geqslant S_{(\mathrm{I} + \mathrm{II})}$$

（三）车间变电所主变压器的单台容量上限

车间变电所变压器的单台容量，一般不宜大于 1000kVA（或 1250kVA）。这一方面是受以往低压开关电器断流能力和短路稳定度要求的限制；另一方面是考虑到可以使变压器更接

近于车间负荷中心，以减少低压配电线路的电能损耗、电压损耗和有色金属消耗量。现在我国已能生产一些断流能力更大和短路稳定度更好的新型低压开关电器，如 DW15 型、ME 型等低压断路器及其他电器，因此，如车间负荷容量较大、负荷集中且运行合理时，也可选用单台容量为 1250 ~ 2000kVA 的配电变压器，这样可减少主变压器台数及高压开关电器和电缆等。

对装设在二层以上的电力变压器，应考虑其垂直与水平运输对通道及楼板荷载的影响。采用干式变压器时，其容量不宜大于 630kVA。

（四）适当考虑负荷的发展

应适当考虑今后 5 ~ 10 年电力负荷的增长，更宜留有较大的裕量。干式变压器的过负荷能力必须指出：变电所主变压器台数和容量的最后确定，应结合主接线方案，经技术经济比较择优而定。

例 4-1 某 10kV/0.4 kV 变电所，总计算负荷为 1200kVA，其中一、二级负荷为 680kVA。试初步选择该变电所主变压器的台数和容量。

解： 根据变电所有一、二级负荷的情况，确定两台主变压器。每台容量为

$$S_{N \cdot T} = (0.6 \sim 0.7) \times 1200 \text{kVA} = (720 \sim 840) \text{kVA}$$

且

$$S_{N \cdot T} \geq S_{(I + II)} = 680 \text{kVA}$$

因此初步确定每台主变压器容量为 800kVA。

六、变压器检修工艺及质量标准

（一）器身大修标准

1. 铁心的检修

1）清除铁心表面沉积的污垢与杂物，检查铁心是否有松动的现象，整个器身是否有位移。

2）检查铁心接地铜片是否完好，与铁心接触是否紧密。

3）清除铁心油道中的污垢，检查油道是否畅通。

4）检查上、下铁轭夹件是否有变形、松动现象，并用扳手重新检查夹件两端，紧固螺钉。

5）检查铁心穿心螺钉是否紧固，绝缘是否良好。穿心螺钉的绝缘电阻值可参见表 4-3。

表 4-3 穿心螺钉的绝缘电阻值

工作电压/kV	最低允许绝缘电阻/MΩ
10 以下	2
20 ~ 35	5
110	10

6）检查铁心叠片有无局部过热现象，有无断裂。

7）检查铁心叠片接缝，间隙不应大于表 4-4 数据。

表 4-4 铁心叠片接缝允许间隙表

铁心直径/mm	间隙/mm
230 及以下	1（个别片不超过 2）
230 及以下	1 ~ 2（个别片不超过 3）

2．线圈的检查

1）线圈绝缘完整，1000V以上绝缘电阻表检查，绝缘电阻不低于前次测量值的70%，吸收比 $R_{60}/R_{50}>1.3$，无变色、脆裂、击穿放电现象，无局部过热，根据下列标准直观判别绝缘情况：

① 绝缘良好：绝缘层柔韧而且有弹性，颜色淡而鲜，用手按压无永久变形。

② 绝缘合格：绝缘层干而坚硬，颜色深而暗，用手按压能留下痕迹。

③ 绝缘不可靠：绝缘层坚而脆，颜色暗而黑，用手按压能产生小裂纹。

④ 绝缘老化：绝缘层表面有裂纹、脱斑现象，用手按压，绝缘层脆裂脱落。

对于绝缘状况属3、4型者，应报有关领导并提出处理及补救对策。

2）引出线绝缘良好，包扎紧固，无破裂，无松脱，无变色，无局部过热，引线固定支架及紧固件完整，固定牢靠。

3）全部外露焊点接点检查，焊接良好，无假焊、熔化现象。铜铝过渡接头应完整无腐蚀，硬母线完好，软连接无断裂、过热现象。

4）高、低压绕组无相对位移，各相绕组无相对位移，绝缘件应完整，无松动、位移、脱落等。

5）各线并列整齐，无变形，间隙均匀。

6）线圈压紧螺钉紧固，压环无位移且接地良好，压环无电蚀现象。

（二）附件检修标准

1．储油柜

储油柜检修工艺及质量标准见表4-5。

表 4-5　储油柜检修工艺及质量标准

检 修 工 艺	质 量 标 准
打开储油柜的侧盖，检查气体继电器联管是否伸入储油柜	一般伸入部分高出地面20~50mm
清扫内外表面锈蚀及油垢并重新刷漆	内壁刷绝缘漆，外壁刷油漆，要求平整有光泽
清扫积污器、油位计、塞子等零部件	安全气道和储油柜间应互相连通；油位计内部无油垢，红色浮标清晰可见
更换各部密封垫	密封良好无渗漏，应耐受油压0.05MPa、6h无渗漏
重画油位计温度标示线	油位标示线指示清晰并符合图4-9规定

2．吸湿器

吸湿器检修工艺及质量标准见表4-6。

表 4-6　吸湿器检修工艺及质量标准

检 修 工 艺	质 量 标 准
将吸湿器从变压器上卸下，倒出内部吸附剂，检查玻璃罩应完好，并进行清扫	玻璃罩清洁完好
把干燥的吸附剂装入吸湿器内，为便于监视吸附剂的工作性能，一般可采用变色硅胶，并在顶盖下面留出1/6~1/5高度的空隙	新装吸附剂应经干燥，颗粒不小于3mm
失效的吸附剂由蓝色变为粉红色，可置入烘箱干燥，干燥温度从120℃升至160℃，时间5h；还原后再用	还原后应呈蓝色
更换胶垫	胶垫质量符合标准规定

（续）

检 修 工 艺	质 量 标 准
下部的油封罩内注入变压器油,并将罩拧紧(新装吸湿器,应将密封垫拆除)	加油至正常油位线,能起到呼吸作用
为防止吸湿器摇晃,可用卡具将其固定在变压器油箱上	运行中吸湿器安装牢固,不受变压器振动影响
吸湿器的外形尺寸及容量可根据图4-10和表4-7选择	

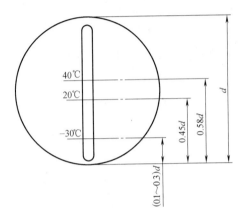

图 4-9 油位标示线指示

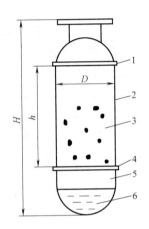

图 4-10 吸湿器示意图
1—胶垫 2—玻璃筒 3—硅胶 4—阀
5—罩 6—变压器油

表 4-7 吸湿器的外形尺寸及容量

硅胶重/kg	油重/kg	H/mm	h/mm	D/mm	玻璃筒/mm×mm	配储油柜直径/mm
0.2	0.15	216	100	105	$\phi80/100×100$	≤$\phi250$
0.5	0.2	216	100	145	$\phi120/140×100$	$\phi310$
1.0	0.2	266	150	145	$\phi120/140×150$	$\phi440$
1.5	0.2	336	200	145	$\phi120/140×200$	$\phi610$
3	0.7	336	220	205	$\phi180/200×220$	$\phi800$
5	0.7	436	300	205	$\phi180/200×300$	$\phi900$

3. 磁力油位计

磁力油位计检修工艺及质量标准见表4-8。

表 4-8 磁力油位计检修工艺及质量标准

检 修 工 艺	质 量 标 准
打开储油柜手孔盖板,卸下开口销,拆除连杆与密封隔膜相连接的绞链,从储油柜上整体拆下磁力油位计	注意不得损坏连杆
检查传动机构是否灵活,有无卡轮、滑齿现象	传动齿轮无损坏,转动灵活
检查主动磁铁、从动磁铁是否耦合和同步转动,指针指示是否与表盘刻度相符,否则应调节限位块,调整后将紧固螺栓锁紧,以防松脱	连杆摆动45°时指针应旋转270°,从"0"位置指示到"10"位置,转动灵活,指示正确

（续）

检　修　工　艺	质　量　标　准
检查限位报警装置动作是否正确,否则应调节凸轮或开关位置	当指针在"0"最低油位和"10"最高油位时,分别发出信号
更换密封胶垫进行复装	密封良好无渗漏

4. 调压装置检修标准及方法

调压装置检修标准及方法见表4-9。

表 4-9　调压装置检修标准及方法

质量标准(要求)	方法及说明
无励磁分接开关检修	
1. 各抽头连接螺栓紧固,绝缘无外伤,无松散及过热老化现象 2. 动、静触点表面光洁,镀层完好,无氧化膜及烧伤痕迹 3. 弹簧压力均匀,压力在 0.25～0.5MPa 范围内,0.05mm 塞尺应塞不进去 4. 开关绝缘筒及绝缘板无破损及放电痕迹 5. 各分接位置的接触电阻一般不大于 500μΩ,且测量结果与原有数据相比不得有显著差别 6. 机械传动部分灵活,操纵杆轴销、开口销等安装牢固可靠,触点接触位置与外部手柄指示位置一致 7. 检修后应达到其原有的性能	1. 触点表面的油污可用汽油擦洗;类似黄铜光泽的氧化覆层可用丙酮擦洗 2. 触点表面有轻微烧伤应妥善研磨。照原样制作的触点,表面粗糙度以 1.6 为宜,不另做抛光研磨处理 3. 触点的接触电阻不合格时,必须查找原因,直至处理合格 4. 夹片式分接开关,其手柄指示位置与触点接触位置产生偏差时,可将手柄罩与转轴的圆键拔出,重新调整 5. 分接开关自油箱和开关法兰间渗油时,可拧紧法兰盘上的 3 个定位螺钉;若油是从开关的中间轴和套之间渗出,应拆下定位螺母,轻轻从转轴上拔下手柄罩,拧紧密封螺母后即可 6. 对 DwJ 型分接开关,则应先拿掉外齿轮,按具体情况拧紧密封螺母,并使拆装前后的指示位置保持一致
有载分接开关检修	
1. 选择开关(范围开关)、切换开关(选切开关)触点表面光洁,弹力充足,接触良好(接触电阻值的要求同无励磁分接开关),无阻卡、电弧烧伤及过量磨损现象 2. 灭弧电阻及触点部分连接可靠、完整。切换器相间绝缘良好,拉杆完整不变形 3. 快速机构各弹簧卡子无变形和断裂;摇杆和卡子能灵活上钩和脱钩,连杆轴承孔无松动 4. 抽头绝缘完好,连接螺栓紧固,抽头切换器消弧筒无异常;抽头端部与抽头切换器相连接部分(包括焊接螺栓)接触良好 5. 各紧固件不松动,编织软线无断裂 6. 自动调压装置传动机构动作灵活可靠,转动部分缓冲弹力均衡 7. 传动杆销子顶丝齐全牢固,齿轮小轴支座完整 8. 接触、限位等动作正确可靠。拆卸连杆时,外部分头指示与内部分头指示必须一致 9. 气体保护及防爆装置齐全完好 10. 开关本体油位正常,无渗、漏油现象。开关中的绝缘油变黑或耐压值降低到 20kV 时,必须更换	1. 开关本体在空气中的允许暴露时间与该变压器相同 2. 各触点可用浸丙酮的绸布擦拭,触点表面有轻微烧伤时用细砂布妥善研磨 3. 快速机构放置在顶部的有载分接开关,应注意顶部法兰的放气,确保该快速机构浸没在油中 4. 有载分接开关的安装、调试,需按制造厂的要求进行

【任务实施】

分组讨论新建机械厂变压器的选型及检修方案。

姓名		专业班级		学号	
任务内容及名称					
1.任务实施目的			2.任务完成时间:1学时		
3.任务实施内容及方法步骤					
4.分析结论					
指导教师评语(成绩)					年 月 日

【任务总结】

本任务学习电力变压器的功能及原理,电力变压器的结构、参数及选择,设备检验及使用注意事项。通过学习熟悉并正确选择电力变压器,掌握电力变压器的选择、检修及维护方法;完成新建机械厂变压器的选型及检修方案。

任务2 电压互感器与电流互感器的选择与维护

【任务导读】

在供配电系统中,一方面,几乎所有的二次设备可用低电压、小电流的电缆连接,这有利于提高二次设备的绝缘水平,便于集中管理,实现远方控制和测量;另一方面,为了保证二次回路不受一次回路的限制,使二次侧的设备与高压部分隔离。鉴于以上两个方面,我们需要将一次回路的高电压和大电流变为二次回路标准值,这就需要使用互感器。图4-11为互感器的应用场景。某新建机械厂变电所的设计、运行与维护同样也需要电压互感器,这就需要选择合适的互感器,并投入运行。

【任务目标】

1. 完成某新建机械厂电流互感器和电压互感器的选择。

2. 互感器日常维修、维护的要点。

【任务分析】

要合理地选择互感器,并使其能够正常运行,这就需要我们首先了解互感器的结构组成、工作原理、型号和规格,掌握其在供配电系统中的功能和安装使用方法。

a)　　　　　　　　　　　　　　　　　　　　b)

图 4-11　互感器的应用场景

a）电压互感器　b）电流互感器

【知识准备】

一、互感器的作用

运行的输变电设备往往电压很高，电流很大，且电压、电流的变化范围大，无法用电气仪表直接进行测量，这时必须采用互感器。互感器能按一定的比例降低高电压和大电流，以便用一般电气仪表直接进行测量。这样既可以统一电气仪表的品种和规格，提高准确度，又可以使仪表和工作人员避免接触高压回路，保证安全。

互感器除了用于测量外，还可以作为各种继电保护装置的电源。互感器分为电压互感器和电流互感器两种。

电流互感器能将电力系统中的大电流变换成标准小电流（5A 或 1A）。电压互感器能将电力系统的高电压变换成标准的低电压（100V 或 $100/\sqrt{3}$ V），供测量仪表和继电器使用。互感器的主要作用如下：

1）将测量仪表和继电器同高压线路隔离，以保证操作人员和设备的安全。

2）用来扩大仪表和继电器的使用范围，与测量仪表配合，可对电压、电流、电能进行测量，与继电保护装置配合，可对电力系统和设备进行各种继电保护。

3）能使测量仪表和继电器的电流和电压规格统一，以利于仪表和继电器的标准化。

二、电压互感器

1. 电压互感器的类型和结构

电压互感器（Voltage Transformer，TV）的作用是将电路上的高电压变换为适合于电气仪表及继电保护装置需要的低电压。电压互感器按原理分有电磁式和电容式两种；按每相绕组数分有双绕组和三绕组两种；按绝缘方式可分为干式、浇注绝缘式、油浸式和 SF$_6$ 式等，如图 4-12 所示。

2. 电压互感器的原理

（1）电磁式电压互感器　其基本原理和电力变压器完全一样，两个相互绝缘的绕组绕在公共的闭合铁心上，一次绕组并接在线路上，一次电压 U_1 经过电磁感应在二次绕组上就

感应出电压 U_2，电压互感器的一次绕组额定电压与电路的电压相符，二次侧额定电压为 100V。电压互感器原理接线图如 4-13 所示。

在理想情况下，电压互感器的电压比等于匝数比，即 $U_1 / U_2 = N_1 / N_2$。但由于铁心励磁电流和绕组阻抗的影响，输出电压与输入电压之间产生了误差。这个测量误差包括两部分，即电压比误差（比值差）和相角误差（相角差）。所谓比值差是指实际二次电压乘以额定变比后与实际的一次电压值的差值，一般以一次电压的百分数表示。相角差是指倒相 180° 后的二次电压 U_2 与一次电压 U_1 之间的相角差值，用 σ 来表示。当 σ 为正时，表示二次电压 U_2 超前一次电压 U_1，反之为滞后。

电压互感器的两种误差与使用情况有密切关系。当二次负荷增大时，两种误差都增大；当一次电压

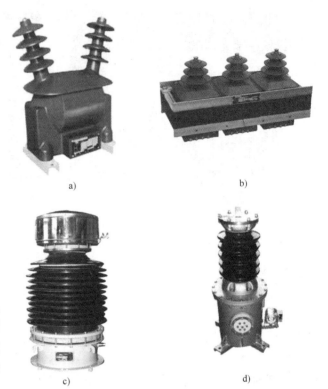

图 4-12　电压互感器
a) 干式　b) 浇注绝缘式　c) 油浸式　d) SF_6 式

显著波动时，对误差也有影响。0.1～1.0 级电压互感器供测量仪表用，3 级电压互感器供继电保护用。

（2）电容式电压互感器　随着电力系统输电电压的增高，电磁式电压互感器的体积越来越大，成本也越来越高，因此，电容式电压互感器应运而生。它是利用电容分压原理实现电压变换。原理如图 4-14 所示。

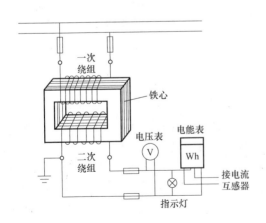

图 4-13　电压互感器原理接线图

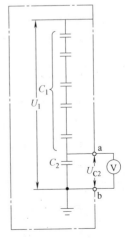

图 4-14　电容式电压互感器原理图

$$U_{C2} = C_1 U_1 / (C_1 + C_2) = K_1 U_1$$

式中，K 为分压比，$K = C_1 / (C_1 + C_2)$，改变 C_1 和 C_2 的比值，可得到不同的分压比。此类型 TV 被广泛应用于 110～500kV 中性点接地系统中。

3. 电压互感器的接线方式

在三相电路中，电压互感器有如图 4-15 所示的四种常见接线方式。

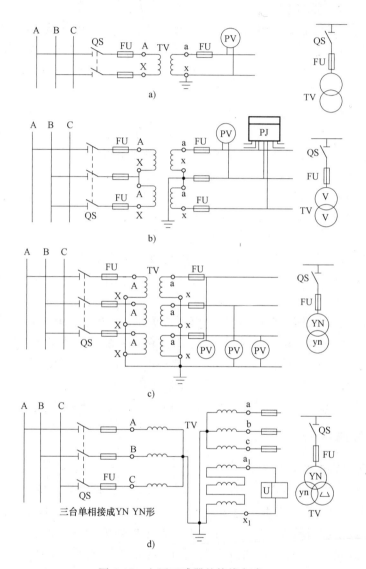

图 4-15 电压互感器的接线方式

a）一台单相电压互感器 b）两台单相电压互感器接成 V/V 接线 c）三台单相电压互感器接成 YNyn 接线

d）三台单相三绕组电压互感器或一台三相五柱式电压互感器接成 YNyn△

1）一台单相电压互感器接于两相间，如图 4-15a 所示，用于测量线电压和供仪表、继电保护装置用。

2）两台单相电压互感器接成 V/V 接线，如图 4-15b 所示，供只需要线电压的仪表、继电保护装置用。V/V 接线多用于发电厂中，为了同期装置而设。同期装置（包括同期检定继电器和同期表）要接入两侧 TV 的电压进行比较相位差，这两个电压必须有一个公共点才能准确比较。

3）三台单相电压互感器接成 YNyn 接线，如图 4-15c 所示，这种接法可测量三相电网的线电压和相电压。由于小接地电流系统发生单相接地时，另外两相电压要升到线电压，所以，这种接线的二次侧所接的电压表不能按相电压来选择，而应按线电压来选择，否则在发生单相接地时，仪表可能被烧坏。

4）三台单相三绕组电压互感器或一台三相五柱式电压互感器接成 YNgn△（开口三角形），如图 4-15d 所示。其中接成星形的二次绕组，供给仪表、继电保护装置及测量计量装置使用；接成开口三角形的辅助二次绕组，构成零序电压过滤器，供给交流绝缘监察装置。三相系统正常工作时，开口三角绕组两端的电压接近于 0V，当某一相接地时，开口三角形绕组两端出现零序电压，使电压继电器动作，发出信号。

两 TV 接法由于接线简单，而且省了一个 TV 节约了投资，完全可以满足计量、测量的要求，具有较高的经济性，但是由于其无法测得相对地电压，相对于三 TV 接法无法用作绝缘监视，所以大部分变电站和要求较高的厂矿企业还是采用了三 TV 接法。

4. 电压互感器在使用中的一般注意事项

1）要根据用电设备的实际情况，确定电压互感器的额定电压、电压比、容量、准确度等级。

2）电压互感器在接入电路前，要进行极性校核。要"正极性"接入。电压互感器接入电路后，其二次绕组应有一个可靠的接地点，以防止互感器一、二次绕组间绝缘击穿时，危及人身和设备安全。

3）运行中的电压互感器在任何情况下都不得短路，否则会烧坏电压互感器或危及系统和设备的安全运行。所以，电压互感器的一、二次侧都要装设熔断器，同时，在其一次侧应装设隔离开关，作为检修时确保人身安全的必要措施（有明显断开点）。

4）电压互感器在停电检修时，除应断开一次侧电源隔离开关外，还应将二次侧熔断器也拔掉，以防其他电源串入二次侧引起倒送电而威胁检修人员的安全。

三、电流互感器

1. 电流互感器的类型

根据绝缘结构，电流互感器 TA 可分为干式、浇注式、油浸式、套管式和 SF_6 式五种形式，其外形如图 4-16 所示。根据用途一般可分为保护用、测量和计量用三种。区别在于计量用互感器的精度要相对较高，另外计量用互感器也更容易饱和，以防止发生系统故障时大的短路电流造成计量表计的损坏。根据原理可分为电磁式和电子式两种。

2. 电流互感器的结构与基本原理

电流互感器也称为变流器，是用来将大电流变换成小电流的电气设备。其工作原理也与变压器一样，一次绕组匝数很少，串接在线路中，一次电流 I_1 经电磁感应，使二次绕组产生较小的标准电流 I_2，我国规定标准电流为 5A 或 1A。由于电流互感器二次回路的负载阻抗很小，所以，正常工作时二次侧接近于短路状态。基本原理如图 4-17 所示。

电流互感器在理想情况下，一次电流 I_1 与二次电流 I_2 之比等于匝数比的倒数，即 $I_1/I_2 = N_2/N_1 = K$，K 为 TA 的电流比。但电流互感器在实际工作过程中，和电压互感器一样，

图 4-16 电流互感器外形

a) 干式 b) 浇注式 c) 套管式 e) 油浸式 e) SF$_6$式

由于励磁的损耗也会引起测量误差，即比值差和相角差。比值差是指实测的二次电流乘上电流比后与实测一次电流的差值，通常以一次电流的百分数表示。相角差是指实测的一次电流和倒相 180° 后的二次电流间的夹角。

3. 电流互感器的接线方式

电流互感器与仪表、继电器通常有单相接线、星形接线和不完全星形接线三种，如图 4-18 所示。

（1）单相式接线 单相式接线如图 4-18a 所示，电流线圈通过的电流，反映一次电路相应相的相电流，通常用于负荷平衡的三相电路如低压动力线路中，供测量电流或接过负荷保护装置之用。

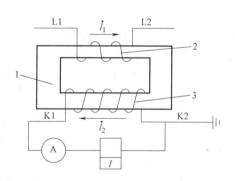

图 4-17 电流互感器的基本原理

1—铁心 2——次绕组 3—二次绕组

（2）三相式完全星形接线 三相式完全星形接线如图 4-18b 所示，这种方式对各种故障都起作用。当故障电流相同时，对所有故障都同样灵敏，对相同短路动作可靠，至少有两个继电器动作，因此主要用于高压大电流接地系统以及大型变压器、电动机的差动保护、相间短路保护和单相接地短路保护和负荷一般不平衡的三相四线制系统，也用在负荷可能不平衡的三相三线制系统中，作三相电流、电能测量。

（3）两相式不完全星形接线 两相不完全星形接线如图 4-18c 所示，在正常运行及三相短路时，中性线通过电流为 $I_0 = I_U + I_W = -I_V$，反映的是未接电流互感器那一相的相电流。如两台互感器接于 U 相和 W 相，当 UW 相短路时，两个继电器均动作；当 UV 相或 VW 相短

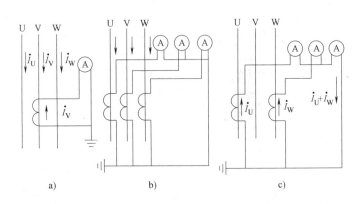

图 4-18 电流互感器的接线方式

a）单相式接线 b）三相式完全星形接线 c）两相式不完全星形接线

路时，只有一个继电器动作。而在中性点直接接地系统中，当 V 相发生接地故障时，保护装置不动作。所以这种接线保护不了所有单相接地故障和某些两相短路，但刚好满足中性点不直接接地系统允许一相接地继续运行一段时间的要求。因此，这种接线方式广泛应用在中性点不接地系统。

4. 使用注意事项

1）根据用电设备的实际选择电流互感器的额定电流比、容量、准确度等级以及型号，应使电流互感器一次绕组中的电流在电流互感器额定电流的 1/3～2/3。电流互感器经常运行在其额定电流的 30%～120%，否则电流互感器误差增大等。电流互感器可以在 1.1 倍额定电流下长期工作。如发现电流互感器经常过负荷运行，则应更换，一般允许超过 TA 额定电流的 10%。

2）电流互感器在接入电路时，必须注意它的端子符号和其极性。通常用字母 L_1 和 L_2 表示一次绕组的端子，二次绕组的端子用 K_1 和 K_2 表示。一般一次电流从 L_1 流入、L_2 流出时，二次电流从 K_1 流出经测量仪表流向 K_2（此时为正极性），即 L_1 与 K_1、L_2 与 K_2 同极性。

3）电流互感器二次侧必须有一端接地，目的是为了防止其一、二次绕组绝缘击穿时，一次侧的高压电串入二次侧，危及人身和设备安全。

4）电流互感器二次侧在工作时不得开路。当电流互感器二次侧开路时，一次电流全部被用于励磁。二次绕组感应出危险的脉冲尖峰电压，其值可达几千伏甚至更高，严重地威胁人身和设备的安全。所以，运行中电流互感器的二次回路绝对不许开路，并注意接线牢靠，不许装接熔断器。

5. 电磁式电流互感器的缺点

常见的电流互感器饱和主要有两种：稳态饱和与暂态饱和。其中稳态饱和主要是因为一次电流值太大，进入电流互感器的饱和区域，导致二次电流不能正确地转变一次电流。暂态饱和则是因为大量的非周期分量的存在，进入电流互感器的饱和区域。在铁心未饱和前，一次电流和二次电流完全成正比，当达到饱和后，励磁不再增加，饱和后，不产生电动势。

6. 光电式电流互感器

（1）原理 光电式电流互感器的原理是法拉第磁光效应。如果通过一次导线的电流为 i，导线周围所产生的磁场强度为 H，当一束线偏阵光通过该磁场时，线偏阵光的偏振角度

会发生偏振，其偏振角 θ 的计算公式为

$$\theta = V\int_L H\mathrm{d}l$$

式中，V 为磁光玻璃的韦尔代（verdet）常数；L 为光线在磁光玻璃中的通光路径长度。

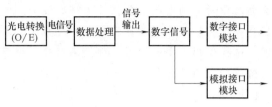

图4-19 光电式电流互感器原理图

工作原理如图4-19所示。

（2）特点

1）不充油、不充气，安全可靠，免维修。

2）传感器无铁磁材料，不存在磁滞、剩磁和磁饱和现象。

3）一次、二次间传感信号由光缆连接，绝缘性能优异，且具有较强的抗电磁干扰能力。

4）体积小、重量轻，安装使用简便。

5）低压侧无开路而引入高压的危险。

6）具有光、电数字接口功能，便于二次部分的升级换代和数字化变电站的建设。

【任务实施】

分组讨论新建机械厂电压互感器和电流互感器的选型及使用注意事项。

姓名		专业班级		学号	
任务内容及名称					
1.任务实施目的		2.任务完成时间:1 学时			
3.任务实施内容及方法步骤					
4.分析结论					
指导教师评语(成绩)					
				年 月 日	

【任务总结】

本任务学习互感器的功能、结构特点、基本原理、选择及使用注意事项；完成某机械厂新建变电所的电压互感器、电流互感器的选择及使用注意事项。

任务3 高压一次设备的选择、校验与维护

【任务导读】

企业变配电所中承担输送和分配电能任务的电路，称为一次电路或称主电路、主接线。

一次电路中所有的电气设备，称为一次设备。常用一次设备有高压熔断器、高压隔离开关、高压负荷开关、高压断路器及高压开关柜等，本任务通过对这些一次设备的结构组成、工作原理、选择使用方面的学习，选择某新建机械厂供配电系统需要的高压一次设备，为变电站的运行维护打下良好基础。

【任务目标】

1. 完成某新建机械厂供配电系统一次设备的选择。

2. 整理一次设备维修、维护的要点。

【任务分析】

合理的选择供配电系统需要的高压一次设备，保证变电站的良好运行，首先要熟悉熔断器、断路器、高压隔离开关的功能结构、工作原理、型号规格，掌握其在供配电系统中的功能，并能正确选择、检测、安装、使用。

【知识准备】

一次设备按其功能，可分为以下几类：

（1）变换设备 其功能是按电力系统运行的要求改变电压、电流或频率等，例如电力变压器、电压互感器、电流互感器和变频器等。

（2）控制设备 其功能是按电力系统运行的要求来控制一次电路的通、断，例如各种高、低压开关设备。

（3）保护设备 其功能是用来对电力系统进行过电流、过电压等的保护，例如熔断器和避雷器等。

（4）补偿设备 其功能是用来补偿电力系统中的无功功率，提高系统的功率因数，例如并联电容器等。

（5）成套设备 它是按照一定的线路方案的要求，将有关一次设备及控制、指示、监测和保护一次设备的二次设备组合为一体的电气装置，例如高压开关柜、低压配电屏、动力和照明配电柜等。

下面只介绍企业一次电路中常用的高压熔断器、高压隔离开关、高压负荷开关、高压断路器及高压开关柜等。

一、高压熔断器

熔断器是串联在电路中，当电路电流超过规定值并经一定时间后，其熔体熔化而分断电流、断开电路的一种保护电器。其主要功能是对电路及电路设备进行短路保护，有的熔断器还具有过负荷保护的功能。

企业供电系统中，户内广泛采用 RN1 型、RN2 型高压管式熔断器；户外则广泛采用 RW4 型和 RW10 型高压跌开式熔断器。

高压熔断器全型号的表示和含义如下：

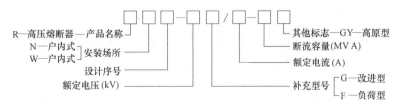

（一）户内式高压熔断器

户内式高压熔断器全部是限流型熔断器。户内式高压熔断器主要部分为熔管和熔体，熔管内配置有瓷柱，瓷柱上等间距绕有熔体，熔管的两端配置有压帽，其间填充有石英砂。其结构如图 4-20 所示。

以 RN1 型为典型代表的设计序号为奇数系列的熔断器，用于 3～35kV 的电力线路和电气设备的过载和短路保护。

以 RN2 型为代表的设计序号为偶数系列的熔断器，专门用于保护 3～35kV 的电压互感器，用于对高压电压互感器的过载及短路保护。

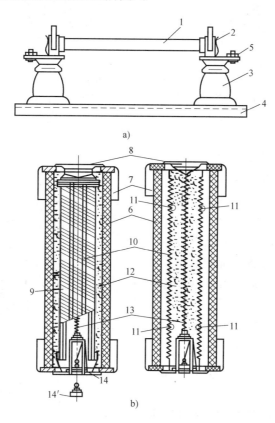

图 4-20　RN1 型和 RN2 型高压熔断器

a）RN1 型和 RN2 型高压熔断器外观图　b）RN1 型和 RN2 型高压熔断器的熔管剖面示意图

1—熔管　2—静触点座　3—支持绝缘子　4—底座　5—接线座　6—瓷质熔管　7—黄铜端盖　8—顶盖

9—陶瓷芯　10—熔体　11—小锡球　12—石英砂　13—细钢丝　14、14′—熔断指示器

（二）户外式高压熔断器

户外式高压熔断器一般有跌落式和支柱式两种。

1. 跌落式熔断器

跌落式熔断器主要由熔丝具、熔丝管和熔丝元件三部分构成，如图 4-21 所示。

户外跌落熔断器广泛应用于 10kV 架空配电线路的支线及用户进线处、35kVA 以下容量的配电变压器一次侧以及电力电容器等设备作为过载或短路保护和进行系统、设备的投、切操作之用。

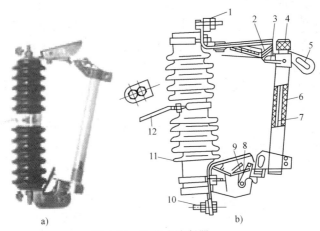

图 4-21 跌落式熔断器

a) 跌落式熔断器外形图　b) 跌落式熔断器结构示意图

1—上接线端　2—上静触点　3—上动触点　4—管帽　5—操作环　6—熔管　7—熔丝

8—下动触点　9—下静触点　10—下接线端　11—瓷绝缘子　12—固定安装板

2. 户外支柱式高压熔断器

RXW-35 型限流式熔断器主要用于保护电压互感器，由瓷套、熔管及棒形支持绝缘子和接线端帽等组成，如图 4-22 所示。

熔管装于瓷套中，熔件放在充满石英砂填粒的熔管内。熔断器的灭弧原理与 RN 系列限流式有填料高压熔断器的灭弧原理基本相同，均有限流作用。

（三）高压熔断器的选择和校验

1. 选择额定电压

非限流型：$U_N \geqslant U_{NS}$。

限流型：$U_N \equiv U_{NS}$。

若把限流型熔断器用在 $U_N \equiv U_{NS}$ 的系统中，过电压倍数为 2~2.5 倍；但如果把限流

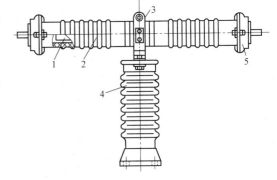

图 4-22 RXW-35 型限流式熔断器结构图

1—熔体　2—瓷套　3—紧固件

4—支持绝缘子　5—接线帽

型熔断器用在 $U_N > U_{NS}$ 的系统中，过电压倍数可达 3.5~4 倍，会损坏电气设备的绝缘。

2. 选择额定电流

（1）$I_{Nfs} \geqslant I_{Nft}$（一种规格的熔断器底座可以装设几种规格的熔断体）

（2）I_{Nfs} 考虑

1）保护 35kV 及以下电力变压器，需要考虑励磁涌流、电动机起动等因素。当熔断器通过变压器回路的最大工作电流 I_{max}、变压器的励磁涌流、保护范围外的短路电流及电动机自起动等冲击电流时，其熔体不应误熔断，则 $I_{Nfs} = K I_{max}$，其中，K 为可靠系数。

2）用于保护电力电容器，需要考虑涌流和波形畸变。当系统电压升高或波形畸变引起回路电流增大或运行中产生涌流时，其熔体不应误熔断，则 $I_{Nfs} = K I_{nc}$，其中，I_{nc} 为电力电容器回路的额定电流。

注意：对于保护电压互感器高压侧的 RN2 型熔断器，其熔体按机械强度选择。因为负荷电流很小，若按负荷电流选择，则截面太细，易断。

3. 校验选择性

为了前、后两级熔断器之间或熔断器与电源保护装置之间动作的选择性，应进行熔体选择性校验。图 4-23 为两个不同熔体安秒特性曲线（$I_{Nfs1} < I_{Nfs2}$），同一电流同时通过此二熔体时，熔体 1 先熔断。所以为了保证动作的选择性，前一级熔体应采用熔体 1，后一级熔体应采用熔体 2。保护电压互感器用的高压熔断器，只需按额定电压及断流容量两项来选择。

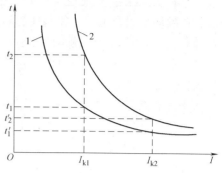

图 4-23　熔体的安秒（保护）特性曲线
1—熔体 1 的特性曲线　2—熔体 2 的特性曲线

（四）高压熔断器的使用要点

1. 高压熔断器的安装

1）安装前：检查外观是否完整良好、清洁，如果熔断器遭受过摔落或剧烈振动后则应检查其电阻值。

2）户外熔断器应安装在离地面垂直距离不小于 4m 的横担或构架上。

3）安装时：将熔体拉紧（使熔体大约受到 24.5N 的拉力），注意熔断器上所标明的撞击器方向，锁紧底座上的弹簧卡圈及螺栓等。

2. 高压熔断器的运行与维护

1）按规程要求选择合格产品及配件，运行中经常检查接触是否良好，加强接触点的温升检查。

2）不可将熔断后的熔体连接起来再继续使用。

3）更换熔断器的熔管（体），一般应在不带电情况下进行，若需带电更换，则应使用绝缘工具。

4）操作仔细，拉、合熔断器时不要用力过猛。

5）拉闸时：先中相，再背风边相，最后迎风边相；合闸时：先迎风边相，再背风边相，最后中相。

6）定期巡视，每月不少于一次夜间巡视，查看有无放电火花和接触不良现象。

二、高压断路器

高压断路器是电力系统中最重要的工作和保护设备，它对维持电力系统的安全、经济和可靠运行起着非常重要的作用。在负荷投入或转移时，它应该准确地开、合。在设备（如发电机、变压器、电动机等）出现故障或母线、输配电线路出现故障时，它能自动地将故障切除，保证非故障点的安全连续运行。

断路器主要依据它使用的灭弧介质来分，可分为以下几类：

1）油断路器（包括多油断路器和少油断路器），它是用变压器油作灭弧介质，多油断路器的油除灭弧外还作为对地绝缘使用。

2）真空断路器，它具有真空灭弧室，触点在真空泡中开、合。

3）空气断路器，它使用压缩空气进行吹弧将电弧熄灭。

4）SF_6 断路器，它使用具有优异绝缘性能和灭弧性能的 SF_6 气体作为灭弧介质和绝缘介质，可发展成组合电器，技术性能和经济效果都非常好。

随着电力工业和科学技术的迅猛发展，电力系统的容量越来越大，电网输电电压越来越高，覆盖面越来越广，所以对断路器的要求也越来越高。目前国内外已使用 500kV 和 765kV 的超高压 SF_6 断路器。

由于油断路器、空气断路器使用的历史较长、较普遍，技术也较普及，因此本节不再叙述，只对真空断路器、SF_6 断路器以及 SF_6 全封闭组合电器加以介绍。

（一）真空断路器

1. 真空断路器的结构

真空断路器的结构如图 4-24 所示。它由真空灭弧室（真空泡）、保护罩（屏蔽罩）、动触点、静触点、导电杆、开合操作机构、支持绝缘子、支持套管和支架等构成，其核心是真空灭弧室（真空泡）。

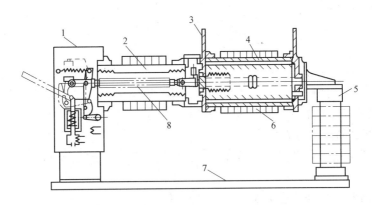

图 4-24 真空断路器的结构
1—操作机构 2—支持套管 3—隔离插头 4—灭弧室
5—支持绝缘子 6—保护套管 7—底座 8—绝缘拉杆

2. 真空灭弧室的构造

真空灭弧室的结构、制作方法、触点形状等，在很大程度上支配着真空断路器的各种性能。所以对真空灭弧室的外壳的制造要有严格的要求，否则真空灭弧室无法正常工作。真空外壳的制造材料一般用玻璃，而国外也有采用矾土瓷器的。真空灭弧室的构造如图 4-25 所示。

真空灭弧室由真空容器（绝缘外壳）、动触点、静触点、波形管（不锈钢材料）、保护罩（屏蔽罩）等构成。真空容器内保持 $1.33×10^{-11}～1.33×10^{-8}Pa$ 的高真空，动触点焊接在波形管与真空容器之间，并与大气隔离。动触点在绝缘操作杆与开合操作机构相连接，并在操作机构控制之下完成真空断路器的分、合工作。

3. 灭弧室的灭弧原理

真空断路器，顾名思义是使电路在真空中分、合的电器，即电路在分闸时，电弧在触点间发生，此时形成所谓的真空电弧。这是由于刚分瞬间，触点压力逐渐减弱，接触电阻急剧增大。当触点分开时，即产生金属蒸气，温度可达 5000K，使阴极产生电子热发射，金属蒸气被游离后形成电弧。

在电弧电流较小时，阴极表面有很多斑点。斑点表面积约为 $10^{-5}cm^2$，斑点电流密度为 $10^5 \sim 10^7 A/cm^2$。斑点是阴极继续产生金属蒸气和发射电子的场所。电弧由于金属蒸气的游离得以维持。电弧在灭弧室中扩散成并联的条状电弧，每条都有对应的阴极斑点，并由此斑点向阳极发射一个圆锥形的弧柱，圆锥顶点就在阴极斑点上。这些斑点及各条电弧互相排斥并不停地运动着，同时向磁场力的作用方向扩散，这时的电弧称为扩散电弧。

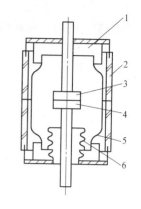

当交流电流接近零值时，触点上阴极斑点只有一个；当电流过零时，阴极斑点消失。此时电极不再向弧隙提供金属蒸气，使弧隙的带电质点迅速减少，并向外扩散，冷凝在极斑外的触点表面和保护罩（屏蔽罩）上。此时，真空灭弧室中弧隙间的介质绝缘强度得到迅速的恢复，使电流过零后电弧不再重燃。

图 4-25　真空灭弧室的构造
1—支持金具　2—绝缘外壳
3—静触点　4—动触点
5—保护罩（屏蔽罩）　6—波形管

在某种条件下，当电流增大到某一范围值，电流在自身磁场作用下，集聚成一条，阴极斑点集聚成一团。在电弧作用下阴极表面电腐蚀显著增加，此时金属表面不仅出现金属蒸气，而且出现金属颗粒和熔液；同时阳极严重发热而出现阳极斑点，并且也蒸发和喷射金属。这时的电弧称为集聚型电弧，是断路器最恶劣的工作状态，它造成触点表面熔融，此时电弧也不易熄灭。

4. 真空断路器触点的构造及对灭弧效果的影响

真空断路器触点的构造对灭弧能力、导通负荷电流、触点的使用寿命、安全可靠地执行分合指令等影响很大。因此，触点必须满足导电性能良好，能可靠地遮断大电流，耐弧性、热稳定性好三个方面的要求。

鉴于上述要求，触点材料多用铜钨合金、铜铋合金来制造，在机械造型和附属设施等方面采用一些加强灭弧能力的外部设施。

用于断开 10kA 以下的电流时，可采用圆盘对接式触点；开断大于 10kA 的电流时，多采用磁吹触点。按吹弧方向可分横吹和纵吹两种。10kV 断路器常用的有 25kA 和 31.5kA 开断电流。

（1）圆盘形触点　圆盘形触点结构简单，机械强度好。触点有一凹坑，经触点的电流路线呈 U 形，有很轻横吹作用，使电弧沿径向外移，避免局部过热，如图 4-26 所示。

（2）内螺旋形槽触点　内螺旋形槽触点如图 4-27 所示。每个触点分为两部分：凸出部分作为工作触点，主要作用是导通负荷电流，是真空断路器接纳负荷电流的场所；外面凹下的部分呈环盘形，主要作灭弧用。上环盘面和下环盘面尺寸相等、形状相同，同样按一定的要求刻上螺旋槽沟，但螺旋方向相反。

此触点具有横吹和纵吹性能，横吹是由于触点的特殊构造和磁场与电弧的相互作用产生的。纵向吹弧也是由于触点

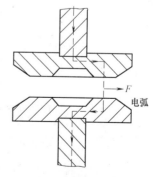

图 4-26　圆盘形触点

做成正反方向的螺旋沟槽，电弧电流是顺着沟槽方向流动，电流路线有如通电的螺管线圈，因而产生纵向磁场，造成纵向吹弧。

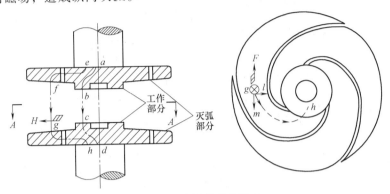

图 4-27　内螺旋形槽触点

注：$a \rightarrow d$、$e \rightarrow h$ 是电弧的漂移路径。

（3）具有纵向磁吹线圈的触点　具有纵向磁吹线圈的触点有外加感应线圈和在触点背面安装电流线圈两种形式。

外加感应线圈的形式如图 4-28 所示。在真空泡外加一感应线圈，当真空断路器分闸时，感应线圈内由于电流的突变，感应一磁场，其磁力线方向与电流平行。由于磁场力与电弧的相互作用，使弧隙中的带电质点迅速朝纵向扩散，弧隙中的介质绝缘强度迅速恢复，触点间隙击穿电压抬高，电弧在电流过零后不再重燃。

在触点背面安装电流线圈的形式如图 4-29 所示。在触点制造时即在其背面嵌装一电流线圈，使电流从真空断路器的导电杆流入线圈，再通过线圈引线流入线圈圆弧部分，然后再流回触点。依右手螺旋定律得知，流经圆弧的电流可产生一磁场，其方向与电弧平行。该磁场与电弧相互作用，触点间隙的带电质点朝纵向扩散，形成纵吹的灭弧方式。在设计时，吹弧线圈的电流应与电弧形成一定比例的纵向磁场。

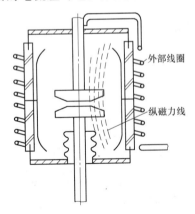

图 4-28　外加感应线圈的形式

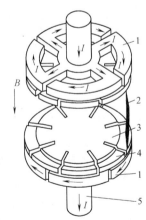

图 4-29　在触点背面安装电流线圈的形式

1—磁吹线圈　2—电弧　3—触点
4—电极　5—导电杆

总之，横向吹弧靠磁场力与电弧的相互作用，使弧柱根部不停地在触点表面的螺旋沟槽移动，从而防止触点表面局部过热而烧损，提高真空断路器触点的使用寿命和开断能力。但是，横向吹弧在开断大电流时，在触点表面会由于烧损而出现凹凸不平的熔化斑点，甚至在触点表面上出现金属熔融的针状毛刺，造成电场的局部集中而降低触点间隙的耐压水平，使断路器的寿命缩短，甚至不能工作。纵向吹弧可避免横吹方式的缺点。

5. 真空断路器的特点

1）绝缘性能好。真空间隙的介质绝缘强度非常高，与空气、绝缘油、SF_6 相比要高得多。真空间隙在 2~3mm 以内时，其击穿电压超过压缩空气和 SF_6，而在大的真空间隙下，击穿电压增加不大，所以真空灭弧室的触点开距不宜太大。10kV 真空断路器的开距通常在 8~12mm 之间，35kV 的则在 30~40mm 之间。开距太小会影响分断能力和耐压水平。开距太大，虽然可以提高耐压水平，但会使真空灭弧室的波纹管寿命下降。不同介质间隙的击穿电压的状况曲线如图 4-30 所示。

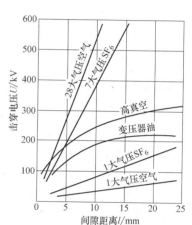

图 4-30　不同介质间隙的击穿电压的状况曲线

2）灭弧性能强。真空灭弧室中电弧的点燃是由于真空断路器刚分瞬间，触点表面蒸发金属蒸气，并被游离而形成电弧造成的。真空灭弧室中电弧弧柱压差很大，质点密度差也很大，因而弧柱的金属蒸气（带电质点）将迅速向触点外扩散，加剧了去游离作用，加上电弧弧柱被拉长、拉细，从而得到更好冷却，电弧迅速熄灭，介质绝缘强度很快得到恢复，从而阻止电弧在交流电流过零后重燃。

3）使用寿命长。电寿命可大于 10000 次开合，机械寿命可达 12000 次动作，满容量开断不少于 30 次。

4）结构简单、体积小、重量轻、噪声低。

5）因无油，所以发生火灾的可能性很小，同时对环境没有污染。

6）检修间隔时间长、维护方便。

当然，真空断路器也有不足之处，反映在如下方面：

1）在满容量开断电流后，真空断路器的冲击电压强度普遍存在下降趋势。

2）国产真空断路器在开断电容器组（特别是串有电抗器时）过程中，由于振荡造成电弧重燃的概率较大。

3）在运行中对真空容器的真空度尚无完善的检测手段。因此，只有在运行中通过直观目测来判断，即在真空断路器未接通时，使一侧触点带电，此时真空灭弧室的真空外壳出现红色或乳白色的辉光时，表明真空容器的真空度失常，应立即更换。

4）相比之下，真空断路器价格较贵。

5）参数较低，有一定的局限性。

（二）SF_6 断路器及全封闭组合电器

1. SF_6 气体特征概述

SF_6 气体出现于 1900 年，20 世纪 40 年代才被美国用作静电感应起电机的气体绝缘，从而引起工业界的极大兴趣，对 SF_6 的研究、使用注入很大的力量，并取得很多实绩。20 世纪 60 年代已用于复压式的断路器和变压器、电缆的绝缘。SF_6 具有特别好的绝缘性能和物理性能，所以用作高压断路器的灭弧介质是现在使用的变压器油、压缩空气无法比拟的。现在 SF_6 断路器的电压已达 750kV，并已生产和使用了很有经济价值的 SF_6 全封闭式组合电器。

我国研究和使用 SF_6 的时间较晚，虽然有些厂家已生产出 220kV 断路器，但是目前仍需进口国外设备，以满足电力工业发展的需要。相信在不久的将来，国产 SF_6 设备将取代国外设备。

（1）SF_6 气体的物理特性　SF_6 气体是无色、无味、无毒、不会燃烧、化学性能稳定的气体。在常温下不与其他物质产生化学反应，所以在正常条件下是一种很理想的绝缘和灭弧介质。

SF_6 是一种密度较大的气体，在同样条件下几乎是空气的 5 倍。

SF_6 在正常压力下其临界温度为 45.6℃，因此在电气设备中使用时，温度和压力不能过低，如低于 45.6℃ 就不一定使 SF_6 气体保持恒定气态，可能出现液化。

SF_6 气体的热传导率随温度变化而变化，例如，在 2000℃ 时具有极强的热传导能力，而当在 5000℃ 时，它的导热能力就很差，正是这种特性对熄灭电弧非常有利。

（2）SF_6 气体的化学特性　一般情况下，SF_6 气体是很稳定的气体，如果 SF_6 气体脱离稳定状态而分解出氟或硫将造成严重的化学腐蚀。

SF_6 气体不溶于水和变压器油中，它与氧、氢、铝及其他许多物质不发生作用。SF_6 的热稳定性也很高，在 500℃ 时不会分解，但当温度升到 600℃ 时，它很快分解成 SF_2 和 SF_4，当温度升到 600℃ 以上，则形成的低氟化物增加。由于气体中的微量水分参与作用，这些低氟化物对金属和绝缘材料都有很大的腐蚀性，并危及人身健康和生命安全。但大部分不纯物在极短时间内（$10^{-7} \sim 10^{-6}$s）能重新合成 SF_6，残留的不纯物经过吸附剂（分子筛、活性炭、活性氧化铝等）过滤后可以除去。

以上所述说明了温度低于 600℃ 以下时，SF_6 气体是稳定的，因此用于 A 级、B 级绝缘是绝对不会有问题的。

SF_6 不会燃烧，因此无火灾之虑；在被电击穿后，SF_6 能自行复合，同时不会因电弧燃烧而产生无定形碳那样的悬浮物，故介质绝缘强度不会受到影响。

（3）SF_6 气体的电特性　SF_6 是一种高电气强度的气体介质，在均匀电场下其介质强度约为同一压力下空气的 2.5～3 倍。在 3 个大气压下，SF_6 的介电强度约与变压器油相当，压力越高，绝缘性能越好。SF_6 气体是目前知道的最理想的绝缘和灭弧介质。它比现在使用的变压器油、压缩空气乃至真空都具有不可比拟的优良特性。正是这些特点使它的使用越来越广，发展相当迅速，在大电网、超高压领域里更显示出其不可取代的地位。

2. SF_6 断路器及全封闭组合电器

前文已简要地介绍了 SF_6 气体的绝缘性能和灭弧特性。由于 SF_6 气体特异的物理特性、化学特性对电气的绝缘、灭弧非常有利，所以用它作为绝缘和灭弧介质的电气设备得到迅速发展。除单独用于 SF_6 断路器外，还发展到封闭组合电器。

SF_6 组合电器组成的变电站具有非常高的经济效益和环境保护效益。在这方面，尤其是 SF_6 高压全封闭式组合电器更为突出。它结构紧凑，节省大量的场地，由它构成的变电站只为常规变电站用地面积的 10%～15%；它是全封闭的，分合闸功率很小，所以噪声非常小；它有很好的保护，可防止偶然触及带电体以及防止外界物质进入金属壳内部；它完全无火灾之虑；工作后的气体可以复合还原，不会产生悬浮性炭；介质绝缘强度受外界影响小等。由于有这些优越性，所以得到广泛应用，尤其是土地昂贵、人口稠密的地区更显出它的优势。现对它们的结构及工作原理选择一些具有通用性的进行介绍。

（1）SF_6 断路器分类 SF_6 断路器按其结构可分为瓷绝缘子支柱式和落地罐式；按其压力可分为双压式（复压式）和单压式；按触点工作方式分可分为定开距式和变开距式。

定开距式是将两个喷嘴固定，保持最佳熄弧距离。动触点与压气罩一起动作将电弧引到两个喷嘴间燃烧，被压缩的 SF_6 气体的气流强烈吹熄。变开距式是随着机械的运动逐渐打开，当运动到最佳熄弧距离时电弧熄灭，再继续拉开使间隙增大，绝缘强度增强，从而不被过电压击穿。

（2）SF_6 断路器发展的三个阶段

1）双压式（复式压）SF_6 断路器。早期的 SF_6 断路器采用双压式的压力系统，其结构如图 4-31 所示。灭弧室内设置一活塞，动触点装在内腔的活塞上。贮存在高压罐内的 SF_6 气体的气压为 $14 \sim 18Pa$。当分闸电磁阀接到分闸信号时，分闸阀打开，高压气流进入灭弧室活塞底部，把固定有动触点的活塞推到分闸的限位点，高压气流同时对电弧进行吹拂，使电弧迅速冷却。在电流过零时使电弧通道去游离加强，触点断口介质绝缘强度迅速恢复，电弧不再重燃。工作后的气体通过活塞和动触点的内腔排到灭弧室的顶部进入低压罐。这将引起低压罐的压力增高而起动一压力开关，接通空气压缩机的电源，使空气压缩机起动，把过多的 SF_6 气体经过过滤器抽回高压罐。这样又恢复了 SF_6 断路器的双压力系统状态。当接到合闸信号时，合闸电磁阀被打开。高压气流送到活塞的上部，把带动触点的活塞推向下，直至合闸位置。此时的气体进入低压罐而压力升高，同样起动压力开关使空气压缩机工作。把低压罐多的气体抽回高压罐，从而又回到双压力系统状态。由于结构复杂，已不用此技术。

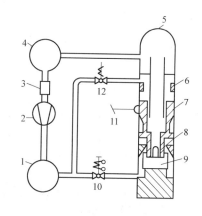

图 4-31 双压式 SF_6 断路器结构

1—高压罐 2—空气压缩机 3—过滤器
4—低压罐 5—灭弧室 6—限位卡 7—分、
合闸活塞 8—动触点 9—静触点 10—分
闸阀 11—辅助开关 12—合闸阀

2）单压式 SF_6 断路器。单压式 SF_6 断路器结构简单、灭弧性能好、生产成本低。动作过程如图 4-32 所示。这种 SF_6 断路器只充入较低压力的 SF_6 气体（一般为 $0.5 \sim 0.7MPa$，最低功能气压为 $0.4MPa$，$20℃$），分闸时靠动触点带动压气缸，产生瞬时压缩气体吹弧。但是，依靠机械运动产生灭弧高气压，所需操动机构操动功率大、机械寿命短，开断小电感电流和小电容电流时易产生截流过电压，一般配用较大输出功率的液压操动机构或压缩空气操动机构，固有分闸时间比较长。

3）"自能"灭弧功能的 SF_6 断路器。它具有开断能力强、操动机构操动功率小的优点，有利于新型操动机构的小型化，应用前景广阔。这种 SF_6 断路器在开断短路电流时，依靠短路电流电弧自身的能量加热 SF_6 气体，产生灭弧所需要的高气压；在开断小电感电流和小电容电流时，电弧自身的能量不足以加热 SF_6 气体，产生灭弧所需要的高气压，这时依靠机械辅助压气建立气压，不易产生截流过电压。所需操动机构操动功率小，可配用弹簧操动机构等，操作可靠，机械寿命长，固有分闸时间短，可以制造成断口少、单断口电压等级很高的

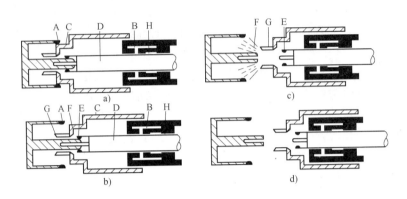

图 4-32　单压式 SF$_6$ 断路器的动作过程

a）合闸状态　b）压气过程　c）吹弧过程　d）分闸状态

A—静主触点　B—压气缸　C—动弧触点　D—动主触点　E—静弧触点　F—热膨胀室　G—绝缘喷口　H—压气活塞

SF$_6$ 断路器。目前，国内外主要的电力设备生产厂商都已生产出这种 SF$_6$ 断路器，并大量投入了运行。

（3）SF$_6$ 断路器的结构　一般来说，SF$_6$ 断路器主要由三部分组成：三个垂直瓷绝缘子单元，每一单元有一个气吹式灭弧室；弹簧操作机构及其单箱控制设备；一个支架及支持结构。每个灭弧室通过与三个灭弧室共连的管子填充 SF$_6$ 气体。SF$_6$ 断路器外观如图 4-33 所示。

图 4-33　SF$_6$ 断路器外观

（4）SF$_6$ 全封闭组合电器　随着电力系统电压等级的不断提高，人们迫切需要和寻求一种体积更小、性能更好、维护更简便的高压电气设备，后来又研制和生产出了一种气体绝缘金属封闭式组合电器。气体绝缘金属封闭式组合电器的英文全称为 Gas lnsulated Switchgear，其缩写为 GIS。它是由断路器、隔离开关、快速或慢速接地开关、电流互感器、电压互感器、避雷器、母线以及这些元器件的封闭外壳、伸缩节、出线套管等组成，内部充入一定压力的 SF$_6$ 气体作为 GIS 的绝缘和灭弧介质。

SF$_6$ 组合电器可以是单路的，也可制造成多回路的。它一般还具有防跳跃保护装置、非同期保护装置、操动油（气）压降低及 SF$_6$ 气体压力降低的闭锁装置和防慢分慢合装置。

110~500kV SF$_6$ 全封闭组合电器的各高压电器元件均制成独立标准结构。另外还有各种装配元件，可以适应变电站各种主接线的组合和总体布置的要求，其结构如图 4-34 所示。国产 LF-110 型全封闭式组合电器包括母线、带接地装置的隔离开关、断路器、电压互感器、电流互感器、快速接地开关、避雷器、电缆终端盒、波纹管和断路器操动机构等。

为保证最佳运行状态，对 SF$_6$ 全封闭组合电器，最重要的技术要求有如下几点：

1）只有保持 SF$_6$ 气体在规定的压力下，它的绝缘水平才能保证，因此必须对气压进行持续地监视。

2）金属铠装全封闭组合电器必须分成几个气密封间隔，以免由于漏气而造成大范围停电，同时，由于内部局部故障而把故障区域扩大。

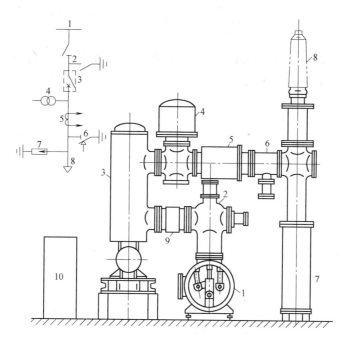

图 4-34　SF_6 全封闭组合电器的结构

1—母线　2—带接地装置的隔离开关　3—断路器　4—电压互感器　5—电流互感器
6—快速接地开关　7—避雷器　8—电缆终端盒　9—波纹管　10—断路器操作机构

3）隔离开关被封闭在金属壳体内，因它们的绝缘间隙不易被观察到，它的耐压强度完全依赖于 SF_6 气体的质量和压力。所以为了人身安全，检修时必须在隔离开关两侧用适当的接地开关接地以后方可工作。此外还应设置窥视窗，观察隔离开关触点分开的位置。

4）必须分成几个独立的单元，使每个单元发生故障不会影响别的单元。

5）因为小的间隔会导致较高的压力上升率，间隔的数目应尽可能少，在容许的条件下使它的间隔尽可能大。

6）当设置压力释放装置时，应该安装在避免危及运行人员人身安全的位置，必须装设有效的通风装置，以避免工作人员吸入 SF_6 气体和其他氟化物。

（三）高压断路器的选择

1．额定开断电流

在额定电压下，断路器能保证正常开断的最大短路电流称为额定开断电流 I_{Nbr}。在高压断路器中其值不应小于实际开断瞬间短路电流周期分量 $I_{k\sim}$，即 $I_{Nbr} \geq I_{k\sim}$。

我国生产的高压断路器在做型式试验时，仅计入了 20% 的非周期分量。一般中、慢速断路器，由于开断时间较长（ >0.1s ），短路电流非周期分量衰减较多，能满足国家标准规定的非周期分量不超过周期分量幅值 20% 的要求。使用快速保护和高速断路器时，其开断时间小于 0.1s，当在电源附近短路时，短路电流的非周期分量可能超过周期分量的 20%，因此需要进行验算。

2．短路关合电流

在断路器合闸之前，若线路上已存在短路故障，则在断路器合闸过程中，动、静触点间在未接触时即有巨大的短路电流通过（预击穿），更容易发生触点熔焊和遭受电动力的损坏。

断路器在关合短路电流时，不可避免地在接通后又自动跳闸，此时还要求能够切断短路电流，因此，额定关合电流是断路器的重要参数之一。为了保证断路器在关合短路时的安全，断路器的额定关合电流 i_{Ncl} 不应小于短路电流最大冲击值 i_{ch}，即 $i_{Ncl} \geqslant i_{ch}$。

三、隔离开关

隔离开关虽然是高压开关较简单的一种，但它的用量很大，为断路器用量的 3~4 倍。隔离开关的作用是在线路上基本没有电流时，将电气设备和高压电源隔开或接通。

在高压电网中，隔离开关的主要功能是：当断路器断开电路后，由于隔离开关的断开，使有电与无电部分造成明显的断开点，起辅助断路器的作用。由于断路器触点位置的外部指示器既缺乏直观，又不能绝对保证它的指示与触点的实际位置相一致，所以用隔离开关把有电与无电部分明显隔离是非常必要的。有的隔离开关在刀闸打开后能自动接地（一端或二端），以确保检修人员的安全。

此外，隔离开关具有一定的自然灭弧能力，常用在电压互感器与避雷器等电流很小的设备投入和断开上，以及一个断路器与几个设备的连接处，使断路器经过隔离开关的倒换更为灵活方便。

1. 隔离开关的结构

隔离开关的结构形式很多，户外刀闸按其绝缘支柱结构的不同可分为单柱式、双柱式和三柱式，常用产品结构形式一般为双柱式闸刀水平旋转和伸缩式，如图 4-35 所示。

a)　　　　　　　　　　b)　　　　　　　　　　c)

d)　　　　　　　　　　　　　　e)

图 4-35　隔离开关的结构形式

a）单柱式　b）双柱式　c）三柱式　d）双柱式刀闸水平旋转　e）伸缩式

隔离开关的操动机构形式也很多，常用的有手动操动机构和电动操动机构两类。手动操动机构大都由四杆件组传递手力，电动操动机构则有驱动电机经减压装置驱动隔离开关主轴进行分、合闸操作。

2. 隔离开关的选择

隔离开关选择及校验条件除额定电压、电流、动热稳定校验外，还应看其种类和形式的选择，其形式应根据配电装置特点和要求及技术经济条件来确定。表 4-10 为隔离开关选型参考表。

表 4-10 隔离开关选型参考表

使用场合		特点	参考型号
屋内	屋内配电装置成套高压开关柜	三级，10kV 以下	GN2、GN6、GN8、GN9
	发电机回路，大电流回路	单级，大电流 3000～13000A	GN10
		三级，15kV，大电流 200～600A	GN11
		三级，10kV，大电流 2000～3000A	GN18、GN22、GN2
		单级，插入式结构，带封闭罩，大电流 10000～13000A	GN14
屋外	220kV 以下各型配电装置	双柱式，200kV 以下	GW4
	高型，硬母线布置	V 形，35～110kV	GW5
	硬母线布置	单柱式，220～500kV	GW6
	20kV 及以上中型配电装置	三柱式，220～500kV	GW7

3. 隔离开关的运行与检修

（1）隔离开关的调整项目

1）用 0.05mm 塞尺检查触点的接触情况，线接触应塞不进去，面接触塞入深度不应超过 4mm，否则应检修。

2）合闸位置时触点弹簧各圈之间的间隙应不大于 0.5mm 且均匀。

3）用弹簧秤检查活动触点从固定触点中拉出的最小拉力。

4）组装后缓慢合闸，观察闸刀是否对准固定触点的中心落下或进入，有无偏卡现象。

5）开关的闸刀张角或开距应符合要求，户内型隔离开关在合闸后，闸刀应有 3～5mm 的备用行程，三相同期性应符合厂家的要求。

6）检查调整辅助接点的切换应正确，并打磨其接点，使其接触良好。

7）隔离开关的闭锁、止点装置应正确、可靠，此外应按规定进行预防性试验。

（2）隔离开关的巡视检查项目

1）当隔离开关通过较大负荷时应注意检查合闸状态。

2）隔离开关接触严密无弯曲发热变色等异常现象。

3）支持绝缘子等应清洁无裂纹损坏。

4）所有的示温蜡片、蜡帽无熔化，特别是铜铝接头应严格检查。

5）在高温负荷下和对接头有怀疑时应进行温度测量。

6）母线连接处应无松动脱落现象。

7）隔离开关的传动机构应正常。

8）接地线应良好。

9）发生事故及天气骤变，按特殊巡视检查。

【任务实施】

分组讨论新建机械厂供配电系统高压熔断器、高压断路器、高压隔离开关的选型及使用注意事项。

姓名		专业班级		学号	
任务内容及名称					
1.任务实施目的			2.任务完成时间:1学时		
3.任务实施内容及方法步骤					
4.分析结论					
指导教师评语（成绩）					
				年　月　日	

【任务总结】

本任务学习高压熔断器、高压断路器、高压隔离开关的功能、结构、原理及使用注意事项，完成机械厂高压一次设备的选型、运行维护方案制订。

任务4　低压一次设备的选择、校验与维护

【任务导读】

通过前面任务的学习，我们知道一次设备的作用都是实现电能的生产、传输、分配、消费。机械厂供配电系统不仅包括高压设备，还包括低压设备。本任务通过低压熔断器、刀开关、负荷开关及断路器的功能结构和工作原理，参数、选择、检验及使用注意事项的学习，完成机械厂供配电系统一次侧低压设备的选择。

【任务目标】

1. 完成机械厂供配电系统低压熔断器、刀开关和断路器的选择。

2. 整理一次侧低压设备日常维修、维护的要点。

【任务分析】

通过熟悉低压熔断器、刀开关、负荷开关及断路器的功能结构、工作原理、型号规格，掌握其在供配电系统中的功能并能正确选择、检测、安装、使用。

【知识准备】

低压电器通常指工作在交流额定电压1200V、直流额定电压1500V及以下电路中的电器

设备。低压电器广泛用于发电、输电、配电场所及电气传动和自动控制设备中，在电路中起通断、保护、控制或调节作用。

一、低压熔断器

低压熔断器包括无填料密闭管式（RM 型）、有填料密闭管式（RT 型）、瓷插式（RC 型）、螺旋式（RL 型）等。低压熔断器的型号含义如下：

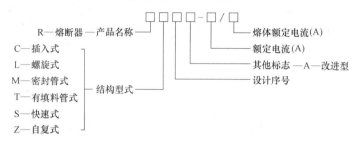

1. 无填料封闭管式熔断器

RM10 型熔断器由纤维熔管、变截面锌熔片和触点底座等几部分组成，其正视图和俯视图的结构如图 4-36 所示。采用变截面锌熔片的目的在于改善熔断器的保护性能。当发生短路故障时，短路电流首先使熔体的窄部（通常每个熔体有 2~4 个窄部）加热熔化，熔管形成数段电弧，同时残留的较宽部分因受重力作用而跌落，将电弧迅速拉长变细，使短路电弧迅速熄灭。当熔片熔断时，纤维管的内壁在电弧高温的作用下，有少量纤维气化并分解为高压气体氢、二氧化碳和水汽，这些高压气体使电弧中离子的复合加强，从而使电弧迅速熄灭。

RM10 型熔断器结构简单、更换熔体方便、运行安全可靠，但其灭弧能力较差，不能在短路电流达到冲击值以前熄灭电弧，属于非限流式熔断器。通常作为低压线路或成套配电装置的短路过负荷保护，应用在频繁发生过负荷及短路故障的场合。

2. 有填料封闭管式熔断器

RT0 型熔断器主要由瓷熔管、栅状铜熔体、触点和底座等组成，如图 4-37 所示。熔管是有较高的机械强度和耐热性能的滑石陶瓷或高频陶瓷制成的波纹方管，管内充满石英砂填料；其栅状铜熔体具有引弧栅片，同时熔体又具有变截面小孔和"锡桥"；两端盖板用螺钉固定在熔管上；指示器是一红色机械信号装置，当工作熔体熔断后，指示器会在弹簧作用下弹出，表明熔体已熔断。如果被保护电路发生过负荷，过负荷电流将首先使锡桥熔化，利用其"冶金效应"使熔体沿全长熔化，形成多条并联细电弧，电弧在石英砂冷却作用下熄灭。

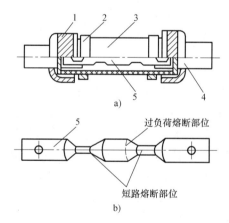

图 4-36 RM10 型低压熔断器结构
a）正视图 b）侧视图
1—铜帽 2—管夹 3—纤维熔管
4—触点 5—变截面锌熔片

当被保护电路发生短路时，形成多条并联细电弧，熔体变截面小孔把每条并联电弧又分为几段短弧。由于原熔体沟道压力突然增加，使得金属蒸汽向周围石英砂的细缝隙喷射，并被迅速凝结，使弧隙中的金属蒸汽减少，同时又加强了对电弧的冷却，从而使电弧迅速熄灭。

RT0 型熔断器保护性能好，具有很强的断流能力，属于限流型，但其熔体为不可拆式，熔断后整个熔断器报废，不够经济，适用于短路电流较大的低压电路。

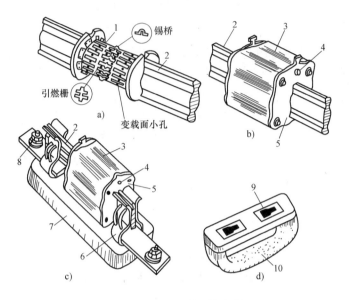

图 4-37　RT0 型低压熔断器

a）熔体　b）熔管　c）熔断器　d）操作手柄

1—栅状铜熔体　2—触刀　3—瓷熔管　4—熔断器指示　5—端面盖板
6—弹性触座　7—瓷底座　8—接线端子　9—扣眼　10—绝缘拉手手柄

二、刀开关

1. 低压刀开关

刀开关是最简单的一种低压开关电器，其额定电流在 1500A 以下，主要应用于不频繁手动接通的电路，也用来分断低压电路的正常工作电流或用作隔离开关。

刀开关的分类方法很多，按转换方向可分为单掷和双掷；按极数可分为单极、二极和三极三种；按操作方式可分为直接手柄操作和连杆操作两种；按有无灭弧结构可分为不带灭弧罩和带灭弧罩两种。一般不带灭弧罩的刀开关只能在无负荷下操作，可作低压隔离开关使用；带灭弧罩的刀开关能通断一定的负荷电流。刀开关也可以按外壳防护等级、安装类别和抗污染等级分类。

低压刀开关型号的表示含义如下：

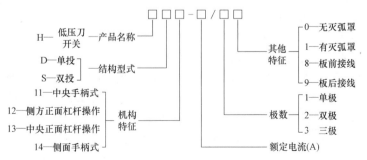

低压刀开关的图形及文字符号如图 4-38 所示。

HD13 系列刀开关的结构如图 4-39 所示，其每极的静触点 7 是两个矩形截面的接触支座，其两侧装有弹簧卡子，用来安装灭弧罩；动触点为 3 片刀刃形接触条，额定电流为 100~400A 采用单刀片，额定电流为 600~1500A 采用双刀片；灭弧罩 2 由绝缘纸板和钢板栅片拼铆而成；底座 4 采用玻璃纤维模压板或胶木板；操作采用中央正面杠杆式。在开断电路时，刀片与静触点间产生的电弧，在电磁力作用下被拉入灭弧罩内，被切断成若干短弧而迅速熄灭，所以可用来切断较大的负荷电流。

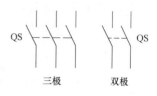

图 4-38 低压刀开关的
图形及文字符号

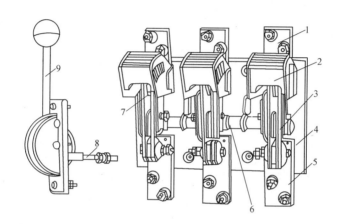

图 4-39 HD13 型低压刀开关

1—上接线端子 2—钢栅片灭弧罩（内部含动触点） 3—闸刀 4—底座
5—下接线端子 6—主轴 7—静触点 8—连杆 9—操作手柄

不带灭弧罩的刀开关，靠增大触点的开距和使用电磁力拉长电弧来灭弧，一般只用来隔离电源，不能用来切断较大的负荷电流。

非熔断器式刀开关必须与熔断器配合使用，以便在电路发生短路故障或过负荷时由熔断器切断电路。

2. 熔断器式刀开关

熔断器式刀开关又称刀熔开关，是一种由低压刀开关与低压熔断器组合的开关电器，同时具有刀开关和熔断器的双重功能，可用来代替刀开关和熔断器的组合。最常见的 HR3 系列熔断器式刀开关，就是将 HD 型刀开关的闸刀换以具有刀形触点的 RT0 型熔断器的熔管，其结构如图 4-40 所示。

刀熔开关具有刀开关和熔断器双重功能。

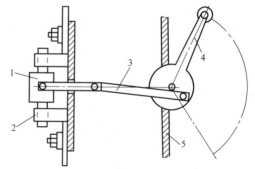

图 4-40 HR3 系列熔断器式刀开关结构示意图

1—熔体 2—弹性触座 3—连杆
4—操作手柄 5—配点屏面板

采用这种组合型开关电器可以简化配电装置，又经济实用，因此刀熔开关越来越广泛地在低压配电屏上安装使用。

低压刀熔开关全型号的含义如下：

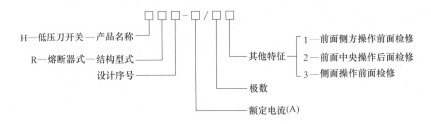

3. 低压负荷开关

低压负荷开关是由低压刀开关与低压熔断器串联组合而成，具有带灭弧罩的刀开关和熔断器的双重功能，既可以带负荷操作，又能进行短路保护，但短路熔断后，需要更换熔体才能恢复使用。

常用的低压负荷开关有 HH 和 HK 两种系列，HH 系列为封闭式负荷开关，将刀开关与熔断器串联，安装在铁壳内构成，俗称铁壳开关；HK 系列为开启式负荷开关，外装瓷质胶盖，俗称胶壳开关。低压负荷开关的图形及文字符号与高压负荷开关相同。低压负荷开关型号的含义如下：

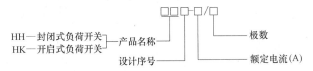

三、低压断路器

低压断路器俗称自动空气开关（简称自动开关），是低压开关中性能最完善的开关，它不仅可以接通和切断正常负荷电流，而且可以保护电路，即当电路有短路、过负荷或电压严重降低时，能自动切断电路。因此常用作低压大功率电路的主控电器。低压断路器主要作为短路保护电器，不适于进行频繁操作。

低压断路器的图形及文字符号与高压断路器相同，型号含义如下：

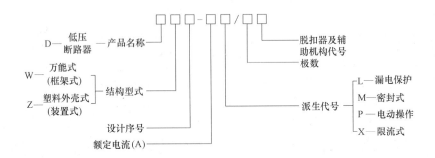

断路器的种类繁多，按其结构形式可分为框架式和塑料外壳式两大类。框架式断路器主要用作配电网络的保护开关；塑料外壳式断路器除用作配电网络的保护开关外，还可用作电动机、照明电路及电热电路的控制开关。另外按电源种类可分为交流和直流；按其灭弧介质分为有空气断路器和真空断路器；按操作方式分为手动操作、电磁铁操作和电动机储能操

作；按保护性能分为非选择型断路器、选择型断路器和智能型断路器等。

1. 低压断路器的工作原理

图 4-41 为低压断路器的工作原理示意图。U、V、W 为三相电源，断路器的主触点 1 接在电动机主回路，靠锁键 2 和锁扣 3（代表自由脱扣机构）维持在合闸状态。锁键 2 由锁扣 3 扣住，锁扣 3 可以绕轴转动。过电流脱扣器 6 的线圈和热脱扣器 7（双金属片）的加热电阻 8 串联在主电路中，前者为过电流保护，后者为过负荷保护；失电压脱扣器 5 和分励脱扣器 4 的线圈则并联在主电路的相同侧（主触点的电源侧），前者用于失电压保护，后者则提供远距离分断低压断路器。如果锁扣 3 被顶而与锁键 2 分离开，则动触点将随锁键 2 被弹簧拉开，主电路由此被断开。

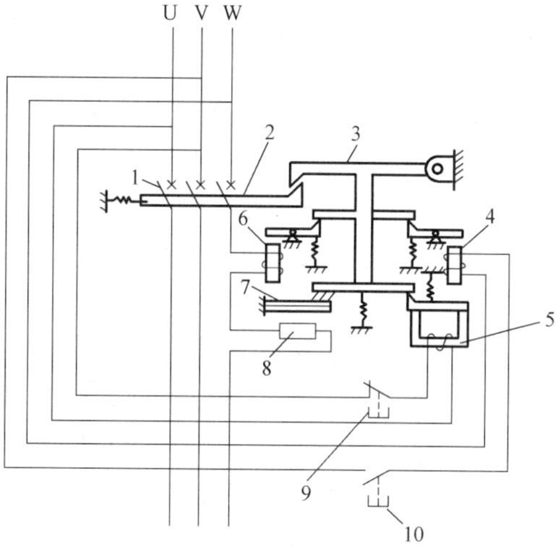

低压断路器的合闸操动机构有手动操动和电动操动两种。手动操动机构有手柄直接传动和手动杠杆传动两种；电动操动机构有电磁合闸机构和电动机合闸机构两种。

图 4-41 低压断路器的工作原理图

1—主触点 2—锁键 3—锁扣 4—分励脱扣器
5—失电压脱扣器 6—过电流脱扣器 7—热脱扣器
8—加热电阻 9、10—脱扣按钮

2. 低压断路器的结构

低压断路器的结构比较复杂，由触点系统、灭弧装置、脱扣器和操动机构等组成。操动机构中又有脱扣机构、复位机构和锁扣机构。

（1）触点系统 低压断路器有主触点和灭弧触点。电流大的断路器还有副触点（辅助触点），这三种触点都并联在电路中。正常工作时，主触点用于通过工作电流；灭弧触点用于开断电路时熄灭电弧，以保护主触点；辅助触点与主触点同时动作。

（2）灭弧装置 万能式断路器的灭弧装置多数为栅片式，为提高耐弧能力，采用由三聚氰胺耐弧塑料压制的灭弧罩，在两壁装有防止相间飞弧绝缘隔板。

塑料外壳式断路器的灭弧装置与万能式基本相同，由于钢板纸耐高温且在电弧作用下能产生气体吹弧，故灭弧室壁大多采用钢板纸做成，还通过在顶端的多孔绝缘封板或钢丝网来吸收电弧能量，以缩小飞弧距离。

（3）脱扣器 低压断路器的脱扣器有如图 4-41 所示的电磁式电流脱扣器和失电压脱扣器、分励脱扣器和热脱扣器，此外，还有半导体脱扣器等。

在图 4-41 中，6 为过电流脱扣器。当主电路短路时，流过过电流脱扣器 6 的线圈的电流超过整定值，衔铁一端的电磁铁吸力大于另一端的弹簧拉力，在电磁力作用下，衔铁转动并冲撞锁扣 3，使之得到释放，锁键 2 左端的弹簧拉动锁键 2，开关断开。当主电路发生过负荷时，经一定延时后，热脱扣器动作，使低压断路器断开。过电流脱扣器 6 的动作电流可通过调节衔铁弹簧的张力来调节。

当电源电压消失或降低到约为 60% 的额定电压时，失电压脱扣器 5 的电磁铁对衔铁的吸力小于弹簧拉力，衔铁转动并冲撞锁扣 3，使断路器断开；当需要远距离操作断开低压断路器时，可按下脱扣按钮 9，使分励脱扣器线圈通电，则类似过电流脱扣器动作过程，使断路器断开。失电压脱扣器回路也可以通过按钮实现远距离操作。

热脱扣器作为过负荷保护作用。在图 4-41 中，双金属片就是热脱扣器 7。当过负荷电流流过加热电阻 8 时，会严重发热，将使双金属片发生弯曲变形，当弯曲到一定程度时，冲撞锁扣 3，使断路器断开。

按下脱扣按钮 10，分励脱扣器 4 可实现断路器的远距离控制分闸。

需要说明的是，不是任何低压断路器都装设有以上各种脱扣器。用户在使用低压断路器时，应根据电路和控制的需要，在订货时向制造厂提出所选用的脱扣器种类。

3. 低压断路器的主要技术参数

低压断路器的主要技术参数有额定电流、额定工作电压、使用类别、安装类别、额定频率（或直流）、额定短路分断能力、额定极限短路分断能力、额定短时耐受电流和相应的延时、外壳防护等级、额定短路接通能力、额定绝缘电压、过电流脱扣器的整定值以及合闸装置的额定电压和频率、分励脱扣器和欠电压脱扣器的额定电压和额定频率等。

低压断路器的额定电流有两个值，一个是它的额定持续工作电流，也就是主触点的额定电流；另一个是断路器中所能装设的最大过电流脱扣器的额定电流，该电流在型号中表示出来。

由于低压断路器是低压电路中主要的短路保护电器，因此它的短路分断能力和短路接通能力是衡量其性能的重要参数。

常用的低压断路器有 DW15 型框架式和 DZ10 型塑壳式。此外 ME、DW914（AH）、AE-S、3WE 等系列框架式低压断路器，分别为引进德国 AEC 公司技术、日本寺崎电气公司技术、日本三菱电机公司零件、德国西门子公司技术的产品；S060、C45N、TH、TO、TS、TG、TL、3VE、H 等系列塑壳式低压断路器，分别为引进德国技术、法国梅兰日兰公司技术、日本寺崎电气公司技术（TH、TO、TS、TG、TL）、德国西门子公司技术、美国西屋电气技术的产品。

随着电子技术的发展，低压断路器正在向智能化方向发展，例如用电子脱扣器取代原机电式保护器件，使开关本身具有测量、显示、保护、通信的功能。

4. 低压断路器的选择

低压断路器的选择应满足以下条件：

1）额定电压应不小于线路工作电压，即 $U_N > U$。

2）额定电流应不小于线路的长时最大工作电流，即 $I_N > I_{max}$。

3）分断能力的校验。对于瞬时动作的断路器（如 DZ 型动作时间约为 0.02s），应按冲击电流来校验，故有 $I_{ru} > I_{sh}$。

对动作时间大于 0.02s 的低压断路器（如 DW 型），可考虑冲击电流已经衰减，故有 $I_{ru} > I_k$。

4）低压断路器的型号应满足设计和运行的要求。

【任务实施】

分组讨论新建机械厂供配电系统低压熔断器、低压刀开关、低压断路器的选型及使用注意事项。

姓名		专业班级		学号	
任务内容及名称					

1.任务实施目的	2.任务完成时间:1学时

3.任务实施内容及方法步骤

4.分析结论

指导教师评语(成绩)

年　月　日

【任务总结】

本任务学习低压熔断器、刀开关、断路器的功能及原理；通过学习掌握低压一次设备的选择、安装及检测方法，确定机械厂供配电系统一次侧低压设备的型号，掌握后期运行维护的注意事项。

项目实施辅导

一、主变压器的选择

按照电力主变压器选择原则，根据机械厂实际情况，其电力负荷为一级，采用两台主变压器。每台变压器的容量（一般可概略地当作额定容量 $S_{N \cdot T}$）应同时满足以下两个条件：

1）任意一台变压器单独运行时，宜满足总计算负荷 S_{30} 的大约 $60\% \sim 70\%$ 的需要，即

$$S_T = (0.6 \sim 0.7)S_{30}$$

2）任意一台变压器单独运行时，应满足一、二级负荷 $S_{30(I+II)}$ 的需要，即 $S_T \geq S_{30(I+II)}$，根据项目2得到计算结果

$$S_T = (0.6 \sim 0.7)S_{30} = (0.6 \sim 0.7) \times 3338kVA = (2003 \sim 2337)kVA$$

$$S_T \geq S_{30(I+II)} = 2144kVA$$

满足要求，选用 S9 型铜线电力变压器，容量为 2500kVA。

详细型号为 S9-2500/10 型，额定容量为 2500kVA，额定电压比为 10/0.4kV，高压分接头范围为 $\pm 2 \times 2.5\%$，联结组别为 Dyn11，空载损耗为 3.5kW，负载损耗为 25kW，空载电流为 0.8%，阻抗电压为 6%〔以上数据查阅《工厂供电设计指导》（刘介才主编，2012 年 6 月出版）。

根据确定的变压器，可得最大负荷率为

$$\beta = \frac{S_c}{S_r} = 101\%$$

从其经济运行和一次投资的因素考虑是比较经济合理的。

二、一次侧电气设备选择

1. 开关电器的选择

开关电器的选择原则具有互通性，即不仅要保证开关电器正常时的可靠工作，还应保证系统故障时，能承受短路时的故障电流的作用，同时尚应满足不同的开关电器对电流分断能力的要求，因此，开关电器的选择应符合下列条件：

（1）满足正常工作条件

1）满足工作电压要求

$$U_r = U_N, \quad U_m \geq U_w$$

式中，U_m 为开关电器的最高工作电压；U_w 为开关电器装设处的最高工作电压；U_r 为开关电器的额定电压；U_N 为系统的额定电压。

2）满足工作电流要求

$$I_r \geq I_c$$

式中，I_r 为开关电器的额定电流；I_c 为开关电器装设处的计算电流。

3）满足工作环境要求。选择电气设备时，应考虑其适合运行环境条件要求，如温度、风速、污秽、海拔、地震、烈度等。

（2）满足短路故障时的动、热稳定条件

1）满足动稳定要求

$$i_{max} \geq i_{sh} \quad 或 \quad I_{max} \geq I_{sh}$$

式中，i_{max} 为开关电器的极限通过电流峰值；I_{max} 为开关电器的极限通过电流有效值；i_{sh} 为开关电器安装处的三相短路冲击电流；I_{sh} 为开关电器安装处的三相短路冲击电流有效值。

2）满足热稳定要求

$$I_t^2 t \geq I_\infty^2 t_{im}$$

式中，I_t 为开关电器的 t 秒热稳定电流有效值；I_∞ 为开关电器安装处的三相短路电流有效值；t_{im} 为假想时间。

（3）满足开关电器分断能力的要求

1）断路器应能分断最大短路电流

$$I_{br} \geq I_k^{(3)}$$

式中，I_{br} 为断路器的额定分断电流；$I_k^{(3)}$ 为断路器安装处的三相短路电流有效值。

2）负荷开关应满足最大负荷电流

$$I_{br} \geq I_c$$

式中，I_{br} 为负荷开关的额定分断电流；I_c 为负荷开关安装处的最大负荷电流。

2. 互感器的选择

（1）满足工作电压要求

$$U_r = U_N, U_m \geq U_w$$

式中，U_m 为互感器的最高工作电压；U_w 为互感器装设处的最高工作电压；U_r 为互感器的额定电压；U_N 为系统的额定电压。

（2）满足工作电流要求，一次侧、二次侧分别考虑

1）一次额定电流 I_{r1}

$$I_{r1} \geq I_c$$

式中，I_{r1} 为互感器的一次额定电流；I_c 为互感器装设处的计算电流。

2）二次额定电流 I_{r2}

$$I_{r2} = 5A$$

（3）准确度等级 已知电流互感器的准确度与一次电流大小和二次侧负荷大小有关。通常测量仪表用的互感器（含电压互感器和电流互感器），应具有 0.5 级或 1 级的准确度；电费计量用的互感器应具有 0.5 级的准确度；监视用的互感器应具有 1 级的准确度；继电保护用的互感器应具有 B 级或 D 级的准确度。准确度等级反映了互感器转变一次侧电气量的准确程度。

1）考虑到二次仪表的指针在仪表盘 1/2～2/3 时较易准确读数，因此，一般为 $I_{r1} = (1.25～1.5)I_c$。

2）二次侧负荷与二次侧所接仪表有关，仪表越多，二次侧阻抗越大，准确度越差。因此，二次侧负荷容量应满足条件

$$S_2 \leq S_{2r}$$

式中，S_2 为电流互感器的二次负荷；S_{2r} 为电流互感器的二次侧与某一准确度等级对应的额定容量。

（4）动、热稳定校验 由于短路时，短路电流会流过电流互感器的一次绕组，所以应该做动、热稳定变化；而电压互感器是并联接入电路的，不会承受一次回路上通过的短路电流，因此无需做短路动、热稳定校验。

1）满足短路故障时的动稳定条件，只需满足 $i_{max} \geq i_{sh}^{(3)}$，就可满足动稳定性。

2）满足短路故障时的热稳定条件，只需满足 $I_t^2 t \geq I_\infty^2 t_{im}$ 即可。

三、一次侧电气设备的选择与校验举例

这里仅以高压断路器的选择与校验进行说明。比较常用高压断路器的特点，结合某新建机械厂当地实际，选用少油断路器，型号为 SN3-10/3000。

（1）校验

$$U_r = U_N = 10kV$$

式中，U_r 为开关电器的额定电压；U_N 为系统的标称电压。

$$I_r = 3000A \geq I_c = 2827A$$

式中，I_r 为开关电器的额定电流；I_c 为开关电器装设处的计算电流。

$$I_{br} = 29kA \geq I_{k.max}^{(3)} = 16.18kA$$

式中，I_{br} 为断路器的额定分断电流；$I_{k.max}^{(3)}$ 为断路器装设处最大运行方式下三相短路电流有效值。

$$S_{br} = 500\text{MVA} \geq S_{k.max}^{(3)} = 294\text{MVA}$$

式中，S_{br} 为断路器的额定分断容量；$S_{k.max}^{(3)}$ 为断路器装设处最大运行方式下的短路容量。

（2）动稳定性校验

$$i_{max} = 75\text{kA} \geq i_{sh} = 41.18\text{kA}$$

式中，i_{max} 为开关电器的极限通过电流峰值；i_{sh} 为开关电器安装处的三相短路冲击电流。

（3）热稳定性校验

$$I_t^2 t = (43\text{kA})^2 \times 1\text{s} \geq I_\infty^2 t_{im} = (16.18\text{kA})^2 \times 1.25\text{s}$$

式中，I_t 为开关电器的 t 秒热稳定电流有效值；I_∞ 为开关电器安设处的三相短路电流有效值；t_{im} 为短路时间，包含保护动作时间 0.6s、开关分闸时间 0.6s、非周期分量假象时间 0.05s。

经校验，该断路器满足要求。

思考题与习题

1. 高压断路器的作用是什么？其常见类型有哪些？

2. 试述 SF_6 断路器的灭弧装置的特点？

3. 隔离开关的作用是什么？

4. 熔断器的基本结构是什么？简述熔断器的熔断过程。

5. 电压互感器与电流互感器各有何作用？运行时有何特点？为什么工作时，电磁型电流互感器二次侧不能开路，而电压互感器不能短路？

6. 观察你所在学校及实验室低压供电线路采用了什么样的开关电器。

项目5 工厂变配电所的设计与维护

【项目导入】

工厂变电所是工厂供配电系统中的一个重要环节，在工厂的日常生产中发挥着不可忽视的作用。在项目2【项目导入】中引述的某新建防爆电器厂，拟建设一个降压变电所，这就需要我们了解变电所的配置、主接线形式、布置、结构以及运行等。根据工程的需要，我们该如何设计主接线呢？

【项目目标】

专业能力目标	1. 了解变配电所的任务 2. 掌握变配电所所址的选择的基本要求 3. 了解变配电所的总体布置 4. 了解一次主接线的概念 5. 掌握变配电所一次主接线的基本形式
方法能力目标	1. 能初步对变配电所所址进行选址和布置 2. 能初步对变配电所一次主接线进行阅读和绘制
社会能力目标	培养学生良好的敬业精神，较强的技术创新意识和新技术新知识的学习能力

【主要任务】

任务	工 作 内 容	计划时间	完成情况
1	工厂变配电所的配置		
2	工厂变配电所主接线图的绘制		
3	工厂变配电所安装图的设计		
4	工厂变配电所及其一次系统的运行与维护		

任务1 工厂变配电所的配置

【任务导读】

工厂变电所担负着从电力系统受电，经过变压、配电的任务。配电所担负着从电力系统受电，然后直接配电的任务。可见，变配电所是工厂用电系统的枢纽。本次的任务是以工厂变配电所及一次主接线的识读为载体，认识变配电所的任务、变配电所所址的选择、变配电所的总体布置。

【任务目标】

1. 掌握供配电系统的组成。

2. 明确供电系统组成部分及各自的任务。

3. 熟悉企业变配电所的组成及布置。

【任务分析】

首先明确工业企业供电系统的组成，理解各部分的作用和任务，从而在设计供电系统的时候才能满足技术上和经济上的要求。

【知识准备】

工业企业供电系统由总降压变电所、车间变电所、厂区高低压配电线路以及用电设备等组成。工业企业供电系统是联合电力系统的一部分，其具体任务是按企业所需要的容量和规格把电能从电源输送并分配到用电设备。考虑到大型联合企业的生产对国民经济的重要性，需要自建电厂作备用电源；或者有的企业为了满足供热以及用电量大又不准停电的要求，有时一个企业或几个企业单独或联合建立发电厂，满足供热与供电的需要。这种情况，必须经过技术上和经济上的综合分析，证明确实具有明显的优越性时，方可建立适当容量的自备电厂。要求供电不能中断的一般工业企业，也可以采取从电力系统两个独立电源进行供电的方式。所谓独立电源，是互不联系、没有影响，或联系很少、影响很小的两个电源。获得两个独立电源的方法，除建立自备电厂外，也可以采用两条进线分别由不同上级变电所，或由上级变电所中两台不同变压器、两段不同母线供电。

近年来，由于某些大型企业用电量增大，供电可靠程度要求又高，例如大型矿山、冶金联合企业、电弧炉冶炼以及大型铝厂等，此时可将超高压110~220kV直接引进总降压变电所，且由几路进线供电，由110kV环形电网直接供电。又如某铝厂由220kV四路进线，某热轧厂用110kV三回电缆线路直接供电给总降压变电所。这对企业增容，减少网络上电能损耗和电压损失，以及节省导体材料都有十分重大的意义。

一、总降压变电所

总降压变电所是对工业企业输送电能的中心枢纽，故也称它为中央变电所。它与系统中的地方变电所一样，也是由区域变电所引出的35~220kV网路直接受电，经过一台或几台电力变压器降为向企业内部各车间变电所供电。企业中总降压变电所的数量取决于企业内供电范围和供电容量。有的大型联合企业内设有多达20几个总降压变电所，分别担负各区域供电。为了提高供电可靠性，在各总降压变电所之间亦可互相联系。冶金企业的总降压变电所中通常设置两台甚至多台电力变压器，由两条或多条进线供电，每台容量可达几千甚至几万千伏安，其二次侧出口分别接到二次母线的各段上，由母线上再引出多条3~10kV线路供电给各用电区的车间变电所。

在中型冶金企业中一般只建立一个总降压变电所，多由两回线供电。小型工业企业可以不建立总降压变电所，而由相邻企业供电或者几个小型企业联合建立一个共用的总降压变电所，一般仅由电力系统引进一条进线供电。企业中究竟设置多少个总降压变电所，主要视需要容量与供电范围，并通过技术经济综合分析、方案比较后来决定。

一般地，大型工厂和某些负荷较大的中型工厂，常采用35~110kV电源进线，先经总降压变电所将35~110kV的电源电压降至3~10kV，然后经过高压配电线路将电能送到各车间变电所，再由3~10kV降至380V/220V，最后由低压配电线路将电能送至车间用电设备。这种供电方式称为二次降压供电方式。

二、车间变电所

车间变电所从总降压变电所引出的 6~10kV 厂区高压配电线路受电，将电压降为低压如 380V/220V 对各用电设备直接供电。各车间内根据生产规模、用电设备的多少、布局和用电量的大小等情况，可设立一个或多个车间变电所。在车间变电所中，设置一台或两台最多不宜超过三台、容量一般不超过 1000kVA 的电力变压器，而且采取分列运行，这是为了限制短路电流而采取的相应措施。但近年来由于新型开关设备断路容量的提高，车间变压器的容量已可以采用 2000kVA 的。车间变电所通过车间低压线路给车间低压用电设备供电，其供电范围一般为 100~200m。生产车间的高压用电设备如轧钢车间主轧机、烧结厂主抽风机、高炉水泵以及选矿车间的球磨、粉碎机等高压电动机，则直接由车间变电所的高压 3~10kV 母线供电。

另外，一般的中小型工厂多采用 6~10kV 电源进线，或采用 35kV 电源进线，经变电所一次降至 380V/220V。这种供电方式称为一次降压供电方式。

在各种变电所中除电力变压器以外，尚有其他各种电气设备，如高压断路器，隔离开关，电流、电压互感器，母线，电力电缆等，这些直接传送电能的设备，通常称为一次设备。此外尚有辅助设备如保护电器、测量仪表、信号装置等，通常称其为二次设备。

三、厂区配电线路

工业企业厂区高压配电线路主要作为厂区内传送电能之用。电压为 3~10kV 的高压配电线路尽可能采用水泥杆架空线路，因为架空线路投资少、施工简单、便于维护。但厂区内厂房建筑物密集，架空敷设的各种管道纵横交错，电机车牵引用电网以及铁路运输网较多，或者由于厂区内腐蚀性气体较多等限制，某些地段不便于敷设架空线路时，可以敷设地下电缆线路，但电缆线路的投资常常超过架空线路的 2 倍。

车间低压配电线路用以向低压用电设备传送电能，一般多采用明敷设的线路，即利用瓷绝缘子或瓷夹作绝缘，沿墙或沿棚架敷设。在车间内如果有易燃或易爆气体或粉尘时，则于车间外沿墙明敷设或于车间内采用电缆、导线穿管敷设。穿管敷设的线路通常可以沿墙沿棚敷设明管，也可以预先将管理入墙棚之内。低压电缆线路可以沿墙或沿棚悬挂敷设，也可以置于电缆暗沟内敷设。车间内电动机支线多采用穿管配线。

对矿山来说，井筒及井巷内高低压配电线路均应采用电缆线路，沿井筒壁及井道壁敷设，每隔 2~4m 用固定卡加以固定。在露天矿采场内多采用移动式架空线路或电缆线路，但高低压移动式用电设备（如电铲、凿岩机等），应采用橡胶绝缘的电缆供电。

车间内电气照明与动力线路通常是分开的，尽量由一台变压器供电。动力设备由 380V 三相供电，而照明由 220V 相线与中性线供电，但各相所接照明负荷应尽量平衡。事故照明必须由可靠的独立电源供电。

车间低压线路虽然不远，但用电设备多且分散，故低压线路较多，电压虽低但电流却较大，因此导线材料的消耗量往往超过高压供电线路。所以，正确解决车间配电系统是一项很复杂而重要的工作。

电能是工业企业生产最主要的能源，保证车间电能供应是非常重要的。一旦供电中断，将破坏企业的正常生产，造成重大损失。如某些设备（如高炉供水、矿井瓦斯排出、炼钢浇铸吊车等）即使短时间断电，都会造成巨大损失，甚至损坏设备发生人身伤亡等事故。

可见保证工业企业正常供电是极为重要的。因此当前企业供电系统均装设各种保护装置和自动装置，及时发现故障和自动切除故障，保证可靠地供电。此外企业供电设备和供电系统正确的选择、设计、安装、维护运行也是极为重要的。

【任务实施】

联系学校附近的一家企业，参观该企业的供配电室，了解该企业供电系统的组成。

姓名		专业班级		学号	
任务内容及名称					
1.任务实施目的			2.任务完成时间:1 学时		
3.任务实施内容及方法步骤					
4.分析结论					
指导教师评语(成绩)				年 月 日	

【任务总结】

通过本任务的学习，学生了解变配电所的任务，掌握变配电所所址选择的基本要求，了解变配电所的总体布置，使学生能初步对变配电所所址进行选址和布置，能初步对变配电所一次主接线进行阅读和绘制。

任务2 工厂变配电所主接线图的绘制

【任务导读】

电气主接线图是发电厂和变电所最重要的接线图。主接线图所连接的设备是发电厂和变电所的主设备：发电机、主变压器、输配电线路，以及必须配置的高压开关电器、互感器和母线等。因此，电气主接线是由高压电器通过连接线，按其功能要求组成接受和分配电能的电路，用来传输强电流、高电压的网络，故而又称为一次接线或电气主系统。

【任务目标】

1. 掌握变压器一次侧的主接线方式、特点及应用范围。

2. 掌握变压器二次侧的主接线方式、特点及应用范围。

3. 掌握工业企业变电所主接线方式的选择。

【任务分析】

工厂企业内部电力线路按电压高低分为高压配电网络和低压配电网络。高压配电网络的作用是从总降压变电所向各车间变电所或高压用电设备供配电，低压配电网的作用是从车间变电所向各用电设备供配电，直观地表示了变配电所的结构特点、运行性能、使用电气设备的多少及前后安排等，对变配电所安全运行、电气设备选择、配电装置布置和电能质量都起着决定性作用。

【知识准备】

工业企业供电网络包括厂区高压配电网络与车间低压配电网络两部分。高压配电网络指从总降压变电所至各车间变电所或高压用电设备之间的 6~10kV 高压配电系统；低压配电网络指从车间变电所至各低压用电设备的 380V/220V 低压配电系统。选择接线方式主要考虑以下因素：

1）供电的可靠性。

2）有色金属消耗量。

3）基建投资。

4）线路的电能损失和电压损失。

5）是否便于运行。

6）是否有利于将来发展等。

一、变压器一次侧的主接线方式

1. 单台变压器主接线

当供电电源只有一回线路、变电所装设单台变压器，此外没有其他横向联系的接线方式时，称为单台变压器主接线，如图 5-1 所示。它在高压侧（变压器一次侧）无母线，结构简单，应用电气设备少，比较经济；但供电可靠性差，当进线或变压器任一元器件发生故障时，整个线路—变压器组单元全部停电。因此，多用在对三级负荷供电。

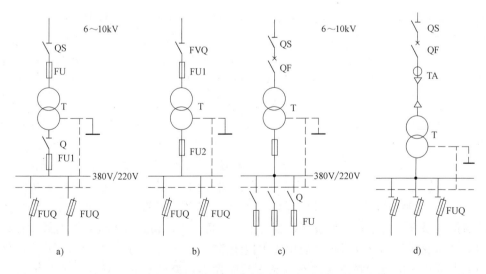

图 5-1　6~10kV/220V/380V 的单台变压器车间变电所一次接线图

单台变压器主接线在单台变压器车间变电所中应用广泛,如图 5-1a 所示的进线经过隔离开关 QS 和高压熔断器 FU,与变压器相连;当检修变电所时,借隔离开关,使变电所与高压进线隔离,以便安全检修。但由于隔离开关无灭弧能力,它只能断开 10kV、320kVA 以下的空载变压器,因此在变压器的低压侧装设低压刀开关 QS 以便通断变压器的二级负荷。当变压器的内部发生短路时,可靠高压熔断器 FU1 熔断而得到保护。低压熔断器 FU2 用来保护变压器二次侧母线故障。FU1 与 FU2 应相互配合,具有选择性。

如果不受气候和环境条件限制,可将变压器置于室外装成杆塔式。此时可用跌落式熔断器取代隔离开关 QS 和高压熔断器 FU1,简化变电所结构。

图 5-1b 适用于变压器容量超过 320kVA 的较大变电所,这时,由于隔离开关已不能断开空载变压器,因此改用负荷开关 FUQ,变压器二次侧可省去刀开关,只有在变压器检修从低压侧倒送电时,才装刀开关隔离电压。图中的高压熔断器 FU1 也可装在负荷开关 FUQ 的上边,一旦出现负荷开关 FUQ 灭弧困难,可靠熔断器切断电路。

图 5-1c 用于更大容量的变压器,采用高压断路器 QF 代替负荷开关和熔断器。为了检修安全,在进线侧装设隔离开关。当有倒送电可能时,在低压侧则需装设刀开关。由于装设高压断路器,可以采用性能完善的继电保护装置,因此变压器低压侧的熔断器可以省去。

图 5-1d 为电缆变压器组接线,以电缆线路直接连接于单台变压器,中间不装任何开关设备。电缆和变压器的短路保护,由装设在电缆线路首段的 QS、QF、TA 以及继电保护装置来承担,这样可使车间变电所结构简单。尤其是当变压器低压侧不设母线,而采用干线直接伸入车间时,更为实用。这就为变压器装置于杆塔上创造了条件,并且可以省掉低压配电盘。

图 5-1 所示的各种接线,当采用架空线路引入车间变电所时,在进线处尚需装设避雷器;采用电缆进线时,则在电缆首段装设避雷器,且与电缆金属外皮并联接地,此时进线处不再装设避雷器。

2. 两台变压器主接线

有两台变压器和两路电源进线的变电所,可以将每路进线与对应的变压器分别组合成线路—变压器组,且两列线路—变压器并用,如图 5-2a 所示。在进线端可装设避雷器和电压互感器 TV,以隔离开关通断,见 T1 变压器内侧。为了简化保护,也可以在进线端装设接地刀开关 QS,如图中虚线所示。当变压器内部出现故障时,接地刀开关 QS 在保护装置作用下将自动闭合,造成人为接地短路,靠上级变电所配出线的断路器自动跳闸,切除故障变压器。尚需指出,在大电流接地系统中,接地刀开关可分为单级的,但在小接地电流系统中应为三级。

上述两列线路变压器组的主接线中,一旦有任一元器件出现故障,势必造成该条进线终止。为了提高供电可靠性,常常在两条进线之间装设横向联络桥,构成桥式主接线,如图 5-2b、c 所示,这种桥式主电路可以使两条进线互为备用,以提高供电可靠性,满足一、二级负荷的供电要求。由于联络桥设置位置的不同,可分为内桥式主接线和外桥式主接线。在此基础上进而发展变化形成了扩大的桥式主接线系统。

(1)内桥式主接线 联络桥装在两条进线断路器内侧的桥式主接线,称为内桥式主接线。如图 5-2b 所示,图中联络桥由桥路高压断路器 QF5 及其两端隔离开关构成。桥式接线

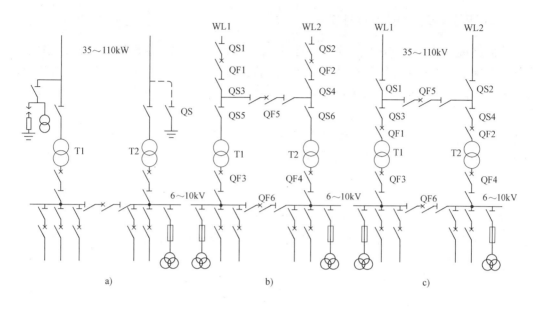

图 5-2 两台变压器高压侧无母线、低压侧单母线分段的主接线

a）线路—变压器组接线 b）内桥式主接线 c）外桥式主接线

从桥路断路器正常运行时经常处于开断状态。变压器以两组线路—变压器组接线方式工作。但当任一条线路发生故障或检修时，例如进线 WL1 电压消失，可断开该进线的断路器 QF1，然后接通桥路断路器 QF5，即可通过另一条进线 WL2，恢复变压器 T1 的供电。正常处于断开的桥路断路器可借备用电源自动投入装置自动合闸，恢复供电。

同样，如果变压器发生故障或检修，也可以通过桥路断路器沟通，使得变压器二次侧负荷在一台变压器切除后仍有两路电源继续供电。但这时的操作较复杂，断电时间长，例如切断变压器 T1，必须先断开进线断路器 QF1 以及变压器断路器 QF3，再断开变压器前 T1 端的隔离开关 QF5，然后合上 WL1 进线断路器 QF1，并闭合桥路断路器 QF3，恢复变压器 T2 取得两路电源供电，整个过程需要 20～30min。可见变压器故障机会多，或者需要经常切除的情况（例如变压器的经济运行方式）下不宜采用内桥式主接线。因此内桥式主接线的特点适用于进线线路较长，线路故障机会多，而变压器不常切换的场合。

（2）外桥式主接线 联络桥装在两条进线断路器外侧（靠近进线一侧）的桥式接线，称为外桥式主接线，如图 5-2c 所示。外桥式主接线对于变压器的切除非常方便，只需断开相应的线路断路器即可，例如检修变压器 T1，则断开断路器 QF1 和 QF3，再闭合 QF5 即可实现两条进线并联。可见在切换变压器时不影响线路的正常运行，但是，如果进线发生故障，外桥式主接线的切换就比较困难。因此，外桥式主接线适用于线路故障机会少而变压器需要经常切换的情况。而且当变电所高压侧有转出性负荷时，如环形供电系统，亦可采用外桥式主接线，则转出负荷只需经过桥路断路器 QF5，而不经过线路断路器 QF1 和 QF2，这对减少进线断路器的故障以及采用开式环网、简化继电保护都是极为有利的。

为了节省投资，有时在联络桥上只装设开关而不装设高压断路器。正常运行时隔离开关也是处于开断状态，一旦线路或变压器发生故障，则需手动操作隔离开关，此时间断供电的时间将更长。

二、变压器二次侧主接线方式

下面将进一步分析变压器二次侧的母线接线方式。通常以一套母线集中接受电能再通过多条引线向各用电负荷供电，使接线方便、运行灵活、检修安全，如图 5-2 所示的断路器及其两侧的隔离开关。前者称为单母线不分段主接线，后者称为单母线分段主接线，两者均属经常采用的母线主接线形式。

（1）单母线不分段主接线　图 5-1 所示变压器二次侧的母线设一套整体敷设的母线，称为单母线主接线。它主要用于单电源单台变压器的变电所，供电可靠性不高，只能用于二、三级负荷。

（2）单母线分段主接线　图 5-2 所示变压器二次侧的母线是分段的，中间以分段隔离开关相连，见图中断路器及其两侧的隔离开关。通常在不同的母线段上分别接入不同电源进线的两台变压器，而且中间设有分段隔离断路器，可使两路电源及所接的两台变压器能够互为备用，以提高供电可靠性。

单母线分段主接线的两段母线正常运行时，当任一段母线电压消失（例如供电电源或变压器故障时），接通分段断路器可使该段母线通过分段断路器从另一段母线继续得到供电。因此，单母线分段主接线适用于大容量的三级负荷及部分一、二级负荷。若分段断路器装设自动投入装置，则可用于一级负荷，此时每路进线及其所承受变压器应按承受两段母线全部一级负荷的容量计算。

虽然单母线分段的主接线具有足够高的供电可靠性，但当母线本身发生故障时，仍将造成停电。但是母线本身故障机会不多，因此，单母线分段主接线在工业企业中一般能满足要求。

为了改善单母线主接线的不足，可以在单母线原有基础上设置备用母线，即形成双母线主接线方式，如图 5-3 所示。

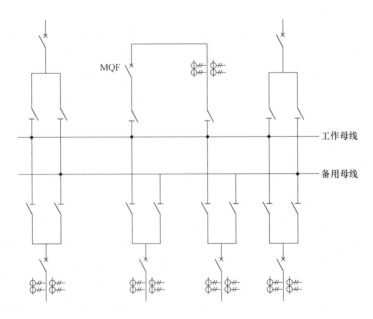

图 5-3　双母线主接线系统图

双母线主接线系统有两组母线，当检修其中任一组时，可令其他组投入工作，保证供电车间变电不致中断。如图 5-3 所示，每路电源进线和每路引出线的高压断路器都由两组隔离开关分别接于两组母线上，其中一组母线正常运行时带电，称为工作母线。凡接到工作母线上的隔离开关，正常时均接通，处于运行状态。另一组母线不带电，称为备用母线。凡接到备用母线上的隔离开关正常断开时并不工作。两组母线之间装有母线联络断路器 MQF，它可将两组母线联系起来，但在正常运行时，母线断路器 MQF 是断开的。

当检修工作母线时，可将用电负荷转移到备用母线上去，避免中断供电。为此先将母线断路器 MQF 投入，若备用母线无故障则合闸成功。否则借保护装置作用使母线断路器 MQF 自动跳闸。当 MQF 投入成功后，即可闭合连接于备用母线上的所有隔离开关，再依次断开连接于工作母线上的各隔离开关。母线断路器接通后，两组母线处于等电位，因此上述隔离开关操作并不切断负荷电流，无产生电弧的危险。待全部隔离开关操作结束，最后将母线断路器 MQF 断开，负荷就全部转移到备用母线上，工作母线停电便可保证安全检修。

双母线主接线的主要优点之一是在检修母线所进行的倒闸操作过程中，负荷供电并不中断。此外当检修任一回路的母线隔离开关时，只中断该回路本身供电，其他负荷不受影响。工作母线发生故障，能较快地切换到备用母线上继续工作，缩短停电时间，甚至当任一回路断路器本身出现故障时，可以用母线断路器代替，只经过短时间停电即可将故障断路器脱离电源进行检修。可见，双母线主接线具有很高的可靠性和灵活性。但是操作更复杂，有色金属消耗量更大，使用电器数量更多，工程造价更高。

图 5-3 所示的双母线主接线系统，工作母线和备用母线并不是固定的，可以互换。为了进一步提高供电可靠性，也可以两组母线同时工作，类似于单母线主接线，以避免工作母线故障造成全部负荷的短时断电。另外，还可以将双母线中的工作母线再分段，构成分段的双母线，这时供电的可靠性高，运行更灵活，但所需设备也更多。这种双母线主接线方式多用于大容量且引出线又很多的发电厂或大型变电所中。

三、工业企业变电所主接线方式选择

以上讨论了工业企业常用的典型主接线方式，在工程实践中应根据具体条件，合理选用。

1. 总降压变电所

总降压变电所的高压侧，一般为电压 35~110kV 级，最常用的主接线方式是桥式主接线（包括扩大桥式接线）。因为它适合于 2~3 个电源进线、装有 2~3 台变压器，而且通过桥式断路器可互相沟通，能满足一、二级负荷供电可靠性的要求，比较简单经济。

但当 35~110kV 侧具有少量出线如一、二条转出线路时，则以采用单母线分段主接线为宜。只有转出线多、容量大、可靠性有特殊要求时，才采用双母线主接线。若只有一路电源进线及单台变压器，则可以采用单台变压器的主接线，但负荷性质只限于二、三级负荷。如能由邻近处取得低压备用电源或采用其他备用措施时，也可以对小容量的一级负荷供电。

总降压变电所的低压侧，一般为 6~10kV 电压级，两台变压器低压侧的主接线多为单母线分段。当一次侧为单台变压器主接线，二次侧母线可以不分段，只有在引出线很多、供电可靠性要求特别高的条件下，才采用双母线。

2. 车间变电所

车间变电所的高压侧与总降压变电所的二次侧处于同一电压级,一般为 6~10kV,其主接线方式是单母线分段或单母线方式。对于单回路电源进线,则采用单台变压器的主接线,如图 5-1 所示,但只能供给二、三级负荷。对少量一级负荷供电,则需另外取得备用电源。

供电给一、二级负荷容量较大的车间变电所,当高压侧无引出线时,亦可采用高压侧无母线的主接线,如图 5-2 所示。

车间变电所的低压侧电压为 380V/220kV,直接供给各用电设备。如引出线较多,可以采用单母线或单母线分段主接线。只有在变压器干线供电系统中,当全部负荷都由干线分支接出时,才以干线取代母线并深入车间内部。

【任务实施】

分析某厂车间变电所主接线图。

姓名		专业班级		学号	
任务内容及名称					
1. 任务实施目的			2. 任务完成时间:1 学时		
3. 任务实施内容及方法步骤					
4. 分析结论					
指导教师评语(成绩)					
				年　月　日	

【任务总结】

通过本任务的学习,让学生掌握工厂配电系统接线方式的分类以及各自的优缺点;掌握车间低压供配电网络的接线方式及各自的优缺点;掌握变压器的一次侧和二次侧主接线方式;掌握工业企业变电所主接线方式的选择。

任务 3 工厂变配电所安装图的设计

【任务导读】

变电所内高低压设备如何布置?有什么要求?常见有哪几种结构?安装图是怎样?了解这些才有利于我们进行变电所的施工和维护。

【任务目标】

1. 熟悉电气主接线图中的符号表示。

2. 熟悉高压配电网的接线特点。

【任务分析】

变配电所是接受、变换、分配电能的环节，是供电系统中及其重要的组成部分。它是由变压器、配电装置、保护级控制设备、测量仪表以及其他附属设施及有关建筑物组成的。工厂变电所分为总降压变电所和车间变电所。只能用来接收和分配电能，而不进行电压变换的称为配电所。在理解相关概念的基础上，要掌握各类成套高压配电装置的原理安装运行及维护。

【知识准备】

工业企业变电所的结构与布置，应该严格遵守技术规程，并借鉴大量工程经验，根据现有条件因地制宜地进行设计。

一、变配电所布置的总体要求

1）便于运行维护和检修，值班室一般应尽量靠近高低压配电室，特别是靠近高压配电室，且有直通门或有走廊相通。

2）运行要安全，变压器室的大门应向外开并避开露天仓库，以利于在紧急情况下人员出入和处理事故，门最好朝北开，不要朝西开以防"西晒"。

3）进出线方便，如果是架空线进线，则高压配电室宜于进线侧。户内变配电所的变压器一般宜靠近低压配电室。

4）节约占地面积和建筑费用，当变配电所有低压配电室时，值班室可与其合并，但这时低压配电柜的正面或侧面离墙不得小于3m。

5）高压电力电容器组应装设在单独的高压电容器室内，该室一般临近高压配电室，两室之间砌防火墙。低压电力电容器柜装在低压配电室内。

6）留有发展余地，且不妨碍车间和工厂的发展。

在确定变配电所的总体布置时，应因地制宜、合理设计，通过几个方案的技术经济比较，力求获得最优方案。

二、总降压变电所

总降压变电所一次侧进线电压通常是35~110kV，其中一次设备多布置在户外，以节省大量土建费用。如果周围空气污浊或有腐蚀性气体，应加强绝缘，即35kV的设备使用60kV级的瓷绝缘子。在污染特别严重或者场地受到限制的条件下，经过技术经济比较，也可以建造户内式的总降压变电所。

图5-4为户外式总降压变电所布置示例，它装有两台FL-16000/60型油浸变压器，有两路架空进线，采用内桥式主接线。所有60kV的高压设备均采用户外型设备，例如隔离开关为GW5型，断路器为SW2型。

主变压器安装在牢固的基础上，基础高出地面至少10cm，铺有铁轨用以支撑变压器。另外在基础厚度25cm以上铺上卵石或碎石，以防溢出的油浮在表面引起火灾。

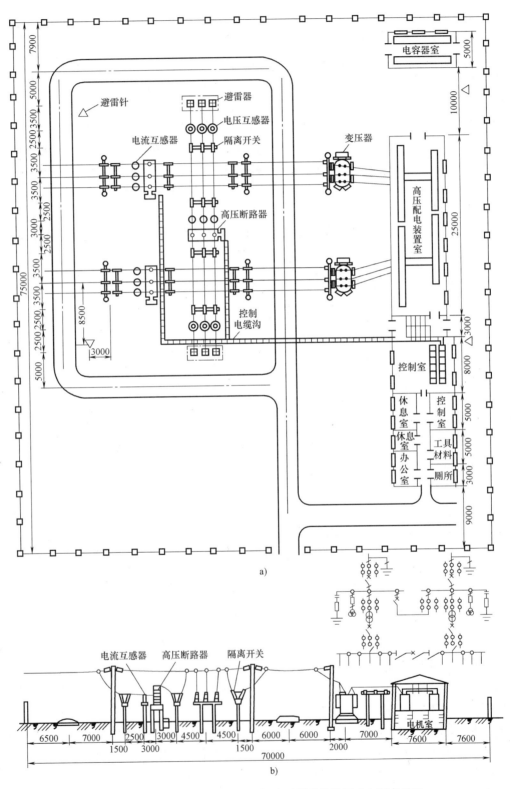

图 5-4　装有两台 FL-16000/60 型变压器某总降压变电所布置图

a）平面图　b）侧视图

少油断路器和隔离开关、电压互感器、电流互感器、避雷器等其他电器一样，固定在支架上。支架下面有钢筋混凝土基础，如图5-4b所示。

连接各电气设备的屋外母线，一般采用铝绞线，承受拉力较大的地方，采用钢芯铝绞线。电压互感器回路的支线，可采用钢绞线。在有腐蚀性气体的环境中，需采用铜绞线。导线的连接或分支，应采用螺钉连接、焊接、压接等方法，不能用锡焊或绑扎等方法。

屋外支持载流体的支柱有三种：木支柱、钢筋水泥支柱和铁塔支柱。应用较多的是角钢构成的铁塔支柱或钢筋水泥支柱，制成门形或A形构架，并借助于悬垂式瓷绝缘子，悬挂导线。

为了便于搬运主要设备，在电气设备四周修有路面。而且在变压器与断路器之间，也应修有较宽（3m以上）的平整道路，以便安装和检修时搬运设备。对于大型变压器，尚应铺设铁轨。变电所的四周应修有围墙，围墙材料可就地取材。

所有电力电缆和控制电缆，都沿着配电设备基础所修筑的电缆沟或电缆隧道敷设，并通往高压装置室和控制室内。电缆沟或电缆隧道应能耐火，电缆沟上铺设水泥盖板，平日即作为巡视通道。·

电气设备的布置及载流导体的架设，均应符合规程规定的安全距离，满足防火间距要求，并考虑维护检修的安全和方便。

户外式的总降压变电所主变压器二次侧6~10kV的配电设备以及回路设备，通常设置在室内。因此在变压器后边，建有高压配电装置室、控制室以及其他辅助房间，如图5-4a所示。此外根据需要，有的还设有操作电源（蓄电池）室、所内用变压器室和静电电容器室等。

高压配电设备室内安装6~10kV配电设备，目前多用成套配电（高压开关柜）。高压开关柜在高压配电设备室内可靠墙呈单排或双排对面布置。图5-4所示为双排布置。高压开关柜也可以不靠墙呈单排或双排背靠背布置。无论是哪种布置方式，都必须在盘前留有一定距离，以便监视、维护和操作。

控制室内装有测量仪表盘、继电器盘、信号盘以及控制盘，值班人员在此控制室内监视盘面、操作运行。

采用蓄电池作为操作电源的变电所，尚应专设蓄电池室。此室应距值班控制室和配电装置室远些，以防硫酸气体危害人体及设备。在蓄电池室的外间，还应设有储酸小间，储备硫酸和蒸馏水，充电机组和通风机等可放在蓄电池室的外间内。不过，当前多用晶闸管代替充电机组。如果采用电容器储能式硅整流作为操作电源，或采用带镉镍蓄电池硅整流系统并装入控制盘内作为操作电源时，也可放在值班控制室内，无需专设操作电源室。

在总降压变电所内为供应所内低压交流用电，需要安装所内用变压器。如果所用变压器容量较大，应该专设所用变压器室；当容量小于30kVA时，可装在专设的高压开关柜内，而无需另建所用变压器室。

根据需要，总降压变电所还可设置必要的辅助房间，如备品材料库、休息室、检修室和厕所等。

三、车间变电所

车间变电所直接向车间用电设备供电，应该力求靠近车间，深入负荷中心。按车间变电所与车间厂房之间的相对位置不同，可分为三种主要形式。

（1）单独式变电所　此种变电所独立于车间单独建造，距离负荷较远，建筑费用较高。除非因车间范围内有腐蚀、爆炸性气体，变电所需要和车间分开，一般不宜采用单独式变电所。

（2）附设式变电所　此种变电所紧靠车间厂房建造，有一面或两面墙共用。变电所紧贴车间厂房内壁建造的，称为"内附式"车间变电所；与厂房外墙毗连的，称为"外附式"车间变电所，它可比内附式少占车间内面积。附设式变电所靠近负荷，且能节省建筑费用。

（3）车间内变电所　此种变电所建造于车间厂房之内，又可分为两类：室内型和成套型。室内型是将变压器等设备置于车间内特备小间里；成套型的全部设备均装在由工厂预制的金属柜外壳内。车间内变电所可深入负荷中心，但占用车间内的面积。

除上述三种常见形式外，在个别情况下，还有将车间变电所置于地下室，置于车间内平台、屋架上的，以减少车间内占地面积。车间变电所一般包括高压配电设备室、低压配电设备室、变压器室、静电电容器室和值班室等主要部分，有的房间亦可简化或合并。此外根据需要也可设有休息室、仓库和厕所等辅助房间。

车间变电所一般为户内式，但变压器可放在户外，成为半露天式，这样可省去变压器室，且节约投资，但周围环境必须允许才有可能。

高压配电装置室用来安装成套配电设备高压开关柜，其布置方式与要求与总降压变电所中的高压配电装置相同。低压配电装置室用来安装低压配电装置设备，向车间内各低压用电设备配电，由于车间内用电设备负荷分散，除大容量的设备由低压配电装置室直接引出配电线路外，一般均由低压配电装置室引出配电线送到各配电箱，再由配电箱向各用电设备配电。目前低压配电装置已成套化，可以按要求订货，然后安装使用。

高、低压配电装置室建筑物防火等级均有一定要求，高压配电装置室应不小于二级，低压配电装置室则不低于三级。另外，当高压配电室长度超过 7m，低压配电室长度超过 8m 时，在配电室的两端分别设两个门，并应向外开。

高低压配电装置室的建筑面积，由高压开关柜、低压配电屏的数量决定。当高压开关柜数量很少，不足 4 台时，可以不设高压配电装置室，而将高压开关柜的置于低压配电装置室，但应保持足够距离（如高压开关柜与低压配电屏单列布置时，相距在 2m 以上）。

静电电容室用来安装高压无功补偿电容器，以提高功率因数。高压静电电容室常与高压配电装置室靠近，中间间隔为防火墙。至于低压无功补偿电容器，可以采用成套组装的系统移相电容器柜，安装在低压配电装置室中。

值班室应靠近高、低压配电装置室，以便维护运行操作。值班室应有良好采光，门向外开，但通往高、低压配电装置室的门则例外。小型变电所值班室与低压配电装置室可合并。

变压器室是安装变压器的专用房间，属于一级防火等级，并且每台三相电力变压器必须安装在单独的变压器室内。变压器的推进方向可分为宽面推进和窄面推进两种；变压器室地坪，分为抬高与不抬高两种。抬高地坪能改善变压器通风散热条件，但建筑费用较高，因此，当变压器容量在 630kVA 以下，变压器室地坪可不抬高。

变压器室常与低压配电装置室毗连，变压器的低压母线穿过隔墙进入低压配电装置室。因此，低压配电装置室高度要与变压器室相配合。例如低压配电装置室与抬高地坪的变压器室相邻，低压配电装置室高度不应小于 4m；与不抬高的变压器室相邻，低压配电装置室高度不少于 3.5m。变压器与低压配电装置室的高度应该相互配合。

如果环境条件允许，也可以将变压器露天安装，省去变压器室，至于容量不大于 320kVA 的小型变压器，还可以装在离地面 2.5m 高的电杆上，以跌落式熔断器保护，简化为杆上安装方式。

四、成套高压配电装置

根据电气主接线的要求，用来接收和分配电能的设备称为配电装置。它主要包括控制电器、保护电器和测量电器三部分。

配电装置的形式与电气主接线、周围环境等因素有关。一般情况下，35kV 以上电压等级的配电装置采用户外配电装置；10kV 以下电压等级的配电装置采用户内式成套配电装置。成套配电装置是根据电气主接线的要求，针对工作环境、控制对象的特点，将断路器、隔离开关、互感器和测量仪器等设备按一定的顺序，装配在金属柜内，成为一个独立单元，作接收、分配电能用。

1. 成套高压配电装置的特点

1）成套高压配电装置有钢板外壳保护，电气设备不易落灰尘，因此便于维护。

2）成套高压配电装置在工厂进行成批生产，实现了系列化、标准化，易于用户维护更换部件。

3）由于高压开关、互感器、测量仪表等设备已在成套高压配电装置中安装完毕，在配电室内只剩外部线路连接，从而使变配电所的安装周期缩短。

4）便于运输。

2. 成套高压配电装置的分类

按电气元器件的固定形式可分为固定式、活动式和手车式。固定式的全部电器均装配在柜内，母线装在柜顶，操作手柄装在开关板的前面。手车式柜的断路器连同操作机构装在可从柜内拖出的手车上，便于检修。断路器在柜内经插入式触点与固定在柜内的电路连接。活动式高压开关柜是固定式到手车式的一种过渡形式，其主要设备断路器及操作机构为活动的。需检修时，将公用小车推到柜前，再将断路器部分从柜内拉到检修小车上，送到维修场地检修。

按柜体的结构可分为开启式和封闭式。开启式开关柜高压电线外露，柜内各元器件也不隔开，其结构简单，造价低。封闭式的开关柜母线、电缆头、断路器和测量仪表等均用小间隔开，比开启式安全可靠，适用于要求较高的用户。

3. 高压开关柜

高压开关柜是针对不同用途的接线方案，将所需的一、二次设备组合起来的一种高压成套配电装置。它应用在工矿企业的变配电所中，由以下几部分组成：母线和母线隔离开关、断路器及其操作机构、隔离开关及其操作机构、电流互感器及电压互感器、电力电缆及控制电缆、仪表、继电保护和操作设备。

使用时可按设计的主接线方案，选用所需的高压开关柜组合起来，便构成成套配电装置。

（1）固定式高压开关柜　固定式高压开关柜是我国早期生产的老式柜，由于构造简单、成本低，现在很多用户仍在使用。固定式高压开关柜有 GG-1A 型、GG-10 型和 GG-15 型。

1) GG-1A 型高压开关柜。图 5-5 是 GG-1A 型高压开关柜（架空出线柜）的剖面图。它为敞开式，外壳和支架由角钢和钢板焊接而成。内部由隔板分成上、下两部分，上部装有高压少油断路器、继电器箱和操作传动系统；下部装有下隔离开关和出线穿墙套管，电流互感器和接线穿墙套管装在隔板上。当出线有反送电时，只需断开下隔离开关，工作人员便可安全地进入上部进行检修。柜顶装有母线和母线隔离开关。开关柜正面右侧有上、下两扇镶有玻璃的钢门，平时可观察内部设备运行情况。检修时，维修人员可以由此进入柜内检修设备。开关柜正面左侧上部有一扇钢门，钢门上装有电流表，门内是一个金属箱，内部装有继电器和测量仪表。由于与柜内隔离，保证了二次回路不受一次回路故障的影响。开关柜正面左侧下部是手动操作手柄。柜内装有照明设备。

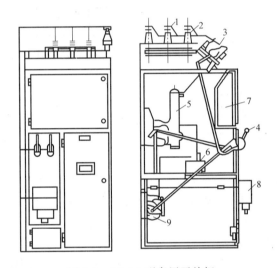

图 5-5　GG-1A 型高压开关柜

1—母线　2—母线绝缘子　3—母线隔离开关　4—隔离开关操作机构　5—SN10 型少油断路器
6—互感器　7—仪表箱　8—断路器操作机构　9—出线隔离开关

　　为保证高压隔离开关不带负荷操作，在开关柜上安装了机械或电磁联锁装置，确保高压隔离开关只有在高压断路器断开的情况下才能够操作。机械联锁机构原理如图 5-6 所示。

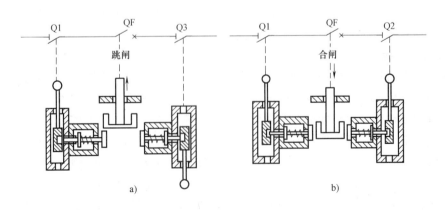

图 5-6　机械联锁机构原理图

图 5-6a 是高压断路器处在分闸状态时的情况。这时断路器传动机构联动的挡板离开了隔离开关操作手柄的弹簧销钉，销钉被弹簧拉出销孔，隔离开关可以开合。

图 5-6b 是高压断路器处在合闸位置时的情况。这时挡板挡住了弹簧销钉，销钉伸进销孔内，使隔离开关无法操作，从而防止了高压隔离开关带负荷操作。

电磁联锁装置则是利用高压断路器的辅助触点控制电磁锁的弹簧销钉，保证只有在高压断路器分闸时，隔离开关才能开合。

GG-1A 型高压开关柜虽属淘汰型产品，但是由于构造简单、成本低，适合要求较高的变配电所使用，所以部分厂家仍保留生产。由于柜内元器件进行了改革，用 SN10 型少油断路器取代 SN2 型，其他元器件也以新代旧，因此提高了设备性能。新研制的 GG-10 型和 GG-15 型高压开关柜是 GG-1A 型的改进产品。它的主体结构和 GG-1A 型相同，但外形尺寸较小，正面板的布置也有区别。

2）GG-1A 型高压开关柜的运行和维护。高压开关柜在检修后或投入运行前应进行各项检查和试验，试验项目应根据有关试验规定进行。

运行前检查项目如下：

① 瓷绝缘子、绝缘套管、穿墙套管等绝缘物是否清洁，有无破损及放电痕迹。

② 检查母线连接处接触是否良好，支架是否坚固。

③ 断路器和隔离开关的机械联锁是否灵活可靠。如是电磁联锁装置，需通电检查电磁联锁动作是否准确。

④ 检查少油断路器和隔离开关的各部分，触点接触是否良好，三相接触的先后是否符合要求，传动装置内电磁铁在规定电压内的动作情况、合分闸回路的绝缘电阻、合分闸时间是否符合规定。

运行中检查项目如下：

① 母线和各接点是否有过热现象，示温蜡片是否熔化。

② 充油设备的油位、油色是否正常，有无渗漏现象。

③ 开关柜中各电气元器件有无异常气味和声响。

④ 仪表、信号等指示是否正确，继电保护压板位置是否正确。

⑤ 继电器及直流设备运行是否正常。

⑥ 接地和接零装置的连线有无松脱和断线。

（2）手车式高压开关柜　10kV 手车式开关柜有 GFC-3 型、GFC-10A 型、GFC-15 型和 GFC-15Z 型。前三种开关柜内装有 SN10-10 型少油断路器，GFC-15Z 型开关柜应用了真空式断路器，用以控制和保护高压交流电动机、电炉变压器等负载。

1）GFC-3 型手车式高压开关柜。图 5-7 所示的 GFC-3 型手车式高压开关柜用于 3～10kV，额定电流为 400A、600A、900A 单母线系统。操作机构分弹簧储能操作机构和直流电磁操作机构两种。

开关柜的固定本体用薄钢板或绝缘板分成手车室、主母线室、电流互感器室及小母线室四个部分，并附装一块可以取出柜外的继电器板。固定的主体通过一次隔离触点接通手车的一次线路，通过二次触点接通手车和继电器板的二次线路。

① 手车室（见图 5-8）。少油断路器和操作机构装在手车上，断路器通过两组插头式隔离开关分别接到母线和电缆出线上，操作系统的控制电缆由插销引入小车。正常运行时，将

手车推到规定位置后，断路器可合闸操作；检修时将断路器断开后再把手车拉出柜外。小车拉出时，具有隔离作用的金属帘自动落下，将隔离开关插座封闭，工作人员在小车室内工作非常安全。手车上装有机械联锁装置，以防止误操作。它保证只有在断路器分闸时小车才能推进拉出，断路器合闸时小车不能推进拉出。

② 电流互感器室。在此小间内装有电流互感器，为测量装置、自动脱扣装置提供信号，还装有出线隔离开关插座和电缆头等。

③ 主母线室。在此小间内装有母线和母线隔离开关插座。三相母线采用三角形布置，减少了开关柜的高度和深度。主母线室用钢板封闭减少了其他部分的影响。

④ 小母线室。此间隔内装有小母线、端子排和继电器等。

GFC-10A、GFC-15 型手车式高压开关柜是在 GFC-3 型基础上研制的开关柜，其外形尺寸略大于前者，内部结构更加合理。例如，继电器安装在摇门式继电器屏上，检修也比 GFC-3 型方便。

2）手车式高压开关柜的运行和维护。GFC 型高压开关柜应定期清扫和检查，项目如下：

① 小车在柜外时，用手来回推动触点，触点的移动应灵活。

② 在工作位置时，锁扣装置应准确扣住推进机构的操作杆，动、静触点的底面间隔应为（15±3）mm，如图5-9所示，并检查同类小车的互换性。

③ 在工作位置时，动、静触点接触电阻小于 $100\mu\Omega$，接地触点的接触电阻小于 $100\mu\Omega$。

④ 将小车固定在工作位置，用操作棒将断路器合闸，将推进机构的操作杆向上提起，使断路器跳闸，然后再移动小车，操作过程要无卡劲。

⑤ 当断路器检修后需要进行试验时，先把小车推到工作位置固定，使二次隔离触点完全闭合，然后从工作位置退到实验位置，即可对断路器进行试验。

4. 高压开关柜的一次线路方案图

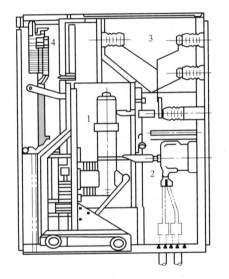

图 5-7 GFC-3 型高压开关柜

（出线断路器柜）

1—手车室 2—电流互感器 3—主母线

4—小母线室

成套高压配电装置的出现为工厂的变配电所安装带来了很大方便，由于其具有良好的电气特性和绝缘性能，满足了技术先进、运行可靠、维护方便的要求。根据一次线路和二次线路的要求，工厂生产了多种功能的高压开关柜。图5-10列出了常用的 GG-10 型高压开关柜一次线路序号及方案图例。

（1）受电柜和馈电柜　接受电能的高压开关柜称为受电柜或进线柜。它将 10kV 配电网的电源经电缆或母线引进高压开关柜内，使配电装置的母线与外部电源连接。在配电装置中，将 10kV GG-10 型电源送到配电变压器上的高压开关柜称为馈电柜。有的用户也将受电柜叫作总柜，控制各台变压器的馈电柜叫作分柜。进线方式一般采用架空进线或电缆进线，由柜底引进电源，柜顶用母线将各分柜连成一个系统。出线的方式采用柜底引出，用架空线或电缆将电源送出。

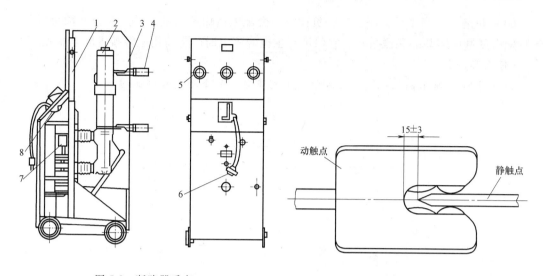

图 5-8　断路器手车

1—手车结构　2—断路器　3—相间隔板　4——次动触点

5—视窗　6—二次插销　7—操作机构　8—推进机构

图 5-9　一次隔离触点示意图

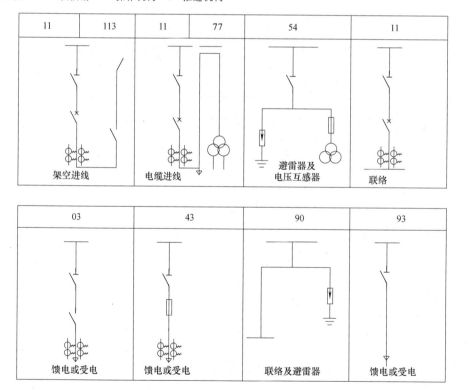

图 5-10　常用的 GG-10 型高压开关柜一次线路序号及方案图例

（2）避雷器及电压互感器柜　柜顶装有隔离开关，柜内装一只电压互感器和一组避雷器。它为配电装置提供了测量、计量、保护装置所需的电源，也为配电装置提供了防雷保护和过电压保护。柜的正面装有电压表。

（3）联络柜 当工厂为一、二级负荷时，变配电所由两个独立的电源或两段母线供电，此时配电测量中需装一只联络柜，它保证在主电源停电时，将备用电源接进配电装置。

【任务实施】

分析图 5-11 所示高压配电室及其附设车间变电所的平面图和剖面图。

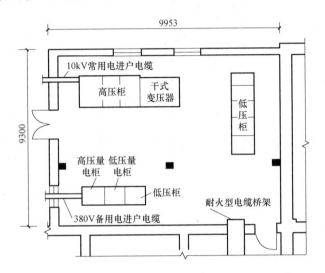

图 5-11　高压配电室及其附设车间变电所
的平面图和剖面图

姓名		专业班级		学号	
任务内容及名称					
1. 任务实施目的			2. 任务完成时间：1 学时		
3. 任务实施内容及方法步骤					
4. 分析结论					
指导教师评语（成绩）					
				年　月　日	

【任务总结】

通过本任务的学习，让学生掌握变配电所的总体布置要求，理解总降压变电所和车间变电所的基本知识，并学会选择合适的成套高低压配电装置，以及安装、调试、运行及维护。

任务4　工厂变配电所及其一次系统的运行与维护

【任务导读】

随着社会生产和人民生活的需要，电力系统规模也在逐渐扩大，电力系统的完全可靠性运行就显得尤为重要，人们对电力系统的可靠性要求也越来越高。所以，如何保障电力系统安全可靠的运行，成为维护和管理的一个重要课题。对于维护，重点是变配电所的设备和线路的维护，同时掌握倒闸操作的步骤和方法。

【任务目标】

1. 掌握变配电所的运行维护。

2. 掌握供配电线路的运行维护。

3. 掌握倒闸操作。

【任务分析】

本任务主要是供电所变压器的运行维护、供配电线路的运行维护和倒闸操作。在完成本任务的时候，要对上述理论知识熟练掌握，同时要能实际操作。

一、变配电所的运行维护

变配电所内的变配电设备的正常运行，是保证变配电所能够安全、可靠和经济地供配电的关键所在。电气设备的运行维护工作，是用户及用户的电工日常最重要的工作。通过对变配电设备的缺陷和异常情况的监视，及时发现设备运行中出现的缺陷、异常情况和故障，及早采取相应措施防止事故的发生和扩大，从而保证变配电所能够安全可靠地供电。

（一）变配电所的巡视检查

1. 变配电所的值班制度

工厂变配电所的值班方式有轮班制、在家值班制和无人值班制。如果变配电所的自动化程度高、信号监测系统完善，就可以采用在家值班制或无人值班制。随着科技进步，向自动化和无人值班的方向发展是必然的趋势。但是根据我国的国情，目前一般工厂变配电所仍以三班轮换的值班制度为主；车间变电所大多采用无人值班制，由工厂维修电工或高压变配电所值班人员每天定期巡查；有高压设备的变配电所，为确保安全，至少应有两人值班。

2. 变配电所的巡视检查制度

变配电所的值班人员对设备应经常进行巡视检查。巡视检查分为定期巡视、特殊巡视和夜间巡视三种。

（1）定期巡视　值班人员每天按现场运行规程的规定时间和项目，对运行和备用设备及周围环境进行定期检查。

（2）特殊巡视　在特殊情况下增加的巡视，如在设备过负荷或负荷有显著变化时，新装、检修和停运后的设备投入运行时，运行中有可疑现象时以及遇有特殊天气时的巡视。

（3）夜间巡视　其目的在于发现接点过热或绝缘子污秽放电等情况，一般在高峰负荷期和阴雨的夜间进行。值班人员巡视中发现的缺陷应记录入记录簿内，重大设备缺陷应及时汇报。

3. 变配电所的巡视期限

1）有人值班的变配电所，要求每班（三班制）巡视一次。

2）无人值班的变配电室，应每日巡视一次，每周夜巡一次。35kV 及以上的变配电所，应在每周高峰负荷时段巡视一次，夜巡一次。

3）在打雷、刮风、雨雪、浓雾等恶劣天气里，应对室外装置进行白天或夜间的特殊巡视。

4）对于户外多尘或含腐蚀性气体等不良环境中的设备，巡视次数要适当增加。无人值班的设备，每周巡视不应少于两次，并应进行夜间巡视。

5）新投运或出现异常的变配电设备，要及时进行特殊巡视检查，密切监视变化。

4. 变配电设备的巡视检查方法

变配电所电气设备的巡视检查方法如下：①通过看、听、闻、摸等为主要检查手段，发现运行中设备的缺陷及隐患；②使用工具和仪表，进一步探明故障性质。对于较小的障碍，也可在现场及时排除。常用的巡视检查方法有：

（1）看　就是值班人员用肉眼对运行设备可见部位的外观变化进行观察来发现设备的异常现象，如变色、变形、位移、破裂、松动、打火冒烟、渗油漏油、断股断线、闪络痕迹、异物搭挂、腐蚀污秽等都可通过此法检查出来。另外，通过对监测仪表的监测，也可发现一些异常。因此，目测法是设备巡查中最常用的方法之一。

（2）听　变电所的一、二次电磁式设备（如变压器、互感器、继电器和接触器），正常运行通过交流电后，其线圈铁心会发出均匀节律和一定响度的嗡嗡声；而当设备出现故障时，会夹着噪声，甚至有噼啪的放电声。可以通过正常时和异常时的音律、音量变化来判断设备故障的性质。

（3）闻　电气设备的绝缘材料一旦过热，会使周围的空气产生一种异味。当正常巡查中嗅到这种异味时，应仔细寻查观察，发现过热的设备与部位，直至查明原因。

（4）摸　对不带电且外壳可靠接地的设备，检查其温度或温升时可以用手去触试检查。二次设备出现发热或振荡时，也可用手触法进行检查。

（二）电力变压器的运行与维护

1. 变压器的巡视维护内容

1）通过仪表监视电压、电流，判断负荷是否在正常范围之内。变压器一次电压变化范围应在额定电压的 5% 以内，避免过负荷情况，三相电流应基本平衡，对于 Yyn0 联结的变压器，中性线电流不应超过低压线圈额定电流的 25%。

2）监视温度计及温控装置，看油温及温升是否正常。上层油温一般不宜超过 85℃，最高不应超过 95℃（干式变压器和其他型号的变压器参看各自的说明书）。

3）冷却系统的运行方式是否符合要求，如冷却装置（风扇、油、水）是否运行正常，各组冷却器、散热器温度是否相近。

4）变压器的声音是否正常。正常的声响为均匀的嗡嗡声，如声响较平常沉重，表明变压器过负荷；如声音尖锐，说明电源电压过高。

5）绝缘子（瓷绝缘子、套管）是否清洁，有无破损裂纹、严重油污及放电痕迹。

6）储油柜、充油套管、外壳是否有渗油、漏油现象，有载调压开关、气体继电器的油位、油色是否正常。油面过高，可能是冷却器运行不正常或内部故障（铁心起火，线圈层间短路等），油面过低可能有渗油、漏油现象。变压器油通常为淡黄色，长期运行后呈深黄色，如果颜色变深变暗，说明油质变坏，如果颜色发黑，表明炭化严重，不能使用。

7）变压器的接地引线、电缆、母线有无过热现象。

8）外壳接地是否良好。

9）冷却装置控制箱内的电气设备、信号灯的运行是否正常；操作开关、联动开关的位置是否正常；二次线端子箱是否严密，有无受潮及进水现象。

10）变压器室门、窗、照明应完好，房屋不漏水，通风良好，周围无影响其安全运行的异物（如易燃、易爆和腐蚀性物体）。

11）当系统发生短路故障或天气突变时，值班人员应对变压器及其附属设备进行特殊巡视，巡视检查的重点是：

① 当系统发生短路故障时，应立即检查变压器系统有无爆裂、断脱、移位、变形、焦味、烧损、闪络、烟火和喷油等现象。

② 下雪天气应检查变压器引线接头部分有无落雪立即融化或蒸发冒气现象，导电部分有无积雪、冰柱。

③ 大风天气应检查引线摆动情况以及是否搭挂杂物。

④ 雷雨天气应检查瓷套管有无放电闪络现象（大雾天气也应进行此项检查），以及避雷器放电记录器的动作情况。

⑤ 气温骤变时应检查变压器的油位和油温是否正常。

⑥ 大修及安装的变压器运行几个小时后，应检查散热器排管的散热情况。

2. 变压器的投运与停运

（1）变压器的投运　新装或检修后的变压器投入运行前，一般应进行全面检查，确认其符合运行条件，才可投入试运行。检查项目如下：

1）变压器本体、冷却装置和所有附件无缺陷、不渗油。

2）轮子的制动装置牢固。

3）油漆完好，相色标志正确，接地可靠。

4）变压器顶盖上无杂物遗留。

5）事故排油设施完好，消防设施齐全。

6）储油柜、冷却装置、净油器等油系统上的油门均打开，油门指示正确。

7）电压切换装置的位置符合运行要求，有载调压切换装置的远方操作机构动作可靠，指示位置正确。

8）变压器的相位和绕组的联结组别符合并列运行要求。

9）温度指示正确，整定值符合要求。

10）冷却装置试运行正常。

11）保护装置整定值符合规定，操作和联动机构动作灵活、正确。

（2）变压器的停运　进行主变压器停电操作时，操作的顺序是：停电时先停负荷侧，后停电源侧。这是因为：多电源的情况下，先停负荷侧，可以防止变压器反充电；若先停电源侧，一旦发生故障，可能造成保护装置误动或拒动，从而延长故障切除时间，并且可能扩大故障范围。

（3）变压器的试运行　所谓变压器试运行，是指变压器开始送电并带一定负荷运行 24h 所经历的全部过程。变压器投入运行时，应先按照倒闸操作（见后文）的步骤，合上各侧的隔离开关，接通操作能源，投入保护装置和冷却装置等，使变压器处于热备用状态。变压器投入并列运行前，应先核对相位是否一致。送电后，检查变压器和冷却装置的所有焊缝和连接面，有无渗、漏油现象。

3. 变压器故障及异常运行的处理

变压器是变电所的核心设备，如果发生了异常运行，轻者影响供电系统的正常运行，重者引发事故，带来经济、安全两方面的损失。所以，运行维护人员必须具备一定的基本处理方法。

（1）响声异常的故障原因及处理方法　变压器正常运行时，会发出较低的均匀嗡嗡声。

1）若嗡嗡声变得沉重且不断增大，同时上层油温也有所上升，但是声音仍是连续的，这表明变压器过载。可开启冷却风扇等冷却装置，增强冷却效果，同时适当调整负荷。

2）若发生很大且不均匀的响声，间有爆裂声和咕噜声，这可能是由于内部层间、匝间绝缘击穿；如果夹杂有噼啪放电声，很可能是内部或外部的局部放电所致。碰到这些情况，可将变压器停运，消除故障后再使用。

3）若发生不均匀的振动声，可能是某些零件发生松动，可安排大修进行处理。

（2）油温异常的原因和处理方法　温度过高，会使绝缘的老化速度比正常工作条件下快得多，从而缩短变压器的使用年限，甚至有时还会引发事故。

油浸式变压器的上层油温严格控制在 95℃ 以下。若在同样负荷条件下油温比平时高出 10℃ 以上，冷却装置运行正常，负荷不变但温度不断上升，则很可能是内部故障，如铁心发热、匝间短路等。这时应立即停运变压器。

（3）油位异常的原因和处理方法　变压器严重缺油时，内部的铁心、绕组就会暴露在空气中，使绝缘受潮，同时露在空气中的部分绕组因无油循环散热，导致散热不良而引发事故。引起油位过低的原因有很多，如渗漏油、放油后未补充、负荷低而冷却装置过度冷却等。如果是过冷却引起的，则可适当增加负荷或停止部分冷却装置；如果出现"轻瓦斯"信号，在气体继电器窗口中看不见油位，则应将变压器停运。油位过高还可能是补油过多或负荷过大，这时，可放油或适当减少负荷。

此外，还要注意假油现象。如果在负荷变化、温度变化后，油位不发生变化，则可能是假油位。这是由于防爆管的通气管堵塞、油标管堵塞或储油柜吸湿器堵塞等原因造成的。

（4）保护异常

1）轻瓦斯的动作。可取瓦斯气体分析，如不可燃，放气后继续运行，并分析原因，查出故障；如可燃，则停运，查明情况，消除故障。

2）重瓦斯的动作。很可能是内部发生短路或接地故障，这时不允许强送电，需进行内部检查，直至试验正常，才能把变压器重新投入运行。

（5）外表异常

1）渗油、漏油可能是连接部位的胶垫老化开裂或螺钉松动。

2）套管破裂、内部放电、防爆管破损等这些故障严重时会导致防爆管玻璃破损，因此，应停用变压器，等待处理。

3）变压器着火应立即将变压器从系统中隔离，同时采取正确的灭火措施。

（三）配电设备的巡视与维护

配电装置担负着受电和配电任务，是变配电所的重要组成部分。对配电装置同样也应进行定期巡视检查，以便及时发现运行中出现的设备缺陷和故障，并采取相应措施及早予以消除。

1. 断路器

断路器是高压开关中用途最广、技术要求最高、作用最为重要的电气设备。

（1）断路器的巡视维护内容

1）分合位置的红绿信号灯、机械分合指示器与断路器的状态是否一致。

2）负荷电流是否超过当时环境温度下的允许电流，三相电流是否平衡，内部有无异常声音。

3）各连接头的接触是否良好，接头温度、箱体温度是否正常，有无过热现象。

4）检查绝缘子（瓷绝缘子、套管）是否清洁完整、无裂纹和破损，有无放电、闪络现象。

5）检查操作机构、操作电压、操作气压及操作油压是否正常，其偏差是否在允许范围内。

6）检查端子箱内的二次接线端子是否受潮，有否锈蚀现象。

7）检查高压带电显示器，看三相指示是否正常，是否亮度一致。

8）检查设备的接地是否良好。

9）检查油断路器的油色、油位是否正常，本体各充油部位是否有渗油、漏油现象。

10）检查 SF_6 断路器的气体压力是否正常。

11）检查真空断路器的真空是否正常，有无漏气声。

（2）断路器的常见故障和处理

1）接头（触点）和箱体过热。可能是接头、触点接触不良或过负荷。可降低负荷，必要时进行停电处理。

2）拒绝合闸。可能是本体或操作机构的原因（如弹簧储能故障），也可能是操作回路的原因。这时，应拉开隔离开关将故障断路器停电；如该回路必须马上合闸，送电可采用旁路断路器代替。

3）拒绝跳闸。可能是机械方面的原因（如跳闸铁心卡位，操作能源压力不足），也可能是操作回路的原因。这时可拉开该回路的母线侧隔离开关，使拒分的断路器脱离电源。如果油断路器出现爆裂、放电声，SF_6 断路器或真空断路器发生严重漏气，则应立即将故障断路器停电。

2. 隔离开关和负荷开关

（1）隔离开关和负荷开关的巡视检查内容（两者基本一致）

1）检查分合状态是否正确，是否符合运行方式的要求，其位置信号指示器、机械位置指示器与隔离开关的实际状态是否一致。

2）检查负荷电流是否超过当时周围环境温度下开关的允许电流。

3）检查开关的本体是否完好，三相触点是否同期到位。

4）运行的开关，触点接触是否良好，有否过热及放电现象。拉开的开关，其断口距离及张开的角度是否符合要求。

5）保持绝缘子清洁完整，表面无裂纹和破损、无电晕、无放电闪络现象。

6）检查操动机构各部件是否变形、锈损，连接是否牢固，有否松动脱落现象。

7）接地的隔离开关，接地是否牢固可靠，接地的可见部分是否完好。

（2）隔离开关的异常及处理

1）接头或触点发热。可能是接触不良或过负荷，可适当降低负荷，也可将故障隔离开关退出运行；无法退出时，可加强通风冷却，同时创造条件，尽快停电处理。

2）误拉隔离开关。如果刀片刚离开刀口（已起弧），应立即将未拉开的隔离开关合上；如果隔离开关已拉开，则不允许再合上，用同级断路器或上一级断路器断开电路后方可合隔离开关。

3）误合隔离开关。误合的隔离开关，不允许再拉开，只有用断路器先断开该回路电路，然后才能拉开。

3. 互感器

互感器的巡视检查内容如下：

1）瓷绝缘子、套管是否完好、清洁，有无裂纹放电现象。

2）检查油位、油色是否正常，有无渗油和漏油现象。

3）呼吸器是否畅通，是否有受潮变色现象。

4）接线端子是否牢固，是否有发热现象。

5）运行中的互感器声音是否正常，是否冒烟及有异常气味。

6）接地是否牢固且接触良好。

4. 电力电容器

电力电容器的巡视检查内容如下：

1）检查电容器电流是否正常，三相是否平衡（电力电容器的各相之差应不大于10%），有无不稳定及激振现象。

2）检查放电用电压互感器指示灯是否良好，放电回路是否完好。

3）检查电容器的声音是否正常，有无吱吱放电声。

4）检查外壳是否变形，有无渗漏油现象。

5）检查套管是否清洁，有无放电闪络现象；回路导体应紧固，接头不过热；绝缘架、绝缘台的绝缘应良好，绝缘子应清洁无损。

6）检查保护熔断器是否良好。

7）无功补偿自动控制器应运行正常；电容器组的自动投切动作应正常；功率因数应在设定范围内。

8）外壳接地是否良好、完整。

5. 二次系统的巡视检查

（1）硅整流电容储能直流装置的巡视检查内容

1）检查硅整流器的输入和输出电压是否在正常运行值范围内。

2）接触器、继电器和调压器的触点接触是否良好，有无过热或放电现象。

3）调压器转动手柄是否灵活，有无卡阻。

4）硅整流器件应清洁，连接的焊点或螺栓应牢固无松动。

5）检查电容器的开关应在充电位置，电容器外壳洁净、无变形、无放电；连接线无虚焊、断线。

（2）铅酸蓄电池组的巡视检查内容

1）当蓄电池采用浮充电方式时，值班人员要根据直流负载的大小，监视或调整浮充电源的电流，使直流母线电压保持额定值，并使蓄电池总是处于浮充电状态下工作。每个蓄电池电压应保持在 2.15V，变动范围为 2.1～2.2V。如果电压长期高于 2.35V，会产生"过充"；低于 2.1V，则会产生"欠充"。过充或欠充都会影响蓄电池的使用寿命。

2）蓄电池室及电解液温度应保持在 10～30℃ 之间，最低不低于 5℃，最高不高于 35℃。

3）检查极板的颜色和形状充好电后的正极板应是红褐色，负极板是深灰色的；极板应无断裂、弯曲现象，极板间应无短路或杂物充塞。

4）电池外壳无破裂、无漏液。

5）蓄电池各接头连接应紧固，无腐蚀现象。

二、供配电线路的运行与维护

（一）架空线路的运行与维护

架空线路的建设取材容易，施工方便，但运行易受自然、外力等的影响，为了保证安全可靠的供电，应加强运行维护工作，及时发现缺陷并及早处理。

1. 巡视的期限

对厂区或市区架空线路，一般要求每月进行一次巡视检查，郊区或农村每季一次，低压架空线路每半年一次，如遇恶劣气候、自然灾害及发生故障等情况时，应临时增加巡视次数。

2. 巡视内容

1）检查线路负荷电流是否超过导线的允许电流。

2）检查导线的温度是否超过允许的工作温度，导线接头是否接触良好，有无过热、严重氧化、腐蚀或断落现象。

3）检查绝缘子及瓷横担是否清洁，有否破损及放电现象。

4）检查线路弧垂是否正常，三相是否保持一致，导线有否断股，上面是否有杂物。

5）检查拉线有无松弛、锈蚀、断股现象，绝缘子是否拉紧，地锚有无变形。

6）检查避雷装置及其接地是否完好，接地线有无断线、断股等现象。

7）检查电杆（铁塔）有无歪斜、变形、腐朽、损坏及下陷现象。

8）检查沿线周围是否堆放易燃、易爆、强腐蚀性物品以及危险建筑物；并且要保证与架空线路有足够的安全距离。

（二）电缆线路的运行与维护

电缆线路的作用与架空线路的作用相同，在电力系统中起到连接、输送电能、分配电能的作用。当架空线的走线或安全距离受到限制或输配电发生困难时，采用电缆线路就成为一种较好的选择。

电缆线路具有成本高、查找故障困难等缺点，所以必须做好线路的运行维护工作。

1. 巡视期限

对电缆线路要做好定期巡视检查工作。敷设在土壤、隧道、沟道中的电缆，每三个月巡视一次；竖井内敷设的电缆，至少每半年巡视一次；变电所、配电室的电缆及终端头的检查，应每月一次。如遇大雨、洪水及地震等特殊情况或发生故障时，需临时增加巡视次数。

2. 巡视检查内容

1）负荷电流不得超过电缆的允许电流。

2）电缆、中间接头盒及终端温度正常，不超过允许值。

3）引线与电缆头接触良好，无过热现象。

4）电缆和接线盒清洁、完整，不漏油，不流绝缘膏，无破损及放电现象。

5）电缆无受热、受压、受挤现象；直埋电缆线路，路面上无堆积物和临时建筑，无挖掘取土现象。

6）电缆钢铠正常，无腐蚀现象。

7）电缆保护管正常。

8）充油电缆的油压、油位正常，辅助油系统不漏油。

9）电缆隧道、电缆沟、电缆夹层的通风、照明良好，无积水；电缆井盖齐全并且完整无损。

10）电缆的带电显示器及护层过电压防护器均正常。

11）电缆无鼠咬、白蚁蛀蚀的现象。

12）接地线良好，外皮接地牢固。

（三）车间配电线路的运行维护

车间是用电设备所在地，所以车间配电线路的维护尤其显得重要。要做好车间配电线路的维护，需全面了解车间配电线路的走向、敷设方式、导线型号规格以及配电箱和开关的位置等情况，还要了解车间负荷规律以及车间变电所的相关情况。

1. 巡视期限

车间配电线路一般由车间维修电工每周巡视检查一次，对于多尘、潮湿、高温，有腐蚀性及易燃易爆等特殊场所应增加巡视次数。线路停电超过一个月以上，重新送电前亦应做一次全面检查。

2. 巡视项目

1）检查导线发热情况。裸母线正常运行时最高允许温度一般为70℃。若过高，母线接头处的氧化加剧，接触电阻增大，电压损耗加大，供电质量下降，甚至可能引起接触不良或断线。

2）检查线路负荷是否在允许范围内。负荷电流不得超过导线的允许载流量，否则导线过热会使绝缘层老化加剧，严重时可能引起火灾。

3）检查配电箱、开关电器、熔断器、二次回路仪表等的运行情况。着重检查导体连接处有无过热变色、氧化、腐蚀等情况，连线有无松脱、放电和烧毛现象。

4）检查穿线铁管、封闭式母线槽的外壳接地是否良好。

5）敷设在潮湿、有腐蚀性气体的场所的线路和设备，要定期检查绝缘。绝缘电阻值不得低于0.5MΩ。

6）检查线路周围是否有不安全因素存在。

在巡视中发现的异常情况，应记入专用记录本内，重要情况应及时汇报。

3. 线路运行中突遇停电的处理

电力线路在运行中，可能会突然停电，这时应按不同情况分别处理。

　　1）电压突然降为零时，说明是电网暂时停电。这时总开关不必拉开，但各路出线开关应全部拉开，以免突然来电时用电设备同时起动，造成过负荷，从而导致电压骤降，影响供电系统的正常运行。

　　2）双电源进线中的一路进线停电时，应立即进行切换操作（即倒闸操作），将负荷特别是重要负荷转移到另一路电源。若备用电源线路上装有电源自动投入装置，则切换操作会自动完成。

　　3）厂内架空线路发生故障使开关跳闸时，如开关的断流容量允许，可以试合一次。由于架空线路的多数故障是暂时性的，所以一次试合成功的可能性很大。但若试合失败，即开关再次跳开，说明架空线路上故障还未消除，并且可能是永久性故障，应进行停电隔离检修。

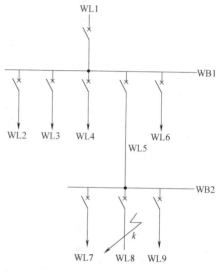

　　4）放射式线路发生故障时使开关跳闸时，应采用"分路合闸检查"方法找出故障线路，并使其余线路恢复供电。

　　例 5-1　如图 5-12 所示的供配电系统，假设故障出现在 WL8 线路上，由于保护装置失灵或选择性不好，使 WL1 线路的开关越级跳闸，分路合闸检查故障的具体步骤如下：

　　1）将出线 WL2～WL6 的开关全部断开，然后合上 WL1 的开关，由于母线 WB1 正常运行，所以合闸成功。

　　2）依次试合 WL2～WL6 的开关，当合到 WL5 的开关时，因其分支线 WL8 存在故障，再次跳闸，其余出线开关均试合成功，恢复供电。

图 5-12　供配电系统分路合闸检查故障说明图

　　3）将分支线 WL7～WL9 的开关全部断开，然后合上 WL5 的开关。

　　4）依次试合 WL7、WL8 的开关，当合到 WL8 的开关时，因其线路上存在故障，开关再次自动跳开，其余线路均恢复供电。

　　这种分路合闸检查故障的方法，可将故障范围逐步缩小，并最终查出故障线路，同时恢复其他正常线路的供电。

三、倒闸操作

　　电气设备通常有三种状态，分别为运行、备用（包括冷备用及热备用）和检修。电气设备由于周期性检查、试验或处理事故等原因，需操作断路器、隔离开关等电气设备来改变电气设备的运行状态，这种将设备由一种状态转变为另一种状态的过程叫作倒闸，所进行的操作叫作倒闸操作。

　　倒闸操作是电气值班人员及电工的一项经常性的重要工作，操作人员在进行倒闸操作时，必须具备高度的责任心，严格执行有关规章制度。因为，在倒闸操作时，稍有疏忽就可能造成严重事故，给人身和设备安全带来危险，铸成难以挽回的损失。实际上，事故处理时所进行的操作，是特定条件下的一种紧急倒闸操作。

（一）倒闸操作的基本知识

1. 设备工作状态的类型

电气设备的工作状态通常分为如下四种：

（1）运行中　隔离开关和断路器已经合闸，使电源和用电设备连成电路。

（2）热备用　电气设备的电源由于断路器的断开已停止运行，但断路器两端的隔离开关仍处于合闸位置。

（3）冷备用　设备所属线路上的所有隔离开关和断路器均已断开。

（4）检修中　不仅设备所属线路上的所有隔离开关和断路器已经全都断开，而且悬挂"有人工作，禁止合闸"的警告牌，并装设遮拦及安装临时接地线。区别以上几种状态的关键在于判定各种电气设备是处于带电状态还是断电状态，可以通过观察开关所处的状态、电压表的指示、信号灯的指示及验电器的测试反应来判定。

2. 电力系统设备的标准名称及编号

为了便于联系操作、利于管理、保证操作的正确性，应熟悉电力系统设备的标准名称，并对设备进行合理编号。电力系统的标准名称见表5-1。

表 5-1　电力系统主要设备标准名称

编号		设备名称	调度操作标准名称	编号		设备名称	调度操作标准名称
1	母线	母线	XX（正、副母线）	4	变压器	系统主变压器	X号主变
		电抗母线	电抗母线			变电所所用变压器	X号所用变
		旁路母线	旁路母线			系统中性点接地变压器	接地变
						系统联络变压器	X号呈联变
2	开关	油断路器、空气断路器、真空断路器、SF₆断路器	XX断路器（X号断路器）	5		电流互感器	流变
				6		电压互感器	压变
		母线开关联络	母线（X）开关（X号开关）	7		电缆	电缆
		旁路、旁联开关	旁路开关、旁联开关	8		电容器	X号电容器
		母线分段开关	分段（X）开关	9		避雷器	X号避雷器
3	隔离开关	隔离开关	XX刀开关	10		消弧线圈	X号消弧线圈
		母线侧隔离开关	母线刀开关	11		调压变压器	X号调压器
		线路侧隔离开关	线路刀开关	12		电抗器	电抗器
		变压器侧隔离开关	变压器刀开关	13		耦合电容器	耦合电容器
		变压器中性点接地隔离开关	主变（XXKV）中性点接地刀开关	14		阻波器	阻波器
		避雷器隔离开关	避雷器刀开关	15		三相重合闸	重合闸
		电压互感器隔离开关	压变刀开关	16		过载连切装置	过载连切装置

设备的编号全国目前还没有统一的标准，但有些电力系统和有些地区按照历史延续下来的习惯对设备进行编号，以便调度工作及倒闸操作。所以，各供电部门可按照本部门的历史习惯对设备进行编号。在编号时要注意一一对应，无重号现象，要能体现设备的电压等级、性质、用途以及与馈电线的相关关系，并且有一定的规律性，便于掌握和记忆。

3. 电力系统常用的操作术语

为了准确进行倒闸操作，应熟悉电力系统的操作术语，见表5-2。

（二）倒闸操作技术

电气设备的操作、验电、挂地线是倒闸操作的基本功。为了保证操作的正常进行，需熟练掌握这些基本功。

表 5-2　电力系统常用操作术语

编号	操作术语	含　义
1	操作命令	值班调度员对其所管辖的设备为变更电气接线方式或事故处理而发布的倒闸操作命令
2	合上	把开关或刀开关放在接通位置
3	拉开	把开关或刀开关放在刀开关切断位置
4	跳闸	设备自动从接通位置改为断开位置(开关或主气门等)
5	倒母线	母线刀开关从一条母线倒换至另一条母线
6	冷倒	开关在热备用状态,拉开母线刀开关,合上(另一组)母线刀开关
7	强送	设备因故障跳闸后,未经检验即送电
8	试送	设备因故障跳闸后,经初步检验即送电
9	充电	不带电设备与电源接通
10	验电	用校验工具验明设备是否带电
11	放电	设备停用后,用工具将静电送去
12	挂(拆)接地线或合上(拉开)接地刀开关	用临时接地线(或接地刀开关)将设备与大地接通(或拆开)
13	带电拆装	在设备带电的状态下进行拆断或接通安装
14	短接	在临时导线将开关或刀开关等设备跨越(旁路)连接
15	拆引线或接引线	架空线的引下线或弓字线的接头拆断或接通
16	消弧线圈从 * 调到 *	消弧线圈掉分接头
17	线路事故抢修	线路已转为检修状态,当检查到故障点后,可立即进行事故抢修工作
18	拉路	将向用户供电的线路切断停止送电
19	校验	预测电气设备是否存在良好状态,如安全自动装置、继电保护等
20	信号掉牌	继电保护作用发出信号
21	信号复归	将继电保护器的信号牌恢复原位
22	放上或取下熔断器(或压板)	将保护熔断器(或继电保护压板)放上或取下
23	启用(或停用)**(设备)*(保护)*段	将 * *(设备)* *(保护)*段跳闸压板投入(或断开)
24	* *保护由跳 * *开关改为跳 * *开关	* *保护由投跳 * *开关,改为投跳 * *开关而不跳原来开关(如同时跳原来开关,则应说明改为跳 * * * *开关)

1. 电气设备的操作

（1）断路器的操作内容

1）断路器不允许现场带负载手动合闸，因为手动合闸速度慢，易产生电弧灼烧触点，从而导致触点损坏。

2）断路器拉合后，应先查看有关的信息装置和测量仪表的指示，判断断路器的位置，而且还应该到现场查看其实际位置。

3）断路器合闸送电或跳闸后试发，工作人员应远离现场，以免因带故障合闸造成断路器损坏时发生意外。

4）拒绝拉闸或保护拒绝跳闸的断路器，不得投入运行或列为备用。

（2）高压隔离开关的操作内容

1）手动闭合高压隔离开关时，应迅速果断，但在合到底时不能用力过猛，防止产生的冲击导致合过头或损坏支持绝缘子。如果一合上隔离开关就发生电弧，应将开关迅速合上，并严禁往回拉，否则将会使弧光扩大，导致设备损坏更严重。如果误合了隔离开关，只能用断路器切断回路后，才允许将隔离开关拉开。

2）手动拉开高压隔离开关时，应慢而谨慎，一般按"慢—快—慢"的过程进行操作；刚开始要慢，便于观察有无电弧。如有电弧，应立即合上，停止操作，并查明原因；如无电弧，则迅速拉开，当隔离开关快要全部拉开时，反应稍慢些，避免冲击绝缘子。

切断空载变压器，小容量的变压器，空载线路和系统环路等时，虽有电弧产生，也应果断而迅速地拉开，促使电弧迅速熄灭。

3）对于单相隔离开关，拉闸时，先拉中相，后拉边相；合闸操作则相反。

4）隔离开关拉合后，应到现场检查其实际位置；检修后的隔离开关，应保持在断开位置。

5）当高压断路器与高压隔离开关在线路中串联使用时，应按顺序进行倒闸操作，合闸时，先合隔离开关，再合断路器；拉闸时，先拉开断路器，再拉隔离开关。这是因为隔离开关和断路器在结构上的差异：隔离开关在设计时，一般不考虑直接接通或切断负荷电流，所以没有专门的灭弧装置，如果直接接通或切断负荷电流会引起很大的电弧，易烧坏触点，并可能引起事故。而断路器具有专门的灭弧装置，所以能直接接通或者切断负荷电流。

2. 验电操作

为了保证倒闸过程安全、顺利地进行，验电操作必不可少。如果忽视这一步，可能会造成带电挂地线、相与相短路等故障，从而造成经济损失和人身伤害等事故，所以验电操作是一项很重要的工作，切不可等闲视之。

（1）验电的准备　验电前，必须根据所检验的系统电压等级来选择与电压相配的验电器，切忌"高就低"或"低就高"。为了保证验电结果的正确，有必要先在有电设备上检查验电器，确认验电器良好。如果是高压验电，操作人员还必须戴绝缘手套。

（2）验电的操作注意事项

1）一般验电不必直接接触带电导体，验电器只要靠近导体一定距离，就会发光（或有声光报警），而且距离越近，亮度（或声音）就越强。

2）对架构比较高的室外设备，需借助绝缘拉杆验电。如果绝缘杆勾住或顶着导体，即使有电也不会有火花和放电声，为了保证观察到有电现象，绝缘拉杆与导体应保持虚接或在导体表面来回蹭，如果设备有电，就会产生火花和放电声。

3. 装设接地线

验明设备已无电压后，应立即安装临时接地线，将停电设备的剩余电荷导入大地，以防止突然来电或感应电压。接地线是电气检修人员的安全线和生命线。

（1）接地线的装设位置

1）对于可能送电到停电检修设备的各方面均要安装接地线。如变压器检修时，高、低压侧均要挂地线。

2）停电设备可能产生感应电压的地方，应挂地线。

3）检修母线时，母线长度在10m及以下，可装设一组接地线。

4）在电气上不相连接的几个检修部位，如隔离开关、断路器分成的几段，各段应分别验电后，进行接地短路。

5）在室内，短路端应装在装置导电部分的规定地点，接地端应装在接地网的接头上。

（2）接地线的装设方法。必须由两人进行：一人操作规程，一人监护；装设时，应先检查地线，然后将良好的接地线接到接地网的接头上。

（三）倒闸操作步骤

倒闸操作有正常情况下的操作和有事故情况下的操作两种。在正常情况下应严格执行"倒闸操作票"制度。《电业安全工作规程》规定：在1kV以上的设备上进行倒闸操作时，必须根据值班调度员或值班负责人的命令，受令人复诵无误后执行。操作人员应按规定格式（见表5-3）填写操作票。

表5-3　倒闸操作票

操作开始时间：		终了时间：	
操作任务	顺序		操作项目
			全面检查
			以下空白

备注:已执行行章

操作人：　　　　监护人：　　　　值班长：

倒闸操作可以参照下列步骤进行：

接受主管人员的预发命令。在接受预发命令时，要停止其他工作，并将记录内容向主管人员复诵，核对其正确性。对枢纽变电所等处的重要倒闸操作应有两人同时听取和接受主管人员的命令。下面是某66kV/10kV变配电所的部分倒闸操作实例。

例5-2　图5-13为该变配电所的电气系统图。任务要求：填写线路WL1的停电操作票。

解：（1）图5-13中的运行方式。欲停电检修101断路器，填写WL1停电倒闸操作票，其停电操作详见表5-4。

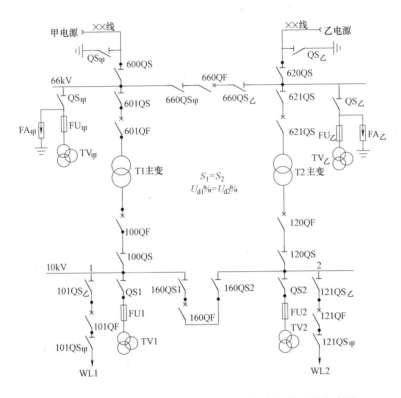

图 5-13 66kV/10kV 某工厂变配电所电气主接线运行方式图

表 5-4 变配电所倒闸操作票

操作开始时间:2012 年 3 月 30 日 8 时 30 分,终了时间:30 日 8 时 49 分

操作任务:10kV Ⅵ段 WL1 线路停电

顺序	操作项目
(1)	拉开 WL1 线路 101 断路器 101QF
(2)	检查 WL1 线路 101 断路器确在开位,开关盘表计指示正确 0A
(3)	取下 WL1 线路 101 操作直流电源
(4)	拉开 WL1 线路 101 甲刀开关 101QS甲
(5)	检查 WL1 线路 101 甲刀开关确在开位
(6)	拉开 WL1 线路 101 乙刀开关 101QS乙
(7)	检查 WL1 线路 101 乙刀开关确在开位
(8)	停用 WL1 线路 101 断路器
(9)	在 WL1 线路 101 断路器至 101 乙刀开关间三相验电确无电压
(10)	在 WL1 线路 101 断路器至 101 乙刀开关间装设 1 号接地线一组
(11)	在 WL1 线路 101 断路器至 101 甲刀开关间三相验电确无电压
(12)	在 WL1 线路 101 断路器至 101 甲刀开关间装设 2 号接地线一组
(13)	全面检查
(14)	以下空白

备注:	已执行章

操作人: 监护人: 值班长:

（2）101 断路器检修完毕，恢复 WL1 线路送电的操作要与线路 WL1 停电操作票的操作顺序相反，但注意恢复送电票的第（1）项应是"收回工作票"，第（2）项应是检查 WL1 线路上 101 断路器、101 甲刀开关、2 号接地线一组和 WL1 线路上的 101 断路器、101 乙刀开关、确定 1 号接地线一组已拆除或检查 1 号、2 号接地线，共两组确已拆除；之后从第（3）项按停电操作票的相反顺序填写。

【任务实施】

倒闸操作票的填写。

姓名		专业班级		学号	
任务内容及名称					
1. 任务实施目的			2. 任务完成时间：1 学时		
3. 任务实施内容及方法步骤					
4. 分析结论					
指导教师评语（成绩）					
				年　月　日	

【任务总结】

通过本任务的学习，让学生理解供配电所的运行及维护，并掌握倒闸操作的步骤和倒闸操作票的填写。

项目实施辅导

通过前面内容的学习，对电气主接线不同形式的优缺点有了充分的理解，先结合所学知识，确定本项目的任务实施方案。

一、主接线方案的讨论选择

对本变电所原始材料进行分析，结合对电气主接线的可靠性、灵活性等基本要求，综合考虑。在满足技术、经济政策的前提下，力争使其技术先进、供电可靠、经济合理，故拟定的方案如下：

方案Ⅰ：一次侧采用外桥式接线，二次侧采用单母线分段的主接线方案。

这种主接线方式的运行灵活性较好，可靠性较高，对变压器的切换方便，且投资少，占地面积小。

缺点：供电线路的切入和投入较为复杂，需动作两台断路器，影响一回线路的暂时供电。桥连断路器检修时，两个回路需并列运行。

适用场合：适用于Ⅰ、Ⅱ级负荷工厂，这种外桥式适用于电源线路短而变电所负荷变动较大及经济运行需经常切换变压器的总降压变电所。

方案Ⅱ：一次侧采用内桥式接线，二次侧采用单母线分段的主接线方案。

这种主接线方式的运行灵活性较好，供电可靠性较高，一次侧可设线路保护，倒换线路操作方便。

缺点：变压器的切入和投入较为复杂，需动作两台断路器，影响一回线路的暂时供电。桥连断路器检修时，两个回路需并列运行。

适用场合：适用于Ⅰ、Ⅱ级负荷工厂，多用于电源线路较长因而发生故障和停电机会较多，并且变电所的变压器不需要经常切换的总降压变电所。

方案Ⅲ：一、二次侧均采用单母线分段的主接线方案。

这种主接线方式的运行灵活性较好，接线清晰，投资少，运行操作方便且有利于扩建母线断路器，可以提高供电的可靠性和灵活性。采用双电源供电，当一段母线发生故障，分段断路器自动将故障段隔离，保证正常母线不间断供电，不致使得重要用户停电。

适用场合：适用于Ⅰ、Ⅱ级负荷工厂，用于一、二次侧进出线较多的总降压变电所。

二、确定主接线的接线方案

根据设计的要求，绝大部分用电设备属于长期连续负荷，负荷变动较小，电源进线不长（1km），主变压器不需要经常切换，另外再考虑到今后的长远发展。可确定该厂的主接线方式为一、二次侧均采用单母线分段。

供电系统主接线方式的确定：采用了单母线分段联络，双电源分列运行的主接线方式。又因为两路10kV高压母线联络非经过特殊许可的，一般只能作手动操作分、合高压断路器；而在低压侧220V/380V配电系统母线上采用高性能低压断路器作自投、互投、自复装置，系统回路设置过电流、短路、失电压、过电压保护。

思考题与习题

1. 供配电系统的组成有哪些？各有什么作用？
2. 企业变配电所的组成有哪些？
3. 变压器一次侧主接线方式有哪些？各有哪些特点？应用范围有哪些？
4. 变压器二次侧主接线方式有哪些？各有哪些特点？应用范围有哪些？
5. 工业企业变电所主接线方式有哪些？如何选择接线方式？
6. 我国6~10kV的配电变压器常用哪两组联结组？在三相严重不平衡或3次谐波电流突出的场合宜采用哪种联结组？
7. 工厂或车间变电所的主变压器台数和容量如何确定？

8. 对工厂变配电所主接线有哪些基本要求？变配电所主接线图有哪些绘制方式？各适用于哪些场合？

9. 变配电所所址选择应考虑哪些条件？变电所靠近负荷中心有哪些好处？

10. 变配电所总体布置应考虑哪些要求？变压器室、低压配电室、高压配电室、高压电容器室和值班室的结构及相互位置安排各如何考虑？

11. 变配电所通常有哪些值班制度？值班人员有哪些主要职责？

工厂电力线路的敷设与维护

【项目介绍】

某新建机械厂，初步设计其供配电系统电气部分，设计内容包括：选择高压配电所位置、配变电所的负荷计算及无功功率的补偿计算，车间变压器台数和容量、形式的确定，变配电所主接线方式的选择，高压配电线路接线方式的选择，高低压配电线路及导线截面积选择，短路计算和开关设备的选择，继电保护的整定计算，防雷保护与接地装置设计等。主要基础资料如下：

1. 负荷情况

该机械厂主要生产长尾夹、牛头夹、圆形弹簧夹、山形弹簧夹、磁力夹、板夹、各式塑料夹、回形针、起钉器、书圈、磁力钩、书立等系列产品，设有模具车间、冲件车间、热处理车间、电泳车间、喷涂车间、发黑车间、电镀车间和包装车间。该厂大部分车间为三班制，年最大有功负荷利用小时数为5000h。车间负荷情况见表6-1。

表6-1 车间负荷情况

编号	厂房名称	设备容量/kW	需要系数	功率因数
1	模具车间	440	0.35	0.65
2	冲件车间	550	0.50	0.70
3	热处理车间	680	0.55	0.75
4	电泳车间	280	0.40	0.75
5	喷涂车间	320	0.50	0.75
6	发黑车间	250	0.55	0.75
7	电镀车间	240	0.50	0.70
8	包装车间	110	0.75	0.80
9	综合楼	160	0.75	0.90

2. 供电电源情况

按照该厂与当地电业部门签订的供用电协议规定，可从某35V/10kV地区变电站取得工作电源。该35V/10kV地区变距离本厂约为1km，10kV母线短路数据：$S_{k.max}^{(3)} = 340MVA$、$S_{k.min}^{(3)} = 180MVA$。

要求该厂：①过电流保护整定时间不大于1.0s；②在工厂10kV电源侧进行电能计量；③功率因数应不低于0.92。

3. 工厂自然条件

年最高气温为39℃，年平均气温为23℃，年最低气温为-5℃，年最热月平均最高气温为 33℃，年最热月平均气温为 26℃，年最热月地下 0.8m 处平均温度为 25℃。主导风向为南风，年雷暴日数为 52。平均海拔为 22m，地层以砂黏土为主。

4. 电费制度

按两部电价制交纳电费，基本电价为 20 元/（kVA·月），电度电价为 0.5 元/kWh。

【项目目标】

专业能力目标	掌握高压配电网的接线方式及接线特点
方法能力目标	理解工业企业供配电线路的结构形式并根据负荷等级选择电气主接线
社会能力目标	能根据企业实际情况设计电气主接线

【主要任务】

任务	工作内容	计划时间	完成情况
1	工厂电力线路及接线方式的选择		
2	工厂电力线路结构及敷设		
3	导线和电缆的选择及计算		
4	工厂电力线路电气安装图的绘制		
5	工厂电力线路的运行与维护		

任务1　工厂电力线路及接线方式的选择

【任务导读】

工厂各配电系统，包括总降压变电所、配电所、车间变电所和高压用电设备以及主接线方式。当然，有的供配电系统的组成不一定全部包括以上几个，是否需要总降压变电所，是否建配电所，取决于工厂和电源间的距离、工厂的总负荷及其在各车间的分布，以及变电所间的相对位置，厂区内的配电方式和本地区电网的供电条件等。如果上述组成都是需要的，在工厂内部的供电系统也可能有各种组合方案，组合方案的变化必然会影响到投资费用和运行费用的变化。因此，进行不同的方案设计，选择合适的主接线方式，进行经济技术比较，得出可靠、合理、经济的方案。

【任务目标】

1. 掌握工厂配电系统的接线方式及其特点。
2. 掌握车间低压放射式网络的接线方式。

【任务分析】

工厂电力线路按电压高低分为高压配电网络和低压配电网络。高压配电网络的作用是从总降压变电所向各车间变电所或高压用电设备供配电，低压配电网的作用是从车间变电所向各用电设备供配电，直观地表示了变配电所的结构特点、运行性能、使用电气设备的多少及前后安排等，对变配电所安全运行、电气设备选择、配电装置布置和电能质量都起着决定性的作用。

【知识准备】

工业企业供电网络包括厂区高压配电网络与车间低压配电网络两部分。高压配电网络指从总降压变电所至各车间变电所或高压用电设备之间的 6~10kV 高压配电系统；低压配电网络指从车间变电所至各低压用电设备的 380V/220V 低压配电系统。选择接线方式主要考虑以下因素：

1）供电的可靠性。

2）有色金属消耗量。

3）基建投资。

4）线路的电能损失和电压损失。

5）是否便于运行。

6）是否有利于将来发展等。

一、工厂配电系统接线方式

工厂配电系统的基本接线方式有三种：放射式、树干式和环式。各工厂供电系统采用哪种接线方式，要根据负荷对供电可靠性的要求、投资大小、运行维护方便及长远规划等原则分析确定。

1. 放射式线路

放射式线路又分为单回路放射式线路、双回路放射式线路和具有公共备用线路的放射式线路。单回路放射式线路是由工厂总变配电所 6~10kV 母线上每一条回路直接向车间变配电所或高压设备供电，沿线不再接其他负荷。它的优点是线路敷设、保护装置简单，操作维护方便，易于实现自动化；缺点是从总变配电所出线较多，高压设备多，投资较大。特别是在任一线路上发生故障或检修时，该线路就要停电，因而供电可靠性不高，一般用于三级负荷和部分次要的二级负荷供电，如图 6-1 所示。

双回路放射式线路是对任一变配电所采用双回路线路供电的方式。其中，图 6-2a 是单电源供电，图 6-2b 是双电源供电。在双回路放射式线路中，当其中一条回路发生故障或检修时，可由另一条回路给全部负荷继续供电，提高了供电的可靠性，可用于二级负荷供电。但所需高压设备较多，投资也较大。

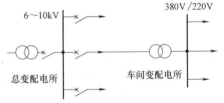

图 6-1 单回路放射式线路

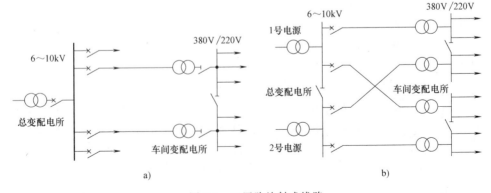

a) b)

图 6-2 双回路放射式线路

a) 单电源供电 b) 双电源供电

当采用如图6-3所示的具有公共备用线路的放射式线路供电时，如果任一回路线路发生故障时，只需经过短时的"倒闸操作"后，可由备用干线继续供电。这种线路供电可靠性较高，可适用于各级负荷供电。

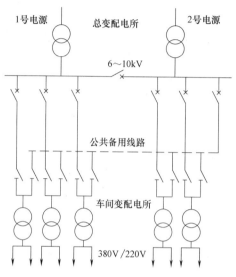

图 6-3　具有公共备用线路的放射式线路

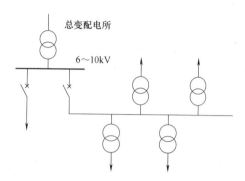

图 6-4　直接连接树干式线路

2. 树干式线路

树干式线路是指线路分布像树干一样，既有主干，也有分支。它可分为直接连接树干式和串联型树干式两种形式。

直接连接树干式线路如图6-4所示。从总变配电所引出的每路高压干线在厂区内沿车间厂房或道路敷设，每个车间变配电所或高压设备直接从干线上接出分支供电。这种线路的优点是配电设备少、投资小；缺点是干线发生故障或检修时会造成大面积停电；因而分支数目限制在5个以内，其供电可靠性差，只适用于三级负荷。

3. 高压环式接线

高压环式接线实际上是两端供电的树干式接线，如图6-5所示。两路树干式接线尾端连接起来就构成了环式接线。这种接线方式运行灵活，供电可靠性高，线路检修时可切换电源，故障时可切除故障线段，缩短停电时间，可供二、三级负荷，在现代化城市电网中应用较广泛。

由于闭环运行时继电保护整定较复杂，同时也为避免环式线路上发生故障时影响整个电网，因此，为了限制系统短路容量，简化继电保护，大多数环式线路采用"开环"运行方式，即环式线路中有一处开关是断开的。通常采用以负荷开关为主开关的高压环网柜作为配电设备。

实际供配电系统的高压接线往往是几种接线方式的组合。究竟采用什么接线方式，应根据具体情况，考虑对供电可靠性的要求，经技术经济综合比较后才能确定。一般来说，对大中型工厂，高压配电系统宜优先考虑采用放射式接线，因为放射式接线的供电可靠性较高，便于运行管理，但放射式的投资较大。对于供电可靠性要求不高的辅助生产区和生活住宅区，可考虑采用树干式或环式配电。

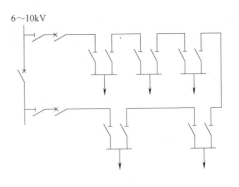

图 6-5 高压环式接线

二、车间低压供电网络的接线方式

1. 低压放射式供电线路

低压放射式供电线路如图 6-6 所示，其中图 6-6a 为带集中负荷的一级放射式线路，图6-6b 为带分区集中负荷的两级放射式线路。放射式供电线路适用于车间负荷比较集中且负荷分布在车间不同方向、用电设备容量较大的条件下，如果车间有多台电动机传动的设备，虽然容量较小，亦可采用。它的特点是操作方便、灵活，任一干线故障时，不影响其他干线，但投资较大，施工复杂。

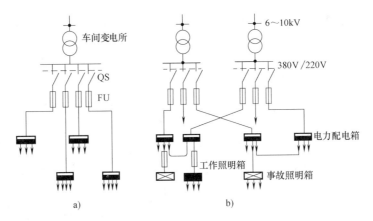

图 6-6 低压放射式供电线路

a) 一级放射式 b) 两级放射式

2. 低压树干式供电线路

低压树干式供电线路如图 6-7 所示。运行经验表明，只要施工质量符合要求，干线上分支点不超过 5 个时，这种供电方式是可靠的，且故障后容易恢复。它与放射式相比，可节省低压配电设备，缩短线路总长度，且施工简单。

图 6-8 表示树干式供电线路的演变形式。图 6-8a 为变压器—干线供电线路，广泛用于机械加工车间。当采用插接式母线时，它可以随工艺过程的改变任意移动用电设备而无需另外安装配电盘。图 6-8b 为链环式供电线路，每条线路以串接 3 个配电箱为限；如果串接同一生产系统中的小容量电动机（不重要的用电设备），则以不超过 5 个为宜。

3. 低压混合式供电线路

根据工业企业中的车间低压负荷分布特点，很少采用单一的放射式或树干式供电系统，一般多为混合式供电系统，如图 6-9 所示，车间内动力线路和照明线路应分开，以免相互影响。正常运行时，事故照明和工作照明同时投入以交流供电。当交流电发生故障时，则自动地将事故照明切换到蓄电池组或其他独立电源供电。对重要的用电设备，可以从两台分别运行的变压器低压母线分别引出线路交叉供电，或者在低压母线上装设自动投入装置，以保证

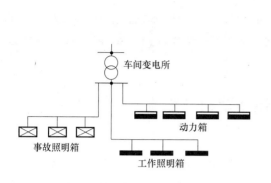

图 6-7　低压树干式供电系统

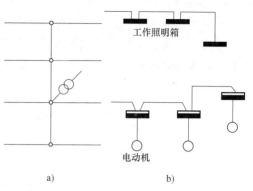

图 6-8　低压树干式供电线路网络演变形式
a) 变压器干线式　b) 链环式供电线路

供电的可靠性。

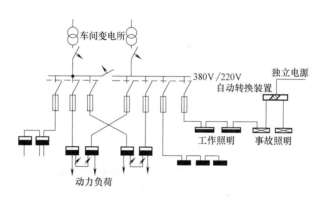

图 6-9　低压混合式供电系统

【任务实施】

讨论【项目介绍】中某新建机械厂配电系统接线方式。

姓名		专业班级		学号	
任务内容及名称					
1. 任务实施目的			2. 任务完成时间:1 学时		
3. 任务实施内容及方法步骤					
4. 分析结论					
指导教师评语(成绩)　　　　　　　　　　　　　　　　　　　　　年　月　日					

【任务总结】

通过本任务的学习，让学生掌握放射式、树干式和环式三种工厂配电系统的基本接线方式的结构和特点，掌握低压放射式供电线路、低压树干式供电线路、低压混合式供电线路三种车间低压供电网络的接线方式的结构和特点。

任务2　工厂电力线路结构及敷设

【任务导读】

工业企业电力线路有架空线路、电缆线路和车间线路。架空线路结构简单、成本低、易于检修及维护，因此被广泛采用，但采用架空线路时线路纵横交错，占地较大，影响厂区美化。电缆线路虽然具有成本高、投资大、维修不便等缺点，但是它具有运行可靠、可避免雷电危害和机械损伤、不卡地面、环境影响小、利于美化等优点，在现代化企业中应用越来越广泛。

【任务目标】

1. 掌握工厂配电系统的接线方式及其特点。
2. 掌握车间低压放射式网络的接线方式。

【任务分析】

工业企业供配电线路经常采用的结构形式有三种：厂区架空线路、厂区电缆线路和车间户内配电线路。

工厂企业内部电力线路按电压高低分为高压配电网络和低压配电网络。高压配电网络的作用是从总降压变电所向各车间变电所或高压用电设备供配电，低压配电网的作用是从车间变电所向各用电设备供配电，直观地表示了变配电所的结构特点、运行性能、使用电气设备的多少及前后安排等，对变配电所安全运行、电气设备选择、配电装置布置和电能质量都起着决定性作用。

【知识准备】

在工业企业中电能的输送和分配，是通过供配电线路实现的。工业企业内部供配电网络尽管供电半径小，但负荷类型多，操作频繁，厂房环境复杂（高温、多粉尘以及与管道、轨道交错等），配电线路总长通常超过企业受电线路，且具有不同于区域电力网的特点。

工业企业供配电线路经常采用的结构形式有三种：厂区架空线路、厂区电缆线路和车间户内配电线路。

一、厂区架空线路

架空线路的优点是成本低、投资少、施工快、维护检修方便，易于发现和排除故障等；它的缺点是易受外界条件（雷雨、风雪及工业粉尘、气体等）影响，受厂区建筑布局限制，不能普遍采用。但由于架空线路比电缆线路节省 1/2~4/5 的投资，因此在工业企业中凡有可能都优先采用架空线。

架空线路由导线、杆塔（包括横担）、绝缘子和金具构成。

1. 导线

架空线路所采用的主要导电材料是铜绞线、铝绞线和钢芯铝绞线。铜绞线是较好的导电材料，它具有较好的电导率 $[\gamma = 53\text{mS/m}(1\text{mS/m} = 1\text{m}/\Omega \cdot \text{mm}^2)]$，机械强度高，抗拉强度大 $(\sigma = 380\text{MPa})$。铝绞线的电导率较小 $(\gamma = 32\text{mS/m})$，抗拉强度也低 $(\sigma = 160\text{MPa})$。但铝的资源比铜丰富，因此应尽量采用铝绞线。为了弥补铝绞线机械强度低的不足，在高压大档距的架空线路上，可以采用钢芯铝绞线。

各电压级的电力网输送容量与距离都有一定的范围，例如，0.38kV 电压级的输送功率为 100kW 以下，输送距离不超过 0.6km；10kV 电压级的输送功率为 200~2000kW，输送距离为 6~22km；35kV 电压级的输送功率为 2000~10000kW，输送距离为 20~50km。

导线敷设应保持相互足够距离，在风吹摇摆下仍能可靠绝缘。线间距离与线路电压、线路档距有关，并考虑所在地区的气候区类别，具体可查阅有关资料。架空线的档距指相邻两电杆的距离。不同电压架空线路的档距是不同的，如 35kV 一般为 150m 以上，6~10kV 为 80~120m，380V 为 50~60m。

架空线对地面、水面以及其他跨越物均应保持足够安全距离，并应按最大弧垂（导线下垂距离）校验。此外，架空线对房屋建筑物以及与其他线路交叉时的最小距离也有要求，具体可查规程。

2. 杆塔及绝缘子

架空线杆塔按材质划分，有木杆、水泥杆、铁塔三种，工业企业中常用水泥杆。杆塔从作用上可划分为六种形式，见表 6-2，其应用示例如图 6-10 所示。

表 6-2 各种类型电杆的区别

杆型	用 途	杆顶结构	有无拉线
直线杆	支持导线、绝缘子、金具等重量，承受侧面的风力；占全部电杆数的 80% 以上	单杆、针式绝缘子或悬式绝缘子或陶瓷担	无拉线
有拉线的直线杆	除一般直线杆用途外，尚有用于防止大范围歪杆和不太重要的交叉跨越处	同直线杆，悬式绝缘子用固定式线夹	有侧面拉线或顺档拉线
轻乘杆	能承受部分导线断线的拉力，用在跨越和交叉处（10kV 及以下线路，不考虑断线）	负担要加强，采用双绝缘子或双陶瓷担固定	有拉线
转角杆	用在线路转角处，承受两侧导线的合力	转角在 30°，可采用双担双针式绝缘子；45° 以上的采用悬式绝缘子、耐张线夹，6kV 以下可采用蝶式绝缘子	有与导线反向拉线机反合力方向的拉线
耐张杆	能承受一侧导线的拉力，用于限制断线事故影响范围和架线时紧张	双担悬式绝缘子、耐张线夹或蝶式绝缘子	有四面拉线
终端杆	承受全部导线的拉力，用于线路的首段或终端		有与导线反向的拉线
分支杆	用于 10kV 及以下由干线外分支线处，向一侧分支的为丁字形；向两侧分支的为十字形	上、下层分别由两种杆型构成，如丁字形上层不限，下层为终端等	根据需要加拉线

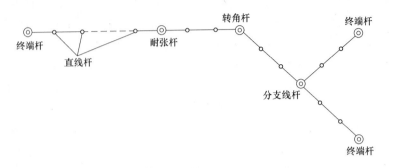

图 6-10　各种杆塔应用地点及其用途

各种电杆上的横担，目前多用 70mm×70mm×6mm 角钢制成，并根据线路电压以及杆线类型决定其长度。如 10kV 线路直线杆横担长为 2.3 ~ 2.4m，低压横担长为 1.5 ~ 1.7m。10kV 大档距耐张杆，如果用双杆组成的 Ⅱ 型杆，则应用两根 4m 长的铁横担，夹固于两根电杆上。高压线路上常用的横担形式及支撑种类如图 6-11 和图 6-12 所示。

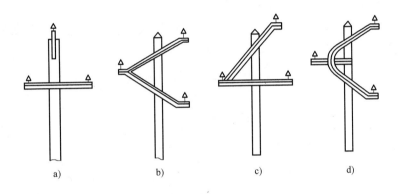

图 6-11　高压线路中常用的横担形式
a）丁字形　b）叉股形　c）之字形　d）弓箭形

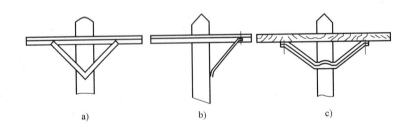

图 6-12　支撑种类
a）扁形支撑　b）圆铁支撑　c）三角铁元宝支撑

敷设导线用的瓷绝缘子，常用以下几种：

1）1kV 以下的线路，用 PD-1、PD1-1 型低压针式瓷绝缘子。

2）6~10kV 线路，用 P-6、P-10M 型高压针式瓷绝缘子。

3）10~35kV 线路，用 P-15M、P-35M 型针式瓷绝缘子。

4）35kV 以上的线路，用 X-4.5 悬式瓷绝缘子串。各种瓷绝缘子外形如图 6-13 所示。

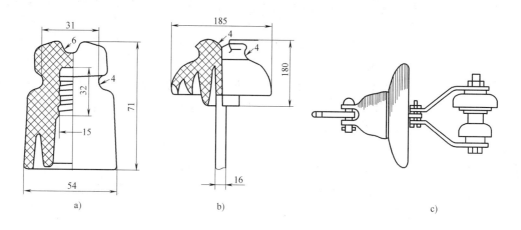

a)   b)   c)

图 6-13 各种瓷绝缘子的外形图

a）低压针式 b）高压针式 c）悬式

3. 架空线路设计

架空线路设计内容包括确定路径、选定杆位、选择导线、确定杆型、绘制图样、开列清单和做出预算等项工作。

路径的选择应力求线路最短，并尽可能避免交叉跨越，避开污秽环境。选定杆位时，首先确定首端、末端电杆及转角杆位置，并在它们之间按适当档距确定中间位置。若线路跨越范围内有遮挡物时，应保证足够的对地距离。总之，应设法使线路与跨越物保持尽可能大的距离。

确定杆高，以规程要求的导线对地距离为基础，加上最高温度时的弧垂，得到横担对地高度，再加横担至杆顶的距离，便得到电杆在地面上部分的长度。电杆埋深约占电杆总高长度的 1/6，按此比例求得电杆总长。

目前常用的离心式钢筋混凝土圆杆有下列几种规格，可根据需要选用。

1）拔梢整杆：梢径 ϕ150mm，杆长分 7m、8m、9m、10m 等几种；梢径 ϕ190mm，杆长分 10m、11m、12m、15m 等几种。

2）分段梢杆：上段梢径 ϕ190mm，段长分 6m、9m 等几种；下段梢径 ϕ310mm，段长分 6m、9m 等几种。

3）等径杆：上段直径 ϕ300mm，段长分 6m、9m 等几种；下段直径：ϕ300mm，段长分 6m、9m 等几种。

二、厂区电缆线路

电缆线路虽然成本高、投资大，但它不受外界影响，运行可靠，在有腐蚀性气体和易燃、易爆的场所应用，尤为适宜。

1. 电缆的选用

工业企业常用电缆，依其绝缘材料的不同，大致可分为油浸纸绝缘和塑料绝缘两大类。油浸纸绝缘电力电缆耐压高、载流大、寿命长，目前应用广泛。但不能用于高低差距大的场合，以防浸渍的油下流。塑料绝缘电力电缆，以聚氯乙烯或交联聚乙烯为绝缘，并以聚氯乙烯制护套，能够节省大量铝或铅，而且重量轻、抗腐蚀，敷设时高低差距不受限制。但它耐压较低（聚氯乙烯绝缘可在 6kV，利用交联聚乙烯作绝缘的电缆已有 35kV 产品），寿命稍短。此外，尚有橡胶绝缘电缆，与塑料绝缘电缆类似。

电缆从防护外界损伤的角度，可分为铠装与无铠装两类。铠装能保护电缆免受机械外力损伤，其中钢带铠装能承受机械外力，但不能承受拉力；细钢丝铠装除能承受机械外力外，还可承受相当拉力，而粗钢丝铠装则可承受更大拉力。

油浸纸绝缘电力电缆的最外层常以浸有沥青的黄麻保护，称为"外被层"。在电缆埋地敷设时，它能抗腐蚀，起保护电缆作用。但因其易燃，室内敷设时应选用无外被层的"裸"电缆，以防火灾。此外，电缆外护层尚可加有聚乙烯塑料护套（如防腐型电缆）。在电缆型号中以不同的数字组合表示外护层的特点：若型号中有"0"表示无防护层；"1"表示麻被护层；"2"表示具有双钢带铠装；"3"表示细钢丝铠装；"5"表示粗钢丝铠装。例如，ZLL-30 即纸绝缘铝芯护套裸细圆钢丝铠装电缆。

根据上述电缆本身所具有的结构特点，选择电缆型号的主要原则是：

1）电缆的额定电压应大于或等于所在网络的额定电压，电缆的最高工作电压不得超过其额定电压的 1.15%。

2）电力电缆应尽量采用铝芯，只有需要移动时或在振动剧烈的场所才用铜芯电缆。

3）敷设在电缆构筑物内的电缆宜用裸铠装电缆、裸铝（铅）包电缆或塑料护套电缆。

4）直接埋地敷设的电缆应选用有外被层的铠装电缆，在无机械损伤可能的场所，也可采用聚氯乙烯护套或（铅）包麻被电缆。

5）周围有腐蚀性介质的场所，应视介质情况，分别采用不同的电缆护套。在有腐蚀性的土壤中，一般不采用电缆直埋，否则应采用有特殊防腐层的防腐型电缆。

6）垂直敷设及高低差距较大时，应选用不滴流电缆或全塑电缆。

7）移动式机械应选用重型橡套电缆（如 YHC 型）；用于连接变压器气体继电器、温度表的线路，应选用船用橡胶绝缘耐油橡套电缆（CHY 型）等有耐油能力的电缆。

2. 电缆的敷设

电缆的敷设方式如图 6-14 所示。其中电缆隧道敷设方式（见图 6-14a）虽然对电缆的敷设、维护都很方便，但投资高，除电缆并行根数很多以外一般很少采用；电缆排管敷设方法（见图 6-14f）因为施工、检修困难，且散热差，除非在狭窄地段或与道路交叉处，一般也很少采用；悬挂在电缆吊架顶棚的电缆明敷（见图 6-14d）主要用在车间内部，而当楼板下电缆很多时，可设电缆夹层敷设。通常在工业企业中广泛采用的电缆敷设方式，主要是直接埋地（见图 6-14g）与电缆沟两种。

电缆沟敷设，具有投资省、占地少、走向灵活且能容纳很多电缆的特点，但检修维护不甚方便。电缆沟又可分为户内电缆沟（见图 6-14b）、户外电缆沟（见图 6-14c）和厂区电缆沟（见图 6-14e）三种。电缆均沿沟壁支架敷设。

电缆直埋地下敷设施工简单，电缆散热好，但检修十分困难。由于它节省投资，除了并行根数太多或土壤中含酸碱物等场合外，厂区电缆经常是直埋敷设的。

电缆敷设还应注意以下几点：

1）油浸纸绝缘电缆的弯曲半径不得小于其外径的 15 倍，以免绝缘被撕裂。

2）直埋电缆埋深不应小于 0.7m，四周应以细沙或软土埋设；电缆与建筑物最小距离不应小于 0.6m。

3）高压电缆与各种管道净距离应不小于 0.5m，否则应穿管保护；与热力管的净距应不小于 2m，否则应加隔热层，与各种管道交叉或与铁路、公路交叉处，应穿管保护。

4）电缆排管或电缆保护管的内径不应小于电缆外径的 1.5 倍。

5）电缆金属外皮及金属电缆支架均应可靠接地。

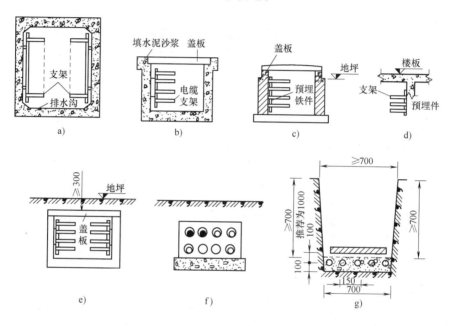

图 6-14　电缆各种敷设方式构筑物的结构图

a）电缆隧道　b）户内电缆暗沟　c）户外电缆暗沟

d）电缆吊架　e）厂区电缆暗沟　f）电缆排管　g）电缆直埋壕沟

三、车间低压线路

车间低压线路有多种敷设方式，典型位置如图 6-15 所示。如果环境条件允许，以采用裸导线或绝缘线沿屋架、楼板、梁架、柱子或墙壁明敷设较为简便经济。可以用瓷夹或瓷绝缘子固定，也可用钢索悬吊。如果周围含有腐蚀导线或破坏绝缘的气体或粉尘（如潮气、酸硼蒸气、多尘环境），导线应尽可能装在建筑物外墙上，而车间内的导线则应避免与对导线绝缘有影响的墙壁或天花板接触，可以采用支架、挂钩或钢索悬挂等明敷设或穿管敷设。如果周围环境既有腐蚀性介质又有发生火灾或爆炸的危险，则应采用导线穿管暗敷设的线路。穿管暗敷设既能防止外界机械损伤，又比较美观。

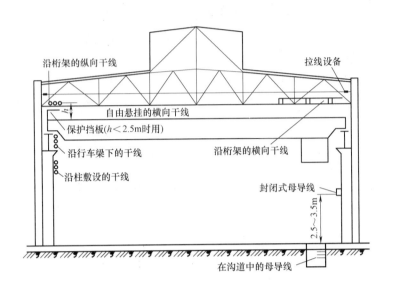

沿桁架的纵向干线

拉线设备

自由悬挂的横向干线

保护挡板($h < 2.5$m时用)

沿行车梁下的干线

沿桁架的横向干线

沿柱敷设的干线

封闭式母导线

$2.5 \sim 3.5$m

在沟道中的母导线

图 6-15　车间内敷设干线的典型位置

1. 导线明敷设

用于明敷设的导线可以是绝缘线，也可以是裸线。它们的相间距离、对地距离均应满足规程规定，具体可查阅有关资料。例如，裸导线距地面的高度不得小于 3.5m，距管道不得小于 1m，距生产设备不得小于 1.5m，否则应加遮护。明敷设绝缘干线多采用铜铝母线，其固定点间距离由短路动稳定条件决定。绝缘导线在室外明敷设，其架设方法和在触电危险性方面与裸导线同样看待。

2. 穿管敷设

导线穿管可明敷设，或埋入墙壁、地坪、楼板内暗敷设，所用保护管可以是钢管（电线管或焊接管）或塑料管（可耐腐蚀）。管径（内径）选择，应按穿入导线连同外包护层在内的总截面积，不超过管子内孔截面积 40% 确定，具体可查表。管线转弯时，弯曲半径不得小于管子直径的 6 倍，埋于混凝土基础内则不得小于 10 倍。在弯曲较多或路径较长时，应加中间接头盒，以便于穿线。

导线穿管时，应使三相线路的三根导线同穿一管，以避免铁管中产生涡流损失。同一电路的导线可穿同一根管，不同电路的导线一般应分别穿管，但在下列情况可例外：

1）一台电动机的所有线路（主电路及其操作电路）。

2）同一设备的多台电动机的线路。

3）有联锁关系的电动机的全部线路。

4）各设备的信号和测量线路。

5）电压和照明方式相同的照明线路。

穿入管内的导线不得有接头，也不可弯曲，所有导线的接头均需在接线盒内连接。

【任务实施】

讨论分析【项目介绍】中某新建玩具公司如何选择高低压配电线路结构。

姓名		专业班级		学号	
任务内容及名称					

1. 任务实施目的	2. 任务完成时间:1 学时

3. 任务实施内容及方法步骤

4. 分析结论

指导教师评语(成绩)

年 月 日

【任务总结】

通过本任务的学习,让学生了解厂区架空线路、厂区电缆线路和车间户内配电线路三种企业供配电线路的结构型式,并掌握每种结构形式的设计、特点及应用。

任务3 导线和电缆的选择及计算

【任务导读】

导线截面积的选择是企业电力网设计的重要部分。导线截面积选择过大虽然能降低电能损耗,但将增加有色金属的消耗量,使得建设电力网的投资增多。导线截面积选择过小,电力网运行时又会产生过大的电压损失和电能损耗,以致难以保证电能质量,并将增加运行费用。因此,正确合理地选择导线和电缆截面积,满足技术上和经济上的要求,有着极为重要的意义。

【任务目标】

1. 按允许发热条件选择导线和电缆截面积。
2. 按允许电压损失选择导线和电缆截面积。
3. 按经济电流密度和机械强度选择导线和电缆截面积。
4. 按机械强度条件选择导线和电缆截面积。

【任务分析】

电力线路中导线和电缆截面积的选择,直接关系到供配电系统的安全、可靠、优质、经济的运行。电力线路包括电力电缆、架空导线、室内绝缘导线和硬母线等类型。电力线路的选择包括类型的选择和截面积的选择两部分。本节就导线和电缆型号的选择及截面积的选择做介绍。

【知识准备】

一、按允许发热条件选择导线和电缆截面积

1. 三相系统相线截面积的选择

电流通过导线（包括电缆、母线等）时，由于线路的电阻会使其发热。当发热超过其允许温度时，会使导线接头处的氧化加剧，增大接触电阻而导致进一步的氧化，如此恶性循环会发展到触点烧坏而引起断线。而且绝缘导线和电缆的温度过高时，可使绝缘加速老化甚至损坏，或引起火灾。因此，导线的正常发热温度不得超过各类线路在额定负荷时的最高允许温度。

当在实际工程设计中，通常用导线和电缆的允许载流量 I_{al} 不小于通过相线的计算电流 I_{ca} 来校验其发热条件，即

$$I_{al} \geq I_{ca} \tag{6-1}$$

导线的允许载流量 I_{al} 是指在规定的环境温度条件下，导线或电缆能够连续承受而不致使其稳定温度超过允许值的最大电流。如果导线敷设地点的实际环境温度与导线允许载流量所规定的环境温度不同时，则导线的允许载流量需乘以温度校正系数 K_θ，其计算公式为

$$K_\theta = \sqrt{\frac{\theta_{al} - \theta_0'}{\theta_{al} - \theta_0}} \tag{6-2}$$

式中，θ_{al} 为导线额定负荷时的最高允许温度；θ_0 为导线允许载流量所规定的环境温度；θ_0' 为导线敷设地点的实际环境温度。

这里所说的"环境温度"，是按发热条件选择导线和电缆所采用的特定温度。在室外，环境温度一般取当地最热月平均最高气温。在室内，则取当地最热月平均最高气温加 5℃。对土中直埋的电缆，取当地最热月地下 0.8~1m 的土壤平均温度，亦可近似地采用当地最热月平均气温。

附表 10~22 列出了绝缘导线在不同环境温度下明敷、穿钢管和穿塑料管时的允许载流量及温度校正系数。其他导线和电缆的允许载流量，可查相关设计手册。按发热条件选择导线所用的计算电流 I_{ca} 时，对降压变压器高压侧的导线，应取为变压器额定一次电流 I_{1NT}。对电容器的引入线，由于电容器放电时有较大的涌流，因此应取为电容器额定电流 I_{NC} 的 1.35 倍。

2. 中性线和保护线截面积的选择

（1）中性线（N 线）截面积的选择 三相四线制系统中的中性线，要通过系统的三相不平衡电流和零序电流，因此中性线的允许载流量应不小于三相系统的最大不平衡电流，同时应考虑谐波电流的影响。一般三相线路的中性线截面积 A_0 应不小于相线截面积 A_φ 的 50%，即

$$A_0 \geq 0.5 A_\varphi \tag{6-3}$$

由三相线路引出的两相三线线路和单相线路，由于其中性线电流与相线电流相等，因此它们的中性线截面积 A_0 应与相线截面积 A_φ 相同，即

$$A_0 = A_\varphi \tag{6-4}$$

对于三次谐波电流较大的三相四线制线路及三相负荷很不平衡的线路，使得中性线上通过的电流可能接近甚至超过相电流。因此在这种情况下，中性线截面积 A_0 宜等于或大于相

线截面积 A_φ，即

$$A_0 \geq A_\varphi \tag{6-5}$$

（2）保护线（PE线）截面积的选择 保护线要考虑三相系统发生单相短路故障时单相短路电流通过时的短路热稳定度。根据短路热稳定度的要求，保护线（PE线）的截面积 A_{PE} 按 GB 50054—2011《低压配电设计规范》规定：

1）当 $A_\varphi \leq 16\text{mm}^2$ 时 $\qquad A_{PE} \geq A_\varphi$ $\qquad\qquad$ (6-6)

2）当 $16\text{mm}^2 < A_\varphi \leq 35\text{mm}^2$ 时 $\qquad A_{PE} \geq 16\text{mm}^2$ $\qquad$ (6-7)

3）当 $A_\varphi > 35\text{mm}^2$ 时 $\qquad A_{PE} \geq 0.5A_\varphi$ $\qquad\qquad$ (6-8)

3. 中性线（N线）兼保护线（PE线）截面积的选择

保护中性线兼有保护线和中性线的双重功能，因此其截面积选择应同时满足上述保护线和中性线的要求，并取其中的最大值。

例6-1 有一条采用 BLX-500 型铝芯橡皮线明敷的 220V/380V 的 TN-S 线路，计算电流为 50A，当地最热月平均最高气温为 30℃。试按发热条件选择此线路的导线截面积。

解：此 TN-S 线路为含有 N 线和 PE 线的三相五线制线路，因此不仅要选择相线，还要选择中性线和保护线。

（1）相线截面积的选择。查附表9得环境温度为30℃时明敷的 BLX-500 型截面积为 10mm^2 的铝芯橡皮绝缘导线的 $I_{al} = 60\text{A} > I_{ca} = 50\text{A}$，满足发热条件。因此相线截面积选 $A_\varphi = 10\text{mm}^2$。

（2）N线的选择。按 $A_0 \geq 0.5A_\varphi$，选择 $A_0 = 6\text{mm}^2$。

（3）PE线的选择。由于 $A_\varphi < 16\text{mm}^2$，故选 $A_{PE} = A_\varphi = 10\text{mm}^2$。所选导线的型号规格表示为：BLX-500-（3×10+1×6+PE10）。

例6-2 例6-1所示 TN-S 线路，如采用 BLV-500 型铝芯绝缘线穿硬塑料管埋地敷设，当地最热月平均最高气温为 25℃。试按发热条件选择此线路的导线截面积及穿线管内径。

解：查附表8得25℃时5根单芯线穿硬塑料管的 BLV-500 型截面积为 25mm^2 的导线的允许载流量 $I_{al} = 57\text{A} > I_{ca} = 50\text{A}$。

因此，按发热条件，相线截面积可选为 25mm^2。

N线截面积按 $A_0 \geq 0.5A_\varphi$ 选择，选为 16mm^2。

PE线截面积按式（6-7）规定，选为 16mm^2。

穿线的硬塑料管内径选为 40mm。

选择结果表示为：BLV-500-（3×25+1×16+PE16）-PC40，其中 PC 为硬塑料管代号。

二、按允许电压损失选择导线和电缆截面积

1. 电压损耗的计算

（1）集中式负荷电压损耗的计算 集中式负荷是指线路上只带有一个或几个独立的负荷，以带有两个集中负荷的三相线路（图6-16）为例。

在图6-16中，以 P_1、Q_1、P_2、Q_2 表示各段线路的有功功率和无功功率，p_1、q_1、p_2、q_2 表示各个负荷的有功功率和无功功率，l_1、r_1、x_1、l_2、r_2、x_2 表示各段线路的长度、电阻和电抗；L_1、R_1、X_1、L_2、R_2、X_2 为线路首端至各负荷点的长度、电阻和电抗。

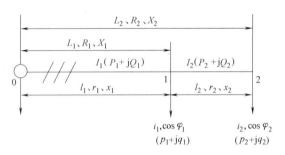

图 6-16 带有两个集中负荷的三相线路

三相线路总的电压损耗为

$$\Delta U = \frac{p_1 R_1 + p_2 R_2 + q_1 X_1 + q_2 X_2}{U_N} = \frac{\sum (pR + qX)}{U_N} \qquad (6-9)$$

对于"无感"线路，即线路的感抗可省略不计或线路负荷的 $\cos\varphi \approx 1$，则线路的电压损耗为

$$\Delta U = \sum (pR)/U_N \qquad (6-10)$$

如果是均一无感的线路，即不仅线路的感抗可省略不计或线路负荷的 $\cos\varphi \approx 1$，而且全线采用同一型号规格的导线，则其电压损耗为

$$\Delta U = \sum (pL)/(\gamma A U_N) = \sum M/(\gamma A U_N) \qquad (6-11)$$

式中，γ 为导线的电导率；A 为导线的截面积；L 为线路首端至负荷 p 的长度；$\sum M$ 为线路的所有有功功率矩之和。

（2）均匀分布负荷的三相线路电压损耗的计算 三相均匀分布负荷线路是指在三相线路上均匀分布着一定数量的参数、性能完全相同的负荷，如图 6-17 所示。对于均匀分布负荷的线路，单位长度线路上的负荷电流为 i_0，均匀分布负荷产生的电压损耗，相当于全部负荷集中在线路的中点时的电压损耗，因此可用下式计算其电压损耗

$$\Delta U = \sqrt{3}\, i_0 L_2 R_0 (L_1 + L_2/2) = \sqrt{3}\, I R_0 (L_1 + L_2/2) \qquad (6-12)$$

式中，I 为与均匀分布负荷等效的集中负荷，$I = i_0 L_2$；R_0 为导线单位长度的电阻（Ω/km）；L_2 为均匀分布负荷线路的长度（km）。

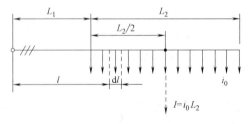

图 6-17 均匀分布负荷线路的电压损失计算

（3）线路电压损耗的百分值 线路电压损耗的百分值是指线路电压损耗所占整个额定电压的百分数，其值为

$$\Delta U\% = \frac{\Delta U}{U_N} \times 100\% \tag{6-13}$$

对于"均一无感"的线路,其电压损耗的百分值为

$$\Delta U\% = 100 \sum M / (\gamma A U_N^2) = \sum M / (CA) \tag{6-14}$$

式中,C 为计算系数,见表 6-3。

表 6-3 计算系数 C

线路类型	线路额定电压/V	计算系数 $C/(kW \cdot m \cdot mm^{-2})$	
		铝导线	铜导线
三相四线或三相三线	220/380	46.2	16.5
两相三线		20.5	34.0
单相或直流	220	7.74	12.8
	110	1.94	3.21

注:C 值是在导线工作温度为 50℃、功率矩 M 的单位为 kW·m、导线截面积单位为 mm² 时的数值。

2. 按允许电压损耗选择、校验导线截面积

按允许电压损耗选择导线截面积分两种情况:一是各段线路截面积相同,二是各段线路截面积不同。

(1) 各段线路截面积相同时,按允许电压损耗选择、校验导线截面积 一般情况下,当供电线路较短时常采用统一截面积的导线,可直接采用式(6-9)~式(6-11)来计算线路的实际电压损耗及式(6-13)电压损耗百分值 $\Delta U\%$,然后根据允许电压损耗 $\Delta U_{al}\%$ 来校验其导线截面积是否满足电压损耗的条件,即

$$\Delta U\% \geqslant \Delta U_{al}\% \tag{6-15}$$

如果是"均一无感"线路,还可以根据式(6-14),在已知线路的允许电压损耗 $\Delta U_{al}\%$ 条件下计算该导线的截面积,即

$$A = \frac{\sum M}{C \Delta U_{al}\%} \tag{6-16}$$

式(6-16)常用于照明线路导线截面积的选择。据此计算截面积即可选出相应的标准截面积,再校验发热条件和机械强度。

(2) 各段线路截面积不同时按允许电压损耗选择、校验导线截面积 当供电线路较长,为尽可能节约有色金属,常将线路依据负荷大小的不同采用截面积不同的几段。由前面的分析可知,影响导线截面积的主要因素是导线的电阻值(同种类型不同截面积的导线电抗值变化不大)。因此在确定各段导线截面积时,首先用线路的平均电抗 X_0(根据导线类型)计算各段线路由无功负荷引起的电压损耗,其次依据全线允许电压损耗确定有功负荷及电阻引起的电压损耗($\Delta U_p\% = \Delta U_{al}\% - \Delta U_q\%$),最后根据有色金属消耗最少的原则,逐级确定每段线路的截面积。这种方法比较烦琐,故这里只给出各段线路截面积的计算公式,有兴趣的读者可自己查阅相关手册。

设全线由 n 段线路组成,则第 j(j 为整数,$1 \leqslant j \leqslant n$)段线路的截面积由下式确定:

$$A = \frac{\sqrt{P_j}}{100 \gamma \Delta U_p\% U_N^2} \sum (\sqrt{p_j} L_j) \tag{6-17}$$

如果各段线路的导线类型与材质相同，只是截面积不同，则可按下式计算：

$$A = \frac{\sqrt{P_j}}{C\Delta U_p\%}\Sigma(\sqrt{p_j}L_j) \tag{6-18}$$

例 6-3　某 220V/380V 线路，采用 BLX-500-(3×25 + 1×16) 的橡胶绝缘导线明敷，在距线路首端 50m 处，接有 7kW 的电阻性负荷，在末端（线路全长 75m）接有 28kW 的电阻性负荷。试计算全线路的电压损耗百分值。

解：查表 6-3 得，$C = 46.2$kW·m/mm²，而

$$\Sigma M = 7\text{kW}\times 50\text{m} + 28\text{kW}\times 75\text{m} = 2450\text{kW·m}$$

$$\Delta U\% = \Sigma M / CA = 2450/(46.2\times 25) = 2.12$$

因此全线路的电压损耗百分比为 2.12%。

三、按经济电流密度选择导线和电缆截面积

如图 6-18 所示，是年费用 C 与导线截面积 A 的关系曲线。其中曲线 1 表示线路的年折旧费（线路投资除以折旧年限的值）和线路的年维修管理费之和与导线截面积的关系曲线；曲线 2 表示线路的年电能损耗费与导线截面积的关系曲线；曲线 3 为曲线 1 与曲线 2 的叠加，表示线路的年运行费用（包括线路的年折旧费、维修费、管理费和电能损耗费）与导线截面积的关系曲线。由曲线 3 可知，与年运行费最小值 C_a（a 点）相对应的导线截面积 A_a 是最经济合理的导线截面积，在实际应用时，往往将导线截面积再选小一些，例如选为 A_b（b 点），年运行费用 C_b 增加不多，但导线截面积即有色金属消耗量却显著地减少。因此从全面的经济效益来考虑，导线截面积选为 A_b 比选 A_a 更为经济合理。这种从全面的经济效益考

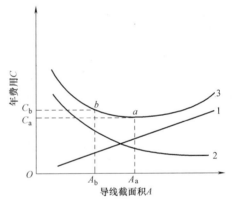

图 6-18　线路的年费用和导线
截面积的关系曲线

虑，使线路的年运行费用接近最小同时又适当考虑有色金属节约的导线截面积，称为经济截面，用符号 A_{ec} 表示。

各国根据其具体国情特别是有色金属资源的情况规定了各自的导线和电缆的经济电流密度。所谓经济电流密度是指与经济截面对应的导线电流密度。我国现行的经济电流密度规定见表 6-4。

表 6-4　导线和电缆的经济电流密度　　　　（单位：A/mm²）

线路类别	导线材质	年最大负荷利用小时		
		3000h 以下	3000~5000h	5000h 以上
架空线路	铝	1.65	1.15	0.90
	铜	3.00	2.25	1.75
电缆线路	铝	1.92	1.73	1.54
	铜	2.50	2.25	2.00

按经济电流密度 j_{ec} 计算经济截面 A_{ec} 的公式为

$$A_{ec} = I_{ca}/j_{ec} \qquad (6\text{-}19)$$

式中，I_{ca} 为线路的计算电流。

按式（6-19）计算出 A_{ec} 后，应选最接近的标准截面（可取较小的标准截面积），然后检验其他条件。

四、按机械强度条件选择导线截面积

对于架空线路导线截面积的选择，除要满足导线的发热条件及允许电压损失条件外，选择导线截面积时还应考虑其机械强度，以避免使用过程中因强度不够而出现断线等安全故障。各种线路不同情况下的最小允许导线截面积见附表6。实际使用时，只要所选导线截面积大于或等于附表6所给的最小条件即可。

例6-4 有一条用 LJ 型铝绞线架设的 5km 长的 10kV 架空线路，计算负荷为 1380kW，$\cos\varphi = 0.7$，$T_{max} = 4800h$，试选择其经济截面，并校验其发热条件和机械强度。

解：（1）选择经济截面

$$I_{ca} = P_{ca}/(\sqrt{3}\,U_N\cos\varphi) = 1380kW/(\sqrt{3}\times10kV\times0.7) = 114A$$

由表 6-4 查得 $j_{ec} = 1.15A/mm^2$，因此

$$A_{ec} = 114A/(1.15A/mm^2) = 99mm^2$$

因此初选的标准截面积为 $95mm^2$，即 LJ-95 型铝绞线。

（2）校验发热条件 查附表 17 得 LJ-95 的允许载流量（室外 25℃ 时）$I_{al} = 325A > I_{ca} = 114A$，因此满足发热条件。

（3）校验机械强度 查附表 7 得 10kV 架空铝绞线的最小截面积 $A_{min} = 35mm^2 < A = 95mm^2$，因此所选 LJ-95 型铝绞线也满足机械强度要求。

【任务总结】
讨论分析【项目介绍】中某新机械厂高低压配电线路导线和电缆的选择。

姓名		专业班级		学号	
任务内容及名称					
1. 任务实施目的			2. 任务完成时间:1 学时		
3. 任务实施内容及方法步骤					
4. 分析结论					
指导教师评语(成绩)					
				年　月　日	

【任务总结】

通过本任务的学习，让学生掌握高低压配电线路导线和电缆的选择，主要包括按允许发热条件允许电压损失、经济电流密度和机械强度条件选择导线和电缆截面。

任务4 工厂电力线路电气安装图的绘制

【任务导读】

前面的任务中我们完成了某机械厂内电力线路的接线方式、结构和敷设的主要设备的确定，进行了电缆截面积的计算，并选择导线。下一步工作就要进行电气线路的安装、维护，这就需要安装图绘制和识读。本任务拟学习电力线路的安装图知识，完成某机械厂电力线路安装图。

【任务目标】

1. 了解电气安装图上电力设备和线路的标注方式与文字符号。

2. 掌握工厂电力线路电气安装图的绘制。

【任务分析】

无论是进行某机械厂电力线路安装图的设计，还是电力线路的安装，均需要先学习电力线路的安装图基础知识，然后通过实际任务实施达到掌握技能的目的。

【知识准备】

一、概述

电力线路的电气安装图，主要包括其电气系统图和电气平面布置图。

电气系统图是应用国家标准规定的电气简图用图形符号和文字符号概略地表示一个系统的基本组成、相互关系及其主要特征的一种简图。

电气平面布置图又称电气平面布线图，或简称电气平面图，是用国家标准规定的图形符号和文字符号，按照电气设备的安装位置及电气线路的敷设方式、部位和路径绘制的一种电气平面布置和布线的简图。它按布线地区来分，有厂区电气平面布置图和车间电气平面布置图等。按功能分，有动力电气平面布置图、照明电气平面布置图和弱电系统（包括广播、电视和电话等）电气平面布置图等。

二、电气安装图上电力设备和线路的标注方式与文字符号

（一）电力设备的标注

按住建部批准的09DX001《建筑电气工程设计常用图形和文字符号》规定，电气安装图上用电设备标注的格式为

$$\frac{a}{b} \tag{6-20}$$

式中，a为设备编号或设备位号；b为设备的额定功率（kW或kVA）。

在电气安装图上，还需表示出所有配电设备的位置，同样要依次编号，并注明其型号规格。按上述09DX001标准图集的规定，电气箱（柜、屏）标注的格式为

$$-a+b/c \tag{6-21}$$

式中，a为设备种类代号（见表6-5）；b为设备安装位置的位置代号；c为设备型号。

比如–AP1+1·B6/ XL21-15，表示动力配电箱种类代号为–AP1，位置代号为+1·B6，即安装在一层B6轴线上，配电箱型号为XL21-15。

表 6-5　部分电力设备的文字符号

设 备 名 称	英 文 名 称	文字符号
交流(低压)配电屏	AC(Low-voltage) switchgear	AA
控制箱(柜)	Control box	AC
并联电容器屏	Shunt capacitor cubicle	ACC
直流配电屏、直流电源柜	DC switchgear, DC power supply cabinet	AD
高压开关柜	High-voltage switchgear	AH
照明配电箱	Lighting distribution board	AL
动力配电箱	Power distribution board	AP
电能表箱	Watt-boar meter box	AW
插座箱	Socket box	AX
空气调节器	Ventilator	EV
蓄电池	Battery	GB
柴油发电机	Diesel-engine generator	GD
电流表	Ammeter	PA
有功电能表	Watt-hour meter	PJ
无功电能表	Var-hour meter	PJR
电压表	Voltmeter	PV
电力变压器	Power transformer	T,TM
插头	Plug	XP
插座	Socket	XS
端子板	Terminal board	XT

（二）配电线路的标注

配电线路标注的格式为（注：此格式中"PEh"项是编者建议所加，09DX001规定的格式中无此项）

$$a \quad b\text{-}c(d×e+f×g+PEh)i\text{-}jk \tag{6-22}$$

式中，a为线缆编号；b为型号（不需要可省略）；c为线缆根数（单根电缆或单根线管则省略）；d为电缆线芯数；e为相线截面积（mm²）；f为N线或PEN线根数（一般为1）；g为N线或PEN线截面积（mm²）；h为PE线截面积（mm²，无PE线则省略）；i为线缆敷设方式（见表6-6）；j为线缆敷设部位（见表6-6）；k为线缆敷设安装高度（m）。

比如WP201 YJV-0.6/1kV-2（3×150+1×70+PE70）SC80-WS3.5，表示电缆线路编号为WP201；电缆型号为YJV-0.6/1kV；2根电缆并联，每根电缆有3根相线芯，每根截面积为150mm²，有1根N线芯，截面积为70mm²，另有1根PE线芯，截面积也为70mm²；敷设方式为穿焊接钢管，管内径为80mm，沿墙面明敷，电缆敷设高度离地3.5m。

·183·

表 6-6 线路敷设方式和导线敷设部位的标注代号

序号	名称	英文名称	代号
1	线路敷设方式的标注		
1.1	穿焊接钢管敷设	Run in welded steel conduit	SC
1.2	穿电线管敷设	Run in electrical metallic tubing	MT
1.3	穿硬塑料管敷设	Run in rigid PVC conduit	PC
1.4	穿阻燃半硬聚氯乙烯管敷设	Run in flame retardant semiflexible PVC conduit	FPC
1.5	电缆桥架敷设	Installed in cable tray	CT
1.6	金属线槽敷设	Installed in metallic raceway	MR
1.7	塑料线槽敷设	Installed in PVC raceway	PR
1.8	钢索敷设	Supported by messenger wire	M
1.9	穿塑料波纹电线管敷设	Run in corrugated PVC conduit	KPC
1.10	穿可挠金属电线保护套管敷设	Run in flexible metal trough	CP
1.11	直接埋设	Direct burying	DB
1.12	电缆沟敷设	Installed in cable trough	TC
1.13	混凝土排管敷设	Installed in concrete encasement	CE
2	导线敷设部位的标注		
2.1	沿或跨梁(屋架)敷设	Along or across beam	AB
2.2	暗敷设在梁内	Concealed in beam	BC
2.3	沿或跨柱敷设	Along or across column	AC
2.4	暗敷设在柱内	Concealed in column	CLC
2.5	沿墙面敷设	On wall surface	WS
2.6	暗敷设在墙内	Concealed in wall	WC
2.7	沿顶棚或顶板面敷设	Along ceiling or slab surface	CE
2.8	暗敷设在屋面或顶板内	Concealed in ceiling or slab	CC
2.9	吊顶内敷设	Recessed in ceiling	SCE
2.10	地板或地面下敷设	In floor or ground	FC

三、工厂电力线路电气安装图的绘制和示例

(一) 车间动力配电线路的电气安装图

1. 低压配电线路电气系统图的绘制和示例

绘制低压配电线路电气系统图，必须注意以下两点：

1) 线路一般用单线图表示。为表示线路的导线根数，可在线路上加短斜线，短斜线数等于导线根数；也可在线路上画一条短斜线再加注数字表示导线根数。有的系统图用一根粗实线表示三相的相线，而用一根与之平行的细实线或虚线表示 N 线或 PEN 线，另用一根与之平行的点画线加短斜线表示 PE 线（如果有 PE 线）。也有的照明系统图，用多线图表示，

并标明每根导线的相序。

2）配电线路绘制应排列整齐，并应按规定对设备和线路进行必要的标注，例如标注配电箱的编号、型号规格等，标注线路的编号、型号规格、敷设方式部位及线路去向或用途等。

2. 低压配电平面布置图的绘制和示例

绘制低压配电平面布置图，必须注意以下几点：

1）有关配电装置（箱、柜、屏）和用电设备及开关、插座等，应采用规定的图形符号绘在平面图的相应位置上，例如配电箱用扁框符号表示，电动机用圆圈符号表示。大型设备如机床等，则可按外形的大体轮廓绘制。

2）配电线路一般由单线图表示，且按其实际敷设的大体路径或方向绘制。

3）平面图上的配电装置、电器和线路，应按规定进行标注。当图上的某些线路采用的导线型号规格和敷设方式完全相同时，可统一在图上加注说明，不必在有关线路上一一标注。

4）保护电器的标注，主要标注其熔体电流（对熔断器）或脱扣电流（对低压断路器）。

5）平面图上应标注其主要尺寸，特别是建筑物外墙定位轴线之间的距离（单位为 mm）应予标注。

6）平面图上宜附上"图例"，特别是平面图上使用的非标准图形符号应在图例中说明。图 6-19 所示为某机械加工车间（一角）的动力配电平面布置图。这里仅示出分配电箱 AP6 对 35#~42#机床的配电线路。由于各配电支线的型号规格和敷设方式都相同，因此统一在图上加注说明。

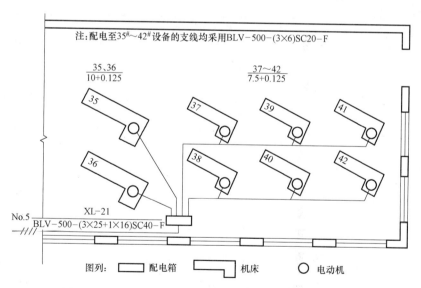

图 6-19 某机械加工车间（一角）的动力配电平面布置图

（二）工厂室外电力线路平面图示例

图 6-20 是某工厂室外电力线路平面布置图（示例）。该厂电源进线为 10kV 架空线路，采用 LJ-70 型铝绞线。10kV 降压变电所安装有 2 台 S9-500kVA 配电变压器。从该变电所400V 侧用架空线路配电给各建筑物。

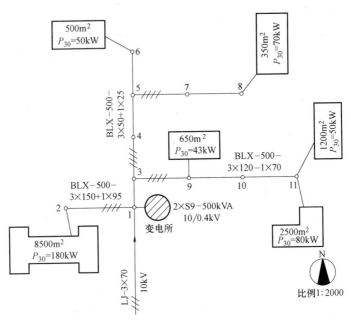

图 6-20　某工厂室外电力线路平面布置图（示例）

【任务实施】

画出【项目介绍】中某新建机械厂电力线路安装图。

姓名		专业班级		学号	
任务内容及名称					
1. 任务实施目的			2. 任务完成时间:1学时		
3. 任务实施内容及方法步骤					
4. 分析结论					
指导教师评语(成绩)				年　月　日	

【任务总结】

通过本任务的学习，让学生了解电气安装图上电力设备和线路的标注方式与文字符号，掌握车间动力配电线路的电气安装图、工厂室外电力线路平面图等电气安装图的绘制。

任务5 工厂电力线路的运行与维护

【任务导读】

车间是用电设备所在地,所以车间配电线路的维护尤其重要。要做好车间配电线路的维护,需全面了解车间配电线路的走向、敷设方式、导线型号规格以及配电箱和开关的位置等情况,还要了解车间负荷规律以及车间变电所的相关情况。

【任务目标】

1. 架空线路的运行与维护。

2. 电缆线路的运行与维护。

3. 车间配电线路的运行与维护。

【任务分析】

架空线路的建设取材容易,施工方便,但运行易受自然、外力等的影响,为了保证安全可靠的供电,应加强运行维护工作,及时发现缺陷并及早处理。

电缆线路的作用与架空线路的作用相同,在电力系统中起到连接、输送电能、分配电能的作用。当架空线的走线或安全距离受到限制或输配电发生困难时,采用电缆线路就成为一种较好的选择。电缆线路具有成本高、查找故障困难等缺点,所以必须做好线路的运行维护工作。

【知识准备】

一、架空线路的运行与维护

架空线路的建设取材容易,施工方便,但运行易受自然、外力等的影响,为了保证安全可靠的供电,应加强运行维护工作,及时发现缺陷并及早处理。

1. 巡视期限

对厂区或市区架空线路,一般要求每月进行一次巡视检查,郊区或农村每季一次,低压架空线路每半年一次,如遇恶劣气候、自然灾害及发生故障等情况时,应临时增加巡视次数。

2. 巡视内容

1)检查线路的负荷电流是否超过导线的允许电流。

2)检查导线的温度是否超过允许的工作温度,导线接头是否接触良好,有无过热、严重氧化、腐蚀或断落现象。

3)检查绝缘子及瓷横担是否清洁,有否破损及放电现象。

4)检查线路弧垂是否正常,三相是否保持一致,导线有否断股,上面是否有杂物。

5)检查拉线有无松弛、锈蚀、断股现象,绝缘子是否拉紧,地锚有无变形。

6)检查避雷装置及其接地是否完好,接地线有无断线、断股等现象。

7)检查电杆(铁塔)有无歪斜、变形、腐朽、损坏及下陷现象。

8)检查沿线周围是否堆放易燃、易爆、强腐蚀性物品以及危险建筑物;并且要保证与架空线路有足够的安全距离。

二、电缆线路的运行与维护

电缆线路的作用与架空线路的作用相同，在电力系统中起到连接、输送电能、分配电能的作用。当架空线的走线或安全距离受到限制或输配电发生困难时，采用电缆线路就成为一种较好的选择。

电缆线路具有成本高、查找故障困难等缺点，所以必须做好线路的运行维护工作。

1. 巡视期限

对电缆线路要做好定期巡视检查工作。敷设在土壤、隧道、沟道中的电缆，每三个月巡视一次；竖井内敷设的电缆，至少每半年巡视一次；变电所、配电室的电缆及终端头的检查，应每月一次。如遇大雨、洪水及地震等特殊情况或发生故障时，需临时增加巡视次数。

2. 巡视检查内容

1）负荷电流不得超过电缆的允许电流。

2）电缆、中间接头盒及终端温度正常，不超过允许值。

3）引线与电缆头接触良好，无过热现象。

4）电缆和接线盒清洁、完整，不漏油，不流绝缘膏，无破损及放电现象。

5）电缆无受热、受压、受挤现象；直埋电缆线路，路面上无堆积物和临时建筑，无挖掘取土现象。

6）电缆钢铠正常，无腐蚀现象。

7）电缆保护管正常。

8）充油电缆的油压、油位正常，辅助油系统不漏油。

9）电缆隧道、电缆沟、电缆夹层的通风、照明良好，无积水；电缆井盖齐全并且完整无损。

10）电缆的带电显示器及护层过电压防护器均正常。

11）电缆无鼠咬、白蚁蛀蚀的现象。

12）接地线良好，外皮接地牢固。

三、车间配电线路的运行维护

车间是用电设备所在地，所以车间配电线路的维护尤其重要。要做好车间配电线路的维护，需全面了解车间配电线路的走向、敷设方式、导线型号规格以及配电箱和开关的位置等情况，还要了解车间负荷规律以及车间变电所的相关情况。

1. 巡视期限

车间配电线路一般由车间维修电工每周巡视检查一次，对于多尘、潮湿、高温，有腐蚀性及易燃易爆等特殊场所应增加巡视次数。线路停电超过一个月以上，重新送电前亦应做一次全面检查。

2. 巡视项目

1）检查导线发热情况。裸母线正常运行时最高允许温度一般为700℃，若过高，母线接头处的氧化加剧，接触电阻增大，电压损耗加大，供电质量下降，甚至可能引起接触不良或断线。

2）检查线路负荷是否在允许范围内。负荷电流不得超过导线的允许载流量，否则导线过热会使绝缘层老化加剧，严重时可能引起火灾。

3）检查配电箱、开关电器、熔断器、二次回路仪表等的运行情况，着重检查导体连接处有无过热变色、氧化、腐蚀等情况，连线有无松脱、放电和烧毛现象。

4）检查穿线铁管、封闭式母线槽的外壳接地是否良好。

5）敷设在潮湿、有腐蚀性气体的场所的线路和设备，要定期检查绝缘。绝缘电阻值不得低于 $0.5M\Omega$。

6）检查线路周围是否有不安全因素存在。

在巡视中发现的异常情况，应记入专用记录本内，重要情况应及时汇报。

3. 线路运行中突遇停电的处理

电力线路在运行中，可能会突然停电，这时应按不同情况分别处理。

1）电压突然降为零时，说明是电网暂时停电。这时总开关不必拉开，但各路出线开关应全部拉开，以免突然来电时用电设备同时起动，造成过负荷，从而导致电压骤降，影响供电系统的正常运行。

2）双电源进线中的一路进线停电时，应立即进行切换操作（即倒闸操作），将负荷特别是重要负荷转移到另一路电源。若备用电源线路上装有电源自动投入装置，则切换操作会自动完成。

3）厂内架空线路发生故障使开关跳闸时，如开关的断流容量允许，可以试合一次。由于架空线路的多数故障是暂时性的，所以一次试合成功的可能性很大。但若试合失败，即开关再次跳开，说明架空线路上故障还未消除，并且可能是永久性故障，应进行停电隔离检修。

4）放射式线路发生故障时使开关跳闸时，应采用"分路合闸检查"方法找出故障线路，并使其余线路恢复供电。

【任务实施】

分小组讨论工厂架空线路、电缆线路、配电线路的运行维护。

姓名		专业班级		学号	
任务内容及名称					
1. 任务实施目的			2. 任务完成时间:1 学时		
3. 任务实施内容及方法步骤					
4. 分析结论					
指导教师评语(成绩)					
				年 月 日	

【任务总结】

通过本任务的学习，让学生了解架空线路、电缆电路、车间配电线路的运行与维护的巡视期限和巡视内容。

项目实施辅导

通过前面任务的学习，使学生能够掌握电力线路主接线的设计和选择。

一、机械厂变配电所主接线设计思路

变电所主接线表示工厂接受和分配电能的路径，由各种电力设备（变压器、避雷器、断路器、互感器、隔离开关等）及其连接线组成，通常用单线表示。

变电所主接线对变电所设备的选择和布置、运行的可靠性和经济性、继电保护和控制方式都有密切关系，是供配电设计中的重要环节。

1. 基本要求

变配电所主接线应满足的基本要求是：可靠性，灵活性，安全性，经济性。

2. 主接线的类型

（1）单母线不分段接线　在主接线中，单母线不分段电路是比较简单的接线方式，特点是结构简单，使用设备少，配电装置的建造费用低；供电可靠性和灵活性差，只适用于用户对供电连续性要求不高的情况。

（2）单母线分段接线　将两个电源分别接在两段母线上，两段母线间用隔离开关或断路器连接起来，特点是供电可靠程度高，适用于大容量的三级或部分一、二级负荷。

二、机械厂变电所主接线的选择原则

1）当满足运行要求时，应尽量少用或不用断路器，以节省投资。

2）当变电所有两台变压器同时运行时，二次侧应采用断路器分段的单母线接线。

3）当供电电源只有一回线路，变电所装设单台变压器时，宜采用线路变压器接线。

4）为了限制配出线短路电流，具有多台主变压器同时运行的变电所，应采用变压器分列运行。

5）接在线路上的避雷器，不宜装设隔离开关；但接在母线上的避雷器，可与电压互感器合用一组隔离开关。

6）6~10kV 固定式配电装置的出线侧，在架空线路或有反馈可能的电缆出线回路中，应装设线路隔离开关。

7）变压器低压侧为 0.4kV 的总开关宜采用低压断路器或隔离开关。当有继电保护或自动切换电源要求时，低压侧总开关和母线分段开关均应采用低压断路器。

三、机械厂变电所主接线方案选择

供配电系统变电所常用的主接线的基本形式有线路—变压器组接线、单母线接线和桥式接线三种。

由于主接线对变电所设备选择和布置，运行的可靠性和经济性，继电保护和控制方式都有密切联系，所以是供电设计中的重要环节。

一般来说，变电所的主接线方式有以下三种：

1）一次侧采用内桥式接线，二次侧采用单母线分段的主接线方案。这种主接线多用于电路路线较长且容易发生故障和停电检修机会较多、并且变电所的主变压器不需要经常切换的总降压变电所。

2）一次侧采用外桥式接线，二次侧采用单母线分段的主接线方案。这种主接线的运行灵活性较好，供电可靠性也较高，适用于一、二级负荷的工厂。

3）一、二次侧均采用单母线分段的主接线方案。这种主接线具有较高的运行灵活性，接线清晰，投资少，运行操作方便且有利于扩建母线，采用双电源供电，当一段母线发生故障，分段断路器自动将故障段隔离，保证正常母线不间断供电，不致使得重要用户停电。

四、最终方案的确定

本次设计的是机械厂是连续运行的，负荷变动较小，电源进线较短，主变压器不需要经常切换，另外考虑到该厂未来 5~10 年内的长远发展与规划，可确定该厂的主接线方案为一、二次侧均采用单母线分段联络，双电源分列运行的主接线形式，10kV 高压母线联络处采用手动操作分、合高压断路器，在低压侧 220V/380V 配电系统母线上采用高性能低压断路器作自投、互投、自复装置，系统回路设置过电流、短路、失电压、过电压保护。

思考题与习题

1. 在单相接地保护中，电缆头的接地线为什么一定要穿过零序电流互感器的铁心后接地？

2. 采用低电压闭锁为什么能提高过电流保护的灵敏系数？

3. 电流速断保护的动作电流（速断电流）为什么要按躲过被保护线路末端的最大短路电流来整定？

项目7　**工厂供配电系统的过电流保护**

【项目导入】

在前面的项目中，我们已经完成了选择变压器、设计主接线方式、选择电气设备等任务，但仅仅完成这些是远远不够的。

在工厂供配电系统中，各种类型的大量电气设备通过电气线路紧密地联系在一起。由于其覆盖的范围很广，运行环境极其复杂，以及各种人为因素的影响，电气故障的发生是不可避免的。在供电系统中的任何一处发生故障，都有可能对整个供配电系统产生重大影响，因此在供电系统发生故障时，必须有相应的保护装置尽快地将故障切除，以防故障扩大。当发生对工厂和用电设备有危害性的不正常工作状态时，应及时发出信号告知维护人员或值班人员，消除不正常的工作状态，以保证电气设备正常、可靠地运行。

【项目目标】

专业能力目标	了解工厂供配电系统保护装置的作用和任务；熟悉常用保护继电器；掌握工厂电力线路、电力变压器和高压电动机的保护配置
方法能力目标	培养学生收集整理资料的能力和新技术、新知识的学习能力
社会能力目标	培养学生良好的敬业精神和较强的技术创新意识

【主要任务】

任务	工 作 内 容	计划时间	完成情况
1	低压熔断器保护和低压断路器保护		
2	常用保护继电器的使用		
3	工厂高压线路的继电保护		
4	电力变压器的继电保护		
5	高压电动机的继电保护		

任务1　低压熔断器保护和低压断路器保护

【任务导读】

为了保证供电系统的安全运行，避免过负荷和短路引起的过电流对系统的影响，必须在供电系统中装设不同类型的过电流保护装置。它们能在发生故障时自动检测出，并且迅速及时地把故障区域从供电系统中隔离，以免系统设备继续遭到破坏；当系统处于不正常运行，如过载、欠电压等情况时，能发出报警信号，以便及时处理，保证安全可靠地供电。常用的保护方式有熔断器保护、低压断路器保护和继电保护等。

【任务目标】

1. 了解过电流保护的任务和要求。

2. 了解熔断器保护和低压断路器保护的原理。

3. 能选择、整定、校验熔断器和低压断路器。

【任务分析】

通过查阅 GB 50052—2009《供配电系统设计规范》《工厂供电》《电工手册》等相关资料可以获取熔断器、低压断路器等相关知识和参数，再根据前面计算出来的负荷和短路电流来选择、整定、校验熔断器和低压断路器。要完成这个任务，必须熟悉选择熔断器和低压断路器的基本要求，掌握相关的理论计算方法，以及相关运行维护的注意事项。

【知识准备】

工厂供配电系统主要是指 660V/380V、380V/220V、220V/127V 面向车间或生活用电的低压供电系统。常用供配电系统的保护装置类型有熔断器保护和低压断路器保护。熔断器保护适用于高、低压供电系统，由于装置简单经济，在供电系统中大量使用。但它的断流能力较小，选择性差，熔体熔断后更换不方便，不能迅速恢复供电，因此，在对供电可靠性要求较高的场所不宜采用。低压断路器保护由于带有多种脱扣器，能够进行过电流、过载、失电电和欠电压保护，而且可以作为控制开关进行操作，因此，在对供电可靠性要求较高且频繁操作的低压供电系统中广泛应用。

一、熔断器保护

熔断器俗称保险，主要对供电系统中的线路、设备或元器件进行短路保护，在要求不高的场所也可作为过负荷保护。当熔断器中流过短路电流时，其熔体熔断，切除故障，保证非故障部分继续正常运行。熔断器熔体的熔断时间与通过的电流大小有关，电流越大，其熔断时间越短，反之就越长，这一特性称为熔断器的安秒特性曲线，如图 7-1 所示。

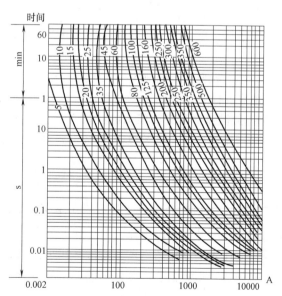

图 7-1　RM10 系列低压熔断器的安秒特性曲线

1. 选择熔断器的基本要求

选择熔断器时，应满足下列条件：

1）熔断器的额定电压应不小于安装处的工作电压。

2）熔断器的额定电流应不小于它所装设的熔体额定电流。

3）熔断器的类型应符合安装处的条件（户内或户外）及被保护设备的技术要求。

4）熔断器的断流能力应进行校验。

5）熔断器保护还应与被保护的线路相配合，使之不至于发生因过负荷和短路引起绝缘导线或电缆过热起燃而熔断器不熔断的事故。

注意：在低压系统中，不允许在 PE（保护线）或 PEN（保护中性线）上装设熔断器，以免熔断器熔断而使中性线断开，使三相四线制供电系统中性点电位漂移，三相电压不对称；由于绝缘损坏或碰壳等保护接零的设备外壳可能带电，对人身安全带来危害。

2. 熔断器选择的理论计算

熔断器熔体的额定电流 $I_{N.FE}$ 按以下原则进行选择。

1）正常工作时，熔断器不应熔断，即要躲过线路正常运行时的计算电流 I_{30}。

$$I_{N.FE} \geq I_{30} \qquad (7-1)$$

2）在电动机起动时，熔断器也不应该熔断，即要躲过电动机起动时的短时尖峰电流。

$$I_{N.FE} \geq kI_{pk} \qquad (7-2)$$

式中，k 为计算系数，一般按电动机的起动时间取值。如轻负载起动，起动时间在 3s 以下，k 取 $0.25 \sim 0.4$；如重负载起动，起动时间为 $3 \sim 8s$，k 取 $0.35 \sim 0.5$；如频繁起动、反接制动，起动时间在 8s 以上的重负荷起动，k 取 $0.5 \sim 0.6$；I_{pk} 为电动机起动时产生的尖峰电流。

3）为了保证熔断器可靠工作，熔体熔断电流应不大于熔断器的额定电流，才能保证故障时熔体安全熔断而熔断器不被损坏。熔断器的额定电流还必须与导线允许载流能力相配合，才能有效保护线路，即

$$I_{N.FE} < k_{OL}I_{al} \qquad (7-3)$$

式中，I_{al} 为绝缘导线或电缆的允许载流量；k_{OL} 为熔断器熔体额定电流与被保护线路的允许电流的比例系数，对于电缆或穿管绝缘导线，$k_{OL} = 2.5$；对于明敷绝缘导线，$k_{OL} = 1.5$；对于已装设有其他过负荷保护的绝缘导线、电缆线路而又要求用熔断器进行短路保护时 $k_{OL} = 1.25$。

用于保护电力变压器的熔断器，其熔体电流可按下式选定，即

$$I_{N.FE} = (1.2 \sim 1.4)I_{1N.T} \qquad (7-4)$$

式中，$I_{1N.T}$ 为变压器的额定一次电流，熔断器装设在哪一侧，就选用哪一侧的额定值。用于保护电压互感器的熔断器，其熔体额定电流可选用 0.5A，熔管可选用 RN2 型。

3. 灵敏系数和分断能力的校验

熔断器保护的灵敏系数 S_P 可按下式进行校验：

$$S_P = \frac{I_{k.min}}{I_{N.FE}} \geq 4 \text{ 或 } 5 \qquad (7-5)$$

式中，$I_{k.min}$ 为熔断器保护线路末端在系统最小运行方式下的最小短路电流，对于中性点不接地系统，取两相短路电流 $I_k^{(2)}$；对于中性点直接接地系统，取单相短路电流 $I_k^{(1)}$；对于保护降压变压器的高压熔断器，应取低压母线的两相短路电流换算到高压侧的值。

对于普通熔断器，必须和断路器一样校验其开断最大冲击电流的能力，即

$$I_{oc} \geq I_{sh}^{(3)} \qquad (7-6)$$

式中，I_{oc} 为熔断器的最大分断电流；$I_{sh}^{(3)}$ 为熔断器安装点的三相短路冲击电流有效值。

对于限流熔断器，在短路电流达到最大值之前已熔断，所以按极限开断周期分量电流有效值校验，即

$$I_{oc} \geq I_k^{"(3)} \tag{7-7}$$

式中，$I_k^{"(3)}$ 为熔断器安装点的三相次暂态短路电流有效值。

4. 前后级熔断器之间的选择性配合

为了保证动作选择性，也就是保证最接近短路点的熔断器熔体先熔断，以避免影响更多的用电设备正常工作，如图 7-2 所示，前后熔断器的选择性配合，宜按它们的保护特性曲线来校验。当线路 WL2 的首端 k 点发生三相短路时，三相短路电流 I_k 要通过 FU2 和 FU1。根据选择性的要求，应该是 FU2 的熔断器先熔断，切除故障线路 WL2，而 FU1 不熔断，WL1 正常运行。但是，熔断器熔体熔断的时间与标准保护特性曲线上查出的熔断时间有偏差，考虑最不利的情况，熔断器熔体的熔断时间最大误差为 ±50%，因此，要求在前一级熔断器（如 FU2）的熔断时间提前 50%，后一级熔断器（如 FU1）的熔断时间延迟 50% 的情况下，仍能够保证选择性的要求。从图 7-2 可以看出，$t_1' = 0.5t_1$，$t_2' = 1.5t_2$，应满足 $t_1' > t_2'$，$t_1 > 3t_2$。若不满足这一要求，则应将前一级熔断器熔体电流提高 1~2 级，再进行校验。

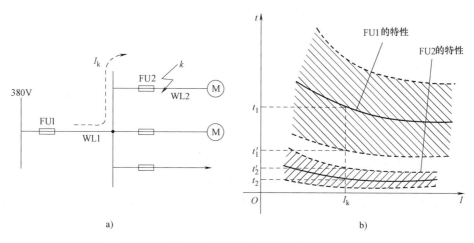

a)   b)

图 7-2 熔断器选择性配合

a）熔断器在低压线路中的选择性配置 b）熔断器按保护特性曲线进行选择性校验

5. 低压熔断器的运行与维护注意事项

1) 检查熔断管与插座的连接处有无过热现象，接触是否紧密。

2) 检查熔断管的表面是否完整无损，否则要进行更换。

3) 检查熔断管内部烧损是否严重、有无碳化现象并进行清查或更换。

4) 检查熔体外观是否完好，压接处有无损伤，压接是否紧固，有无氧化腐蚀现象等。

5) 检查熔断器的底座有无松动，各部位压接螺母是否紧固。

例 7-1 有一台异步电动机，额定电压为 380V，额定容量为 18.5kW，额定电流为 35.5A，起动电流倍数为 7。采用 RM10 型熔断器作为短路保护，短路电流最大可达 2kA。试选择熔断器及其熔体的额定电流，并进行校验。

解：（1）选择熔断器熔体电流及熔断器电流要求

$$I_{N.FE} \geq I_{30} = 35.5A$$

且 $I_{N.FE} \geq kI_{pk} = 0.3 \times 35.5 \times 7A = 74.55A$

查手册初步选择 RM10-100 型熔断器，其 $I_{N.FU} = 100A$，$I_{N.FE} = 80A$。

（2）校验熔断器的断流能力

由手册可知 RM10-100 型熔断器的最大分断电流为

$$I_{oc} = 10kA > I_{sh}^{(3)} = 1.09 \times 2kA = 2.18kA$$

因此该熔断器的断流能力是满足要求的。

二、低压断路器保护

在 500V 及以下的低压系统中，低压断路器广泛地用于线路短路及失电压保护等。

1. 低压断路器的选择要求

选择低压断路器时应满足下列条件：

1）低压断路器的额定电压应不小于保护线路的额定电压。

2）低压断路器的额定电流应不小于装设的脱扣器额定电流。

3）低压断路器的类型应符合安装处条件、保护性能及操作方式的要求。

4）低压断路器的断流能力应进行校验。

一般情况下，为了满足前后低压断路器的选择性要求，前一级低压断路器的脱扣器动作电流应比后一级低压断路器的脱扣器动作电流大一级以上；前一级低压断路器宜采用带短延时的过电流脱扣器，后一级低压断路器宜采用瞬时过电流脱扣器。

低压断路器保护还应与被保护的线路配合，使之不致发生因过负荷和短路引起绝缘导线或电缆过热而低压断路器不跳闸的故障。

2. 低压断路器动作电流的整定

低压断路器各种脱扣器的动作电流整定如下：

（1）长延时过电流脱扣器动作电流　长延时过电流脱扣器主要用于过负荷保护，其动作电流应按正常工作电流整定，即躲过最大负荷电流，即

$$I_{op(1)} \geq 1.1 I_{30} \tag{7-8}$$

式中，$I_{op(1)}$ 为长延时脱扣器（即热脱扣器）的整定动作电流。

但是，热元件的额定电流 $I_{H.N}$ 应比 $I_{op(1)}$ 大 10%~25% 为好，即

$$I_{H.N} \geq (1.1 \sim 1.25) I_{op(1)} \tag{7-9}$$

（2）短延时或瞬时脱扣器的动作电流　作为线路保护的短延时或瞬时脱扣器动作电流应躲过配电线路上的尖峰电流，即

$$I_{op(2)} \geq k_{rel} I_{pk} \tag{7-10}$$

式中，$I_{op(2)}$ 为短延时或瞬时脱扣器的动作电流，规定短延时脱扣器动作电流的调节范围：容量 2500A 及以上的断路器为 3~6 倍脱扣器的额定值，2500A 以下为 3~10 倍；瞬时脱扣器动作电流调节范围：容量 2500A 及以上的选择型低压断路器为 7~10 倍，2500A 以下为 10~20 倍，对非选择型开关为 3~10 倍；k_{rel} 为可靠系数，对动作时间 $t_{op} \geq 0.4s$ 的 DW 型断路器取 1.35，对动作时间 $t_{op} \leq 0.2s$ 的 DZ 型断路器取 1.7~2，对有多台设备的干线取 1.3。

（3）过电流脱扣器的动作电流　过电流脱扣器的动作电流应与线路允许持续电流相配合，保证线路不致因过热而损坏，即

$$I_{\mathrm{op}(1)} < I_{\mathrm{al}} \tag{7-11}$$

或

$$I_{\mathrm{op}(2)} < 4.5 I_{\mathrm{al}} \tag{7-12}$$

式中，I_{al} 为绝缘导线或电缆的允许载流量。

对于短延时脱扣器其分断时间有 0.1s 或 0.2s、0.4s 和 0.6s 三种。

3. 断流能力与灵敏系数校验

为了使断路器能可靠地断开，应按短路电流校验其分断能力。

分断时间大于 0.02s 的万能式断路器：$I_{\mathrm{oc}} \geqslant I_{\mathrm{k}}^{''(3)}$ （7-13）

分断时间小于 0.02s 的塑壳式断路器：$I_{\mathrm{oc}} \geqslant I_{\mathrm{sh}}^{(3)}$ （7-14）

低压断路器做过电流保护时，其灵敏系数要求为

$$S_{\mathrm{P}} = \frac{I_{\mathrm{k.min}}^{(2)}}{I_{\mathrm{op}}} \geqslant 1.3 \tag{7-15}$$

式中，$I_{\mathrm{k.min}}^{(2)}$ 为被保护线路最小运行方式下的单相短路电流（TN 和 TT 系统）或两相短路电流（IT 系统）。

4. 低压断路器的运行与维护

低压断路器在运行前应做一般性解体检查，在运行一段时间后，经过多次操作或故障掉闸，必须进行适当的检修，以保证正常工作状态。运行中应注意以下几点：

1）检查所带的正常最大负荷是否超过断路器的额定值。

2）检查分、合闸状态是否与辅助触点所串联的指示灯信号相符合。

3）监听断路器在运行过程中有无异常声响。

4）检查断路器的保护脱扣器状态，如整定值指示位置有无变动。

5）如较长时间的负荷变动，则需要相应调节过电流脱扣器的整定值，必要时应更换。

6）断路器发生短路故障掉闸或喷弧现象时，应对断路器进行解体检修，并做几次传动试验，检查是否正常。

例 7-2　某大型铝冶炼厂有一条采用 BLX-500-1×50mm² 铝芯橡胶绝缘明敷的三相三线线路，$I_{30} = 130\mathrm{A}$，$I_{\mathrm{pk}} = 360\mathrm{A}$；此线路首端的 $I_{\mathrm{k}}^{(3)} = 5\mathrm{kA}$，末端的 $I_{\mathrm{k}}^{(3)} = 2\mathrm{kA}$。选择线路首端装设的 DW10 型低压断路器及过电流脱扣器的规格，并进行校验。

解：（1）选择低压断路器及其过电流脱扣器

由手册可知，DW10-200 型断路器的过电流脱扣器额定电流 $I_{\mathrm{N.OR}} = 150\mathrm{A} > I_{30} = 130\mathrm{A}$，故初步选定 DW10-200 型断路器，其 $I_{\mathrm{N.QF}} = 200\mathrm{A}$，$I_{\mathrm{N.OR}} = 150\mathrm{A}$。

设瞬时脱扣器的动作电流整定为其额定电流的 3 倍，即 $I_{\mathrm{op}(0)} = 3 \times 150\mathrm{A} = 450\mathrm{A}$，$k_{\mathrm{rel}} I_{\mathrm{pk}} = 1.35 \times 360\mathrm{A} = 486\mathrm{A}$，不满足 $I_{\mathrm{op}(0)} > k_{\mathrm{rel}} I_{\mathrm{pk}}$，因此将脱扣器电流增大为 200A。

（2）校验低压断路器的断流能力

由手册可知所选断路器的 $I_{\mathrm{oc}} = 10\mathrm{kA} > I_{\mathrm{k}}^{(3)} = 5\mathrm{A}$，故满足断路要求。

（3）校验断路器的灵敏系数

因 $I_{\mathrm{k.min}} = 0.866 \times 2\mathrm{kA} = 1.73\mathrm{A}$，故 $S_{\mathrm{P}} = 1.73\mathrm{A}/0.6\mathrm{A} = 2.9 > 1.5$，所以满足要求。

【任务实施】

根据本节所学内容，对机械厂的低压侧线路进行保护，环境温度为 30℃，学生对选择

的 MW40/4000A 万能式低压断路器及过电流脱扣器的规格进行校验。

姓名		专业班级		学号	
任务内容及名称					
1. 任务实施目的			2. 任务完成时间:1学时		
3. 任务实施内容及方法步骤					
4. 分析结论					
指导教师评语(成绩)					年 月 日

【任务总结】

通过本任务的学习，让学生对熔断器保护和低压断路器保护的基本知识有一定的了解和认识，并能正确地选择、校验、整定熔断器和低压断路器，为今后的工作实践打好基础。

任务2　常用保护继电器的使用

【任务导读】

在工厂供电系统发生故障时，必须有相应的保护装置尽快将故障切除，以防故障扩大。当发生对工厂和用电设备有危害性的不正常工作状态时，应及时发出信号告知值班人员，消除不正常的工作状态，以保证电气设备正常、可靠地运行。继电保护装置就是指反映供电系统中电气设备或元器件发生故障或不正常运行状态后不同电气参数的变化情况，并动作于跳闸或发出信号的一种自动装置。

【任务目标】

1. 了解继电保护的作用和任务。

2. 熟悉常用的保护继电器。

【任务分析】

通过查阅 GB 50052—2009《供配电系统设计规范》《工厂供电》《电工手册》等相关资料可以获取继电器的相关知识和参数，再根据前面计算出来的负荷和短路电流来选择、整定继电器。要完成这个任务，必须熟悉常用的保护继电器，了解对继电保护装置的基本要求，熟悉各继电器的名称、作用、结构等，以及相关的选择方法。

【知识准备】

供电系统发生短路故障之后，总是伴随有电流的骤增、电压的迅速降低、线路测量阻抗减小以及电流、电压之间相位角的变化等。因此，利用这些基本参数的变化，可以构成不同原理的继电保护，如反映于电流增大而动作的电流速断、过电流保护，反映于电压降低而动作的低电压保护等。

保护装置的基本任务如下：

1）当发生故障时能自动、迅速、有选择性地将故障元器件从供电系统中切除，使故障元器件免遭破坏，避免事故的扩大，保证其他无故障部分能继续正常运行。

2）当出现不正常工作状态时，继电保护装置动作发出信号，保护装置动作，及时发出报警信号，以便引起运行人员注意并及时处理，保证安全供电。

3）继电保护装置还可以和供电系统的自动装置，如自动重合闸装置（ARD）、备用电源自动投入装置（APD）等配合，大大缩短停电时间，从而提高供电系统运行的可靠性。

一、继电保护装置的基本原理和组成

一般情况下，整套保护装置由测量部分、逻辑部分和执行部分组成，如图7-3所示。

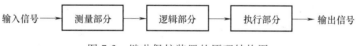

图 7-3　继电保护装置的原理结构图

1. 测量部分

测量从被保护对象输入的有关电气量，如电流、电压等，并与给定的整定值进行比较，输出比较结果，从而判断保护装置是否应该动作。

2. 逻辑部分

根据测量部分输出的检测量和输出的逻辑关系，进行逻辑判断，以便确定是否应该使断路器跳闸或发出信号，并将有关命令输入执行部分。

3. 执行部分

根据逻辑部分传送的信号，最后完成保护装置所担负的任务，如跳闸或发出信号等操作。

常规的保护装置通常由触点式继电器组合而成。继电器的类型很多，按其反映物理量变化的情况分为电量继电器和非电量继电器（如气体继电器、温度继电器和压力继电器等）。电量继电器常有下列三种分类方法：

1）按动作原理分为电磁型、感应型、整流型和电子型等。

2）按反映的物理量分为电流继电器、电压继电器、功率继电器和阻抗继电器等。

3）按继电器的作用分为中间继电器、时间继电器和信号继电器等。

二、对继电保护装置的基本要求

1. 选择性

继电保护动作的选择性是指供电系统中发生故障时，距故障点最近的保护装置首先动作，将故障元器件切除，使故障范围尽量减小，保证非故障部分继续安全运行，如图 7-4 所示。在 k 点发生短路时，首先是 QF4 动作跳闸，而其他断路器都不应该动作，只有 QF4 拒绝动作，如触点打不开等情况，作为后备保护的 QF2 才能动作切除故障。

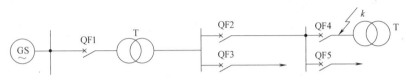

图 7-4　保护装置选择性动作

2. 速动性

快速地切除故障，可以缩小故障设备或元器件的损坏程度，减小因故障带来的损失和在故障时大电流、低电压等异常参数下的工作时间。为了保证选择性，保护装置应带有一定时限，这就使选择性和速动性相互矛盾，对工厂继电保护系统来说，应在保证选择性的前提下，力求保护快速动作。

3. 灵敏性

保护装置的灵敏性是指保护装置对被保护电气设备可能发生的故障和不正常运行方式的反应能力。在系统中发生短路时，不论短路点的位置、短路的类型、最大运行方式还是最小运行方式，要求保护装置都能正确、灵敏地动作。

衡量灵敏性高低的技术指标通常用灵敏系数 S_P 表示，它越大，说明灵敏性越高。对于故障状态下反映保护输入量增大时动作的继电保护灵敏系数，如过电流保护装置的灵敏系数 S_P 为

$$S_P = \frac{I_{k.\,min}}{I_{op.\,1}} \tag{7-16}$$

式中，$I_{k.\,min}$ 为被保护区内最小运行方式下的最小短路电流（A）；$I_{op.\,1}$ 为保护装置的一次侧动作电流（A）。

对于故障状态下反映保护输入量降低时动作的继电保护灵敏系数，如低电压保护的灵敏系数 S_P 为

$$S_P = \frac{U_{op.\,1}}{U_{k.\,max}} \tag{7-17}$$

式中，$U_{k.\,max}$ 为被保护区内发生短路时，连接该保护装置的母线上最大残余电压（V）；$U_{op.\,1}$ 为保护装置的一次动作电压（V）。

继电保护越灵敏，越能可靠地反映应该动作的故障，但也越容易产生在不要求其动作情况下的误动作。因此，灵敏性与选择性也是互相矛盾的，应该综合分析。通常用继电保护运行规程中规定的灵敏系数（见表 7-1）来进行合理的配合。

表 7-1　各类保护装置的最低灵敏系数

保护分类	保护装置作用	保护类型	组成元器件	灵敏系数
主保护	快速而有选择地切除被保护元器件范围内的故障	带方向或不带方向的电流保护和电压保护	电流元器件和电压元器件	1.5(个别可为 1.25)
		中性点非直接接地电网中的单相保护	架空线路的电流元器件	1.5
			差动电流元器件	1.25

（续）

保护分类	保护装置作用	保护类型	组成元器件	灵敏系数
主保护	快速而有选择地切除被保护元器件范围内的故障	变压器、线路和电动机的电流速断保护（按保护安装处短路计算）	电流元器件	2.0
后备保护	优先采用远后备保护。即当保护装置拒动时，由相邻元器件的保护实现后备保护。每个元器件的保护装置除作为本身的主保护以外，还应作为相邻元器件的后备保护	远后备保护（按相邻保护区末端短路计算）	电流元器件和电压元器件	1.2
辅助保护	为了加速切除故障或消除方向元器件的盲区，可以采用电流速断作为辅助保护	电流速断的最小保护范围为被保护线路的15%~20%		

4. 可靠性

保护装置在其保护范围内发生故障或出现不正常工作状态时，能可靠地动作而不拒动；而在其保护范围外发生故障或者系统内没有故障时，保护装置不能误动。这种性能要求称为可靠性。保护装置的拒动或误动都将给运行中的供电系统造成严重的后果。

随着供电系统的容量不断扩大以及电网结构的日趋复杂，对上述4个方面的要求越来越高，实现也更加困难。继电保护装置除满足上述4点基本要求外，还要求节省投资，保护装置便于调试及维护，并尽可能满足系统运行的灵活性。

三、继电保护的发展现状

继电保护是随着电力系统的发展而发展起来的，19世纪后期，熔断器作为最早、最简单的保护装置已经开始使用。但随着电力系统的发展，电网结构日趋复杂，熔断器早已不能满足选择性和快速性的要求；到20世纪初，出现了作用于断路器的电磁型继电保护装置；20世纪50年代，由于半导体晶体管的发展，开始出现了晶体管式继电保护装置。电力系统的飞速发展对继电保护不断提出新的要求，电子技术、计算机技术与通信技术的飞速发展又为继电保护技术的发展不断地注入了新的活力。因此，继电保护技术得天独厚，在40余年的时间里完成了发展的四个历史阶段。

新中国成立后，我国继电保护学科、继电保护设计、继电器制造业和继电保护技术队伍从无到有，在大约10年的时间里走过了先进国家半个世纪走过的道路。20世纪50年代，我国工程技术人员创造性地吸收、消化、掌握了国外先进的继电保护设备性能和运行技术，建成了一支具有深厚继电保护理论造诣和丰富运行经验的继电保护技术队伍，对全国继电保护技术队伍的建立和成长起了指导作用。阿城继电器厂引进消化了当时国外先进的继电器制造技术，建立了我国自己的继电器制造业。因而在20世纪60年代中期我国已建成了继电保护研究、设计、制造、运行和教学的完整体系。这是电磁式继电保护繁荣的时代，为我国继电保护技术的发展奠定了坚实基础。

20世纪60年代中期到20世纪80年代中期是晶体管继电保护蓬勃发展和广泛采用的时

代。其中，天津大学与南京电力自动化设备厂合作研究的 500kV 晶体管方向高频保护和南京电力自动化研究院研制的晶体管高频闭锁距离保护，运行于葛洲坝 500kV 线路上，结束了 500kV 线路保护完全依靠国外进口的时代。在此期间，基于集成运算放大器的集成电路保护已开始研究。到 20 世纪 80 年代末集成电路保护已形成完整系列，逐渐取代晶体管保护。到 20 世纪 90 年代初集成电路保护的研制、生产、应用仍处于主导地位，这是集成电路保护时代。在这方面，南京电力自动化研究院研制的集成电路工频变化量方向高频保护起了重要作用，天津大学与南京电力自动化设备厂合作研制的集成电路相电压补偿式方向高频保护也在多条 220kV 和 500kV 线路上运行。

我国从 20 世纪 70 年代末即已开始了计算机继电保护的研究，高等院校和科研院所起着先导的作用。华中理工大学、东南大学、华北电力学院、西安交通大学、天津大学、上海交通大学、重庆大学和南京电力自动化研究院都相继研制了不同原理、不同型式的微机保护装置。1984 年，原华北电力学院研制的输电线路微机保护装置首先通过鉴定，并在系统中获得应用，揭开了我国继电保护发展史上新的一页，为微机保护的推广开辟了道路。在主设备保护方面，东南大学和华中理工大学研制的发电机失磁保护、发电机保护和发电机—变压器组保护也相继于 1989 年和 1994 年通过鉴定，投入运行。南京电力自动化研究院研制的微机线路保护装置也于 1991 年通过鉴定。天津大学与南京电力自动化设备厂合作研制的微机相电压补偿式方向高频保护，西安交通大学与许昌继电器厂合作研制的正序故障分量方向高频保护也相继于 1993 年和 1996 年通过鉴定。至此，不同原理、不同机型的微机线路和主设备保护各具特色，为电力系统提供了一批性能优良、功能齐全、工作可靠的继电保护装置。随着微机保护装置的研究，在微机保护软件、算法等方面也取得了很多理论成果。

近 20 年来，微机型继电保护装置在我国电力系统中获得了广泛应用，常规的电磁型、电动型、整流型、晶体管型以及集成电路型继电器已经逐渐被淘汰。以往，继电保护装置与继电保护原理是一一对应的，不同的保护原理必须用不同的硬件电路实现。微机继电保护的诞生与应用彻底改变了这一状况。微机继电保护硬件的通用性和软件的可重构性，使得在通用的硬件平台上可以实现多种性能更加完善、功能更加复杂的继电保护原理。一套微机保护装置往往采用多种保护原理，例如，高压线路保护装置具有高频闭锁距离、高频闭锁方向相间阻抗、接地阻抗、零序电流保护及自动重合闸功能。微机保护还可以方便地实现一些常规保护难以实现的功能，如工频变化量阻抗测量和工频变化量方向判别。

微机继电保护装置一般采用插件式结构，通常包含交流变换插件、模/数转换和微处理器插件、人机管理开关量输入插件、电源插件和继电器插件等。尽管不同厂家的产品采用的微处理器和模/数转换方式可能不同，但微机保护装置的结构却基本相同。典型的微机保护装置结构框图如图 7-5 所示。其中，数据采集包括 A/D 转换和电压频率转换（VFC）两种不同方式，工作原理如图 7-6 所示。开关量输入和开关量输出一般都经过光电隔离，以增强抗干扰能力。

随着微处理器技术的发展，内部集成的资源越来越多，一个处理器芯片往往就是一个完整的微处理器系统，使得硬件设计变得非常简单。较复杂的微机保护装置通常采用多 CPU 结构。多个保护 CPU 通过串行通信总线与人机管理 CPU 相连。通过装置面板上的键盘和液

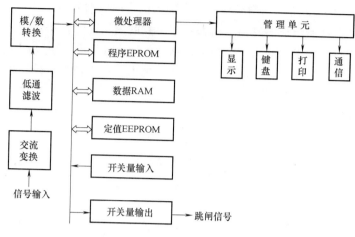

图 7-5　典型微机保护装置结构框图

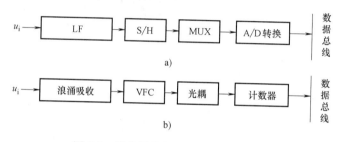

图 7-6　微机保护的两种数据采集方式

a）多路转换采样保持的 A/D 转换方式　b）VFC 数据采集方式

晶显示实现对保护 CPU 的调试与定值设置，人机管理 CPU 设计通过现场通信总线与调度直接连接，便于实现变电站无人值守和综合自动化。

随着大规模集成电路的飞速发展和微处理器及微型计算机的普遍使用，微机保护在硬件结构和软件技术方面已经成熟，并且微机保护具有强大的计算、分析和逻辑判断能力，同时具有存储记忆功能，因而可以实现任何性能完善而又复杂的保护原理。目前的发展趋势是进一步实现继电保护技术的网络化，保护、控制、测量和数据通信一体化以及智能化。

四、常用的保护继电器

继电器是组成继电保护装置的基本器件。按其反映的物理量分为电流继电器、电压继电器、气体继电器等；按继电器的原理分为电磁式、感应式等；按反映参数的变化情况分为过电流继电器、过电压继电器、欠电压继电器等；按其与一次电路的联系分为高压式和低压式。高压式继电器的线圈与一次电路直接相连，低压式继电器的线圈连接在电流互感器或电压互感器的二次侧。继电保护中用的继电器是低压式继电器。

下面介绍供配电系统中常用的几种保护继电器。

1. 电磁式电流和电压继电器

电磁式电流和电压继电器的基本原理极为相似，其结构主要由铁心、衔铁、线圈、触点和弹簧等组成，如图 7-7a 所示。当线圈 3 上有输入信号时（电流或电压），将产生磁通，经过由铁心、气隙及衔铁所组成的磁路，衔铁被电磁铁的磁场磁化，从而产生电磁力，电磁力克服弹簧 5 的作用力，使衔铁转动一个角度，从而使触点 4 闭合。当线圈上的信号减小或消失时，电磁力产生的转矩不足以克服弹簧拉力和摩擦力，衔铁被弹簧拉回到原来的位置，继电器恢复起始状态，触点 4 断开。电磁式电流和电压继电器在继电保护装置中均为启动元件，属于测量元件。

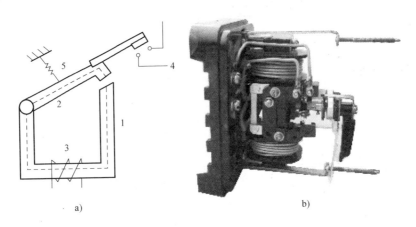

a)   b)

图 7-7 继电器的原理及实物

a) 电磁式继电器原理图   b) DL-10 系列电流继电器实物图

1—铁心   2—衔铁   3—线圈   4—触点   5—弹簧

电流继电器常用的是 DL-10 系列，如图 7-7b 所示，属于过电流继电器，铁心上绕有两个相同的线圈，线圈可串联或并联。当线圈中的电流超过继电器的最小动作电流时，电流继电器的触点动作。电流继电器的文字符号为 KA，图形符号如图 7-8a 所示。

电压继电器的线圈为电压线圈，大多做成欠电压继电器。正常工作时，电压继电器的触点动作，当电压低于它的整定值时，继电器恢复到起始位置。电压继电器的文字符号为 KV。

2. 电磁式中间继电器

电磁式中间继电器实质上是电压继电器，只是触点数量多，容量也大（5~10A）。当电压继电器、电流继电器的触点容量不够时，可以利用中间继电器作为功率放大，增加触点数量以控制多条回路。所以，中间继电器的作用是拓展控制路数，增大触点的控制容量和较小的延时（电磁式时间继电器无法调出）。工厂供电系统中常用的是 DZ-10 系列。电磁式中间继电器的文字符号为 KM，图形符号如图 7-8b 所示。

3. 电磁式信号继电器

电磁式信号继电器的作用是用来发出指示信号。常用的是 DX-11 型电磁式信号继电器。当信号继电器动作时，接通其信号回路，并且信号继电器的信号牌掉下，显示已动作，其结构如图 7-9 所示。信号继电器有电流型和电压型两种，电流型信号继电器的线圈为电流线圈，串联在回路中；电压型信号继电器的线圈为电压线圈，并联在回路中。电磁式信号继电器的文字符号为 KS，图形符号如图 7-8c 所示。

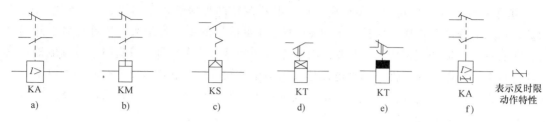

图 7-8 继电器的图形符号和文字符号

a) 电磁式电流继电器 b) 电磁式中间继电器 c) 电磁式信号继电器 d) 电磁式时间继电器（延时闭合）

e) 电磁式时间继电器（延时断开） f) 感应式电流继电器

4. 电磁式时间继电器

电磁式时间继电器的作用是用来使保护装置获得所需要的延时。常用的是 DS-110（用于直流）、DS-120（用于交流）系列，其外形如图 7-10 所示。当继电器的线圈接上工作电压时，经过一定的时间，继电器的触点才动作。电磁式时间继电器的文字符号为 KT，图形符号如图 7-8d、e 所示。

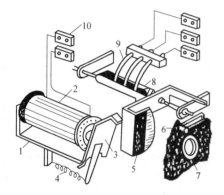

图 7-9 DX-11 型信号继电器结构图

1—线圈 2—铁心 3—弹簧 4—弹簧

5—静触点 6—动触点 7—复位按钮

8—衔铁 9—信号牌 10—接线端子

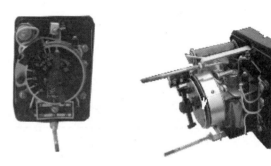

图 7-10 DS 系列时间继电器实物图

5. 感应式电流继电器

感应式电流继电器常用的型号是 GL-10、GL-20 系列，它属于测量器件，广泛应用于反时限过电流保护的继电保护中。GL 型电流继电器由感应部分和电磁部分构成，感应部分带有反时限动作特性，而电磁部分是瞬时动作的。它的动作特性曲线如图 7-11 所示。曲线 ab 称为反时限特性，继电器动作时，元器件速断动作的结果，b'd 是速断特性。图中的动作电流倍数 n_{qb} 称为速断电流倍数，是指继电器线圈中使电流速断元器件动作的最小电流，即速断电流（I_{qb}）与继电器动作电流（I_{op}）的比值。

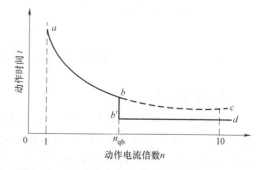

图 7-11 GL 型电流继电器的动作特性曲线

GL 型电流继电器的特点是可以用一个继电器兼作两种保护，即利用感应部分作过电流保护，利用电磁部分作速断保护。由于 GL 型电流继电器的触点容量大，还可省略中间继电器，能实现断路器的直接跳闸。另外还有动作信号牌显示动作信号，可省略信号继电器。感应部分具有反时限动作特性，动作电流越大，动作时间越短，这样可以省略时间继电器。因此，这种继电器构成的保护所用的继电器数量较少，但结构复杂，准确性不高。感应式电流继电器的图形符号如图 7-8f 所示。

【任务实施】

深入工厂调查研究，收集资料，找到各种常用保护继电器的实物，拍摄图片，记录名称、型号和特性，并和书本上的符号对应联系起来。

姓名		专业班级		学号	
任务内容及名称					
1. 任务实施目的			2. 任务完成时间:1 学时		
3. 任务实施内容及方法步骤					
4. 分析结论					
指导教师评语(成绩)				年　月　日	

【任务总结】

通过本任务的学习，让学生对继电保护的基本知识有大体的了解和认识，并能熟悉各种常用保护继电器的名称、符号、特性和用途。

任务3　工厂高压线路的继电保护

【任务导读】

一般 6~20kV 的中小型工厂供电、城市供电线路大都是辐射式供电网络。这类线路供电范围不大（供电半径通常为 2km），容量也不是很大（一般容量为 5000kVA），因此线路的保护也不复杂，常设的保护装置有电流速断保护、过电流保护、低电压保护、中性点不接地系统的单相接地保护以及双电源供电时的功率方向保护等。

【任务目标】

1. 掌握电流继电器与电流互感器的接线方式。

2. 掌握电流速断保护。

3. 掌握带时限的过电流保护。

4. 掌握中性点不接地系统的单相接地保护。

【任务分析】

通过查阅 GB 50052—2009《供配电系统设计规范》《工厂供电》《电工手册》等相关资料可以获取继电器的相关知识和参数，再根据前面计算出来的短路电流等参数来选择、整定继电器。本任务要求大家能掌握工厂电力线路的几种保护方式，要完成这个任务必须能分析电力线路继电保护的接线图，能够选择计算整定简单的继电保护装置，能够保养维修常用的保护继电器。

【知识准备】

在供电系统中，当被保护线路发生故障时有电流速断保护和过电流保护等方式。

一、电流继电器和电流互感器的接线方式

电流继电器反映一次电流的情况，是通过电流互感器来实现的，因此，必须掌握继电器与电流互感器的接线方式；为了表述流过继电器线圈的电流 I_{KA} 与电流互感器二次电流 I_2 的关系，特引入一个接线系数 K_w。

$$K_w = \frac{I_{KA}}{I_2} \tag{7-18}$$

式中，I_{KA} 为流入电流继电器的电流；I_2 为电流互感器的二次电流。

电流互感器与电流继电器之间的接线方式有三相三继电器式完全星形接线，两相两继电器式不完全星形接线、两相三继电器式不完全星形接线和两相一继电器电流差式接线等几种。

1. 三相三继电器式接线

如图 7-12 所示，三相三继电器式接线中通过继电器线圈的电流就是电流互感器流出的二次电流，因此 $K_w = 1$。这种接线方式所用保护元器件最多，各相都接有电流互感器和电流继电器，无论线路发生三相短路、两相短路还是单相接地短路，短路电流都会通过继电器反映出来，产生相应的保护动作。此种接线常用于 110kV 及以上中性点直接接地系统中，作为相间短路和单相短路的保护。

2. 两相两继电器式接线和两相三继电器式接线

如图 7-13 所示，两相两继电器式接线所用元器件较少，但由于中间相（B 相）未装设电流互感器，当该相出现接地故障时，电流继电器不可能反映出来，保护装置不可能起到保护作用。对于相间短路故障，则至少有一个电流继电器流过短路电流，使保护装置动作。因而，这种接线方式适用于中性点不接地的 6~10kV 保护线路中。

如图 7-14 所示，两相三继电器接线实际上是在两相两继电器接线的公共中性线上接入第三个继电器，流入该继电器的电流为流入其他两个继电器电流之和，这一电流在数值上与第三相（即 B 相）电流相等，这样就使保护的灵敏系数提高了。

3. 两相一继电器式接线（两相差式接线）

如图 7-15 所示，两相一继电器式接线流入继电器的电流为两相电流互感器二次侧电流

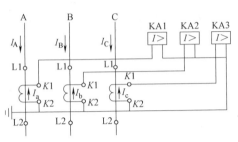

图 7-12　三相三继电器式接线

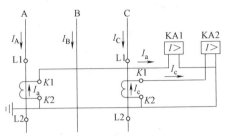

图 7-13　两相两继电器式接线

之差，因此，这种接线方式在发生不同短路故障时的灵敏系数不同，同时，这种接线也不能反映出 B 相单相接地短路故障。但因这种接线简单，使用继电器最少，可以作为要求不高的 10 kV 线路及以下工厂企业的高压电动机保护。

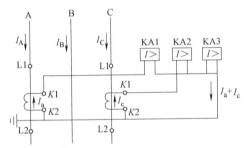

图 7-14　两相三继电器式接线

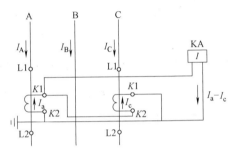

图 7-15　两相一继电器式接线

引入接线系数后，电流互感器一次电流与电流继电器电流的关系为

$$I_1 = K_i I_2 = K_i \frac{I_{KA}}{K_w} \tag{7-19}$$

式中，K_i 为电流互感器的电流比；I_1、I_2 为电流互感器一次、二次电流。

电流互感器不同接线方式下各种短路情况所对应的接线系数 K_w 见表 7-2。

表 7-2　接线系数 K_w

项目	三相三继电器	两相两继电器	两相一继电器	两相三继电器
三相短路	1	1	$\sqrt{3}$	1
A、C 相短路	1	1	2	1
A、B 或 B、C 相短路	1	1	1	1

二、电流速断保护

根据对继电保护快速性的要求，在简单、可靠和保证选择性的前提下，原则上应在被保护的各种电气设备上装设快速动作的继电保护装置，使切除故障的时间尽量缩短。反映电流增大（主要是反映短路故障）且瞬时动作的保护称为电流速断保护。

1. 电流速断保护速断电流的整定

图 7-16 所示为单侧电源辐射式供电网，为切除故障只需在各线路的电源侧装设断路器和相应的保护。现假定在线路 WL1 和线路 WL2 上分别装设电流速断保护 1 和保护 2，根据选择性要求，对保护 1 来说，在相邻下一段线路 WL2 首端 k-2 点短路时不应动作。此故障

应由保护 2 动作切除。为了使瞬时动作的保护 1 在 k-2 点短路时不动作，必须使其动作电流大于 k-2 点短路时的最大短路电流。考虑到下一线路 WL2 首端 k-2 点短路时的短路电流与本线路 WL1 末端 k-1 点短路时短路电流相等，电流速断保护的动作电流可按大于本线路末端短路时最大短路电流整定。在电源电动势一定的情况下，线路上任一点 k 发生短路时短路电流的大小与短路点至电源之间的总电抗及短路类型有关。速断保护的选择性是由动作电流的整定来保证的，其动作电流要求躲开下一级线路首端最大三相短路电流，以保证不产生误动作。

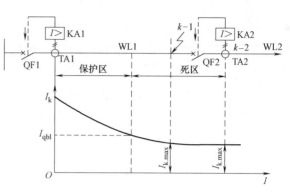

图 7-16　单侧电源辐射式供电网

$I_{k.max}$—前一级保护应躲过的最大短路电流；

I_{qb1}—前一级保护整定的一次动作电流

电流速断保护的动作电流，即速断电流的整定计算公式为

$$I_{qb} = \frac{K_{rel} K_w}{K_i} I_{k.max}$$

（7-20）

式中，$I_{k.max}$ 为被保护线路末端最大三相短路电流；K_{rel} 为可靠系数，对 DL 型继电器，取 1.2~1.3；对 GL 型继电器，取 1.4~1.5；对脱扣器，取 1.8~2。

2. 电流速断保护的"死区"及弥补

电流速断保护动作迅速、简单可靠。从电流速断保护动作电流的整定过程可以得出，速断保护不能保护线路的全长，在线路末端会出现一段不能保护的"死区"，不满足保护可靠性的原则，因此不能单独使用。而且它的保护范围随供电系统运行方式的变化而变化，当运行方式变化很大或被保护的线路很短时，甚至没有保护区。为了弥补速断保护存在"死区"的缺陷，一般规定，凡装设电流速断保护的线路，都必须装设带时限的过电流保护，且过电流保护的动作时间比电流速断保护至少高一个时间级差 $\Delta t = 0.5 \sim 0.7$ s，而且前后级的过电流保护的动作时间又要符合"阶梯原则"以保证选择性。在速断保护区内，速断保护作为主保护，过电流保护作为后备保护。图 7-17 所示为电力线路定时限过电流保护和电流速断保护电路图。

3. 电流速断保护的灵敏系数

电流速断保护的灵敏系数通常用保护范围的大小来衡量，保护范围越大，说明保护越灵敏。一般认为，在最小保护范围不小于被保护线路全长的 15% 时，装设电流速断保护才有意义，最大保护范围大于被保护线路全长的 50% 时，保护效果良好。电流速断保护灵敏系数用供电系统最小运行方式下保护装置安装处的两相短路电流进行校验，即

$$S_P = \frac{K_w I_k^{(2)}}{K_i I_{qb}} \geq 1.5 \sim 2$$

（7-21）

式中，$I_k^{(2)}$ 为线路首端在系统最小运行方式下的两相短路电流；使用时，一般宜取 $S_P \geq 2$，如有困难可以取 $S_P \geq 1.5$。

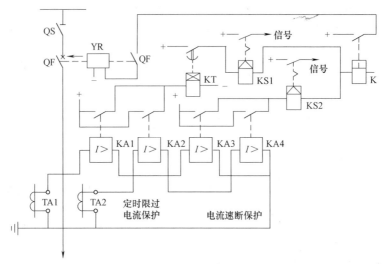

图 7-17　电力线路定时限过电流保护和电流速断保护电路图

三、带时限的过电流保护

带时限的过电流保护是指动作电流按躲过线路最大负荷电流整定的一种保护，在正常运行时，它不会动作。当供电系统发生故障时，由于一般情况下故障电流比最大负荷电流大得多，所以，保护的灵敏性较高，不仅能保护线路全长，作为本线路的近后备保护，还能保护相邻线路的全长甚至更远，作为相邻线路的远后备保护。当流过被保护元器件的电流超过预先整定的某个数值时，使断路器跳闸或发出报警信号的保护装置称为过电流保护装置。按其动作时间特性分，有定时限电流保护和反时限过电流保护两种。

1. 定时限过电流保护装置

定时限过电流保护装置主要由电流继电器和时间继电器等组成，如图 7-18 所示。在正常工作情况下，断路器 QF 闭合，保持正常供电，线路中流过正常工作电流，过电流继电器 KA1、KA2 均不启动。当被保护线路中发生严重过载或短路故障时，线路中流过的电流激增，经电流互感器，使电流继电器回路电流达到 KA1 或 KA2 的整定值，其动触点闭合，启动时间继电器 KT，经一定延时后，KT 的触点闭合，启动信号继电器 KS，信号牌掉下，并接通灯光或音响信号。同时，中间继电器 KM 线圈得电，触点闭合，将断路器 QF 的跳闸线圈接通，QF 跳闸。其中，时间继电器 KT 的动作时限是事先设定的，与过电流的大小无关，所以称为定时限过电流保护。通过设定适当的延时，可以保证保护装置动作的选择性。从过电流保护的动作原理可以看出，要使定时限过电流保护装置满足动作可靠、灵敏，同时满足选择性的要求，必须解决两个问题：一是正确整定过电流继电器的动作电流；二是正确整定时间继电器的延时时间。

（1）动作电流的整定　图 7-19 所示为过电流保护启动示意图。当 k 点发生故障时，短路电流同时通过 KA1 和 KA2，它们同时启动，按照选择性，此时应该跳开 QF2 切除故障。故障消失后，已启动的电流继电器 KA1 应自动返回到原始位置。

能使过电流继电器动作（触点闭合）的最小电流称为继电器的"动作电流"，用 I_{op} 表示。使继电器返回原来位置的最大电流称为返回电流，用 I_{re} 表示，返回电流与动作电流之

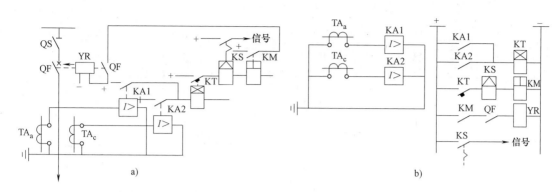

图 7-18 定时限过电流保护原理接线图

a）归总式 b）展开式

QF—高压断路器 TA—电流互感器 KA—电流继电器 KT—时间继电器

KS—信号继电器 KM—中间继电器 YR—跳闸线圈

比称为返回系数 K_{re}，则

$$K_{re} \geqslant I_{re}/I_{op} \qquad (7\text{-}22)$$

设电流互感器的电流比为
K_i，保护装置的接线系数为 K_w，
保护装置的返回系数为 K_{re}，线
路最大负荷电流换算到继电器
中的电流为 $I_{L.max}K_w/K_i$。由于
继电器的返回电流 I_{re} 也要躲过

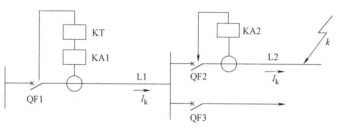

图 7-19 过电流保护启动示意图

$I_{L.max}$，即 $I_{re} > I_{L.max}K_w/K_i$。而 $I_{re} = K_{re}I_{op}$，因此 $K_{re}I_{op} > I_{L.max}K_w/K_i$。将此式变换一下写成等
式，计入一个可靠系数 K_{rel}，由此得到过电流保护动作整定公式为

$$I_{op} = \frac{K_{rel}K_w}{K_{re}K_i}I_{L.max} \qquad (7\text{-}23)$$

式中，K_{rel} 为保护装置的可靠系数，对 DL 型继电器可取 1.2，对 GL 型继电器可取 1.3；K_w
为保护装置的接线系数，按三相短路来考虑，对两相两继电器接线（相电流接线）为 1，对
两相一继电器接线（两相电流差接线）为 $\sqrt{3}$。

（2）动作时间的整定 定时限过电流保护装置的动作时限按照时限阶梯原则进行整定，
即从线路最末端被保护设备开始，每一级的动作时限比前一级保护的动作时限高一个时间级
差 Δt，从而保证动作的选择性，如图 7-20 所示。一般 Δt 的取值范围为 0.5~0.7s，一般取
0.5 s。当然，Δt 的时间在保证选择性的前提下应尽可能小，以利于快速切除故障，提高保
护的速动性。

2. 反时限过电流保护装置

（1）反时限过电流保护装置的组成 图 7-21 为交流操作反时限过电流保护装置原理图
和展开图。图中，KA1、KA2 为 GL 型感应式反时限过电流继电器，继电器本身动作带有时
限，并有动作指示掉牌信号，所以带有瞬时动作元件的回路不需接时间继电器和信号继电
器。当线路故障时，继电器 KA1、KA2 动作，经过一定时限后，其常开触点闭合，常闭触
点断开，这时断路器的交流操作跳闸线圈 YR1、YR2 除去短接分流支路而通电动作，断路

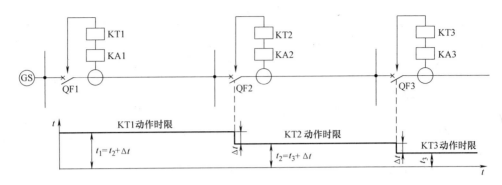

图 7-20 定时限过电流保护时间整定

器跳闸，切除故障。在继电器去分流同时，信号牌自动掉下，指示保护装置已经动作。故障切除后，继电器返回，但信号牌需手动复位。

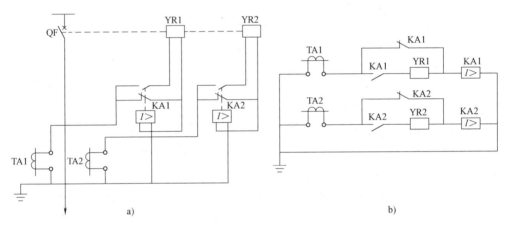

图 7-21 反时限过电流保护的原理图

a）原理图 b）展开图

（2）反时限过电流保护动作电流和动作时间的整定 反时限过电流保护动作电流的整定与定时限过电流保护完全一样，动作时间的整定也必须遵循时限阶梯性原则。但是，由于具有反时限特性的过电流继电器动作时间不是固定的，它随电流的增大而减小，因而，动作时间的整定比较复杂一些。因为 GL 型电流继电器的时限调整机构是按 10 倍动作电流的动作时间标度的，因此，反时限过电流保护的动作时间是按 10 倍动作电流曲线整定的，如图 7-22 所示。

假设后一级保护 KA2 的 10 倍动作电流动作时间已经整定为 t_2，现要求整定前一级保护 KA1 的 10 倍动作电流动作时间 t_1，整定计算步骤如下：

1）计算 WL2 首端（WL1 末端）三相短路电流 I_k 反映到 KA2 中的电流

$$I'_{k(2)} = \frac{K_{w(2)}}{K_{i(2)}} I_k \tag{7-24}$$

式中，$K_{w(2)}$ 为 KA2 与 TA2 的接线系数；$K_{i(2)}$ 为 TA2 的电流比。

2）计算 $I'_{k(2)}$ 对 KA2 的动作电流 $I_{op(2)}$ 的倍数，即

$$n_2 = \frac{I'_{\mathrm{k}(2)}}{I_{\mathrm{op}(2)}} \tag{7-25}$$

3）整定 KA2 的实际动作时间。在图 7-23 所示 KA2 的动作特性曲线的横坐标轴上，找出 n_2，然后向上找到该曲线上 b 点，该点所对应的动作时间 t'_2 就是 KA2 在通过 $I'_{\mathrm{k}(2)}$ 时的实际动作时间。

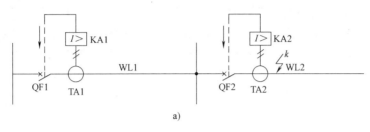

a)

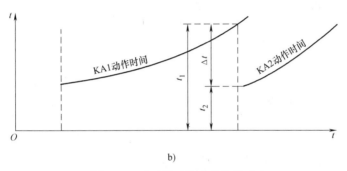

b)

图 7-22 反时限过电流保护的整定

a）电路 b）反时限过电流保护的动作时限曲线

4）计算 KA1 的实际动作时间。根据保护选择性的要求，KA1 的实际动作时间为 $t'_1 = t'_2 + \Delta t$。取 $\Delta t = 0.7\mathrm{s}$，故 $t'_1 = t'_2 + 0.7\mathrm{s}$，即为 KA1 的动作时间的整定值。

5）计算 WL2 首端三相短路电流 I_{k} 反映到 KA1 中的电流值，即

$$I'_{\mathrm{k}(1)} = \frac{K_{\mathrm{w}(1)}}{K_{\mathrm{i}(1)}} I_{\mathrm{k}} \tag{7-26}$$

式中，$K_{\mathrm{w}(1)}$ 为 KA1 与 TA1 的接线系数；$K_{\mathrm{i}(1)}$ 为 TA1 的电流比。

6）计算 $I'_{\mathrm{k}(1)}$ 对 KA1 的动作电流 $I_{\mathrm{op}(1)}$ 的倍数，即

$$n_1 = \frac{I'_{\mathrm{k}(1)}}{I_{\mathrm{op}(1)}} \tag{7-27}$$

式中，$I_{\mathrm{op}(1)}$ 为 KA1 的动作电流（已整定）。

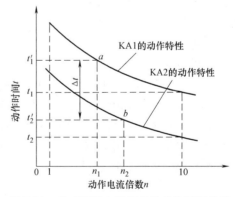

图 7-23 反时限过电流保护的动作时间整定

7）确定 KA1 的 10 倍动作电流的动作时间。根据 n_1 与 KA1 的实际动作时间 t'_1，从 KA1 的动作特性曲线的坐标图上找到其坐标点 a 点，则此点所在曲线的 10 倍动作电流的动作时

间 t_1 即为所求。如果 a 点在两条曲线之间，则只能从上、下两条曲线来粗略地估算其 10 倍动作电流的动作时间。

与定时限过电流保护装置相比，反时限过电流保护装置简单、经济，可用于交流操作，且能同时实现速断保护；缺点是动作时间的误差较大。

3. 过电流保护装置灵敏系数校验及提高灵敏系数的措施

（1）过电流保护装置灵敏系数校验　过电流保护整定时，要求在线路出现最大负荷时，该装置不会误动作；当线路发生短路故障时，则必须能够准确地启动，这就要求流过保护装置的最小短路电流必须大于其动作电流，通常需要对保护装置进行灵敏系数校验。

对于线路过电流保护，$I_{\mathrm{k.min}}$ 应取被保护线路末端在系统最小运行方式下的两相短路电流 $I_{\mathrm{k.min}}^{(2)}$，而 $I_{\mathrm{op}(1)} = (K_\mathrm{i}/K_\mathrm{w})I_{\mathrm{op}}$，因此，按规定过电流保护的灵敏系数必须满足的条件为

$$S_\mathrm{P} = \frac{K_\mathrm{w}I_{\mathrm{k.min}}^{(2)}}{K_\mathrm{i}I_{\mathrm{op}}} \geq 1.5 \quad (7\text{-}28)$$

当过电流保护作为后备保护时，如满足式（7-28）有困难，可以取 $S_\mathrm{P} \geq 1.2$。

如过电流保护灵敏系数达不到上述要求，可采用下述的低电压闭锁保护来提高灵敏系数。

（2）低电压闭锁的过电流保护

如图 7-24 所示的保护电路，低电压继电器 KV 通过电压互感器 TV 接在母线上，而 KV 的常闭触点则串入电流继电器 KA 的常开触点与中间继电器 KM 的线圈回路中。

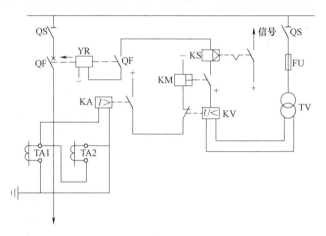

图 7-24　低电压闭锁的过电流保护

QF—高压断路器　TA—电流互感器　TV—电压互感器

KA—电流继电器　KM—中间继电器　KS—信号继电器

KV—低电压继电器　YR—跳闸线圈

在供电系统正常运行时，母线电压接近于额定电压，因此，低电压继电器 KV 的常闭触点是断开的。由于 KV 的常闭触点与 KA 的常开触点串联，所以，这时 KA 即使由于线路过负荷而动作，其常开触点闭合，也不致造成断路器误跳闸。正因为如此，凡有低电压闭锁的过电流保护装置的动作电流就不必按躲过线路最大负荷电流 $I_{\mathrm{L.max}}$ 来整定，而只需按躲过线路的计算电流 I_{30} 来整定。当然，保护装置的返回电流也应躲过计算电流 I_{30}。故此时过电流保护动作电流的整定计算公式为

$$I_{\mathrm{op}} = \frac{K_{\mathrm{rel}}K_\mathrm{w}}{K_{\mathrm{re}}K_\mathrm{i}}I_{30} \quad (7\text{-}29)$$

式（7-29）各系数的取值与式（7-23）相同。

从式（7-28）可知，减小 I_{op} 能提高保护的灵敏系数 S_P。

上述低电压继电器的动作电压按躲过母线正常最低工作电压 U_{min} 来整定，当然，其返回电压也应躲过 U_{min}。也就是说，低电压继电器在 U_{min} 时不动作，只有在母线电压低于 U_{min} 时才动作。因此低电压继电器动作电压的整定计算公式为

$$U_{\mathrm{op}} = \frac{U_{\mathrm{min}}}{K_{\mathrm{rel}}K_{\mathrm{re}}K_\mathrm{u}} \approx (0.57 \sim 0.63)\frac{U_\mathrm{N}}{K_\mathrm{u}} \quad (7\text{-}30)$$

式中，U_N 为线路额定电压；U_{min} 为母线最低工作电压，取 $(0.85 \sim 0.95)\ U_N$；K_{rel} 为保护装置的可靠系数，可取 1.2；K_{re} 为低电压继电器的返回系数，可取 1.25；K_u 为电压互感器的电压比。

四、中性点不接地系统的单相接地保护

1. 绝缘监察装置

在工厂变电所中常装设三组单相电压互感器或者一台三相五柱式电压互感器组成绝缘监察装置，如图 7-25 所示。在二次侧星形连接的绕组上接有三只电压表，以测量各相对地电压，另一个二次侧绕组接成开口三角形，接入电压继电器。正常运行时，三相电压对称，没有零序电压，过电压继电器不动作，不发出信号，三只电压表读数均为相电压。当三相系统任一相发生完全接地时，接地相电压为零，其他两相对地电压升高 $\sqrt{3}$ 倍，同时在开口三角上出现 100V 的零序电压，使电压继电器动作，发出故障信号。此时运行人员根据三只电压表上的电压指示判断故障相，但还不能判断是哪一条线路，可逐一短时断开线路来寻找。这种方法只适用于引出线不多，又允许短时停电的中小型变电所。

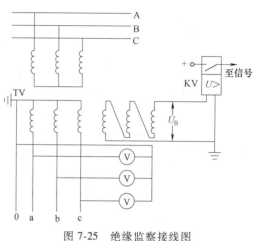

图 7-25 绝缘监察接线图

2. 单相接地保护

（1）单相接地保护装置的组成　单相接地保护是利用系统发生单相接地时所产生的零序电流来实现的。图 7-26 所示为架空线路的单相接地保护，一般采用由三个单相电流互感器同极性并联构成的零序电流互感器来实现。对于电缆，为了减少正常运行时的不平衡电流，都采用专门的零序电流互感器，套在电缆头处。当三相对称时，由于三相电流之和为零，零序电流互感器二次侧不会感应出电流，继电器不动作。当出现单相接地时，产生零序电流，从电缆头接地线流经电流互感器，在互感器二次侧产生感应电动势及电流，使继电器 KA 动作，发出信号。电缆头的接地线在装设时，必须穿过零序电流互感器铁心后接地，否则保护不起作用。

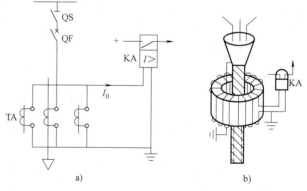

图 7-26 单相接地保护的零序电流互感器的结构和接线
a）架空线路用　b）电缆线路用

（2）单相接地保护动作电流的整定　对于架空线路，采用图 7-26a 的电路，电流继电器的整定值需要躲过正常负荷电流下产生的不平衡电流 I_{dq1} 和其他线路接地时在本线路上引起的电容电流 I_C，即

$$I_{op(E)} = K_{rel}(I_{dq1.k} + I_C/K_i) \tag{7-31}$$

式中，K_{rel} 为可靠系数，其值与动作时间有关。保护装置不带时限，可取 4~5，以躲过本身线路发生两相短路时所出现的不平衡电流；保护装置带时限，可取 1.5~2，这时，接地保护装置的动作时间应比相间短路的过电流保护动作时间大一个 Δt，以保证选择性；$I_{dq1.k}$ 为正常运行负荷电流不平衡时在零序电流互感器输出端出现的不平衡电流；I_C 为其他线路接地时，在本线路的电容电流，如是架空电路，$I_C \approx U_N l/350(\text{A})$；如是电缆线路 $I_C \approx U_N l/10(\text{A})$，其中 U_N 为线路额定电压（kV），l 为线路长度（km）；K_i 为零序电流互感器的电流比。

对于电缆电路，则采用图 7-26b 所示的电路，整定动作电流只需躲过本线路的电容电流 I_C 即可，因此

$$I_{op(E)} = K_{rel}I_C \tag{7-32}$$

（3）单相接地保护的灵敏系数 无论是架空还是电缆线路，单相接地保护的灵敏系数都应按被保护线路末端发生单相接地故障时流过接地线的不平衡电容电流来检验，灵敏系数必须满足的条件为

$$S_P = \frac{I_{C\Sigma} - I_C}{K_i I_{op}} \geq 1.2 \tag{7-33}$$

式中，$I_{C\Sigma}$ 为单相接地总电容电流；K_i 为零序电流互感器的电流比。

例 7-3 某高压线路的计算电流为 90A。线路末端的三相短路电流为 1300A。现采用 GL-15/10 型电流继电器组成两相电流差接线的相间短路保护。电流互感器的电流比为 315/5。试整定继电器的动作电流。

解： 根据 GL-5/10 型查手册，得 $K_{re} = 0.8$，取 $K_w = \sqrt{3}$，$K_{rel} = 1.3$，则 $I_{L.max} = 2I_{30} = 2 \times 90\text{A} = 180\text{A}$

$$I_{op} = \frac{K_{rel}K_w}{K_{re}K_i}I_{L.max} = \frac{1.3 \times \sqrt{3}}{0.8 \times 315/5} \times 180\text{A} = 8.04\text{A}$$

取 $I_{op} = 8\text{A}$。

例 7-4 某 10kV 电力线路如图 7-27 所示。已知 TA1 的电流比为 100/5，TA2 的电流比为 50/5。WL1 和 WL2 的过电流保护均采用两相两继电器式接线，继电器均为 GL-15/10 型。现 KA1 已经整定，其动作电流为 7A，10 倍动作电流的动作时限为 1s。WL2 的计算电流为 28A，WL2 首端 k-1 点的三相短路电流为 500A，其末端 k-2 点的三相短路电流为 160A。试整定 KA2 继电器（GL-15 型）的速断电流倍数，并检验其灵敏系数。

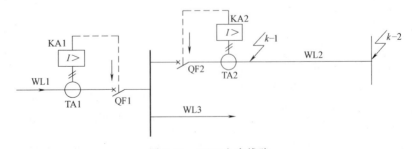

图 7-27 10kV 电力线路

解：（1）整定继电器 KA2 的动作电流

取 $I_{\text{L. max}} = 2I_{30} = 2 \times 28\text{A} = 56\text{A}$，$K_{\text{rel}} = 1.2$，$K_{\text{re}} = 0.85$，$K_{\text{i}} = 50/5$，$K_{\text{w}} = 1$，则

$$I_{\text{op}(2)} = \frac{K_{\text{rel}}K_{\text{w}}}{K_{\text{re}}K_{\text{i}}}I_{\text{L. max}} = \frac{1.2 \times 1}{0.85 \times 10} \times 56\text{A} = 7.9\text{A} \approx 8\text{A}$$

因此过电流保护的动作电流整定为 8A。

（2）过电流保护灵敏系数校验

KA2 保护的线路 WL2 末端 k-2 点在系统最小运行方式下的两相短路电流为

$$I_{\text{k. min}}^{(2)} = 0.866I_{\text{k. 2}}^{(3)} = 0.866 \times 160\text{A} = 139\text{A}$$

所以 KA2 的动作灵敏系数为

$$S_{\text{P}} = \frac{K_{\text{w}}I_{\text{k. min}}^{(2)}}{K_{\text{i}}I_{\text{op}}} = \frac{1 \times 139}{10 \times 8} = 1.73 \geq 1.5$$

满足灵敏系数要求。

【任务实施】

某机械厂 10kV 供电线路设有瞬时动作的速断保护装置（两相差式接线）和定时限的过电流保护装置（两相式接线）。每一种保护装置回路中都设有信号继电器，以区别断路器跳闸的原因。试根据前面项目选择的设备和计算的电流对保护装置进行整定计算。

姓名		专业班级		学号	
任务内容及名称					
1. 任务实施目的			2. 任务完成时间：1 学时		
3. 任务实施内容及方法步骤					
4. 分析结论					
指导教师评语（成绩）					
				年 月 日	

【任务总结】

通过本任务的学习，让学生能对工厂电力线路的继电保护有大体的了解和认识，并能分析继电保护装置的接线图，能够选择计算整定简单的继电保护装置，能够维修常用的保护继电器，为今后的实习和工作打好基础。

任务4　电力变压器的继电保护

【任务导读】

变压器是变配电系统中十分重要的设备，一般情况下运行较为可靠，故障率较低。但有时在运行中难免发生内部故障、外部故障及不正常工作状态。它的故障将对供电系统的正常运行带来严重的影响。

【任务目标】

1. 掌握变压器的气体保护。

2. 掌握变压器的电流速断保护和过电流保护。

3. 掌握变压器的过负荷保护。

4. 掌握变压器的低压侧单相接地保护。

【任务分析】

本任务要求学生掌握工厂电力变压器的几种保护方式，要完成这个任务必须会分析变压器继电保护的接线图，能够选择计算整定简单的继电保护装置，能够保养维修常用的保护继电器。

【知识准备】

变压器故障分为油箱内部故障和外部故障两种。内部故障指变压器油箱内绕组的相间短路、匝间短路和单相接地短路等。变压器油箱内部故障短路电流产生的电弧不仅破坏绕组绝缘，烧坏铁心，而且由于绝缘材料和变压器油的分解产生大量气体，压力增大，可能使油箱爆炸，产生严重的后果。外部故障指引出线上及绝缘套管的相间短路和接地短路等。变压器不正常工作状态主要有外部短路和过负荷引起的过电流，油箱内油面降低和油温升高超过规定值以及过电压或频率降低引起的过励磁等。考虑到变压器在电力系统中的重要地位及其故障和不正常工作状态可能造成的严重后果，电力变压器应按照其容量和重要程度装设相应的继电保护装置。

针对上述各种故障与不正常工作状态，变压器应根据情况装设下列保护。

1. 气体保护

它能反映（油浸式）变压器油箱内部故障和油面降低，瞬时动作于信号或跳闸。容量在320kVA以上的户内安装的油浸式变压器和800kVA以上的户外油浸式变压器都应装设气体保护。

2. 差动保护或电流速断保护

它能反映变压器内部故障和引出线的相间短路、接地短路，瞬时动作于跳闸，动作后应使变压器各电源侧的断路器跳开。

3. 过电流保护

它能反映变压器外部短路而引起的过电流，带时限动作于跳闸，可作为上述保护的后备保护，一般用于降压变压器。

4. 过负荷保护

它能反映过载而引起的过电流，一般作用于信号。对于无人值守的变电所，必要时可用于跳闸或自动切除一部分负荷。

一、变压器气体保护

1. 气体继电器

气体保护是反映油浸式变压器油箱内部气体状态和油位变化的保护。气体继电器安装在油箱与储油柜之间充满油的联通管内。在油浸式变压器油箱内绕组发生短路时，在短路点产生电弧，电弧的高温使变压器油分解产生瓦斯气体。瓦斯气体经联通管冲向储油柜，使气体继电器机械触点在压力的作用下动作。气体继电器动作分轻瓦斯和重瓦斯两种，轻瓦斯动作于信号，而重瓦斯动作于跳闸。

气体保护的测量元件是气体继电器。为便于气流顺利通过气体继电器，变压器的顶盖与水平面间应有 1%~1.5% 的坡度，连接管道应有 2%~4% 的坡度。气体继电器的型式较多，FJ_3-80 型气体继电器的结构如图 7-28 所示。变压器正常运行时，油杯侧产生的力矩与平衡锤所产生的力矩相平衡。挡板处于垂直位置，干簧触点断开。若油箱内发生轻微故障，产生的瓦斯气体较少，气体慢慢上升，并聚积在气体继电器内。当气体积聚到一定程度时，气体的压力使油面下降，油杯侧的力矩大大超过平衡锤所产生的力矩，因此，油杯绕支点转动，使上部干簧触点闭合，发出轻瓦斯动作信号。若油箱内发生严重的故障，会产生大量的瓦斯气体，再加上油膨胀，使油箱内压力增大，迫使变压器油迅猛地从油箱冲向储油柜。在油流的冲击下，继电器下部挡板被掀起，带动下部干簧触点闭合，接通跳闸回路，使断路器跳闸。

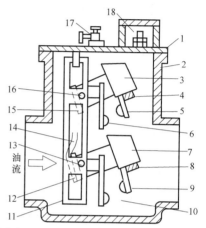

图 7-28　FJ_3-80 型气体继电器的结构示意图

1—盖　2—容器　3—上油杯　4—永久磁铁
5—上动触点　6—上静触点　7—下油杯
8—永久磁铁　9—下动触点　10—下静触点
11—支架　12—下油杯平衡锤　13—下油杯转轴
14—挡板　15—上油杯平衡锤　16—上油杯转轴
17—放气阀　18—接线盒

如果变压器油箱漏油，使气体继电器的上油杯油面下降，先发出报警信号，随着继电器的下油杯油面下降，使断路器跳闸回路接通，并发出跳闸信号。

2. 气体保护的接线

气体保护的接线如图 7-29 所示。由于气体继电器的下部触点在发生重瓦斯时有可能接触不稳定，影响断路器可靠跳闸，故利用中间继电器 KM 的一对常开触点构成"自保持"动作状态，而另一对常开触点接通跳闸回路。当跳闸完毕时，中间继电器失电返回。

气体继电器可以反映变压器油箱内部一切故障，包括漏油、漏气、油内有

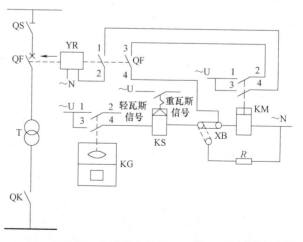

图 7-29　变压器气体保护原理接线图

KG—气体继电器　KS—信号继电器　KM—中间继电器
QF—断路器　YR—跳闸线圈　XB—连接片　T—电力变压器

气、匝间故障和绕组相间短路等，其动作迅速、灵敏而且结构简单、价格便宜。但是，它不能反映油箱外部电路的故障，所以不能作为变压器唯一的保护装置。另外，气体继电器也易在一些外界因素的干扰下误动作，必须认真安装，精心维护，尽可能消除误动作。

二、变压器电流速断保护

当变压器的过电流保护动作时限大于 0.5s 时，必须装设电流速断保护。变压器电流速断保护的速断电流的整定计算公式与电力线路的电流速断保护的整定计算公式基本相同，只是式（7-19）中的 $I_{k.max}$ 应取低压母线三相短路电流周期分量有效值换算到高压侧的电流值，即变压器电流速断保护的动作电流应躲过低压母线三相短路电流。

变压器速断保护的灵敏系数，按变压器高压侧在系统最小运行方式时发生两相短路的短路电流 $I_k^{(2)}$ 来校验，要求 $S_P \geqslant 1.5$。

变压器的电流速断保护，与电力线路的电流速断保护一样，也有死区（不能保护变压器的全部绕组）。弥补死区的措施，也是配备带时限的过电流保护。

三、变压器的过电流保护

变压器的过电流保护无论定时限保护还是反时限保护，其电路组成和原理都与线路过电流保护完全相同，变压器过电流保护的动作电流整定计算公式也与电力线路过电流保护基本相同，只是式（7-22）中 $I_{L.max}$ 应取为 $(1.5 \sim 3)I_{1N.T}$，这里的 $I_{1N.T}$ 为变压器的额定一次电流。

变压器过电流保护的动作时限也按"时限阶梯性原则"整定，要求与线路保护一样。但对于 $(6 \sim 20)/0.4kV$ 配电变压器，属于供电系统终端，其过电流保护的动作时限可整定为 0.5s 或与变压器二次侧的速断保护或其他保护相配合，取一个时限阶梯 0.5s。

变压器过电流保护的灵敏系数，按变压器低压侧母线在系统最小运行方式时发生两相短路换算到高压侧的电流值来校验。其灵敏系数的要求也与线路过电流保护相同，即 $S_P \geqslant 1.5$；当作为后备保护时，可以取 $S_P \geqslant 1.2$。

四、变压器过负荷保护

变压器的过负荷保护反映变压器对称过负荷引起的过电流保护。用一个电流继电器接于一相电流，经延时动作于信号。过负荷保护的安装侧应根据保护能反映变压器各侧绕组可能过负荷的情况来选择。

1）对双绕组升压变压器，装于发电机电压侧（主要用于电力系统）。

2）对一侧无电源的三绕组升压变压器，装于发电机电压侧和无电源侧，主要用于电力系统。

3）对三侧有电源的三绕组升压变压器，三侧均应装设，主要用于电力系统。

4）对于双绕组降压变压器，装于高压侧，主要用于供配电系统。

5）仅一侧有电源的三绕组降压变压器，若三侧绕组的容量相等，只装于电源侧；若三侧绕组的容量不等，则装于电源侧及绕组容量较小侧，主要用于供配电系统。

6）对两侧有电源的三绕组降压变压器，三侧均应装设，主要用于供配电系统。

装于各侧的过负荷保护均经过同一时间继电器作用于信号。

过负荷保护的动作电流应按躲开变压器的额定一次电流整定，即

$$I_{\text{op.}2} = \frac{(1.2 \sim 1.3)I_{\text{1N.T}}}{K_{\text{i}}} \tag{7-34}$$

为了防止过负荷保护在外部短路时误动作，其时限应比变压器的后备保护动作时限大一个 Δt 或稍大一点，一般取 $10 \sim 15\text{s}$。

图 7-30 所示为变压器电流速断保护、过电流保护及过负荷保护的综合原理图。其中，KA1、KA2 构成过电流保护，KA3、KA4 构成电流速断保护，KA5 构成过负荷保护。

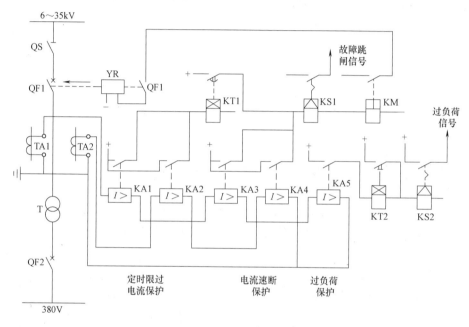

图 7-30　变压器的电流速断保护、过电流保护和过负荷保护综合原理图

五、变压器低压侧单相接地保护

变压器低压侧的单相短路保护，可采取下列措施之一。

1. 低压侧装设三相均带过电流脱扣器的低压断路器

这种低压断路器既可作为低压侧的主开关，操作方便，便于自动投入，提高供电可靠性，又可用来保护低压侧的相间短路和单相短路。因此在低压配电保护电路中得到广泛的应用。

2. 低压侧三相装设熔断器保护

这种措施既可以保护变压器低压侧的相间短路，也可以保护单相短路。但由于熔断器熔断后更换熔体需要一定的时间，所以，主要适用于供电要求不太重要的小容量变压器。

3. 在变压器中性点引出线上装设零序过电流保护

图 7-31 所示为变压器的零序过电流保护原理接线图。这种零序过电流保护的动作电流，按躲过变压器低压侧最大不平衡电流来整定，其整定计算公式为

$$I_{op(0)} = \frac{K_{rel}K_{dsq}}{K_i}I_{2N.T} \qquad (7-35)$$

式中　$I_{2N.T}$ 为变压器的额定二次电流；K_{dsq} 为不平衡系数，一般取 0.25；K_{rel} 为可靠系数，一般取 1.2～1.3；K_i 为零序电流互感器的电流比。

零序过电流保护的动作时间一般取 0.5～0.7s。

零序过电流保护的灵敏系数按低压侧干线末端发生单相短路来校验，即

$$S_P = \frac{I_{k.min}^{(1)}}{K_i I_{op(0)}} \geq 1.2 \sim 1.5 \qquad (7-36)$$

式中，$I_{k.min}^{(1)}$ 为低压干线末端最小单相短路电流（kA）。

对架空线 $S_P \geq 1.5$，对电缆线 $S_P \geq 1.2$，该保护灵敏系数较高，但不经济，一般较少采用。

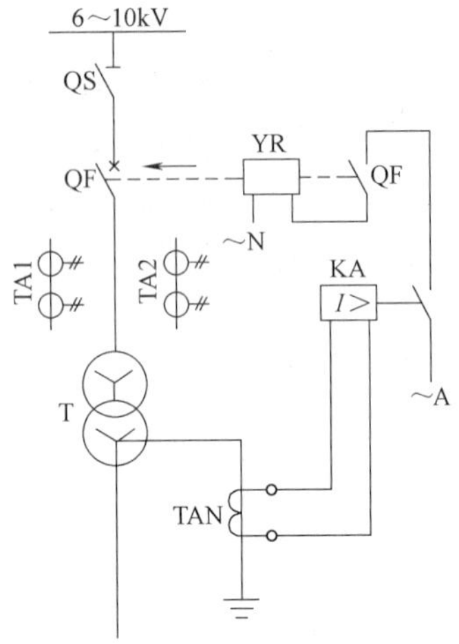

4. 采用两相三继电器式接线或三相三继电器式接线的过电流保护

如图 7-32 所示，这两种接线方式既能实现相间短路保护，又能实现对变压器低压侧的单相短路保护，且保护灵敏系数比较高。

图 7-31　变压器的零序过电流保护原理接线图

QF—高压断路器　KA—电流断电器
YR—断路跳闸线圈　TNA—零序电流互感器

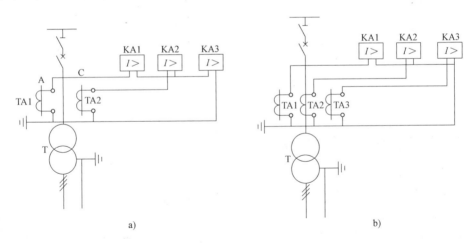

a)　　　　　　　　　　b)

图 7-32　适用于变压器低压侧单相短路保护的两种接线方式

a）两相三继电器式　b）三相三继电器式

这里必须指出，通常作为变压器保护的两相两继电器式接线和两相一继电器式接线均不宜作为低压单相短路保护。

六、变压器的差动保护

变压器的差动保护是变压器的主保护，用来反映变压器绕组、引出线及套管上两侧电流

的差值而动作的保护装置，其保护区在变压器一、二次侧所装电流互感器之间。变压器速断保护可瞬时切除变压器故障，但因动作电流整定值较大，往往不够灵敏，并且有"死区"，虽然过电流保护可以弥补"死区"，但动作时限又较长。为此，对于容量较大、所处位置又很重要的变压器，应采用差动保护代替电流速断保护。差动保护分纵联差动和横联差动两种形式，纵联差动保护用于单回路，横联差动保护用于双回路。这里讲的变压器差动保护是纵联差动保护（简称纵差保护）。

1. 变压器差动保护的基本原理

图 7-33 为变压器纵联差动保护的单相原理电路图。在变压器正常运行及差动保护区外部故障，如 k-1 点短路时，由于流入继电器线圈里的电流为零，继电器 KA 不动作。而在差动保护区内发生短路，如 k-2 点短路时，对于单侧供电的变压器 $I_2'' = 0$，则流入继电器线圈的电流 $I_{KA} = I_1''$，当超过继电器动作电流整定值时，KA 瞬时动作，并通过中间继电器 KM 使两侧断路器跳闸，由信号继电器 KS1 和 KS2 发出信号。

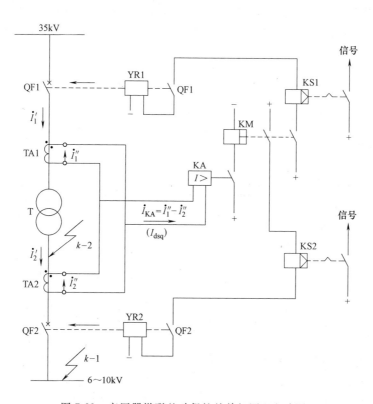

图 7-33 变压器纵联差动保护的单相原理电路图

2. 不平衡电流的产生及防止或减少措施

通过对变压器差动保护工作原理的分析可知，为了防止保护误动作，必须使差动保护的动作电流大于最大的不平衡电流。而为了提高差动保护的灵敏系数，又必须设法减小不平衡电流。因此，分析变压器差动保护中不平衡电流产生的原因及其减小或消除的措施十分必要。

（1）不平衡电流产生的原因

1）两侧电流互感器的型号不同，特性不一致。

2）两侧电流互感器的电流比不同，或在运行中改变了变压器的电压比。

3）变压器的励磁涌流。

4）变压器各绕组接线方式不同。

（2）防止或减少不平衡电流的措施

1）保护延时 1s 动作，躲过励磁涌流峰值。

2）提高保护整定值躲过励磁涌流。

3）利用励磁涌流中的非周期分量助磁，使铁心饱和，以躲过励磁涌流的影响，如采用 FB-1 型速饱和变流器和 BCH 型差动继电器等。

4）利用鉴别励磁涌流间断角和涌流二次谐波制动或直流分量制动的原理组成能躲过励磁涌流的半导体差动继电器。

5）对于 Yd11 联结的变压器，因两侧电流存在 30° 的相位差，而产生差电流流入继电器，对此可采用相位补偿的方法来消除这种不平衡电流的影响。通常采用将变压器星形侧的电流互感器接成三角形，而将变压器三角形侧的电流互感器接成星形，在考虑连接方式后可将相位修正过来，其补偿原理接线图如图 7-34 所示。

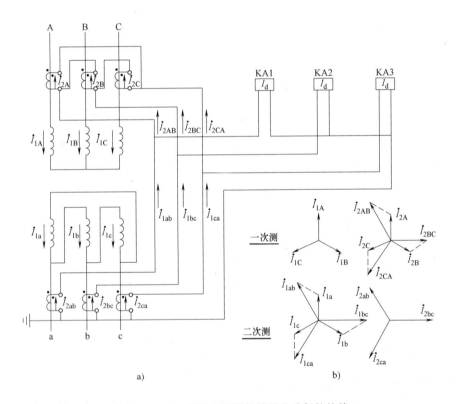

图 7-34　Yd11 联结变压器的纵联差动保护接线

a）两侧电流互感器的接线　b）电流相量分析（设变压器和互感器的匝数比均为 1）

3. 变压器差动保护动作电流的整定

变压器差动保护的动作电流 $I_{op(d)}$ 应满足以下三个条件。

1）应躲过变压器差动保护区外短路时出现的最大不平衡电流 $I_{dsq.\,max}$，即

$$I_{op(d)} = K_{rel}I_{dsq.\,max} \tag{7-37}$$

式中，K_{rel} 为可靠系数，可取 1.3。

2）应躲过变压器的励磁涌流，即

$$I_{op(d)} = K_{rel}I_{1N.\,T} \tag{7-38}$$

式中，$I_{1N.\,T}$ 为变压器的额定一次电流；K_{rel} 为可靠系数，可取 1.3~1.5。

3）动作电流应大于变压器的最大负荷电流，防止在电流互感器二次回路断线且变压器处于最大负荷时，差动保护误动作，因此

$$I_{op(d)} = K_{rel}I_{L.\,max} \tag{7-39}$$

式中，$I_{L.\,max}$ 为最大负荷电流，取 $(1.2~1.3)I_{1N.\,T}$；K_{rel} 为可靠系数，取 1.3。

例 7-5　某炼油厂车间变电所装有一台 10kV/0.4kV，1000kVA 的电力变压器。已知变压器低压母线三相短路电流 $I_k^{(3)} = 14kA$。高压侧继电保护用电流互感器的电流比为 100/5，继电器采用 GL-15/10 型，接成两相两继电器式，试整定该继电器过电流保护的动作电流、动作时间及速断电流倍数。

解：（1）过电流保护动作电流的整定

取 $K_{rel} = 1.3$，$K_{re} = 0.8$，$K_i = 100/5 = 20$，$K_w = 1$

$$I_{L.\,max} = 2I_{1N.\,T} = 2 \times 1000kVA/(\sqrt{3} \times 10kV) = 115.5A$$

则

$$I_{op} = \frac{K_{rel}K_w}{K_{re}K_i}I_{L.\,max} = \frac{1.3 \times 1}{0.8 \times 20} \times 115.5A = 9.4A$$

因此动作电流整定为 9A。

（2）过电流保护动作时间整定

考虑到车间变电所为系统终端变电所，因此过电流保护的 10 倍动作电流的动作时间整定为 0.5s。

（3）速断电流倍数整定

取 $K_{rel} = 1.5$，$I_{k.\,max} = 14kA \times 0.4/10 = 560A$

$$I_{qb} = \frac{K_{rel}K_w}{K_i}I_{k.\,max} = \frac{1.5 \times 1}{20} \times 560A = 42A$$

因此速断电流倍数整定为

$$n_{qb} = \frac{I_{qb}}{I_{op}} = \frac{42}{9} = 4.7$$

【任务实施】

机械厂采用 S9-10/0.4kV，2500kVA 的电力变压器。试根据前面的项目计算出来的短路电流确定该变压器的保护方案并整定。

姓名		专业班级		学号	
任务内容及名称					
1. 任务实施目的			2. 任务完成时间:1 学时		
3. 任务实施内容及方法步骤					
4. 分析结论					
指导教师评语(成绩)					
					年　月　日

【任务总结】

通过本任务的学习,让学生能够熟悉工厂电力变压器的继电保护方式和原理,能够选择计算整定简单的继电保护装置,能够维修常用的保护继电器,为今后的实习和工作打好基础。

任务 5　高压电动机的继电保护

【任务导读】

高压电动机在运行过程中,可能会出现各种故障或不正常运行状态,如定子绕组相间短路,单相接地故障,电动机过负荷,同步电动机失磁、失步以及供配系统电压和频率降低而使电动机转速下降等。这些故障或不正常运行状态,若不及时发现和处理,将会引起电动机的损坏,并使供电回路电压进一步显著降低,因此,必须装设相应的保护装置。

【任务目标】

1. 掌握高压电动机的相间短路保护。

2. 掌握高压电动机的过负荷保护。

3. 掌握高压电动机的纵差保护。

4. 掌握高压电动机的单相接地保护。

5. 掌握高压电动机的低电压保护。

【任务分析】

本任务要求学生能掌握工厂高压电动机的几种保护方式,要完成这个任务必须能分析高压电动机继电保护装置的接线图,能够选择计算整定简单的继电保护装置,能够维修保养常用的保护继电器。

【知识准备】

继电保护规程规定,对于容量 2000kW 以上的电动机或容量小于 2000kW,但有 6 个引出线的重要电动机，应装设纵差保护。对于一般电动机，应装设两相电流速断保护，以便尽快切除故障电动机。对于不重要的电动机或不允许自起动的电动机，应装设低电压保护。高压电动机单相接地电流大于 5A 时，应装设有选择性的单相接地保护；当单相接地电流小于 5A 时，可装设接地监视装置；单相接地电流为 10 A 及以上时保护装置动作于跳闸；而 10 A 以下时可动作于信号。

一、电动机的相间短路保护

电动机的相间短路是电动机最严重的故障，它会使电动机严重烧损，因此，应迅速切除故障。容量在 2000kW 以下的电动机，广泛采用电流速断作为电动机相间短路的主保护。电动机的电流速断保护常采用电流互感器的两相差接线，当灵敏系数要求较高时，可采用两相不完全星形联结，如图 7-35 所示。

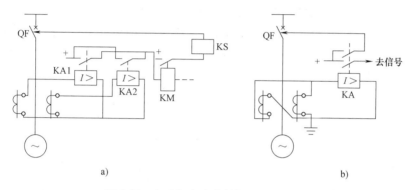

图 7-35　电动机电流速断保护原理接线图
a) 两相式接线　b) 两相差式接线

电动机电流速断保护的动作电流应按躲过高压电动机的最大起动电流来整定，其整定值应满足

$$I_{qb} = \frac{K_{rel} K_w}{K_i} I_{st.max} \tag{7-40}$$

式中，K_{rel} 为保护装置的可靠系数，采用 DL 型电流继电器时取 1.4~1.6，采用 GL 型电流继电器时取 1.8~2。

电动机电流速断保护的灵敏系数可按下式校验

$$S_P = \frac{I_{k.min}^{''(2)}}{I_{qb}} = \frac{\sqrt{3}/2\, I_{k.min}^{''(3)}}{I_{qb}} \geqslant 2 \tag{7-41}$$

式中，$I_{k.min}^{''(3)}$ 为系统在最小运行方式下，电动机端子上最小三相短路次暂态电流值。

二、电动机的过负荷保护

对于容易发生过载的电动机以及在机械负载情况下不允许起动或不允许自起动的电动机，均应装设过负荷保护。据电动机允许的过热条件，电动机的过负荷保护应当具有反时限特性，过负荷倍数越大，允许过负荷的时间越短。当出现过负荷时，经整定延时保护装置发出警告信号，以便运行人员及时减负荷或者将电动机从电路中切除。

其动作电流的整定公式为

$$I_{op(oL)} = \frac{K_{rel}K_w}{K_{re}K_i}I_{N.M}$$

(7-42)

式中，$I_{N.M}$ 为电动机的额定电流；K_{rel} 为保护装置的可靠系数，对 GL 型电流继电器时，取 1.3；K_{re} 为继电器的返回系数，一般为 0.8。

电动机过负荷保护动作时间应大于被保护电动机的起动与自起动时间 t_{st}，但不应超过电动机过负荷允许持续时间，一般可取 $10 \sim 15s$。

三、高压电动机的纵差保护

高压电动机的纵差保护大多采用电流互感器的两相不完全星形联结，由两个 BCH-2 型差动继电器或两个 DL-11 型电流继电器组成。当电动机容量在 5000kW 以上时，采用电流互感器的三相完全星形联结，如图 7-36 所示。电动机在起动时也会有励磁涌流产生，并产生不平衡电流。对于采用 DL-11 型继电器构成的纵差保护，可用 0.1s 的延时来躲过起动时励磁涌流的影响；对于由 BCH-2 型差动继电器构成的差动保护，可利用速饱和变流器及短路线圈的作用来消除电动机起动时产生的励磁涌流影响。

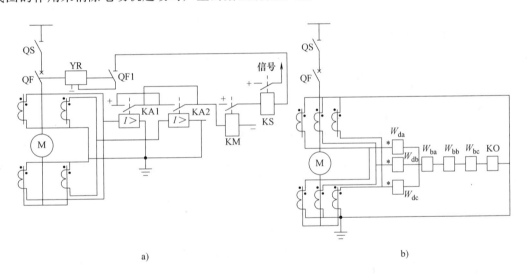

图 7-36 电动机纵差保护原理接线图

a) 采用 DL 型电流继电器两相式接线 b) 采用 BCH-2 型差动继电器三相式接线

差动保护的动作电流 $I_{op(d)}$，应按躲过电动机额定电流 $I_{N.M}$ 来整定，整定计算的公式为

$$I_{op(d)} = \frac{K_{rel}}{K_i}I_{N.M}$$

(7-43)

式中，K_{rel} 为可靠系数，对 BCH-2 型继电器，取 1.3；对 DL 型电流继电器，取 $1.5 \sim 2$。

保护装置灵敏系数按下式校验

$$S_P = \frac{K_w I_{k.min}^{''(2)}}{K_i I_{op(d)}} \geq 2$$

(7-44)

四、高压电动机的单相接地保护

如图 7-37 所示，单相接地保护的动作电流 $I_{op(E)}$ 按躲过保护区外（即零序电流互感器以前）发生单相接地故障时流过零序电流互感器的电动机本身及其配电电缆的电容电流 $I_{C.M}$ 计算，即整定公式为

$$I_{op(E)} = K_{rel}I_{C.M}/K_i \tag{7-45}$$

式中，K_{rel} 为保护装置的可靠系数，取 4～5；K_i 为电流互感器的电流比。

也可按保护的灵敏系数 S_P（一般取 1.5）来近似地整定，即

$$I_{op(E)} = \frac{I_C - I_{C.M}}{K_i S_P} \tag{7-46}$$

式中，I_C 为与高压电动机定子绕组有电联系的整个电网的单相接地电容电流；$I_{C.M}$ 为被保护电动机及其配电电缆的电容电流，在此可略去不计。

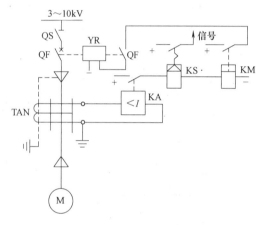

图 7-37　高压电动机的单相接地保护原理接线图

KA—电流继电器　KS—信号继电器　KM—中间继电器　TAN—零序电流互感器

五、高压电动机的低电压保护

1. 低电压保护装设的原则

电动机低电压保护是电动机的一种辅助保护，其目的是保证重要电动机顺利自起动和保护不允许自起动的电动机不再自起动。

1）在电源电压暂时下降后又恢复时，为了保证重要电动机此时能顺利自起动，对不重要的电动机和不允许自起动的电动机，应装设起动电压为（60%～70%）U_N，且时限为 0.5～1.5s 的低电压保护，保护动作于跳闸。

2）由于生产工艺、技术或安全要求，不允许失电后又自起动的电动机；应装设起动电压为（40%～50%）U_N，且时限为 5～10s 的低电压保护，保护动作于跳闸。

2. 低电压保护装置应满足的基本要求

1）母线三相电压均下降到保护整定值时，保护装置应可靠起动，并闭锁电压回路断线信号装置，以免误发信号。

2）当电压互感器二次侧熔断器一相、两相或三相同时熔断时，低电压保护不应误

动作。

3）母线三相电压均下降到（60% ~ 70%）U_N时，保护装置应可靠动作，以 0.5 ~ 1.5s 的延时切除不重要的或不允许自起动的电动机；当电压继续下降到（40% ~ 50%）U_N时，保护装置以 5 ~ 10s 的延时切除重要电动机或不允许失电后又自起动的电动机。

4）电压互感器一次侧隔离开关断开时，低电压保护应予闭锁，以免保护装置误动作。

3. 低电压保护动作值的整定

低电压保护动作值按下式整定

$$U_{op} = \frac{U_N}{K_V}\sqrt{\frac{M_{max}/M_N}{M_{N.max}/M_N}} \tag{7-47}$$

式中，M_{max}为电压为U_{op}时，电动机的最大转矩；M_N为额定电压U_N时，电动机的额定转矩；$M_{N.max}$为额定电压U_N时，电动机的最大转矩；$M_{N.max}/M_N$为电动机最大转矩倍数，一般为 1.8 ~ 2.2；U_N为电动机的额定电压；K_V为电压互感器的电压比。

保护装置的动作时限为：当上级变电所馈出线装有电抗器时，应比本变电所其他馈出线短路保护大一个时限；当上级变电所馈出线未装电抗器时，一般比上级变电所馈出线短路保护大一个时限。一般低电压保护动作时限取 0.5 ~ 1.5s。

对于需要自起动，但根据保安条件在电源电压长时间消失后，需从电网自动断开的电动机，其低电压保护装置的整定电压一般为额定电压的 50%，动作时限一般为 5 ~ 10s。

【任务实施】

试说明高压电动机什么情况下应装设纵差保护，什么情况下装设电流速断保护，什么情况下装设低电压保护。

姓名		专业班级		学号	
任务内容及名称					
1. 任务实施目的			2. 任务完成时间：1 学时		
3. 任务实施内容及方法步骤					
4. 分析结论					
指导教师评语（成绩）					
				年 月 日	

【任务总结】

通过本任务的学习，让学生熟悉高压电动机继电保护的相关知识，并能分析继电保护装置的接线图，能够选择计算整定简单的继电保护装置，为今后的实习和工作打好基础。

项目实施辅导

通过前面的探究，我们掌握了供配电系统保护的作用、基本原理及要求。

一、供配电系统的保护

供配电系统中实现保护功能有两种途径：

1）使用熔断器或断路器作为保护电器，实现短路和严重的过负荷保护。

2）使用继电器构成继电保护装置实现对各种故障和不正常运行状态的保护。这时，继电器应接于电流互感器的二次绕组中，以便于高压侧隔离，并能在低电压、小电流情况下工作，因此，继电保护装置属于供配电系统的二次回路设备。

特此说明：①各变压器主进开关设 0.4s 短路短延时和长延时过电流保护，短延时整定电流为脱扣器电流的 4 倍，长延时整定电流为脱扣器电流的 1 倍；②母联开关设 0.3s 短路短延时和长延时过电流保护，短延时整定电流为脱扣器电流的 6 倍，长延时整定电流为脱扣器电流的 1 倍；③各回路继电保护的整定值及整定时间可根据现场实际情况进行调整。

二、主变压器保护

电力变压器是电力系统中大量使用的重要电气设备，它的故障对供电可靠性和系统的正常运行带来严重后果；同时大容量变压器也是非常贵重的元器件。因此，必须根据变压器的容量和重要程度装设性能良好、动作可靠的保护。

根据 GB/T 50062—2008《电力装置的继电保护和自动装置设计规范》，对电力变压器的下列故障及异常运行方式应装设相应的保护装置：

1）绕组及其引出线的相间短路和在中性点直接接地侧的单相接地短路。

2）绕组的匝间短路。

3）外部相间短路引起的过电流。

4）中性点直接接地电力网中外部接地引起的过电流及中性点过电压。

5）过负荷。

6）油面降低。

7）变压器温度升高或油箱压力升高或冷却系统故障。

在本设计中，变压器的容量为 2500kVA，小于 6300kVA，根据规程规定需装设气体保护、电流速断保护、过电流保护和过负荷保护。

（一）气体保护

气体保护又称气体继电保护，是保护油浸式电力变压器内部故障的一种基本的保护装置。气体保护的主要元器件是气体继电器，它装设在变压器的油箱与储油柜之间的联通管上。

当变压器油箱内部发生轻微故障时，由故障产生的少量气体慢慢升起，进入气体继电器的容器，并由上而下地排出其中的油，使油面下降，上油杯因其中盛有残余的油而使力矩大于另一端平衡锤的力矩而降落。这时上触点接通从而接通信号回路，发出音响和灯光信号，这称为"轻瓦斯动作"，轻瓦斯保护动作于信号。

当变压器油箱内部发生严重故障时，由故障产生的气体很多，带动油流迅猛地由变压器油箱通过联通管进入储油柜。这大量的油气混合体在经过气体继电器时冲击挡板，使下油杯下降。这时下触点接通跳闸回路（通过中间继电器），同时发出音响和灯光信号（通过信号继电器），这称为"重瓦斯动作"，重瓦斯保护动作于跳开电源侧断路器。

变压器气体动作保护后，可由蓄积于气体继电器内的气体性质来分析和判断故障的原因及处理要求，见表7-3。

表 7-3 气体继电器动作后的气体性质分析和处理要求

气 体 性 质	故 障 原 因	处 理 要 求
无色、无臭、不可燃	变压器内含有空气	允许继续运行
灰白色、有剧臭、可燃	纸质绝缘烧毁	应立即停电检修
黄色、难燃	木质绝缘烧毁	应停电检修
深灰色或黑色、易燃	油内闪络，油质碳化	应分析油样，必要时停电检修

（二）主变压器保护的计算

变压器各点的短路电流如下：

$$I_{k.\,max1}^{(3)} = 16.18\text{kA} \qquad I_{k.\,max2}^{(3)} = 93.51\text{kA}$$

$$I_{k.\,min1}^{(3)} = 16.18\text{kA} \qquad I_{k.\,min2}^{(3)} = 52.55\text{kA}$$

注：k_1 点为变电所高压侧的短路计算点，此处短路电流的计算值与系统参数和进线侧线路阻抗相关，与变压器的运行方式无关，所以最大运行方式与最小运行方式下，k_1 点的短路电流计算值相同。

1. 电流速断保护

变压器的电流速断保护是反映电流增大而瞬时动作的保护，用于相间短路保护，接线简单，动作可靠，切除故障快，但不能保护线路全长。保护范围受系统运行方式变化的影响较大。

对于本项目中的变压器，根据其容量的大小，可以在其电源侧装设电流速断保护而不设变压器纵联差动保护。采用电磁型继电器对变压器进行继电保护。

（1）确定保护装置的接线方式　由于变压器一次侧为中性点不接地系统，因此速断保护采用二互感器二继电器不完全星形联结，如图7-38所示，其对单相接地的误动作率低。此时接线系数 $K_w = 1$。

（2）确定电流互感器的电流比　首先求出变压器的一次额定电流

$$I_{1N.\,T} = \frac{S_{N.\,T}}{\sqrt{3}\,U_N} = \frac{2500}{\sqrt{3} \times 10}\text{A} = 144.3\text{A}$$

然后可求出线路上的最大负荷电流为

$$I_{L.\,max} = 1.5 I_{1N.\,T} = 1.5 \times 144.3\text{A} = 217\text{A}$$

即可由互感器的10%误差曲线，或根据经验取值法，得电流互感器的电流比

$$K_i = (1.5 \sim 2) I_{L.\,max} / 5$$

取 $K_i = 400/5 = 80$

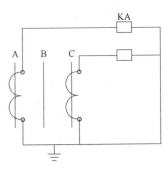

图 7-38 电流互感器的不完全星形联结

（3）保护装置原理接线图 电路如图 7-39 所示。

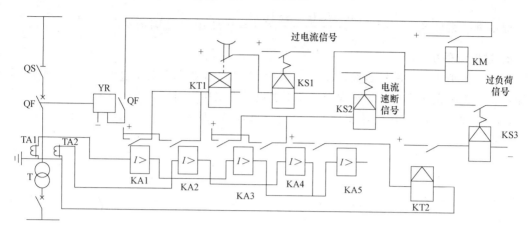

图 7-39 变压器的定时限过电流保护、电流速断保护和过负荷保护的综合电路

QS—高压隔离开关 QF—高压断路器 TA—电流互感器 T—电力变压器 YR—跳
闸线圈 KA—电流继电器 KT—时间继电器 KM—中间继电器 KS—信号继电器

（4）电流速断保护整定计算

1）保护装置的动作电流整定。电流速断保护的动作电流应躲过系统最大运行方式时，
变压器二次侧三相短路电流，即一次侧动作电流为

$$I_{op.1} = K_{rel} I_{k.max2}^{'(3)}$$

式中，K_{rel} 为可靠系数，电磁型继电器取 1.3，感应型继电器取 1.5；$I_{k.max2}^{'(3)}$ 为最大运行方式
下，变压器的二次侧三相短路在一次侧的穿越电流

$$I_{k.max2}^{'(3)} = \frac{U_{C2}}{U_{C1}} \times I_{k.max2}^{(3)}$$

一次侧动作电流

$$I_{op.1} = K_{rel} I_{k.max2}^{'(3)} = 1.3 \times 93.51 \times 1000 \times \frac{0.4}{10} A = 4863A$$

继电器的动作电流为

$$I_{op.k} = \frac{K_{rel} K_w}{K_i} I_{k.max2}^{'(3)} = \frac{4863}{80} A = 60.8A$$

为便于继电器的整定，取继电器整定值 $I_{op.k} = 65A$，则一次侧的实际动作电流为
$I_{op.1} = 5200A$。

2）灵敏系数校验。电流速断保护灵敏系数用系统最小运行方式时，主变压器一次侧
（10kV）两相短路电流稳态值来校验。灵敏系数校验点设在被保护变压器的一次侧。校验条
件为

$$S_P = \frac{I_{k.min.1}^{(2)}}{I_{op.1}} \geq 1.5$$

式中，$I_{k.min.1}^{(2)}$ 为最小运行方式下，主变压器一次侧两相短路电流，

$$I_{k.min.1}^{(2)} = \frac{\sqrt{3}}{2} I_{k.min.1}^{(3)}$$

S_P 为电流速断保护的灵敏系数。

保护灵敏系数 $S_P = \dfrac{I_{k.min.1}^{(2)}}{I_{op.1}} = \dfrac{0.87 \times 16.18 \times 1000}{5200} = 2.71 \geqslant 1.5$，满足要求。

2. 过电流保护

过电流保护用于相间短路保护，分为定时限过电流保护和反时限过电流保护。变压器过电流保护装置装设在变压器的一次侧。在本次设计中采用定时限过电流保护。

（1）保护装置的动作电流整定　一次侧动作电流即 $I_{op.1}$ 大于变压器的最大负荷电流 $I_{L.max}$ 整定，即

$$I_{op.1} = \frac{K_{rel}}{K_{re}} I_{L.max}$$

式中，K_{rel} 为可靠系数，电磁型继电器取 1.2，感应型继电器取 1.3；K_{re} 为返回系数，取 0.95。

过电流保护继电器动作电流 $I_{op.k}$ 为

$$I_{op.k} = \frac{K_{rel} K_w}{K_{re} K_i} I_{L.max}$$

即保护一次侧动作电流为

$$I_{op.1} = \frac{K_{rel}}{K_{re}} I_{L.max} = \frac{1.2}{0.85} \times 217A = 306.4A$$

继电器动作电流为

$$I_{op.k} = \frac{K_{rel} K_w}{K_{re} K_i} I_{L.max} = \frac{1.2 \times 1}{0.85 \times 80} \times 217A = 3.83A$$

为便于继电器整定，取继电器整定值为 $I_{op.k} = 4.0A$，则一次侧的实际动作电流为 $I_{op.1} = 80 \times 4A = 320A$。

（2）保护装置的动作时限整定　对于电磁型继电器，保护时限的阶梯为 0.5s；对于感应型继电器，保护时限的阶梯为 0.7s。

变压器过电流动作时限应与下一级保护动作时限配合，一般取 0.5 ~ 0.7s，则保护装置的动作时间为 $t_1 = t_2 + \Delta t = 0.5s + 0.5s = 1.0s$。

（3）灵敏系数校验　灵敏系数校验点设在主变压器的二次侧，用系统最小运行方式时，主变压器二次侧两相短路电流稳态值来校验，即

$$S_P = \frac{I_{k.min.2}^{'(2)}}{I_{op.1}} \geqslant 1.5$$

式中，$I_{k.min.2}^{'(2)}$ 为最小运行方式下，主变压器二次侧两相短路时在一次侧的穿越电流，

$$I_{k.min.2}^{'(2)} = \frac{\sqrt{3}}{2} I_{k.min.2}^{(3)} \left(\frac{U_{C2}}{U_{C1}} \right)$$

S_P 为定时限过电流保护的灵敏系数，$S_P = \dfrac{I_{k.min.2}^{'(2)}}{I_{op.1}} = \dfrac{0.87 \times 52.55 \times 1000}{320} \times \dfrac{0.4}{\sqrt{3} \times 10} = 3.30 > 1.5$，满足要求。

3. 变压器过负荷保护

变压器的过负荷保护一般只对并列运行的变压器或工作有可能过负荷的变压器装设。过

负荷在大多数情况下是三相对称的，因此过负荷保护只要采用一个电流继电器装于一相电流中，保护装置经延时作用于信号，过负荷动作时限为 $10 \sim 15\text{s}$。对于双绕组变压器，过负荷保护装在一次侧。

变压器过负荷保护动作电流的整定，按大于变压器的额定电流来整定，保护一次侧动作电流为

$$I_{\text{op.1}} = \frac{K_{\text{rel}}}{K_{\text{re}}} I_{\text{1N.T}}$$

式中，K_{rel} 为可靠系数，取 $1.05 \sim 1.1$；K_{re} 为返回系数，DL 型取 0.95；$I_{\text{1N.T}}$ 为变压器一次额定电流。则

$$I_{\text{op.1}} = \frac{K_{\text{rel}}}{K_{\text{re}}} I_{\text{1N.T}} = \frac{1.05}{0.95} \times \left(\frac{2500}{\sqrt{3} \times 10} \right) \text{A} = 158\text{A}$$

保护继电器动作电流为

$$I_{\text{op.k}} = \frac{K_{\text{rel}} K_{\text{w}}}{K_{\text{re}} K_{\text{i}}} I_{\text{1N.T}} = \frac{158}{80} \text{A} = 1.975\text{A}$$

为便于继电器整定，取继电器整定值 $I_{\text{op.k}} = 2.0\text{A}$，则一次侧的实际动作电流为 $I_{\text{op.1}} = 160\text{A}$。

思考题与习题

1. 试简述熔断器保护和低压断路器保护的特点和适用场合。
2. 选择熔断器的基本要求有哪些？
3. 选择低压断路器的基本要求有哪些？
4. 长延时脱扣器的动作电流应如何整定？
5. 低压断路器在什么情况下需要做解体检修？
6. 继电保护装置的功能和作用是什么？
7. 工厂继电保护装置有哪些特点？
8. 继电保护装置由哪几部分组成？各部分的作用是什么？
9. 工厂供电线路继电保护装置的形式有哪几种？
10. 什么是继电保护的选择性？
11. 继电保护的接线方式有哪几种？每种接线方式的主要应用范围是什么？
12. 什么是过电流保护和电流速断保护？
13. 什么是速断保护的"死区"？如何弥补？
14. 过电流保护和速断保护各有何优缺点？
15. 为什么有的配电线路只装过电流保护，不装速断保护？
16. 简要说明定时限过电流保护的工作原理。
17. 定时限过电流保护的动作电流和动作时限是怎样整定的？
18. 气体保护主要保护什么电气设备？它的动作原理是什么？使用中应注意哪些事项？
19. 什么是气体保护？它有几种动作类型？
20. 变压器有哪些故障和不正常的工作状态？

21. 变压器一般应配置哪些保护？

22. 变压器低压侧的单相短路保护有几种方式？

23. 高压电动机在运行过程中可能会出现那些故障或不正常运行状态？

24. 对容量为 2000kW 以上电动机应装设何种保护？

25. 高压电动机什么时候装设有选择性的单相接地保护？什么时候装设接地监察装置？

26. 高压电动机纵差保护的接线方式有哪几种？

27. 高压电动机低电压保护的目的是什么？

项目8

工厂供配电系统二次回路设计

【项目导入】

二次回路是指用来控制、指示、监测和保护一次电路运行的电路，亦称二次系统，包括控制系统、信号系统、监测系统及继电保护和自动化系统等。

二次回路在供电系统中虽是其一次电路的辅助系统，但它对一次电路的安全、可靠、优质、经济的运行有着十分重要的作用，因此必须予以重视。

【项目目标】

专业能力目标	掌握二次回路的相关知识和自动装置的工作原理
方法能力目标	学会绘制二次回路电气图并会识读
社会能力目标	能够独自操作自动装置

【主要任务】

任务	工 作 内 容	计划时间	完成情况
1	二次回路操作电源的选择		
2	控制回路和信号回路的分析		
3	电测量仪表与绝缘监察装置的配置		
4	自动装置及其配置		
5	二次回路接线图的绘制		

任务1　二次回路操作电源的选择

【任务导读】

随着电子技术、微机技术、通信技术的广泛应用，工厂供配电系统的二次回路和自动装置已发生了革命性的变革，在电力运行和安全中变得越来越重要。近10年来，我国没有发生大电网稳定破坏、大面积停电事故，这标志着我国供配电系统的二次回路和自动装置已达到国际先进水平。二次回路中控制、合闸、信号、继电保护和自动装置等所用的电源称为操作电源，它直接影响供电可靠性。本任务将介绍几种常用的操作电源及其原理。

【任务目标】

1. 理解二次回路的定义及操作电源的组成。

2. 理解直流操作电源的原理图分析。

3. 理解交流操作电源原理图的分析。

【任务分析】

二次回路操作电源分为直流和交流两大类。直流操作电源又有由蓄电池组供电的电源和由整流装置供电的电源两种；交流操作电源又有由所用（站用）变压器供电和仪用互感器供电两种。

【知识准备】

一、变电所的自用电源

为了提供可靠的操作电源和对变电所内用电负荷供电，变电所中必须有可靠的自用电源（简称自用电或所用电）。自用电的负荷主要有：蓄电池组的充电设备或整流操作电源、采暖通风、变压器冷却设备油泵、水泵、风扇、油处理设备、检修用电设备以及照明等。为了获得可靠的所内自用电源，一般至少应有两个独立电源，其中之一最好是与本所没有直接联系的电源（如变电所附近独立的低压网络）。若没有这种条件，可以把另外一台35kV/0.4kV的所内用变压器接在35kV电源进线断路器外侧，如图8-1a所示。当1号所内用变压器停电可自动转换到2号所用变压器供电，这是因为低压0.4kV的变压器都是YNyn0联结，而主变压器是Yd11联结，所以按图8-1a接线的两台所内用变压器二次电压有相位差，不能并联运行。因此采用一台运行，一台备用。故障时，将备用电源自动投入运行，其控制回路如图8-1c所示。

正常运行时，1号所内用变压器投入工作，2号所内用变压器处于备用。因为正常时1号所内用变压器有电，KM动作，断开接触器2KM的吸合线圈，使2号所内用变压器处于备用，同时KM常开触点和2KM的常闭触点接通1KM的吸合线圈，使1号所内用变压器投入工作。当1号所用变压器停电，则自动转换由2号所内用变压器供电，同时发出信号通知值班人员。

如果变电所有两条以上进线并为分列运行，也可以采用图8-1b所示互为备用方式。除一台运行另一台作备用外，也可以将两台所内用变压器分别接至不同整流器组。正常时同时运行，一旦有一台故障时，靠自动合闸装置将其负荷转由另一台供电。由于变电所自用电变压器用电负荷较小，所用电变压器容量多选为10~200kVA，中小型变电所选择30kVA以下的变压器已足够，并可设置在高压开关柜内，无需另设所内变压器室。

二、由蓄电池组供电的直流操作电源

蓄电池组可以把化学能转化为电能使用，即放电；也可以把电能转化为化学能储存起来，即充电。充入、放出的均为直流电。蓄电池主要有铅酸蓄电池和镉镍蓄电池两种。

1. 铅酸蓄电池

铅酸蓄电池由二氧化铅（PbO_2）的正极板、铅（Pb）的负极板和密度为$1.2~1.3g/cm^3$的稀硫酸（H_2SO_4）电解液组成，容器多为玻璃。

铅酸蓄电池的额定端电压（单个）为2V。但是蓄电池充电终了时，其端电压可达2.7V。而放电后，其端电压可降到1.95V。为获得220V的操作电源，需蓄电池的总个数为$n = 230/1.95 = 118$个。考虑到充电终了时端电压的升高，因此长期接入操作电源母线的基本个数为$n_1 = 230/2.7 = 85$个，$n_2 = n - n_1 = 33$个蓄电池用于调节保证母线电压基本稳定，接于专门的调节开关上。

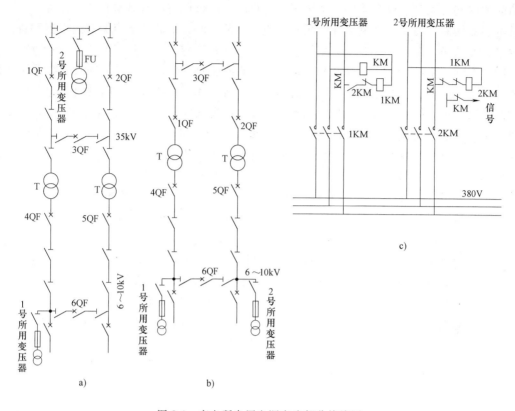

图 8-1 变电所自用电源交流部分接线图

采用铅酸蓄电池组操作电源，不受供电系统运行情况的影响，工作可靠。但由于充电时要排出氢和氧的混合气体，有爆炸危险，而且随着气体带出硫酸蒸气，有强腐蚀性，对人身健康和设备安全都有很大影响。因此铅酸蓄电池组一般要求单独装设在一房间内，而且要考虑防腐防爆，即使使用防酸隔爆式铅酸蓄电池，但按 GB 50055—2011《通用用电设备配电设计规范》规定，仍宜单设一房间内，从而投资很大。现在一般工厂供电系统中不予采用。

2. 镉镍蓄电池

镉镍蓄电池的正极板为氢氧化镍 [Ni(OH)$_2$] 或三氧化二镍（Ni$_2$O$_3$）的活性物，负极板为镉（Cd），电解液为氢氧化钾或氢氧化钠等碱溶液。它在放电和充电时，电解液并未参与反应，它只起传导电流的作用，因此在放电和充电过程中，电解液的密度不会改变。镉镍蓄电池的额定电压（单个）为 1.2V。充电终了时电压可达 1.75V。

采用镉镍蓄电池组作操作电源，除不受供电系统运行情况的影响、工作可靠外，还有大电流放电性能好、比功率大、机械强度高、使用寿命长、腐蚀性小、无需专用房间等优点，从而大大降低投资，在工厂供电系统中应用比较普遍。

三、由整流装置供电的直流操作电源

本节重点介绍硅整流电容储能式直流电源。

如果单独采用硅整流器来作直流操作电源，则交流供电系统电压降低或电压消失时，将严重影响直流的二次系统的正常工作，因此除采用硅整流装置带蓄电池组外，也宜采用有电

容储能的硅整流电源，在交流供电系统正常运行时，通过硅整流器供给直流操作电源，同时通过电容器储能；在交流供电系统电压降低或电压消失时，由储能电容器对继电器和跳闸线圈放电，使其正常工作。

图 8-2 是一种硅整流电容储能式直流操作电源系统的接线图。为了保证直流操作电源的可靠性，采用两个交流电源和两台硅整流器。硅整流器 U1 主要用作断路器合闸电源，并可向控制回路供电。硅整流器 U2 的容量较小，仅向控制回路供电，逆止器件 VD1 和 VD2 的主要作用，一是当直流电源电压因交流供电系统电压降低而降低时，使储能电容器 C_1、C_2 所储能量仅用于补偿自身所在的保护回路，而不向其他器件放电；二是限制 C_1、C_2 向各断路器控制回路中的信号灯和重合闸继电器等放电，以保证其所供的继电保护和跳闸线圈可靠动作。逆止器件 VD3 和限流电阻 R 接在两组直流母线之间，使直流合闸母线 WO 只向控制小母线 WC 供电，防止断路器合闸时硅整流器 U2 向合闸母线供电。R 用来限制控制回路短路时通过 VD3 的电流，以免 VD3 烧毁。储能电容器 C_1 用于对 6~10kV 馈线的保护和跳闸回路供电，而储能电容器 C_2 供电给主变压器的保护和跳闸回路。这是为了防止当 6~10kV 馈出线故障时保护装置虽然动作，但断路器操作机构可能失灵，拒绝跳闸，跳闸线圈长期接通，电容器能量耗尽，使上级后备保护（如变压器的过电流保护）无法动作，造成事故扩大。储能电容器多采用电解电容器，其容量应能保证继电保护和跳闸线圈回路可靠地动作。

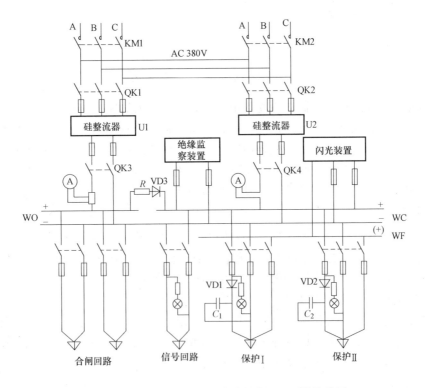

图 8-2 硅整流电容储能式直流操作电源系统接线图

四、交流操作电源

对采用交流操作的断路器，应采用交流操作电源。相应地，所有保护继电器、控制设备、信号装置及其他二次元器件均采用交流形式。这种电源可分电流源和电压源两种。电流源取自电流互感器，主要供电给继电保护和跳闸回路。电压源取自于变配电所的所用变压器或电压互感器，通常前者作为正常工作电源，后者因其容量小，只作为保护油浸式变压器内部故障的气体保护的交流操作电源。采用交流操作电源时，必须注意选取适当的操作机构。目前厂家生产的适用于交流操作的有操手型（CS）、操弹型（CT）以及液压型（CY）电动机操作机构（CJ）。在操手型操作机构中最多可装设 3 只脱扣器，在操弹 CT2-XG 型中最多可装 6 只脱扣器，在 CT1 型、CT6-X 型、CT7 型及 CT8 型中最多可装设 4 只脱扣器，视需要而定。根据对跳闸线圈（脱扣器）供电方式的不同，可归纳成下列几种交流操作的类型，其原理接线如图 8-3 所示。

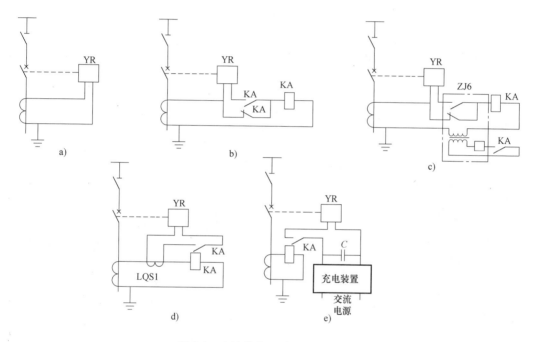

图 8-3　交流操作几种原理接线图

a）由直动式脱扣器去跳闸　b）由感应式 GL-$\frac{15}{16}$型继电器将脱扣器"去分流跳闸"式　c）由 ZJ6 型中间继电器转换接点将脱扣器"去分流跳闸"式　d）由中间速饱和变流器 LQS-1 向脱扣器供电　e）由充电电容器向跳闸线圈供电

直动式脱扣器通常装在断路器交流操作机构中，有瞬动过电流、延时过电流以及低电压脱扣器三种，由电流互感器和电压互感器供电。当系统故障时，直动式脱扣器动作将断路器跳闸。直动式脱扣器构成的保护简单，不需要任何附加设备，但电流互感器二次负担加大，灵敏系数较低，故仅用于单侧电源辐射式线路和小容量降压变压器的保护。

去分流方式也是由电流互感器向跳闸线圈供电，如图 8-3b、c 所示。正常运行时，跳闸线圈被继电器常闭触点短接。当发生故障后，继电器动作使触点切换，将跳闸线圈接入电流互感器二次侧，利用短路电流的能量使断路器跳闸。GL-$\frac{15}{16}$型继电器和 ZJ6 型中间继电器的切换触点能在电流互感器二次阻抗不大于 4.5Ω、电流不大于 150A 时断开分流，接入跳闸线圈。去分流方式可以构成比较复杂的保护，灵敏系数比直动式继电器高，是交流操作中比较优越、应用较广的方案。

用电容器供电的方式与前述电容补偿不同，电容器是分散装设的，各元器件由单独电容器供电，如图 8-3e 所示。正常时由充电装置充电。电容器供电方式只用在无短路电流或短路电流较小的保护装置中，如气体保护、接地保护等。

采用中间速饱和电流互感器的方案也是由电流互感器供电的，如图 8-3d 所示。中间速饱和电流互感器可以把跳闸回路中的电流限制在 7~12A 范围内，因而可以用一般电流继电器的触点来接通跳闸线圈回路。这种方式灵敏系数较低，处于二次开路的中间速饱和电流互感器阻抗很大，使电流互感器经常在较大误差下工作，严重影响保护动作的可靠性。将中间速饱和电流互感器单独用一组电流互感器供电，可以扩大这种接线的运用范围，但并不是经常都有这种条件的，因此应用这种方案的越来越少。

【任务实施】

当前操作电源有哪几种类型？交流操作有哪些方式？就图 8-3b、c 试分析采用去分流方式动作原理。

姓名		专业班级		学号	
任务内容及名称					
1. 任务实施目的			2. 任务完成时间：1 学时		
3. 任务实施内容及方法步骤					
4. 分析结论					
指导教师评语（成绩）					
				年　月　日	

【任务总结】

操作电源是变电所中给各种控制、信号、保护、自动、远动装置等供配电的电源。操作电源应十分可靠，应保证在正常和故障情况下都不间断供电。除一些小型变（配）电所采用交流操作电源外，一般变电所均采用直流操作电源。

任务 2　控制回路和信号回路的分析

【任务导读】

断路器的控制回路就是控制（操作）断路器分、合闸的回路。操作机构有手力式、电磁式和弹簧式。信号回路是用来指示一次设备运行状态的二次系统，分断路器位置信号、事故信号和预告信号。本任务就来学习一下常用控制回路和信号回路的功能及工作原理。

【任务目标】

1. 掌握断路器控制回路的工作原理和电路的功能特点。

2. 掌握常用万能转换开关的使用方法。

【任务分析】

高压断路器经常安装在露天（户外型）或高压配电装置室内（户内型），它的触点接在高压主电路中，控制其分、合闸，实际上是对高压供电线路切断和接通的控制。高压断路器的分、合闸是靠其所带的操作机构动作来实现的。除了 CS 型手动操作机构可就地合闸外，对其他各种形式的操作机构可在控制室内集中控制。因此对高压断路器的控制，就其控制地点来分，有就地控制和集中控制两种，而集中控制多半是在控制室内通过控制开关（或称操作开关）发出命令到几百米的高压断路器所附带的操作机构使其进行分、合闸。操作机构随高压断路器安装在一起，集中控制的操作开关则安装在控制室内的控制屏上。两者之间的电气接线则称为操作线路或控制回路。

【知识准备】

下面仅就集中控制按对象分别操作的有关问题和其接线加以介绍。

集中控制按对象分别操作所用的操作开关分为按钮控制开关和键型转动控制开关两种。目前变电所多用 LW 型转动控制开关。这种开关类别很多，其中一种是手柄式，它具有一个固定位置和两个操作位置能自动返回原位并有保持触点的，如 LW5-15B4800 系列，其触点数的多少由需要决定。表 8-1 为 LW5-15B4814/4 型控制开关的触点状态，顺时针转动表示手控合闸，逆时针转动表示手控分闸。当松开手柄后均能自动复归原位，故有两种原位，可根据色标牌的红（合闸）、绿（分闸）色来区别。在展开图（按分开式表示法）上常开触点处用四条竖线表示手柄位置状态，即合、分闸和两种原位。有的竖线上尚有黑点用以表示手柄处于该位置状态时其触点是接通的。除用此种表示方法外，也有用触点闭合表的方法，在表中以"×"表示触点闭合。另一种就是在大型电厂或变电所中，目前广泛采用的手柄式控制开关，它具有两个固定位置和两个操作位置且能自动复位。表 8-2 为 LW2-Z-1a、4、6a、40、20/F8 型控制开关手柄和触点状态表。手柄状态实际上有 6 种位置，其触点闭合状态也随之有所不同。触点的位置状态除用闭合表表示外，也可以应用 6 条竖线上涂黑点的方法表示其闭合状态，见表 8-2。高压断路器的控制回路视操作机构和对其基本要求而定。下面就电磁型操作机构对控制回路的基本要求和实施措施加以介绍。

1）由于操作机构的合闸线圈所需要的电流很大，如 CD10 型的电磁式操作机构需 196/98A，这样大的电流不允许由控制开关的触点直接通断。因此合闸线圈回路多由合闸接触器 KO 的触点来通断，并应由单独的电源即由合闸母线 WO 供电，而合闸接触器的线圈 KO 则由控制开关 SA 直接控制，如图 8-4c 所示（合闸线圈 YO）。

2）高压断路器的控制回路应既能手控操作，又能自动操作。为了满足手控操作，在合闸接触器 KO 线圈回路中，应串接控制开关扳向合闸位置闭合的触点。当采用 LW5-15B4814/4 型控制开关时，如图 8-4 中的 SA3-4；在跳闸线圈 YR 回路中应串接控制开关扳向分闸位置闭合的触点 SA1-2，并将保护装置执行元件的触点并接在控制开关手控分闸的触点 SA1-2 上，这样就可以实现自动跳闸，如图 8-4a 所示。

3）操作机构的分、合闸线圈都是按短时通电设计的，因此要求控制开关发出命令，操作机构完成任务后，应使脉冲命令立即自动解除，即线圈中的电流应自动中断。为此必须在

表 8-1　LW5-15B4814/4 型控制开关手柄位置状态

1W5-15B4814/4 型控制开关	具有 4 个位置自复零位的位置状态				4 个位置状态以 4 条竖线表示。画"."处表示该触点闭合状态	
	手控分闸扳向左 45°	松手后自复零件		手控分闸扳向右 45°		
		分闸后零位	合闸后零位			
手柄状态	◗	♀	♀	◖	分　分后　合后　合	
触点位置状态　①—②	×	—	—	—	①	②
③—④	—	—	—	×	③	④
⑤—⑥	×	×	—	—	⑤	⑥
⑦—⑧	×	×	—	—	⑦	⑧
⑨—⑩	—	—	×	×	⑨	⑩
⑪—⑫	—	—	×	×	⑪	⑫
⑬—⑭	—	—	×	×	⑬	⑭
⑮—⑯	—	×	×	—	⑮	⑯

表 8-2　LW2-Z-1a、4、6a、40、20/F8 型控制开关触点表

手柄和触点盒型式	F8	1a		4		6a			40			20		
触点号		1-3	2-4	5-8	6-7	9-10	9-12	10-11	13-14	14-15	13-16	17-19	17-18	18-20
位置　跳后（TD）	←	—	×	—	—	—	—	×	—	×	—	—	—	×
预合（PC）	↑	×	—	—	—	×	—	—	×	—	—	—	×	—
合闸（C）	↗	—	—	×	—	×	—	—	—	—	×	×	—	—
合后（CD）	↑	×	—	—	×	—	×	—	—	—	×	×	—	—
预跳（PT）	←	—	×	—	—	×	—	—	—	×	—	—	×	—
跳闸（T）	↙	—	—	×	×	—	—	×	—	×	—	—	—	×

合闸接触器 KO 线圈回路中和跳闸线圈 YR 回路中，分别串接断路器操作机构的常闭和常开辅助触点 QF1-2 和 QF3-4，如图 8-4a 所示。

4）当手控合闸时，如果电力线路上存在故障，继电保护装置动作，使断路器跳闸线圈得电，自动跳闸。若运行人员尚未松开控制开关手柄或控制开关触点 SA3-4 焊接，于是又发出合闸命令，就会使断路器多次重复分合闸动作，这样极易损坏断路器。为了避免这样多次跳动，应有防跳闭锁装置。由于操作机构结构不同，所采取的防跳闭锁装置也不同，例如

CD5、CD10 型电磁操作机构本身有机械"防跳"装置，因此无需在控制电路中增加防跳措施。CD5、CD6、CD8 等型电磁操作机构没有机械防跳装置，但它的跳闸线圈带有常开与常闭辅助触点，需将其常闭触点 YR1-2 串接在合闸接触器线圈 KO 回路中。当断路器跳闸时，自动断开接触器线圈 KO 回路，并将 YR3-4 常开触点接跳闸线圈进行自锁，如图 8-5 所示。

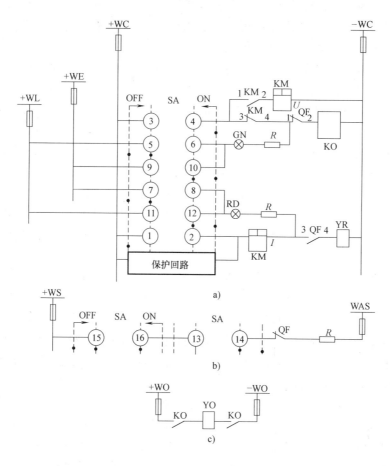

图 8-4　高压断路器采用 CD 型操作机构和 LW5 型控制开关的典型控制回路

当接通 SA3-4 时，通过辅助触点 YR1-2 使断路器合闸。如果保护装置动作，使跳闸线圈 YR 得电。在断路器跳闸的同时，其辅助触点 YR1-2 断开，YR3-4 闭合。这时即使 SA3-4 接通，合闸脉冲继续存在，也不致使断路器再次合闸，因为合闸脉冲通过辅助触点 YR3-4 使跳闸线圈 YR 继续得电自保持，直至合闸命令脉冲解除，即 SA3-4 断开为止。

另一种防跳措施是采用具有两个线圈的中间继电器，即防跳继电器 KM 所组成的防跳控制回路，如图 8-4 所示。防跳继电器中有两个线圈，一个为电流线圈，另一个为电压线圈，任何一个得电都可以动作。当手控合闸时，控制开关触点 SA3-4 闭合，使断路器合闸，若保护装置动作，在断路器跳闸的同时，防跳继电器 KM 的电流线圈得电，其触点 KM1-2 闭合，KM3-4 断开。如果 SA3-4 仍处于接通，则 KM 的电压线圈通过已闭合的 KM1-2 自保持，触点 KM3-4 断开合闸接触器线圈 KO 回路，使断路器不致再次合闸。只有 SA3-4 断开，KM 电压线圈断电后，线路才恢复原来状态。此种防跳回路多用于既无机械防跳措施也无跳闸线圈辅助触点的操作机构中，如 CD12 和 CD13G 型操作机构及液压、弹簧等操作机构。

5）高压断路器究竟处于何种位置（分闸或合闸）状态，在控制室内应有位置状态信号加以显示。为此，在控制盘上于控制开关两侧装设红绿灯来表示断路器位置状态，让红灯亮表示断路器合闸状态，绿灯亮表示分闸状态。所以红灯回路中应串接断路器操作机构的常开辅助触点，在绿灯回路中则应串接常闭辅助触点。同时为了防止信号灯两端相触造成控制电源短路引起误动作，尚应在信号灯回路中串接附加电阻 R，如图 8-4a 所示。

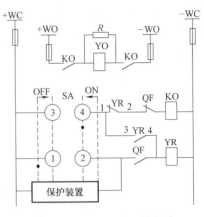

图 8-5　CD5、CD6、CD8 型
操作机构的防跳接线图

既然用红灯亮表示断路器合闸状态以示主电路处于送电状态，绿灯亮表示分闸状态以示切断主电路，还应进一步区别高压断路器的动作究竟是手动还是自动。因此控制回路中还要求对自动操作的位置状态应有明显的状态表示信号，以便区别自动或手动。在实际中通常采取红灯 RD 一亮一暗闪光表示自动合闸，绿灯 GN 闪光则表示自动跳闸，而红绿灯平稳发光则表示手控操作的位置状态。要想使红、绿灯平稳发光只表示手控操作时断路器的位置状态，必须在红绿信号灯回路串接控制开关触点。以下均以 LW5-15B4814/4 型控制开关为例说明此问题。在红灯回路中串接控制开关转向合闸及自复位都闭合的触点 SA11-12，在绿灯回路中串接控制开关转向分闸及自复位都闭合的触点 SA5-6，如图 8-4a 所示。这样一来，还可以通过红绿灯光信号监察操作机构执行命令的情况。例如转动控制开关发出合闸命令后，原来的绿灯熄灭，继而红灯亮，则说明断路器已正确执行命令，可立即松手使控制开关自复位。

若使用一个信号灯既发出平稳光又发出闪光，必须另有一分路接向闪光电源 WF（+），并在该分路中串接控制开关的不对应触点，为发出闪光信号做好准备。即在绿灯闪光分路中应串接合闸与其自复位都接通的触点 SA9-10，在红灯闪光分路中则应串接分闸与其自复位都闭合的触点 SA7-8，如图 8-4a 所示。这样手控合闸后，为自动跳闸时绿灯闪光电路做好准备；手控分闸后，为自动合闸时红灯闪光做好准备，而且当手动控制时又可使闪光退出工作。

获得闪光电源的方法较多，可利用一只闪光继电器 KF 的充、放电获得闪光电源，并送到各控制屏闪光母线 WF（+）上，目前生产的闪光继电器有 DX-3-220 型，其接线和内部结构如图 8-6 所示。当信号灯闪光分路（图中点画线框内部分）接通或试验按钮 SA 接通时，闪光继电器加上直流电压后，首先经过内附电阻 R 给电容器 C 充电，充到一定电压后，继电器线圈 K 动作，常闭触点 K1 断开，电容器 C 向继电器线圈 K 放电。一旦放电完了，线圈 K 释放，触点 K1 重新闭合使电容器又开始充电，这样继电器触点 K 处于断开—接通—断开—接通不断重复的过程。如果断路器自动跳闸后其操作机构的常闭辅助触点 QF1-2 闭合，绿灯闪光回路接通（见图 8-4a 与图 8-6），+WC→KF1-2→WF（+）→SA9-10→GN→R→QF1-2→-WC，此时绿灯 GN 因分压低而不亮，但闪光继电器 KF1-2 得电，经电容器 C 充电时间后，闪光继电器动作，常闭触点 K1 断开，常开触点 K2 闭合，绿灯亮。待电容器放电后，K 释放，绿灯变暗，同时 K1 闭合电容器 C 又开始充电，使 K 再次得电，继续重复亮灭闪光过程。只有当控制开关 SA 手柄转向相应的分闸及其零位时，绿灯闪光才终止而发出平稳的绿光。应该指出，并非每台断路器都有一套闪光装置，而是在一个变电所中各断路器共用一套闪光电源，所有闪光回路都接在公用的闪光母线 WF（+）上。若断路器没有自动合闸操作时，则不必设置红灯闪光分路（如图 8-4a 中用虚线连接 SA7-8 电路）。

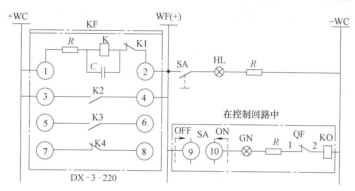

图 8-6　变电所闪光电源装置接线图

6）为经济起见，从控制室到操作机构之间的控制导线或电缆根数应最少，且控制回路应力求简单、可靠，既经济又能满足技术上的要求。图 8-4a 中，断路器操作机构常闭辅助触点 QF1-2 既是用以自动中断合闸命令脉冲，又是串接在绿灯 GN 回路控制绿灯亮表示断路器处于分闸状态。同样，QF3-4 既用以自动中断跳闸命令脉冲，又串接在红灯 RD 回路中控制红灯亮表示断路器处于合闸状态。

7）为保证控制回路可靠地工作，应有监视操作电源及监视下次即将工作的回路是否完好的环节。操作电源的有无主要取决于熔断器，当熔断器熔断时，即失去操作电源。只要能监视熔断器的状态即可监视操作电源。通常借用红绿灯可作为监视装置而无需再设其他设备，因为不管位置状态如何，总会有一盏信号灯亮，如图 8-4a 所示。

从上述分合闸回路和红绿灯回路中看出，合闸接触器线圈 KO 回路和绿灯回路都串有断路器操作机构的常闭辅助触点 QF1-2，而跳闸线圈 YR 回路和红灯回路又都串有常开辅助触点 QF3-4，其接线如图 8-4 所示。这样，当断路器跳闸后绿灯亮除表示断路器处于分闸状态外，还可以监视下次即将工作的合闸接触器线圈回路的完好性。当断路器合闸后，红灯亮除表示断路器处于合闸状态外，还说明跳闸线圈回路是完好的。

尚需指出，在这种灯光监视的控制回路中，信号灯附加电阻 R 的阻值选择要适当，使通过信号灯并经由分、合闸回路的电流不致引起断路器误动作又要保证信号灯有一定的亮度。通常取信号灯回路中的电流不超过分、合闸所需电流的 1/10。

8）每台断路器的控制回路中尚应有事故分闸音响信号发送电路，要求它只在手控合闸后自动跳闸时，将正电源+WS 送到事故音响母线（WAS）上，如图 8-4b、图 8-7c 所示。

图 8-7a、b 是采用 CS2 型操作机构典型控制回路，图 8-7a 为交流操作电源，图 8-7b 为直流操作电源，它们只能就地手动合闸。图中事故音响发送电路，由 QF 的常闭辅助触点和手动操作机构的常开辅助触点 SA 串联构成，当 CS2 手柄处于合闸后的位置时，SA 闭合为自动跳闸发出事故信号做准备；当扳动手柄跳闸时 SA 随之断开，解除事故信号。在直流操作

电源的控制回路（见图 8-7b）中，与交流操作的不同之处在于绿灯 GN 采用了不对应接线。当事故跳闸时，GN 还可以通过 SA 的常开辅助触点接向 WF（+）小母线，发出闪光以表示事故跳闸。当操作手柄扳回跳闸位置后，其常开辅助触点 SA 断开，绿灯闪光停止，同时 SA 常闭触点接通使绿灯 GN 变成平稳光。

图 8-7b 所示的直流控制回路，适用于操作电源采用硅整流带电容补偿的直流系统。为了减少故障时补偿电容器能量过多消耗，将回路内的指示灯不接在控制电源+WC 上，而专设另外的信号灯电源母线+WL。

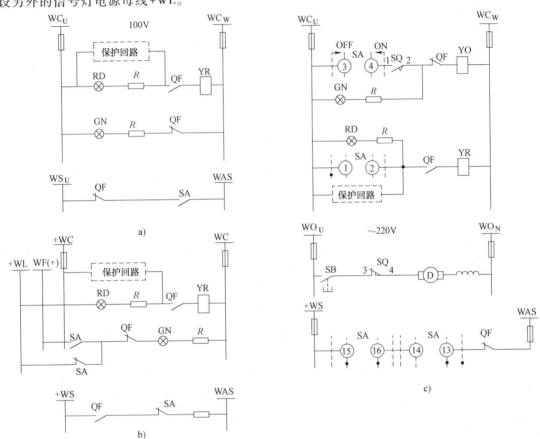

图 8-7　典型控制回路

图 8-7c 是采用 CT7 型弹簧操作机构的控制回路。弹簧操作机构 CT7 是利用预储能的合闸弹簧释放能量使断路器合闸。合闸弹簧由电动机带动，多为交、直流两用电动机，功率很小（用于 110kV 的断路器不超过 2kW，用于 10kV 以下断路器的只有几百瓦）。目前在工业企业内应用较多的是 CT8 型，控制回路与图 8-7c 相同，它采用单相交直流两用串励电动机，额定功率为 450W。只有弹簧释放能量以后，其常闭辅助触点 SQ3-4 才闭合，此时按下 SB 按钮方能接通电动机，使弹簧再储能。当储能完了时，常闭触点 SQ3-4 自动断开，切断电动机回路。同时常开触点 SQ1-2 闭合，为手控合闸做好准备，保证在弹簧储能完毕时才能合闸，因此这种控制回路无需防跳装置。在其控制回路中，可采用 LW5 或 LW2 型控制开关，红（RD）、绿（GN）信号灯分别串接于跳、合闸回路，同时监视熔断器及跳、合闸回路的完好性。事故信号发送电路利用不对应原理，即利用控制开关的触点和断路器的辅助触点构

成不对应接线，使其在合闸后的零位及断路器自动跳闸时将正电源送至事故信号，如图8-7c中 SA15-16、SA14-13 及 QF 常闭触点串接电路。

图8-4 所示控制回路由防跳继电器 KM 构成防跳环节，它适用于 CD13 和 CD12 型操作机构。采用红绿灯表示断路器合闸与分闸位置状态，其中只有绿灯在断路器自动跳闸时发出闪光，而红灯只能发出平稳光（因无自动合闸操作，故红灯闪光支路只用虚线表示出其原理而实际无此部分接线）。图8-4 适用于操作电源采用硅整流带补偿电容器的直流系统，故特设了专供信号灯电源的灯电源母线+WL，若采用带蓄电池组的直流系统时，由于蓄电池组容量大，即使在交流供电系统电压降低或消失时，亦有足够的能量供给继电器、跳闸回路和信号灯，则可不必另设灯电源母线+WL，而将信号灯直接接在控制电源母线+WC 上，如图8-8 所示。

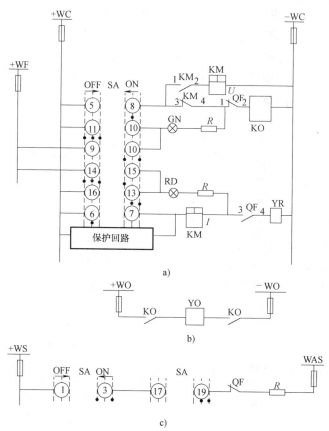

图8-8　高压断路器采用 CD 型操作机构和 LW2 型控制开关构成的控制回路

图8-8 是采用 CD 型操作机构和 LW2 型控制开关构成的控制回路。图中，采用控制开关手柄扳向合闸位置时闭合的触点 SA5-8 接通合闸接触器 KO 回路，利用扳向跳闸位置闭合的触点 SA6-7 接通跳闸线圈 YR 回路。红绿灯分别利用控制开关的对应触点 SA16-13、SA11-10 发出平稳光，利用控制开关不对应触点 SA14-15、SA11-10 接向闪光母线 WF（+），实现自动跳闸时发出闪光，而且还可以实现预备操作时由不对应灯通过所要监视的回路发出闪光以示电路的完好性。例如高压断路器原来处于合闸送电，要使其断开停止送电，可将控制开关原来处于垂直的手柄逆时针转动到水平状态，即扳向预跳位置，此时红灯通过控制开关已闭合的触点 SA14-13 接到闪光母线 WF（+），发出闪光，以示跳闸回路完好。然后再把控制开

关逆时针转动 45°，即扳向跳闸位置，此时触点 SA6-7 闭合，使跳闸线圈直接得电去跳闸。跳闸后断路器操作机构的常开辅助触点 QF3-4 断开，红灯熄灭，常闭辅助触点 QF1-2 闭合，绿灯通过控制开关的触点 SA11-10 发出平稳光，以示手控跳闸。当松手后控制开关手柄自复位到跳后位置。和预跳状态相似，但手柄所联动的触点状态则不相同，如触点 SA11-10 仍维持闭合使绿灯继续发平稳光，触点 SA6-7 断开跳闸脉冲，触点 SA14-13 断开、SA14-15 接通，为高压断路器自动合闸后红灯发出闪光做准备。如果手控合闸，应将控制开关手柄从跳后位置顺时针转动到垂直状态，即扳到预合位置，此时绿灯通过控制开关触点 SA9-10 接向闪光母线 WF（+）而发闪光，以示合闸接触器 KO 线圈回路完好。之后再把控制开关手柄顺时针转动 45°到合闸位置，触点 SA5-8 接通送出合闸命令，高压断路器合闸后，其操作机构常闭辅助触点 QF1-2 断开使绿灯熄灭，常开辅助触点 QF3-4 闭合，红灯通过对应触点 SA16-13 发出平稳光。当松手后控制开关手柄自复位到合闸位置，和预合状态一样。但此时触点 SA16-13 仍保持闭合，红灯维持平稳光，触点 SA9-10 仍闭合，为自动跳闸绿灯发出闪光做好准备。假如由于保护装置动作，保护回路接通使高压断路器自动跳闸，其常闭辅助触点 QF1-2 闭合，使绿灯通过触点 SA9-10 接向闪光母线 WF（+）发出闪光，以示自动跳闸。当已判断该断路器自动跳闸之后，可将控制开关手柄扳向对应于跳闸和跳后位置，即可使绿灯撤除闪光而转向平稳的绿光。

图 8-4b 为事故信号发送电路，采用控制开关的触点 SA15-16 与 SA13-14 两对串联，以使控制开关手柄自复位到合闸位置后接通的电路，与常闭辅助触点 QF 及电阻 R 串接后，将正信号电源 +WS 送向事故音响母线 WAS，接通事故音响信号装置发出事故音响信号。图 8-8c 所示的事故信号发送电路构成及原理与图 8-4b 所示电路相同，仅区别于采用的是 LW2 型控制开关触点 SA1-3 和 SA17-19 两对串联。

另外，为了避免误操作和人身伤亡，尚需采取一些联锁措施，如防止带电分、合闸隔离开关，防止误入带电间隔，防止跑错间位误分合高压断路器，防止带电挂地线，防止带地线误合闸。实现这五防的具体措施较多，有的从控制回路中采取措施，有的从高压开关柜的结构上加以解决，此处不多叙述。

【任务实施】

对高压断路器的控制回路有哪些要求？如何实现各项要求？结合图 8-6 和图 8-8 所示控制回路试说明各环节、各元器件的作用。试画出图 8-8 的工作过程时间图。

姓名		专业班级		学号	
任务内容及名称					
1. 任务实施目的			2. 任务完成时间:1 学时		
3. 任务实施内容及方法步骤					
4. 分析结论					
指导教师评语（成绩）					
					年　月　日

【任务总结】

断路器的控制方式可分为远方控制和就地控制。远方控制就是操作人员在主控室或单元控制室内对断路器进行分、合闸控制。就地控制就是在断路器附近对断路器进行分、合闸控制。断路器控制回路就是控制（操作）断路器分、合闸的回路。断路器控制回路的直接控制对象为断路器的操动（作）机构。操动机构主要有电磁操动机构（CD）、弹簧操动机构（CT）和液压操动机构（CY）。电磁操动机构只能采用直流操作电源，弹簧储能操作机构和手力操动机构可交、直流电源两用，但一般采用交流操作电源。

任务3　电测量仪表与绝缘监察装置的配置

【任务导读】

测量回路是变电所二次回路的重要组成部分。运行人员必须依靠测量仪表装置了解配电系统的运行状态，监视电气设备的运行参数。

【任务目标】

1. 了解电力系统和工厂配电系统中电气测量仪表。
2. 了解二次回路接线图绘制的规则和画法。
3. 理解绝缘监察回路的原理分析。

【任务分析】

本部分的内容主要是电测量仪表的配置和二次回路接线图的绘制原则，绝缘监察回路的原理分析等内容。学完本任务，要学会二次回路接线电气原理图的绘制和识读。

【知识准备】

一、测量仪表配置

在电力系统和工厂供配电系统中，进行电气测量的目的有三个，一是计费测量，主要是计量用电单位的用电量，如有功电能表、无功电能表；二是对供电系统中运行状态、技术经济分析所进行的测量，如电压、电流、有功功率、无功功率及有功电能、无功电能测量等，这些参数通常都需要定时记录；三是对交、直流系统的安全状况如绝缘电阻、三相电压是否平衡等进行监测。由于目的不同，对测量仪表的要求也不一样。计量仪表要求准确度要高，其他测量仪表的准确度要求可以低一些。

1. 变配电装置中测量仪表的配置

1）在工厂供配电系统每一条电源进线上，必须装设计费用的有功电能表和无功电能表及反映电流大小的电流表。通常采用标准计量柜，计量柜内有专用电流、电压互感器。

2）在变配电所的每一段母线上（30~10kV），必须装设电压表4只，其中一只测量线电压，其他三只测量相电压。中性点非直接接地的系统中，各段母线上还应装设绝缘监察装置，绝缘监察装置所用的电压互感器与避雷器放在一个柜内（简称PT柜）。

3）35kV/6~10kV变压器应在高压侧或低压侧装设电流表、有功功率表、无功功率表、有功电能表和无功电能表各一只，6~10kV/0.4kV的配电变压器，应在高压侧或低压侧装设一只电流表和一只有功电能表，如为单独经济核算的单位，变压器还应装设一只无功电能表。

4）3~10kV 配电线路，应装设电流表、有功电能表、无功电能表各一只，如不是单独经济核算单位时，无功电能表可不装设。当线路负荷大于 5000 kVA 及以上时，还应装设一只有功功率表。

5）低压动力线路上应装一只电流表。照明和动力混合供电的线路上照明负荷占总负荷的 15%~20% 时，应在每相上装一只电流表。如需电能计量，一般应装设一只三相四线有功电能表。

6）并联电容器总回路上，每相应装设一只电流表，并应装设一只无功电能表。

2. 仪表的准确度等级要求

1）交流电流、电压表，功率表可选用 1.5~2.5 级；直流电路中电流、电压表可选用 1.5 级；频率表 0.5 级。

2）电能表及互感器准确度配置见表 8-3。

表 8-3　常用仪表准确度配置

测量要求	互感器准确度等级	电能表准确度	配置说明
计费计量	0.2 级	1.0 级有功电能表 1.0 级专用电能计量仪表 2.0 级无功电能表	1. 月平均电量在 10^6 kWh 以下 2. 315kWh 以上变压器高压侧计算
	0.5 级		
计费计量及一般计量	1.0 级	2.0 级有功电能表 3.0 级无功电能表	1. 315kWh 以上变压器低压侧计量点 2. 75kWh 及以下电动机电能计量 3. 企业内部技术经济考核（不计费）
一般测量	1.0 级	1.5 级和 0.5 级测量仪表	
	3.0 级	2.5 级测量仪表	非重要回路

3）仪表的测量范围和电流互感器电流比的选择，宜满足当电力装置回路以额定值运行时，仪表的指示在标度尺的 2/3 处。对有可能过负荷的电力装置回路，仪表的测量范围宜留有适当的过负荷裕度。对重载起动的电动机和运行中有可能出现短时冲击电流的电力装置回路，宜采用具有过负荷标度尺的电流表。对有可能双向运行的电力装置回路，应采用具有双向标度尺的仪表。

二、直流绝缘监察回路

一般最简单绝缘监察装置是采用两只或一只电压表，如图 8-9 所示接线。当只采用一只电压表监察绝缘状态时，可将转换开关 SA 分别接到不同母线上，如图 8-9a 所示。绝缘良好，时电压表指针为零。如果一极绝缘损坏，电压表接于未损坏极时，则有指示值。当采用两只电压表时，如图 8-9b 所示，在正常情况下两者均指示母线电压的一半。某极完全接地时，该极的电压表指示零，另一只电压表指示母线电压。若非完全接地，则故障极电压表读数小于母线电压的一半，另一电压表读数则大于母线电压的一半。这两种接线的缺点是电路内一极接地时，如图 8-9c 中的 k 点，若通过电压表的电流大于中间继电器 KM 的动作电流时，可能造成误动作，因此要求电压表的内阻应为高阻值；另一缺点是不能反应绝缘电阻降低的情况。

目前实际使用的几种直流绝缘监察装置多是利用接地漏电流构成的实际装置，其接线如

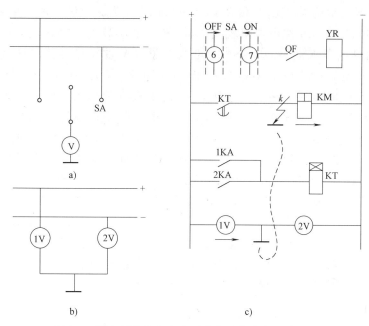

图 8-9 用电压表监察直流回路的绝缘状态的接线图

图 8-10 所示。其中图 8-10a 是利用两只 DX-11 型信号继电器 1KS、2KS 和两个 5000Ω 的电阻与正、负极对地绝缘电阻构成电桥式电路。正常时，两极对地绝缘电阻相同，继电器中电流也一样，但达不到动作值，继电器 1KS、2KS 都不动作，双向指示毫安表指示零。当正极接地时，继电器 1KS 中电流减小，2KS 中电流增大而动作，其触点闭合接通预告音响信号及正极接地光字牌；毫安表中电流由下向上流，指针向负值刻度方向偏转。当负极接地时，继电器 1KS 动作，其触点闭合接通预告音响信号及负极接地光字牌；毫安表中电流由上向下流，指针向正值刻度方向偏转。适当调节电阻 1R 和 2R，可使正常情况下继电器中电流小于动作值。图 8-10b 是采用一只 DX-11/0.05 型信号继电器 KS 串接在双向毫安表的电路中，其工作原理与图 8-5a 基本相同。若任一极发生接地时，均由 KS 动作送出预告信号。不同的是预告信号光字牌只显示出直流系统接地，并不能显示是哪一极接地，可通过毫安表的指向或按下按钮 1SB 和 2SB 判断出哪一极接地。

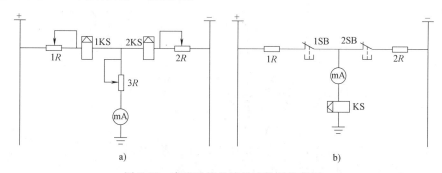

图 8-10 直流系统绝缘监察装置接线图

目前在变电所广泛采用的另一种绝缘监察装置，它由直流绝缘监视继电器（ZJJ-1A型）、切换开关 SA 和电压表 V 组成，如图 8-11 所示。其中两个平衡电阻 $1R = 2R = 1000\Omega$，与直流系统正负极对地绝缘电阻 R_+ 和 R_- 组成电桥的 4 个臂；灵敏元件（单管干簧继电器）KR 接于电桥对角线上；KR 线圈电阻较大，对 220V 约为 27kΩ，动作电流为 1.4mA；出口元件为密封中间继电器 KM。图中，SA 为母线电压表 V 的切换开关，它有三个位置，即"母线""（+）对地"和"（-）对地"，如图 8-11 所示。平时手柄置于竖直"母线"位置，触点 SA1-2、SA5-8 和 SA9-11 接通，电压表 V 指示直流母线工作电压。若将 SA 切换至"（-）对地"位置时，触点 SA5-8 和 SA1-4 接通，电压表接在负极与地之间，可以测量负极对地电压 U_{-0} 当 SA 切换到"（+）对地"位置时，触点 SA1-2 和 SA5-6 接通，可以测得正极对地电压 U_{+0} 若两极对地绝缘良好，则正母线对地和负母线对地都指示 0V。若正母线发生金属性接地，则正母线对地电压为 0V，负母线对地电压为母线电压。一旦任一极母线接地或对地绝缘电阻下降到 15kΩ 以下时，电桥四臂失去平衡，灵敏元件 KR 线圈内有电流并超过其动作值，其接点闭合接通出口元件 KM 线圈而使其动作，常开触点 KM 闭合接通预告音响信号和光字牌，发出直流系统接地信号，以示母线发生接地。这时可利用切换开关 SA，分别切换至"（+）对地"和"（-）对地"测得正负母线对地电压 U_+ 和 U_-，并可利用下列计算方法求出正负极母线对地的绝缘电阻 R_+ 和 R_-，即

$$R_+ = \left(\frac{U_M - U_+}{U_-} - 1 \right) R_V \tag{8-1}$$

$$R_- = \left(\frac{U_M - U_-}{U_+} - 1 \right) R_V \tag{8-2}$$

式中，U_M 为直流母线电压；R_V 为电压表本身的内阻。

上述绝缘监察装置的缺点是：当正、负极绝缘电阻均等下降时不能及时发出预告信号。

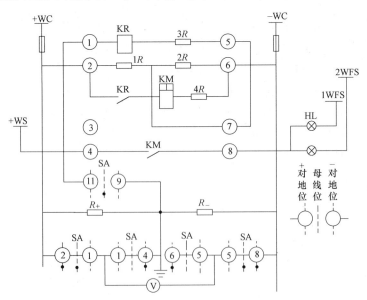

图 8-11　直流系统绝缘监视装置接线图

【任务实施】

分组讨论直流系统绝缘监察的目的，常用典型设备及其线路接线、工作原理和动作过程。

姓名		专业班级		学号	
任务内容及名称					
1. 任务实施目的			2. 任务完成时间:1 学时		
3. 任务实施内容及方法步骤					
4. 分析结论					
指导教师评语(成绩)					
					年　月　日

【任务总结】

绝缘监察装置用于小接地电流系统中,以便及时发现单相接地故障,设法处理,以免发展为两相接地,造成停电事故。

任务4　自动装置及其配置

【任务导读】

电力系统的实际运行中,电力系统的不少故障,特别是架空线路上的短路故障都是暂时性的,这些故障在断路器跳闸后,多数能够自行消除。例如雷击闪络或者鸟兽造成的架空线路短路故障,往往闪电过后或者鸟兽电死之后,线路大多数能恢复正常运行。因此,如果采用自动重合闸装置,使断路器能够在自动跳闸后又重新合闸,大多能恢复供电,并大大提高供电可靠性。本任务来探讨一下自动重合闸装置和备用电源自动投入装置。

【任务目标】

1. 理解备用电源自动投入装置的主电路图。

2. 理解各种类型的 APD 原理图。

3. 用 DCH-1 (DH-2A) 继电器构成的一次式自动重合闸接线原理分析。

【任务分析】

在要求供电可靠性较高的变配电所中,通常设有两路及以上的电源进线(在车间变电所低压侧,一般也设有与相邻车间变电所相连的低压联络线)。当正常工作的主要电气设备发生故障时,如电力变压器或线路等,由其相应的继电保护装置将它从供电系统中切离电源。如果在作为备用电源的线路上装设备用电源自动投入装置(简称 APD,汉语拼音缩写为 BZT),则在工作电源线路突然断电时,利用失电压保护装置使该线路的断路器跳闸,而备用电源线路的断路器则在 APD 作用下迅速合闸,使备用电源投入运行,从而大大提高供电可靠性,保证对用户的不间断供电。通常它多用于具有一级负荷的变配电所,具有二级负荷的重要变配电所，在技术经济上合理时也可以采用 APD。如果与电动机自起动配合使用，其效果更好。

电力线路上多数的短路故障是由大气过电压、投上外物、鸟类碰撞以及导线摆动相互碰撞等引起的。运行经验证明，架空线路上的短路大部分是暂时性的，因而靠保护装置迅速切除故障后，故障点电压消失，其绝缘常常会自行恢复。也就是说，电缆线路有些故障是暂时性的。因此当绝缘恢复之后，仍可以将高压断路器重新投入，继续送电。

为了使断开的线路能够重新继续供电，广泛采用一种使断开的断路器自动地再投入的装置，这种装置通常称为自动重合闸装置（简称 ARD，汉语拼音缩写为 ZCH）。

【知识准备】

一、备用电源自动投入装置

在工业企业变电所中备用电源自动投入装置多应用在备用线路、备用变压器以及母线分段断路器上，其主电路类型很多，但最常见的如图 8-12 所示。图 8-12a 为正常时由工作电源供电，当 k-1 点发生故障 1QF 跳闸后，2QF 迅速自动合闸。图 8-12b 和 c 为互为备用的线路或变压器的主电路图。若两者之一如 k-1 点发生故障时，或因其他原因使 1QF 和 3QF 跳闸，则母线联络断路器 5QF 靠自动投入装置（APD）迅速合闸，使另一线路或变压器担负全部重要负荷的继续供电任务，因此互为备用的线路或变压器的容量必须满足全部重要的一级负荷的需要。

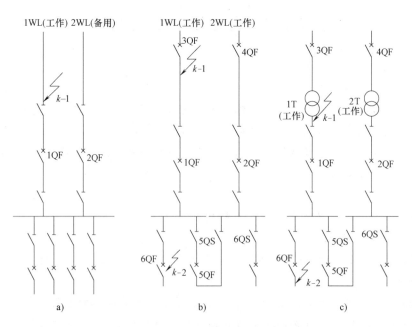

图 8-12　备用电源自动投入装置的主电路图

构成自动投入装置的线路图依其工作条件的不同可能有所不同，但它必须满足下列基本要求：

1）工作母线上的电压，不管因何种原因（如发生故障或被错误的断开）消失时，都应使自动投入装置迅速动作。

2）备用电源必须在工作电源已经断开，且备用电源应有足够高的电压时，方允许接通，后一个条件是保证电动机自起动所必须的条件。

3）备用电源自动投入装置的动作时间应尽量缩短，以利于电动机自起动和缩短终止供电的时间。

4）备用电源自动投入装置只允许动作一次，以免把备用电源投入到持续性故障上造成高压断路器多次重复投入。

5）当电压互感器的任一个熔断器熔断时，低电压起动元件不应误动作。

为了满足前三项基本要求，同时为了防止两个不准并联的电源接在一起，在备用电源的断路器或母联断路器的合闸线圈回路中应串接工作电源断路器的常闭辅助触点，如图 8-13 所示。图 8-13a 是单独的备用电源（图 8-12a 的主电路类型）断路器合闸接触器回路接线，图 8-13b 是互为备用的备用电源（图 8-12b、c 的主电路类型）断路器合闸接触器回路接线。

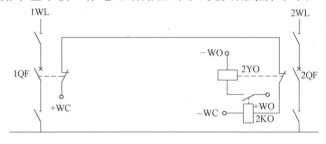

a)

工作进线除了按系统情况装设必要的保护装置外，一般还应装设带时限的欠电压保护，以便实现 APD 的起动环节。如工作母线上电压消失，而备用电源母线段上又保持有足够高电压时，由欠电压保护起动才使 APD 投入工作。因此监视工作母线电压的欠电压保护装置的起动电压通常整定工作电压的 25%，而监视备用电源的电压继电器的整定值，则应按母线最低允许工作电压来考虑，一般不应低于额定电压的 70%。欠电压保护的时限应比该母线段以及上一级变电所母线段上各引出线保护装置的时限最大者大一个时限阶段。这是因为当引出线上发生故障时，如图 8-12b、c 所示，k-2 点短路应由引

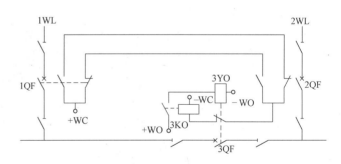

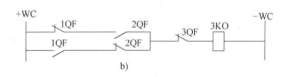

b)

图 8-13 备用断路器合闸接触器线路图
a）单独备用 b）互为备用

出线上的断路器 6QF 切除故障，而不应由欠电压保护动作使 1QF 跳闸。

为满足第四项要求，应有防止多次合闸的防跳装置，即在备用电源的断路器或母联断路器上装设瞬时动作的过电流保护，其起动电流通常整定在最大负荷电流的 2.5 倍左右，只要能躲开母线在自起动时的最大工作电流即可。一旦合闸成功，则应立即撤除该过电流保护。本节重点介绍 1kV 以上网络的 APD。

1. 备用进线采用 CT8 型操作机构的 APD

1kV 以上网络装设备用电源自动投入装置（APD）的断路器采用弹簧式操作机构（如 CT8 型）者，适用于交流操作电源或仅有小容量直流跳闸电源的变电所中。图 8-14 为适用于备用进线、断路器采用 CT8 型弹簧式操作机构、交流操作的 APD 原理接线图。工作进线采用 CSZ 型手动操作机构，在备用线路上增设了去分流方式过电流保护，如图 8-14b 所示。交流操作电源由电压互感器 2TV 供电。

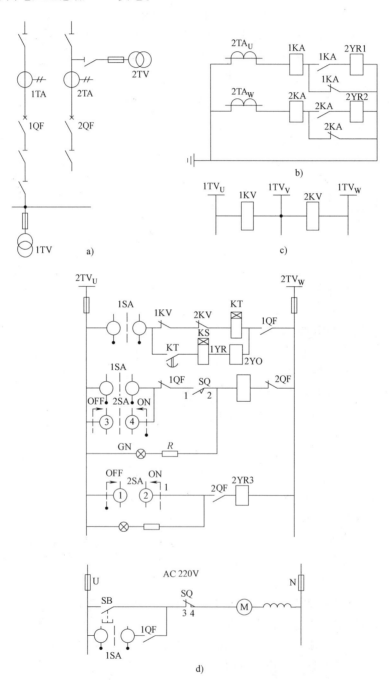

图 8-14　备用进线采用 CT8 型操作机构的 APD 原理接线图

采用电压继电器 1KV、2KV 作为 APD 的低电压起动元件。为了防止电压互感器的熔断器之一熔断时发生误动作，故采用两个继电器，并将其常闭触点串联。低电压继电器的起动电压整定在额定电压的 25%，这样当上级变电所（如企业总降压变电所）其他引出线电抗器后发生短路时，不致引起误动作。而在备用电源投入后接在母线上的电动机自起动时低电压继电器能可靠返回。

时间继电器 KT 的整定时限较本变电所馈出线的短路保护最长的时限大一个时限阶段（0.5s），避免因馈电线短路而误动作。若上级供电变电所引出线未装电抗器时，时间继电器 KT 的时限还应大于上级变电所引出线短路保护最大的时限。这样显然会大大延长 APD 的动作时间，因此在变电所引出线上常装设速断保护装置。如果电源侧装有自动重合闸（ARD）或备用电源自动合闸装置（APD）时，时间继电器 KT 的整定时限还应大于电源侧的 APD 或 ARD 的动作时间，以免引起不必要的误动作。APD 动作后储能电动机 M 不能自动再接通，也就无法给弹簧储能，故保证只动作一次。图 8-14d 中位置开关触点 SQ1-2 在弹簧储能完毕后闭合，保证 2QF 能自动合闸，合闸后弹簧能量释放，SQ1-2 断开，防止 2QF 连续多次合闸；位置开关触点 SQ3-4 在弹簧能量释放后闭合，为再次使弹簧储能做准备，在储能完毕时断开电动机 M。转换开关 1SA 控制 APD 的投入与解除。

2. 母线分段开关 APD

1kV 以上的有一、二级负荷的大中型变配电所，一般有两个独立电源或两个独立电源点供电，其 6～10kV 母线接线多为单母线分段接线，在正常情况下两段母线都在工作。为使两台变压器（变电所）或两条电源线路（配电所）互为备用，保证供电的不间断，通常在母线分段断路器装设自动投入装置（APD）。正常时母线分段断路器处于分闸状态，两段母线分列运行（见图 8-12b、c）。这类变电所中一般都有大容量直流操作电源，如硅整流装置带蓄电池组的直流系统，所以断路器的操作机构多选用 CD 型电磁式。

图 8-15 为母线分段断路器采用 CD 型电磁式操作机构两电源互为备用的 APD 原理接线图。图中也是采用带时限的低电压起动方式，所不同的是每段母线上的两个电压继电器一个反映母线失电压，即 1KV（3KV），另一个则作为监察备用电源电压之用，即 2KV（4KV）。从图中可以看出，只有备用电源电压足够高时，低电压起动环节才会起作用。为防止电压互感器熔断器之一熔断而引起 APD 误动作，将 1KV 和 2KV 或 3KV 和 4KV 的常闭触点串联。继电器 1KV 和 3KV 的起动电压整定在网络额定电压的 25%，继电器 2KV 和 4KV 的整定值则根据母线最低允许工作电压来考虑，一般整定在额定电压的 70%。

闭锁继电器 KM 用以保证 APD 只动作一次，还可以由它自动撤除母线上的瞬时过电流保护，通常采用能延时返回的中间继电器（YZJ1-2 型或 JT3-20/1 型中间继电器）。隔离开关 5QS 和 6QS 在平时均处于合闸位置，做好自动合闸的准备；两条进线平时分列供电，其高压断路器 1QF 与 2QF 均处于合闸状态，由它们的常开辅助触点接通 KM 的线圈，因此闭锁继电器 KM 平时经常接电。当任一个进线高压断路器跳闸之后，1QF 或 2QF 的常开辅助触点断开，继电器 KM 失电，其常开延时释放的触点在未断开之前，使合闸回路：+WC→1QF（2QF）或 2QF（1QF）→ KM 延时释放常开触点→3KM 常闭触点→3QF 常闭触点→3KO 接通，使 3QF 自动合闸，合闸后红灯 3RD 发出闪光。KM 延时释放常开触点断开后，即切断了上述合闸回路，保证 APD 只动作一次。KM 继电器的延时释放时间，可根据母线分段断路器 3QF 可靠合闸的条件来选择，即

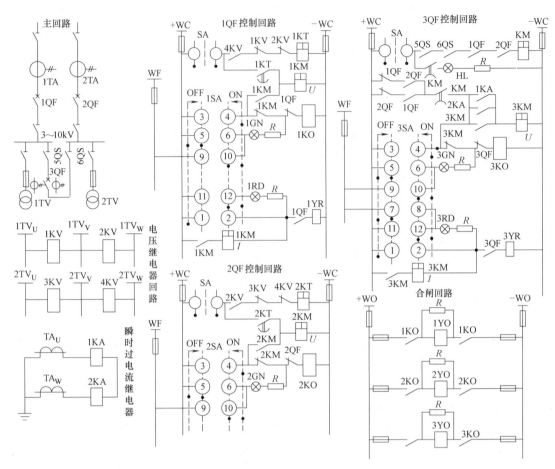

图 8-15　母线分段开关 APD 原理接线图

$$t_{KM} \geqslant t_{Y0} + t_0 \tag{8-3}$$

式中，t_{Y0} 为断路器合闸时间，包括操作机构动作时间（s）；t_0 为储备时间，取 $0.2 \sim 0.3s$。

继电器 KM 的常开触点还起到当自动合闸成功后，自动撤除分段断路器 3QF 的瞬动过电流保护的作用。瞬时过电流保护是由电流继电器 1KA 和 2KA 与电流互感器 TA 接成两相式接线构成。如果母线故障，APD 动作自动投入 3QF 后，在闭锁继电器 KM 的常开延时释放触点尚未断开之前，电流继电器 1KA 和 2KA 就会瞬时动作，立即切断母线分段断路器 3QF，以免影响另一母线正常工作。假如闭锁继电器的触点尚未释放仍处于闭合，则由它使 3KM 的电压线圈通电自锁，直到 KM 继电器的触点释放断开，才去掉 3KM 的自锁，从而保证只合闸一次。若不是母线故障，自动投入成功后，由闭锁继电器 KM 的常开触点切断瞬动过电流保护的执行回路。

如上所述，采用带时限低电压起动方式，其动作时限应大于本变电所馈出线的短路保护最长的时限。但是在某些场合，APD 的动作时间过长不能满足电动机自起动的要求。因此有采用"带电流闭锁的低电压起动方式"，当馈出线短路故障引起母线电压下降时，将 1QF 或 2QF 的低电压跳闸回路，即 APD 的启动环节闭锁，而不使 APD 动作。若电源侧发生低电压时，则不经 1KT 或 2KT 的延时（可取消此环节）而立即断开 1QF 或 2QF，自动投入 3QF。

当变电所的负荷主要为同步电动机时，在电源断开后，电动机进入发电制动状态，在阻力矩作用下很快失步，但母线电压下降的很缓慢，因而大大延长了APD的动作时间。为了加速APD的动作，可增加"低频起动元件"，即低周波继电器，用以监视母线电压频率的变化。当母线频率降低到整定值时，频率继电器触点立即闭合，从而短接了1KV和2KV或3KV和4KV串接的常闭触点，而使1KT或2KT动作，起动APD。这种方法虽不再使低电压继电器因母线电压下降缓慢而延缓了动作时间，但1KT或2KT的动作时间却仍然存在，使APD的动作时间仍然较长。为了进一步加速APD的动作，减小断电时间，在APD的起动回路中也可以采用低频起动和电流闭锁的混合方式，一旦电源电压或母线频率下降到整定值时，低频起动环节或电流闭锁环节瞬时使APD起动，从而大大缩短了APD的动作时间。

二、自动重合闸装置

自动重合闸装置按重合的方法有机械式和电气式两种，机械式ARD是采用弹簧式操作机构，适用于交流操作或只有直流跳闸电源而无合闸电源的小容量变电所中。电气式ARD通常采用电磁式操作机构，用于大容量直流操作电源的大容量变电所中。按重合闸的次数分为一次式重合、二次式重合及三次式重合。运行经验证明，ARD的重合闸成功率随其重合次数的增多而减小。架空线路一次重合闸成功率占60%~90%，二次重合闸占15%左右，三次重合闸占3%。多次重合闸装置较复杂，且多次重合的使用还要受到断路器断流容量降低限制，因此在工业企业供电中一般只采用一次式重合闸装置。按照起动方法有不对应起动式和保护起动式；按照复归原位的方式有手动复归式和自动复归式。除遥控变电所外，应优先采用控制开关位置和断路器位置不对应的原理来起动ARD，它比采用保护装置起动方式简单，无需保证ARD可靠起动的特殊措施。由于偶然因素，断路器断开的情况下能保证ARD自起动。除了有值班人员的10kV以下线路可采用手动复归式ARD外，其他情况的ARD下一次动作准备都是自动复归的。按照它和保护装置的配合，有重合闸前加速保护动作和重合闸后加速保护动作。所谓前加速，是指持续故障时第一次跳闸的时限小于第二次跳闸的时限；而后加速则是第二次跳闸的时限小于第一次跳闸的时限。当线路的保护带有时限时，应尽可能实现ARD后加速，这样可以减轻故障的危害。

必须指出，当采用ARD时，高压断路器的工作条件变得恶劣，应按降低的断流容量来使用。断流容量降低到多少与断路器型式、开断电流大小及无电流间隔时间等因素有关，一般降低到80%左右。如果采用SN10-10 Ⅰ、Ⅱ、Ⅲ型少油断路器，则能保证一次快速重合闸无需降低断流容量，无电流间隔时间为0.5s。在用熔断器保护的3~10kV线路上，自动重合闸可以借用能自动重合的跌落式熔断器来实现。该型熔断器能实现一次快速自动合闸，重合时间约为0.4s。

当前应用较多的是电气式自动重合闸装置。一种是利用DCH-1（DH-2A）型自动重合闸继电器实现一次动作的自动重合闸装置，另一种是组合插键式重合闸装置，目前也有用晶体管电路组成的自动合闸装置。无论哪一种，对它们的构成应满足下列要求：

1）当用控制开关断开断路器时，ARD不应动作。但当保护装置动作跳开断路器时，在故障点充分去游离后，应重新投入工作。

2）当用控制开关使断路器投于故障线路而被保护装置断开时，ARD不应动作。

3）自动重合闸的次数应严格符合规定，当重合闸失败后，必须自动解除动作。

4）当自动重合闸的继电器及其他元器件的回路内发生不良情况时（例如继电器触点被卡住），应具有防止多次重合于故障线路上的环节。

下面介绍由 DCH-1（DH-2A）型重合闸继电器构成的一次式自动重合闸装置。图 8-16 为采用 DCH-1（DH-2A）型自动重合闸继电器 KAR 组成的 ARD 接线图，这属于不对应起动、一次重合、自动复归以及后加速保护动作的 ARD 接线。图中点画线框内为重合闸继电器 KAR，其中作为执行器件的中间继电器 KM 具有两个线圈，一个是电流线圈 KM（I），另一个是电压线圈 KM（U），两者中任一个有电均可使触点切换。时间继电器 KT 的延时范围为 0.25～3.5s，用以保证绝缘恢复所需要的 ARD 起动时间，实际应用时一般整定为 0.8～1s。电容器 C 的电容量为 8μF，利用其放电能量使执行元件 KM 动作，实现自动重合闸；由它还可以保证 ARD 只动作一次。充电电阻 4R 为 3.4MΩ，用以限制充电电压达到使 KM 执行元件动作电压时所需要的时间（15～25s）。放电电阻 6R 为 500Ω。信号灯的降压电阻 17R 为 2kΩ。5R 为 4kΩ，用作时限元件 KT 长期接入时降低电压提高热稳定性。

控制开关 1SA 采用 LWZ 型，其触点位置状态如图 8-15 所示。转换开关 2SA 用以控制重合闸继电器的投入与撤出。

图 8-16 所示 ARD 是利用串接于时限元件 KT 线圈回路内的断路器操作机构常闭辅助触点 QF1-2 来起动的。在正常时，高压断路器处于合闸状态，转换开关触点 2SA 与控制开关触点 1SA21-23 均处于接通，但断路器常闭辅助触点 QF1-2 并未闭合，时间继电器 KT 不能起动。而电容器 C 经 4R 处于充电状态，为自动重合闸做好准备。

当断路器由于保护装置动作自动跳闸后，其常闭辅助触点 QF1-2 闭合，时间继电器 KT 被接通，其常开触点 KT1-2 马上断开，接入电阻 5R，以便长时间接电，并经整定时间（0.8～1s）后，其常开延时触点 KT3-4 闭合，电容器 C 通过中间继电器 KM 的电压线圈放电，使 KM 动作，接通合闸回路：+WC→1SA21-23→2SA→KAR8→KAR10→KAR2→KM3-4→KM5-6→KM（I）→KAR1→KS→XB→1KM3-4→QF3-4→KO→-WC，断路器重合闸。在合闸过程中 KM 利用其电流线圈 KM（I）自保持直至合闸完。如果是暂时性故障，则合闸成功，所有继电器自动复位到原来位置。而电容器 C 又开始恢复充电状态，经一段时间（15～25s）后，达到稳定电压，为第二次重合闸做好准备。

断路器跳闸由于持续故障，重合闸是不成功的。因为重合闸之后，主电路继续流有故障电流，保护装置就会立即动作使断路器再次跳闸。如果持续性故障发生在速断保护区以外，断路器第二次跳闸则是加速的，即后加速动作。因为 ARD 起动后 KM 动作，在接通合闸回路的同时，其触点 KM7-8 闭合也使加速继电器 2KM 得电，其延时断开的常开触点 2KM1-2 立即去跳闸。在断路器第二次跳闸后，虽然时间继电器能重新起动，但执行器件 KM 则不能动作，因为这时电容器的充电电压不会达到使 KM 动作所需的电压。即使持续时间再长，由于 KT 的延时触点 KT3-4 闭合后将 KM（V）线圈与电阻 4R（3.4MΩ）串联，使电容器 C 的充电电压也只能是 KM（V）线圈的分压值［KM（V）线圈内阻为 2100Ω］，约几伏，从而保证了 ARD 只动作一次。

当手控使断路器跳闸时，控制开关触点 1SA6-7 闭合，跳闸线圈 YR 得电，断路器跳闸。同时控制开关触点 1SA21-23 也断开切断了 KAR 的正电源，触点 1SA4-2 闭合，使电容经 6R 迅速放电，重合闸不能动作。

当断路器自动跳闸后又不准自动重合闸时，如低周波减载动作，应通过 ARD 闭锁回路

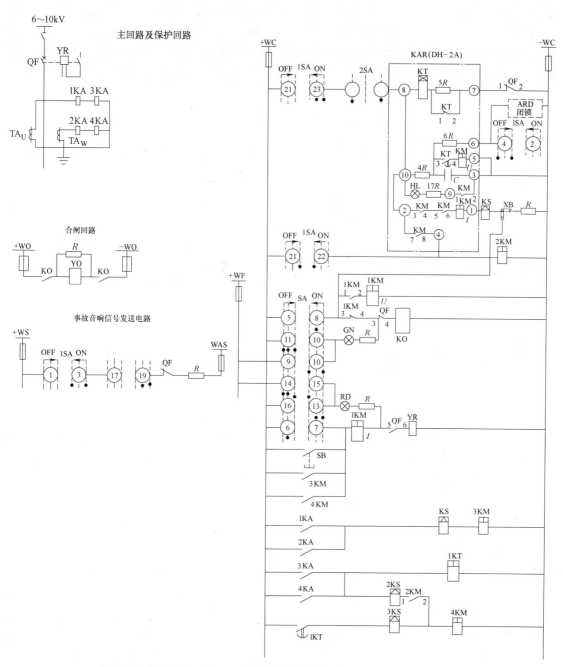

图 8-16　用 DHC-1（DH-2A）继电器构成的一次式自动重合闸接线图

将触点 1SA4-2 短接使电容器处于放电状态，就会使 ARD 退出工作。

当手控合闸于故障线路时，1SA5-8 闭合使合闸接触器 KO 得电，断路器进行合闸。合闸后由于线路上存在着持续性故障，主电路流有故障电流，势必引起保护装置动作。若故障点处于速断保护区以外，则定时限过电流保护起动机构 3KA、4KA 动作，但不等时限机构 1KT 动作完了，就会经过触点 2KM1-2 使 4KM 动作，立即去跳闸。这是因为在手控合闸时，控制开关事先处于预合位置，触点 1SA21-22 闭合，接通加速继电器 2KM，其触点已处于闭合状态，为加速动作做了准备。在手控合闸的同时，控制开关触点 1SA21-23 虽然也闭合，开始为电容器 C 充电，但由于充电时间需 15~25s，这时尚来不及充好电就被时间继电器的触点 KT3-4 短接，执行元件的电压线圈 KM（V）得不到足够的电压，重合闸就不会动作。图 8-16 的 ARD 当手控合闸于故障线路时，能够保证重合闸装置不动作，而且能加速使断路器跳闸。

为了防止重合闸执行元件 KM 触点粘住而引起断路器多次重合闸，图中采用了防跳继电器 1KM，同时触点 KM3-4、KM5-6 串接的方式，以防止多次重合闸。图中按钮 SB 可供接地探索用，即在小接地电流系统中为了查找接地点分别断开引出线时，可按下 SB 按钮使断路器跳闸，然后再自动重合闸。

为了减少用户停电时间和减轻电动机自起动，ARD 的动作时限最长不应超过 0.9s，故将起动回路中时限元件 KT 的时限整定为 0.8~1s 是足够的。为了保证断路器重合到持续故障上再度跳开时不致引起多次重合闸以及当重合成功后保证准备好下次重合闸，ARD 的返回时间需 8~10s，而此时间则由电容器的充电时间 15~25s 来保证。当重合于持续故障线路时，为保证加速断路器跳闸，加速继电器 2KM 选用复归时间为 0.3~0.4s 的中间继电器即可。

【任务实施】

根据自动重合闸原理图，简述其工作原理。

姓名		专业班级		学号	
任务内容及名称					
1. 任务实施目的			2. 任务完成时间：1 学时		
3. 任务实施内容及方法步骤					
4. 分析结论					
指导教师评语（成绩）					
				年　月　日	

【任务总结】

备用电源自动投入装置在提高供电可靠性方面作用显著，装置本身接线简单、可靠性高、造价低，所以在发电厂、变电站及工矿企业中得到了广泛的应用。

自动重合闸装置是在线路发生短路故障时，断路器跳闸后进行重新合闸的装置，能提高线路供电的可靠性，主要用于架空线路。自动重合闸装置有机械式和电气式两种，机械式适用于弹簧操作机构的断路器，电气式适用于电磁操作机构的断路器。工厂变电所中一般采用一次式重合闸。

任务5　二次回路接线图的绘制

【任务导读】

供配电系统的二次回路对一次电路的安全、可靠、优质及经济运行有着十分重要的作用。作为一名电工，首先应能识读二次回路图，然后才能到现场维修。因此本任务主要是学会二次回路图的绘制方法和二次回路安装接线要求。

【任务目标】

1. 了解二次回路接线图的接线要求。

2. 了解二次回路电气图的绘制原则。

【任务分析】

首先学习二次回路安装接线图的基本知识，再学习如何绘制，最后了解具体的安装要求。

【知识准备】

一、二次回路安装接线图

（一）二次回路的接线要求

根据 GB 50171—2012《电气装置安装工程　盘、柜及二次回路接线施工及验收规范》规定，二次回路接线应符合下列要求：

1）按图施工，接线正确。

2）导线与电气元器件间采用螺栓连接、插接、焊接或压接等，均应牢固可靠。

3）盘、柜内的导线不应有接头，导线芯线应无损伤。

4）电缆芯线和所配导线的端部均应标明其回路编号，编号应正确，字迹清晰不易脱色。

5）配线应整齐、清晰、美观，导线绝缘应良好，无损伤。

6）每个接线端子的每侧接线宜为 1 根，不得超过 2 根，有更多导线连接时可采用连接端子；对于插接式端子，不同截面积的两根导线不得接在同一端子上；对于螺栓连接端子，当接两根导线时，中间应加平垫片。

7）二次回路接地应设专用螺栓。

8）盘、柜内的二次回路配线：电流回路应采用电压不低于 500V 的铜芯绝缘导线，其截面积不应小于 2.5mm²；其他回路配线不应小于 1.5mm²；对电子元件回路、弱电回路采用锡焊连接时，在满足载流量和电压降及有足够机械强度的情况下，可采用不小于 0.5mm² 截面积的绝缘导线。

用于连接门上的电器、控制台板等可动部位的导线还应符合下列要求：

1）应采用多股软导线，敷设长度应留有适当余量。

2）线束应用外套塑料管（槽）等加强绝缘层。

3）与电器连接时，端部应绞紧，并应加终端附件或搪锡，不得松散、断股。

4）在可动部位两端应用卡子固定。

引入盘、柜内的电缆及其芯线应符合下列要求：

1）引入盘、柜的电缆应排列整齐、编号清晰、避免交叉，并应固定牢固，不得使所接的端子排受到机械应力。

2）铠装电缆在进入盘、柜后，应将钢带切断，切断处的端部应扎紧，并应将钢带接地。

3）用于静态保护、控制等逻辑回路的控制电缆，应采用屏蔽电缆，其屏蔽层应按设计要求的接地方式予以接地。

4）橡胶绝缘的芯线应用外套绝缘管保护。

5）盘、柜内的电缆芯线，应按垂直或水平有规律地配置，不得任意歪斜交叉连接。备用芯长度应留有适当余量。

6）强、弱电回路不应使用同一电缆，且应分别成束分开排列。

（二）二次回路的接线

这里所讲的二次回路的接线图主要是指二次安装接线图，简称二次接线图。它是安装施工和运行维护时的重要参考图样，是在原理展开图和屏面布置图的基础上绘制的。图中设备的布局与屏上设备布置后视图是一致的。

二次接线图是用来表示屏（成套装置）内或设备中各元器件之间连接关系的一种图形。

1．电气图的一般规则

（1）图幅分区　图幅分区是为了在读图的过程中，迅速找到图上的内容。在图中，将两对边各自等分加以分区，分区的数目应为偶数。在上、下横边上用阿拉伯数字表示编号，并且从左至右顺序编号。每个分区的两个竖边从上到下用大写拉丁字母顺序分区，如图8-17所示，分区代号用字母和数字表示，如B3、C4等。

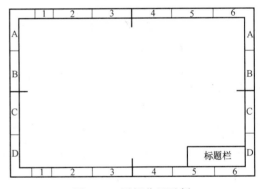

图8-17　图幅分区示例

（2）图线　绘制电气图所用的各种线条统称为图线，图线的宽度有0.25mm、0.35mm、0.5mm、0.75mm、1.0mm、1.4mm几种，通常在图上用两种宽度的图线绘图，粗线为细线的两倍，如0.5mm和1.0mm、0.35mm和0.7mm，也可0.7mm和1.4mm。图线的类型主要有四种，见表8-4。

表8-4　图线形式

图线名称	图形形式	一般应用
实线	——————————	基本线、可见轮廓线、导线
虚线	- - - - - - - - - -	辅助线、屏蔽线、不可见轮廓线、不可见导线、计划扩展线
点画线	- · - · - · - · -	分界线、结构框线、功能围框线、分组围框线
双点画线	— ·· — ·· — ·· —	辅助围框线

（3）对图形布局的要求

1）图中各部分间隔均匀。

2）图线应水平布置或垂直布置，一般不应画成斜线。表示导线或连接线的图线都应是交叉和折弯最少的直线。

（4）对图形符号的要求

1）图形符号应采用最新国家标准规定的图形符号，并尽可能采用优选形和最简单的形式。

2）同一电气图中应采用同一形式的符号。

3）图形符号均是按无电压、无外力作用的正常状态表示。

2. 二次回路接线图的绘制

二次回路安装接线图主要用于施工安装和维修时用。在二次回路安装接线图中，设备的相对位置与实际的安装位置相符，不需按比例画出。图中的设备外形应尽量与实际形状相符。若设备内部的接线比较简单（如电流表、电压表等），可不必画出，若设备内部接线复杂（如各种继电器等），则要画出内部接线。按国家规定，所有图样均用 CAD 绘制。

（1）项目代号 为了表示屏内设备或某一系统的隶属关系，一般都要用项目代号来表示。项目是指一个实物，如设备或屏或一个系统，项目可大可小，小到电容器、熔断器、继电器，大到一个系统，都可称为项目。

一个完整的项目代码包括四个代号段，见表 8-5。

表 8-5 项目代码的构成

段别	名称	前缀符号	示例
第一段	高层代号	=	=S1
第二段	位置代号	+	+3
第三段	种类代号	-	-K1
第四段	端子代号	:	:2

1）高层代号。是指系统或设备中较高层次的项目，用前缀"="加字母代码和数字表示，如"=S1"表示较高层次的装置 S。

2）位置代号。按规定，位置代号以项目的实际位置（如区、室等）编号表示，用前缀"+"加数字或字母表示，可以有多项组成，如+3+A+5，表示 3 号室内 A 列第 5 号屏。

3）种类代号。一个电气装置一般有多种类型的电器元件组成，如继电器、熔断器、端子板等，为明确识别这些器件（项目）所属种类，设置了种类代号，用前缀"-"加种类代号和数字表示，如"-K1"表示顺序编号为 1 的继电器。常用种类代号见表 8-6。

表 8-6 项目种类字母代号表

项目种类	字母代码（单字母）	项目种类	字母代码（单字母）
开关柜	A	测量设备（仪表）	P
电容器	C	开关器件	Q
保护器件,如避雷器、熔断器等	F	电阻	R
		变压器、互感器	T
指示灯	H	导线、电线、母线	W
继电器、接触器	K	端子、接线栓、插头等	X
电动机	M	电烙铁（线圈）	Y

注：本表所列为本书常用的种类代号，字母代码只列出单字母。

4）端子代号。用来识别电器、器件连接端子的代号。用前缀 "：" 加端子代号字母和端子数字编号，如 "-Q1：2" 表示开关（隔离）Q1 的第二个端子，"X1：2" 则表示端子排 X1 的第二个端子。

（2）安装单位和屏内设备　为了区分同一屏中两个以上分别属于不同一次回路的二次设备，设备上必须标以安装单位的编号，安装单位的编号用罗马数字 Ⅰ、Ⅱ、Ⅲ 等来表示，如图 8-18 所示。当屏中只有一个安装单位时，直接用数字表示设备编号。

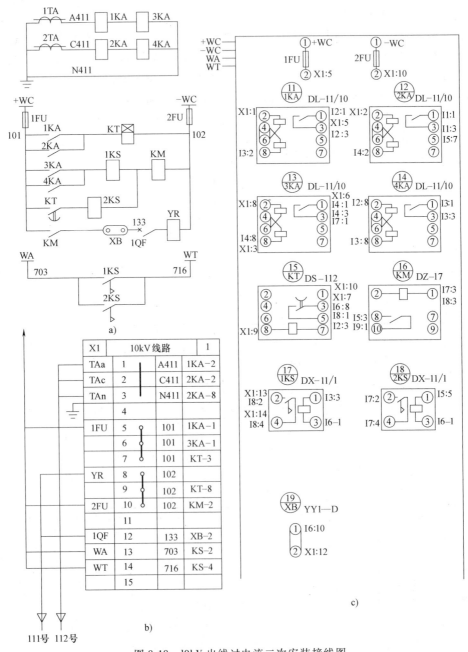

图 8-18　10kV 出线过电流二次安装接线图

a）展开路　b）端子排图　c）安装接线图

1KA、2KA—过电流保护电流继电器　3KA、4KA—速断保护电流继电器

对同一个安装单位内的设备应按从左到右、从上到下的顺序编号，如Ⅰ1、Ⅰ2、Ⅰ3等。当屏中只有一个安装单位时，直接用数字编号，如1、2、3等。设备编号应放在圆圈的上半部。设备的种类代号放在圆圈的下半部，对相同型号的设备，如电流继电器有3只时，则可分别以1KA、2KA、3KA表示。

（3）接线端子（排）　在屏内与屏外二次回路设备的连接或屏内不同安装单位设备之间以及屏内与屏顶设备之间的连接都是通过端子排来连接的。若干个接线端子组合在一起构成端子排，端子排通常垂直布置在屏后两侧。端子按用途有以下几种：

1）一般端子。适用于屏内、外导线或电缆的连接，如图8-19a所示。

2）连接端子。与一般端子的外形基本一样，不同的是中间有一缺口，通过缺口可以将相邻的连接端子或一般端子用连接片连为一体，提供较多的接点供接线使用，如图8-19b所示。

3）试验端子。用于需要接入试验仪器的电流回路中。通过它来校验电流回路中仪表和继电器的准确度，其外形图和试验接线图如图8-19c、d所示。

4）其他端子。如连接型试验端子、终端端子、标准端子、特殊端子等。

（4）端子排的排列顺序　各种回路在经过端子排转接时，应按下列顺序安排端子的排列顺序：交接回路→交流电压回路→信号回路→控制回路→其他回路→转接回路。

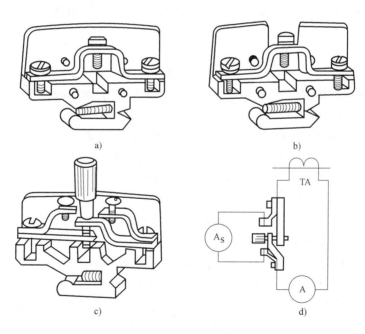

图8-19　端子外形图

a）一般端子　b）连接端子　c）试验端子　d）试验端子接线

（5）二次回路接线表示方式

1）连续线是在图中表示设备之间的连接线，是用连续的图线画出的，当图形复杂时，图线的交叉点太多，显得很乱。

2）中断线又叫相对编号法，就是甲、乙两个设备需要连接时，在设备接线柱上画一个中断线并标明接线的去向，没有标号的接线柱，表示空着不接。相对编号法的表示方式如图

8-18所示。

3. 屏面布置图的绘制

屏面布置图是生产、安装过程的参考依据。屏面布置图中设备的相对位置应与屏上设备的实际位置一致，在屏面布置图中应标定屏面安装设备的中心位置尺寸。

（1）控制屏屏面布置原则

1）控制屏屏面布置应满足监视和操作调节方便、模拟接线清晰的要求。相同的安装单位其屏面布置应一致。

2）测量仪表应尽量与模拟接线对应，A、B、C相按纵向排列，同类安装单位中功能相同的仪表，一般布置在相对应的位置。

3）每列控制屏的各屏间，其光字牌的高度应一致，光字牌宜放在屏的上方，要求上部取齐，也可放在中间，要求下部取齐。

4）操作设备宜与其安装单位的模拟接线相对应。功能相同的操作设备应布置在相对应的位置上，操作方向全变电所必须一致。

采用灯光监视时，红、绿灯分别布置在控制开关的右上侧和左上侧。屏面设备的间距应满足设备接线及安装的要求。800mm宽的控制屏上，每行控制开关不得超过5个（强电小开关及弱电开关除外）。二次回路端子排布置在屏后两侧。

5）操作设备（中心线）离地面一般不得低于600mm，经常操作的设备宜布置在离地面800～1500mm处。

（2）继电保护屏屏面布置原则

1）继电保护屏屏面布置应在满足试验、检修、运行、监视方便的条件下适当紧凑。

2）相同安装单位的屏面布置宜对应一致，不同安装单位的继电器装在一块屏上时，宜按纵向划分，其布置宜对应一致。

3）各屏上设备装设高度横向应整齐一致，避免在屏后装设继电器。

4）调整、检查工作较少的继电器布置在屏的上部，调整、检查工作较多的继电器布置在中部。一般按如下次序由上至下排列：电流、电压、中间、时间继电器等布置在屏的上部，方向、差动、重合闸继电器等布置在屏的中部。

5）各屏上信号继电器宜集中布置，安装水平高度应一致。信号继电器在屏面上安装中心线离地面不宜低于600mm。

6）试验部件与连接片的安装中心线离地面宜不低于300mm。

7）继电器屏下面离地250mm处宜设有孔洞，供试验时穿线用。

（3）信号屏屏面布置原则

1）信号屏屏面布置应便于值班人员监视。

2）中央事故信号装置与中央预告信号装置，一般集中布置在一块屏上，但信号指示元件及操作设备应尽量划分清楚。

3）信号指示元件（信号灯、光字牌、信号继电器）一般布置在屏正面的上半部，操作设备（控制开关、按钮）则布置在它们的下方。

4）为了保持屏面的整齐美观，一般将中央信号装置的冲击继电器、中间继电器等布置在屏后上部（这些继电器应采用屏前接线式）。中央信号装置的音响（电笛、电铃）一般装于屏内侧的上方。

图 8-20 为 35kV 变电所主变控制屏、信号屏和保护屏屏面设备布置示意图。

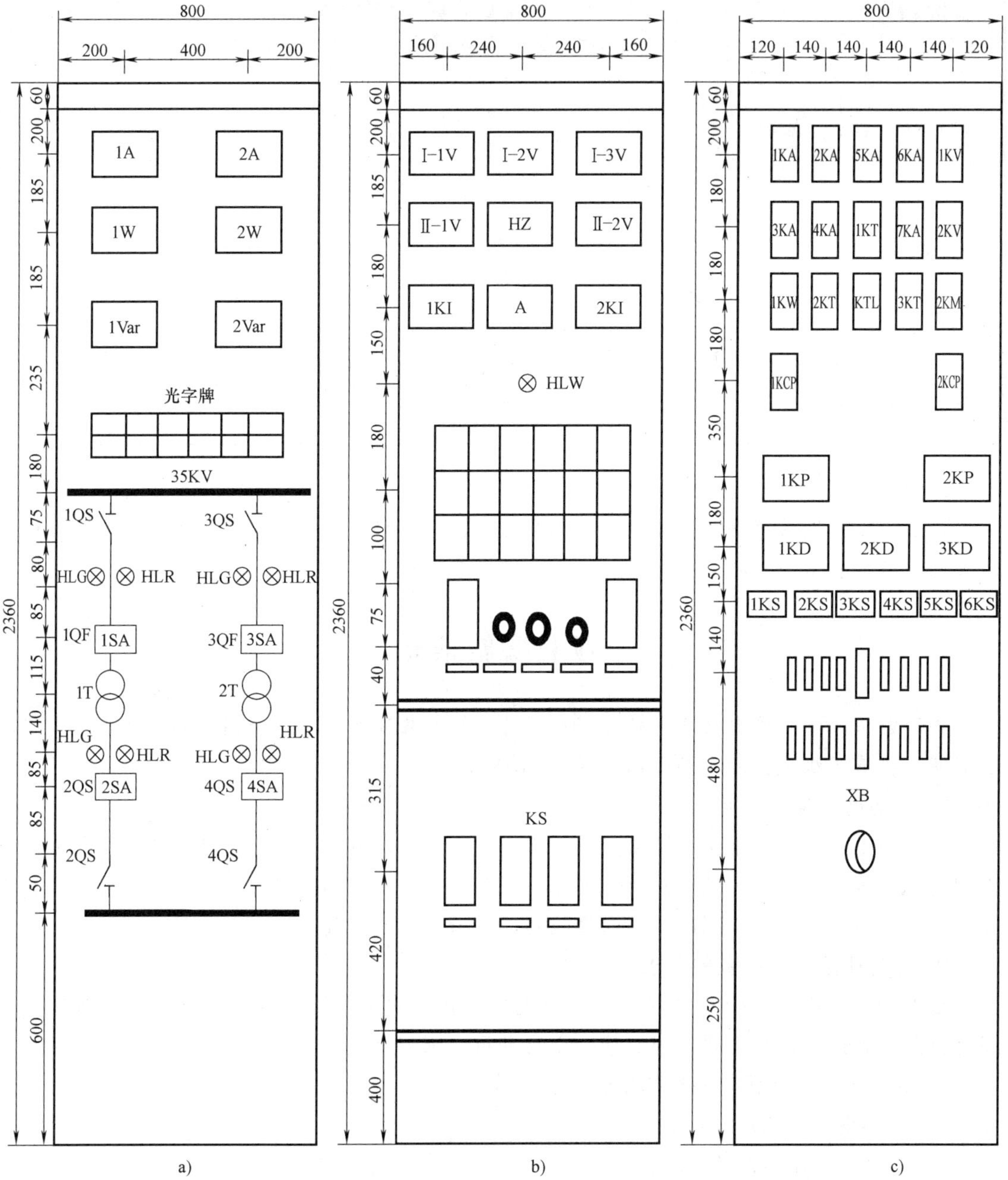

图 8-20　35kV 变电所主变控制屏、信号屏和保护屏屏面设备布置示意图

a）主变控制屏　b）信号屏　c）保护屏

【任务实施】

根据本任务所讲的内容，小组讨论如何绘制二次回路接线图。

姓名		专业班级		学号	
任务内容及名称					
1. 任务实施目的			2. 任务完成时间:1 学时		
3. 任务实施内容及方法步骤					
4. 分析结论					
指导教师评语(成绩)					
				年　月　日	

【任务总结】

二次回路接线图的绘制应按照国家标准要求,接线图中端子之间的导线连接有连续线表示法和中断线表示法。

项目实施辅导

供配电系统常用的自动装置是备用电源自动投入装置和自动重合闸装置。结合本工程的实际情况,选用机械型的自动合闸装置(ARD)。

1. 自动重合闸的作用

在线路上,尤其是架空线路上,由于雷电大气过电压或电网操作过电压,在线路或设备上引起放电闪络,闪络时使线路形成短路,断路器分闸,线路停电,造成损失。据此,人们提出了自动重合闸装置,以减少瞬时性故障停电所造成的损失。

2. 对自动重合闸装置的要求

按照 GB 50052—2009《电力装置的继电保护和自动装置设计规范》的规定,当用电设备允许且无备用电源自动投入时,应装设自动重合闸装置。

3. 自动重合闸装置与保护的配合

1)自动重合闸前加速保护。

2)自动重合闸后加速保护。

4. 电气一次自动重合闸的基本原理

电气一次自动重合闸的基本原理如图 8-21 所示。

手动合闸时,按下 SB1 使合闸接触器 KO 通电动作,从而使合闸线圈 KO 动作,断路器 QF 合闸。

手动跳闸时,按下 SB2 使跳闸线圈 YR 通电动作,断路器 QF 跳闸。

当一次线路上发生断路故障时,保护装置 KA 动作接通跳闸线圈 YR 回路,断路器 QF

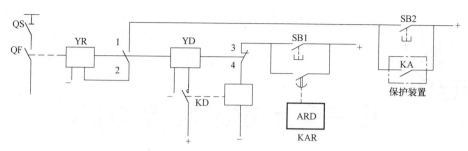

图 8-21　电气一次自动重合闸的基本原理图

YR—跳闸线圈　　YD—合闸线圈　　KD—合闸接触器　　KAR—重合闸继电器

KA—保护装置出口触点　　SB1—合闸按钮　　SB2—跳闸按钮

自动跳闸；同时，断路器辅助触点 QF3-4 闭合，经整定的时限后其延时常开触点闭合，使合闸接触器 KO 通电动作，从而断路器重新合闸。如果一次线路上的短路故障是瞬时的，已经消除，则重合成功。如果断路故障尚未消除，则保护装置又动作，KA 的触点又使断路器再次跳闸。由于一次 ARD 采取了防跳措施，故不会再次合闸。

思考题与习题

1. 工厂变配电所二次回路按功能有哪几部分？各部分的作用是什么？

2. 操作电源有哪几种？直流操作电源有哪几种？各有什么特点？

3. 断路器的控制开关有哪六个操作位置？简述断路器手动合闸、跳闸的操作过程。

4. 事故音响信号和预告音响信号的声响有何区别？

5. 对备用电源自动投入装置（APD）有哪些要求？

6. 对自动重合闸装置（ARD）有哪些要求？

7. 端子排一般安装在控制屏的什么位置？各回路在端子排中接线时，应按什么顺序排列？

8. 简述备用电源自动投入装置的工作原理。

项目9 电气安全与接地、防雷设计

【项目导入】

工厂供电系统中防雷保护和接地保护在工厂供电系统中占有极其重要的地位，其中由于过电压保护使绝缘破坏是造成系统故障的主要原因。设计好新建机械厂供配电系统的接地保护、防雷保护是保障供配电系统良好运行的有力保障。本项目拟设计新建机械厂变电所和车间的防雷保护、接地保护。

【项目目标】

专业能力目标	1. 雷电过电压及相关概念 2. 电气装置接地相关概念 3. 静电产生、危害及防护 4. 电气安全知识
方法能力目标	1. 掌握雷电参数及各种防雷设备 2. 各种接地类型及计算 3. 掌握必要的触电急救技术
社会能力目标	培养学生良好的敬业精神，较强的技术创新意识和新技术、新知识的学习能力。

【主要任务】

任务	工作内容	计划时间	完成情况
1	雷电及防护		
2	电气装置的接地设计		
3	静电防护及防爆		
4	电气安全与触电急救		

任务1 雷电及防护

【任务导读】

随着高层建筑物的迅速增多，大型施工机械不断增加，防止雷电的危害并保障人身、建筑物及设备安全，已变得越来越重要，因此，也引起人们越来越多的关注。雷电现象极为频繁，产生的雷电过电压可达数千kV，足以使电气设备绝缘发生闪络和损坏，引起停电事故。

【任务目标】

1. 研究雷电过电压的必要性。

2. 了解雷电参数及各种防雷设备。

3. 输电线路、发电厂和变电所的防雷措施。

【任务分析】

本任务主要要求大家了解雷电及其过电压的相关概念，了解雷电参数和各种防雷设备；掌握输电线路、发电厂和变电站等重要设备的防雷措施。

【知识准备】

过电压和雷击而引起的事故日益增多。据有关资料统计，瑞士由于过电压和雷击而引起的事故占所有事故的51%，日本50%以上的电力系统故障是由于雷击输电线路引起的。在中国，遭到过电压和雷击引起断路器跳闸占整个电网跳闸总数的70%~80%。

电力系统过电压包括雷电过电压和操作过电压，对电力系统的设备都会造成严重的威胁。变电站的雷害主要来源两个方面：雷电直击于变电站内的电气设备，沿输电线传播的雷电过电压波侵入变电站。变电站是电力系统中最重要的组成部分，因此应采取各种措施以防止变电站遭受过电压侵害。

一、雷电及有关概念

雷电是一种恐怖而又壮观的自然现象，如图9-1所示，我国东周时《庄子》上曾记述："阴阳分争故为电，阳阴交争故为雷，阴阳错行，天地大骇，于是有雷、有霆。"

人们对雷电现象的科学认识始于18世纪中叶，著名科学家有富兰克林（Franklin）、M.B·罗蒙诺索夫（Jiomohocob）、L.B·黎赫曼（Phxmah）等。如著名的富兰克林风筝试验，第一次向人们揭示了雷电只不过是一种火花放电的秘密，他们通过大量实验取得卓越成就，建立了现代雷电学说，认为雷击是云层中大量阴电荷和阳电荷迅速中和而产生的现象。特别是利用高速摄影、自动录波、雷电定向定位等现代测量技术对雷电进行的观测研究，大大丰富了人们对雷电的认识。

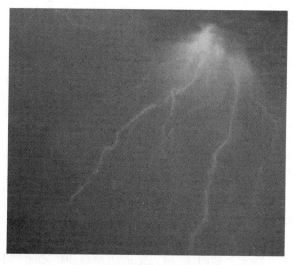

图9-1　雷电示意图

（一）雷电与过电压

防雷就是防御过电压，过电压是指电气设备或线路上出现超过正常工作要求的电压升高。在电力系统中，按照过电压产生的原因不同，可分为内部过电压和雷电过电压两大类。

1. 内部过电压

内部过电压又称操作过电压，是指供配电系统内部由于开关操作、参数不利组合、单相接地等原因，使电力系统的工作状态突然改变，从而在其过渡过程中引起的过电压。

内部过电压又分为操作过电压和谐振过电压。操作过电压是由于系统内部开关操作导致的负荷骤变，或由于短路等原因出现断续性电弧而引起的过电压。谐振过电压是由于系统中参数不利组合导致谐振而引起的过电压。

2. 雷电过电压

雷电过电压又称大气过电压或外部过电压，是指雷云放电现象在电力网中引起的过电压。雷电过电压一般分为直击雷、间接雷击和雷电侵入波三种类型。

（1）直击雷　直击雷是遭受直击雷击时产生的过电压。经验表明，直击雷击时雷电流可高达几百千安，雷电电压可达几百万伏。遭受直击雷击时难免产生灾难性结果。因此，必须采取防御措施。

（2）间接雷击　间接雷击又简称感应雷，是雷电对设备、线路或其他物体的静电感应或电磁感应所引起的过电压。图 9-2 所示为架空线路上由于静电感应而积聚大量异性的束缚电荷，在雷云的电荷向其他地方放电后，线路上的束缚电荷被释放形成自由电荷，向线路两端运行，形成很高的过电压。经验表明，高压线路上感应雷可高达几十万伏，低压线路上感应雷也可达几万伏，对供电系统的危害很大。

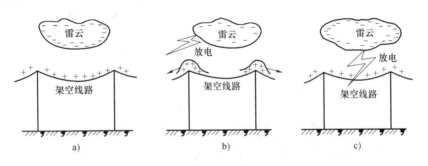

图 9-2　架空线路上的感应过电压

a）雷云在线路上方时　b）雷云对地或其他放电时　c）雷云对架空线路放电时

（3）雷电侵入波　雷电侵入波是感应雷的另一种表现，是由于直击雷或感应雷在电力线路的附近、地面或杆塔顶点，从而在导线上感应产生的冲击电压波，它沿着导线以光速向两侧流动，故又称过电压行波。行波沿着电力线路侵入变配电所或其他建筑物，并在变压器内部引起行波反射，产生很高的过电压。据统计，雷电侵入波造成的雷害事故占所有雷害事故的 50%~70%。

（二）雷电形成及有关概念

1. 雷电形成

雷电是带有电荷的"雷云"之间、"雷云"对大地或物体之间产生急剧放电的一种自然现象。关于雷云普遍的看法是：在闷热的天气里，地面的水蒸气蒸发上升，在高空低温影响下，水蒸气凝成冰晶。冰晶受到上升气流的冲击而破碎分裂，气流挟带一部分带正电的小冰晶上升，形成"正雷云"；而另一部分较大的带负电的冰晶则下降，形成"负雷云"。由于高空气流的流动，正雷云和负雷云均在空中飘浮不定。据观测，在地面上产生雷击的雷云多为负雷云。

当空中的雷云靠近大地时，雷云与大地之间形成一个很大的雷电场。由于静电感应作用，使地面出现与雷云的电荷极性相反的电荷。当雷云与大地之间在某一方位的电场强度达到 $25\sim30\mathrm{kV/cm}$ 时，雷云就开始向这一方位放电，形成一个导电的空气通道，称为雷电先导。当其下行到离地面 $100\sim300\mathrm{m}$ 时，就引起一个上行的迎雷先导。当上、下行先导相互接近时，正、负电荷强烈吸引，中和而产生强大的雷电流，并伴有雷鸣电闪。这就是直击雷的主放电阶段，这阶段的时间极短。主放电阶段结束后，雷云中的剩余电荷会继续沿主放电通道向大地放电，形成断续的隆隆雷声。这就是直击雷的余辉放电阶段，时间一般为 $0.03\sim0.15\mathrm{s}$，电流较小，为几百安。雷电先导在主放电阶段与地面上雷击对象之间的最小空间距离，称为闪击距离。雷电的闪击距离与雷电流的幅值和陡度有关。确定直击雷防护范围的"滚球半径"大小，就与闪击距离有关。

2. 雷电参数

雷电放电受气象条件、地形和地质等许多自然因素影响，带有很大的随机性，因而表征雷电特性的各种参数也就具有统计的性质。

主要的雷电参数有雷暴日及雷暴小时、地面落雷密度、主放电通道波阻抗、雷电流极性、雷电流幅值、雷电流等效波形和雷电流陡度等。

（1）雷暴日及雷暴小时　雷暴日 T_d 是指该地区平均一年内有雷电放电的平均天数，单位为 $\mathrm{d/a}$。

雷暴小时 T_h 是指平均一年内有雷电的小时数，单位为 $\mathrm{h/a}$。

雷暴日与该地区所在纬度、当地气象条件和地形地貌有关。凡有雷电活动的日子，包括见到闪电和听到雷声，由当地气象台统计的，多年雷暴日的年平均值称为年平均雷暴日数。年平均雷暴日数不超过 15 天的地区称为少雷区，多于 40 天的地区称为多雷区。我国年平均雷暴日数最高的是海南省儋州市，超过 $121\mathrm{d/a}$。年平均雷暴日数越多，对防雷的要求越高，防雷措施越需加强。

（2）雷电流极性　当雷云电荷为负时，所发生的雷云放电为负极性放电，雷电流极性为负；反之，雷电流极性为正。实测统计资料表明，不同的地形地貌，雷电流正负极性比例不同，负极性所占比例在 $75\%\sim90\%$，因此，防雷保护都取负极性雷电流进行研究分析。

（3）雷电流幅值和陡度　雷电流是一个幅值很大、陡度很高的冲击波电流，如图 9-3 所示。呈半余弦波形的雷电波可分为波头和波尾两部分，一般在主放电阶段 $1\sim4\mu\mathrm{s}$ 内即可达到雷电流幅值。雷电流从 0 上升到幅值 I_m 的波形部分，称为波头；雷电流从 I_m 下降到 $I_m/2$ 的波形部分，称为波尾。从主放电开始到 $I_m/2$ 的时间为 $36\sim40\mu\mathrm{s}$。

雷电流的陡度即雷电流波升高的速度，用 $\alpha=\dfrac{\mathrm{d}i}{\mathrm{d}t}$（单位为 $\mathrm{kA/\mu s}$）表示。因为雷电流开始时数值很快地增加，陡度也很快达到极大值，当雷电流幅值达到最大值时，陡度降为零。

雷电流幅值大小的变化范围很大，需要积累大量的资料。图 9-4 给出了我国的雷电流幅值概率曲线。从图 9-4 可知：$I\geqslant20\mathrm{kA}$ 出现的概率是 65%，$I\geqslant120\mathrm{kA}$ 出现的概率只有 7%。

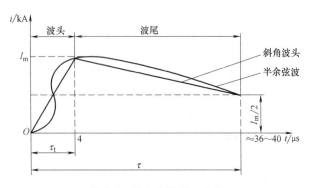

图 9-3　雷电流波形示意图

一般变配电所防雷设计中的耐雷水平是取雷电流最大幅值为 $I = 100\text{kA}$。

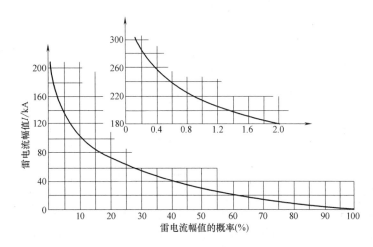

图 9-4　雷电流幅值概率曲线

（4）年预计雷击次数　这是表征建筑物可能遭受雷击的一个频率参数。根据国标 GB 50057—2010《建筑物防雷设计规范》规定，应按下式计算：

$$N = 0.024 K T_a^{1.3} A_e \tag{9-1}$$

式中，N 为建筑物年预计雷击次数；T_a 为年平均雷暴日数；K 为校正系数，一般取 1，位于旷野孤立的建筑物取 2；A_e 为与建筑物接受雷击次数相同的等效面积（km^2），按 GB 50057—2010 规定的方法确定。

二、防雷设备

雷电放电作为一种强大的自然力的爆发是难以制止的，产生的雷电过电压可高达数百至数千 kV，如不采取防护措施，将引起电力系统故障，造成大面积停电。

目前人们主要是设法去躲避和限制雷电的破坏性，基本措施就是加装避雷针、避雷线、避雷器、防雷接地、电抗线圈、电容器组、消弧线圈和自动重合闸等防雷保护装置。

避雷针、避雷线用于防止直击雷过电压，避雷器用于防止沿输电线路侵入变电所的感应雷过电压。

（一）避雷针

避雷针一般用镀锌圆钢（针长 1～2m 时，直径不小于 16mm）或镀锌焊接钢管（针长 1～2m 时，内径不小于 25mm）制成。它通常安装在电（支柱）或构架、建筑物上。它的下端要经引下线与接地装置可靠连接，如图 9-5 所示。

避雷针的功能实质上是引雷作用，它能对雷电场产生一个附加电场（这附加电场是由于雷云对避雷针产生静电感应引起的），使雷电场畸变，从而将雷云放电的通路，由原来可能向被保护物体发展的方向，吸引到避雷针本身，然后经与避雷针相连的引下线和接地装置将雷电流泄放到大地中去，使被保护物体免受直接雷击。所以，避雷针实质上是引雷针，它把雷电波引入地下，从而保护了线路、设备及建筑物等。

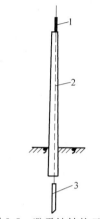

图 9-5　避雷针结构示意图
1—避雷针　2—引下线
3—接地装置

避雷针的保护范围，以它能防护直击雷的空间来表示，通常采用保护范围的概念，只具有相对意义。避雷针的保护范围是指被保护物体在此空间范围内不致遭受直接雷击。我国使用的避雷针的保护范围的计算方法，是根据小电流雷电冲击模拟试验确定，并根据多年运行经验进行了校验。保护范围是按照保护概率 99.9% 确定的空间范围（即屏蔽失效率或绕击率为 0.1%）。

1. 单支避雷针

单支避雷针的保护范围如图 9-6 所示。

单支避雷针的保护范围是一个以避雷针为轴线的曲线圆锥体，它的侧面边界线实际上是曲线，工程上以折线代替曲线，如图 9-6 所示。在被保护物体高度 h_x 水平面上，其保护半径 r_x 为

$$\begin{cases} r_x = (h-h_x)p & h_x \geq \dfrac{h}{2} \\ r_x = (1.5h-2h_x)p & h_x < \dfrac{h}{2} \end{cases} \quad (9\text{-}2)$$

2. 两支等高避雷针

两支等高避雷针的联合保护范围比两针各自保护范围的和要大（见图 9-7），两针外侧的保护范围按单根避雷针方法由式 (9-2) 确定；两针内侧的保护高度由两针

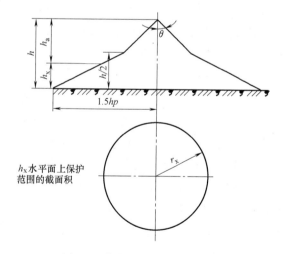

h_x 水平面上保护范围的截面积

图 9-6　单支避雷针的保护范围

及保护范围上部边缘最低点 O 的圆弧来确定。O 点为假想避雷针的顶点，其高度按下式计算：

$$\begin{cases} h_0 = h - \dfrac{D}{7p} \\ b_x = 1.5(h_0 - h_x) \end{cases} \quad (9\text{-}3)$$

式中，h_0 为两针间保护范围上部边缘最低点高度（m）；D 为两避雷针间的距离（m），两针间距离与针高之比 D/h 不宜大于 5；b_x 为避雷针保护范围最外边缘到中心线的距离。

例 9-1 某厂一座高 30m 的水塔旁边，建有一锅炉房如图 9-8 所示，水塔上面安装一支 2m 高的避雷针，试问该避雷针能否保护这一锅炉房？

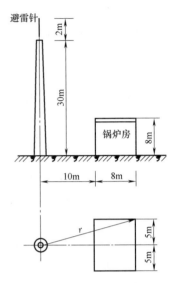

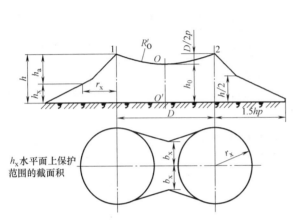

图 9-7 高度为 h 的两支等高避雷针的保护范围

图 9-8 避雷针的保护范围

解：$h = 30\text{m} + 2\text{m} = 32\text{m}$，$h_x = 8\text{m}$，查表得 $h_r = 60\text{m}$。

因此，避雷针的保护半径为：$r_x = \sqrt{32 \times (2 \times 60 - 32)}\,\text{m} - \sqrt{8 \times (2 \times 60 - 8)}\,\text{m} = 23.13\text{m}$

8m 高度上最远一角距离避雷针的水平距离为：$r = \sqrt{(10+8)^2 + 5^2}\,\text{m} = 18.68\text{m} < 23.13\text{m}$，所以能保护锅炉房。

（二）避雷线

避雷线一般用截面积不小于 35mm^2 的镀锌钢绞线，架设在架空线或建筑物的上面，以保护架空线或建筑物免遭直击雷击。由于避雷线既是架空的又是接地的，也称为架空地线。避雷线的防雷原理与避雷针相同，主要用于输电线路的保护，也可用来保护发电厂和变电所，近年来许多国家采用避雷线保护 500kV 大型超高压变电所。用于输电线路时，避雷线除了防止雷电直击导线外，同时还有分流作用，以减少流经杆塔入地的雷电流从而降低塔顶电位，避雷线对导线的耦合作用还可以降低导线上的感应雷过电压。

避雷线的保护范围的长度与线路等长，而且两端还有其保护的半个圆锥体空间，单根避雷线的保护范围如图 9-9 所示，在 h_x 水平面上每侧保护范围

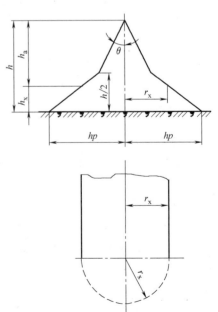

图 9-9 单根避雷线的保护范围

的宽度按式（9-4）计算。

$$\begin{cases} r_x = 0.47(h-h_x)p & h_x \geq \dfrac{h}{2} \\ r_x = (h-1.53h_x)p & h_x < \dfrac{h}{2} \end{cases} \tag{9-4}$$

式中，r_x 为 h_x 水平面上每侧保护范围的宽度（m）；h_x 为被保护物体的高度（m）；h 为避雷线的高度（m）。

两根等高平行避雷线的保护范围如图 9-10 所示。两线外侧的保护范围按单根避雷线的计算方法确定。两线间各横截面的保护范围由通过两避雷线 1、2 点及保护范围边缘最低点 O 的圆弧确定。O 点的高度应按式（9-5）计算。

$$h_0 = h - \frac{D}{4p} \tag{9-5}$$

式中，h_0 为两避雷线间保护范围上部边缘最低点的高度（m）；D 为两避雷线间的距离（m）；p 为高度修正系数。

工程中常用保护角 α 来表示避雷线对导线的保护程度，如图 9-11 所示。保护角是指避雷线和外侧导线的连线与避雷线的垂线之间的夹角。保护角越小，避雷线就越可靠地保护导线免遭雷击。一般 $\alpha = 20° \sim 30°$，这时即认为导线已处于避雷线的保护范围之内。

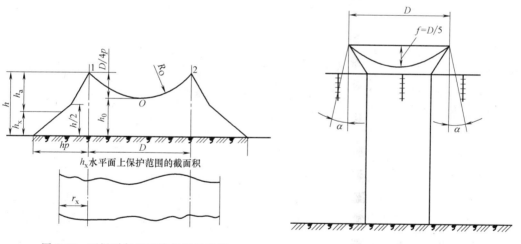

图 9-10 两根平行避雷线的保护范围   图 9-11 避雷线的保护角

（三）避雷带和避雷网

避雷带和避雷网普遍用来保护高层建筑物免遭直击雷和感应雷。避雷带采用直径不小于 8mm 的圆钢或截面积不小于 48mm^2、厚度不小于 4mm 的扁钢，沿屋顶周围装设，高出屋面 100~150mm，支持卡间距离为 1~1.5m。避雷网则除沿屋顶周围装设外，屋顶上面还用圆钢或扁钢纵横连接成网。避雷带、网必须经 1~2 根引下线与接地装置可靠地连接。

（四）避雷器

避雷器是专门用以限制线路传来的雷电过电压或操作过电压的一种防雷装置，如图 9-12 所示。避雷器实质上是一种过电压限制器，与被保护的电气设备并联，当过电压出现并超过避雷器的放电电压时，避雷器先放电，从而限制了过电压的发展，使电气设备免遭过电压损坏。

避雷器的常用类型有保护间隙、排气式避雷器（常称管型避雷器）、阀式避雷器和金属氧化物避雷器（常称氧化锌避雷器）四种。

1. 保护间隙

保护间隙是一种简单的避雷器，按其形状可分为角形、棒形、环形和球形等，常用角形保护间隙如图 9-13 所示。它简单经济，维护方便，保护性能差，灭弧能力小，容易造成接地或短路故障，引起线路开关跳闸或熔断器熔断，一般要求装设 ARD 与之配合，以提高供电可靠性。

图 9-12　避雷器

保护间隙的安装是一个电极接线路，另一个电极接地。但为防止间隙被外物（如鼠、鸟、树枝等）短接而造成接地短路，通常在其接地引下线中还串联一个辅助间隙，如图 9-13 所示。这样，即使主间隙被外物短接，也不致造成短路事故。

保护间隙保护效果差，与被保护设备的伏秒特性不易配合；动作后产生的截波，对变压器匝间绝缘有很大的威胁。因此它往往与其他防护措施配合使用。

2. 排气式避雷器

排气式避雷器实质上是一种具有较高熄弧能力的保护间隙，其结构如图 9-14 所示，内间隙固定装在管内，管子由纤维、塑料或橡胶等产气材料制成，其电极一端为棒形电极 2，另一端为环形电极 3。外间隙裸露在大气中，由于产气材料在泄漏电流作用下会分解，因此管子不能长时间接在工作电压上，正常运行靠外间隙来隔离工作电压。

当线路上遭到雷击或感应雷时，过电压使排气式避雷器的外部间隙和内部间隙被击穿，强大的雷电流通过接地装置入地。但是，随之通过避雷器的是供电系统的工频续流，其值也很大。雷电流和工频续流在管子内部间隙发生强烈电弧，使管子内壁的材料燃烧，产生大量灭弧气体。由于管子容积很小，这些气体的压力很大，因而从管口喷出，强烈吹弧，在电流第一次过零时，电弧即可熄灭，全部灭弧时间至多 0.01s。这时外部间隙的空气恢复了绝缘，使避雷器与系统隔离，恢复系统的正常运行。

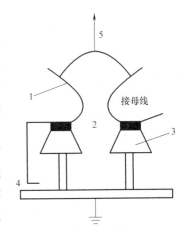

图 9-13　角形保护间隙
1—角形电极　2—主间隙　3—支柱绝缘子
4—辅助间隙　5—电弧的运动方向

为了保证避雷器可靠工作，在选择排气式避雷器时，开断续流的上限应不小于安装处短路电流最大有效值（考虑非周期分量）；开断续流的下限应不大于安装处短路电流可能的最小值（不考虑非周期分量）。

排气式避雷器具有残压小的突出优点，且简单经济，但动作时有气体吹出，因此用于室外线路，变配电所内一般采用阀式避雷器。

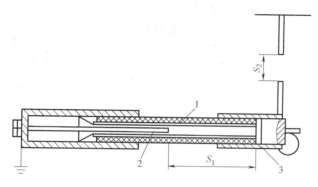

图 9-14　排气式避雷器

1—产气管　2—棒形电极　3—环形电极　S_1—内间隙　S_2—外间隙

3. 阀式避雷器

阀式避雷器是由装在密封瓷套中的多组火花间隙和多组非线性电阻阀片串联组成，分为普通型和磁吹型两大类。

普通阀式避雷器的单个火花间隙结构如图 9-15 所示，电极由黄铜圆盘冲压而成，两电极间以云母垫圈隔开形成间隙，间隙距离为 0.5~1.0mm，间隙电场接近均匀电场，单个间隙的工频放电电压为 2.7~3.0kV（有效值）。

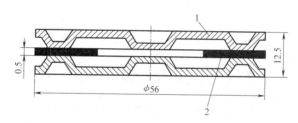

图 9-15　单个火花间隙结构

1—黄铜电极　2—云母垫圈

正常情况下，火花间隙阻止线路工频电流通过，但在雷电过电压作用下，火花间隙被击穿放电。阀片具有非线性特性，正常电压时，阀片电阻很大，过电压时，阀片电阻变得很小，因此阀式避雷器在线路上出现过电压时，其火花间隙击穿，阀片能使雷电流顺畅地向大地泄放。当过电压一消失，线路上恢复工频电压时，阀片呈现很大的电阻，使火花间隙绝缘迅速恢复而切断工频续流，线路恢复正常运行。必须注意：雷电流流过阀电阻时要形成电压降，这就是残余的过电压，称为残压，这残压要加在被保护设备上。因此残压不能超过设备绝缘允许的耐压值，否则设备绝缘仍要被击穿。

阀式避雷器除上述普遍型外，还有一种磁吹型，即磁吹阀式避雷器，简称磁吹避雷器。它的基本结构和工作原理与普通阀式避雷器相同，主要区别在于，磁吹阀式避雷器采用了磁吹式火花间隙，利用磁场对电弧的电动力，迫使间隙中的电弧加快运动并延伸，使间隙的去游离作用增强，从而提高了灭弧能力，磁吹式火花间隙的结构如图 9-16 所示。

多个间隙串联电路中，由于寄生电容存在，灭弧过程工频电压在各个间隙上的分布是不均匀的，将影响每个间隙作用的充分发挥，减弱了灭弧能力。通常将四个火花间隙放在一个瓷套筒里组成标准间隙组，在每个标准间隙组的侧面并联两个串联的半环形非线性分路电阻，以便起均压作用，如图 9-17 所示。

4. 金属氧化物避雷器

金属氧化物避雷器（MOA）出现于 20 世纪 70 年代，因其性能比碳化硅避雷器更好，现在已在全世界得到广泛应用。金属氧化物避雷器是一种没有火花间隙只有压敏电阻片的新型避雷器。压敏电阻片是由氧化锌或氧化铋等金属氧化物烧结而成的多晶半导体陶瓷元件，具有理想的阀特性。在工频电压下，它呈现极大的电阻，能迅速有效地抑制工频续流，因此无需火花间隙来熄灭由工频续流引起的电弧；而在过电压下，其电阻又变得很小，能很好地泄放雷电流。

金属氧化物避雷器的结构非常简单，仅由相应数量的氧化锌阀片密封在瓷套内组成，所以也称氧化锌避雷器。氧化锌阀片具有极好的非线性伏安特性，如图 9-18

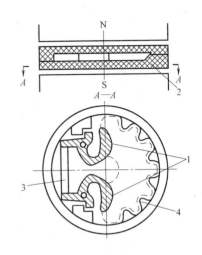

图 9-16　磁吹式火花间隙的结构
1—角形电极　2—灭弧盒
3—并联电阻　4—灭弧栅

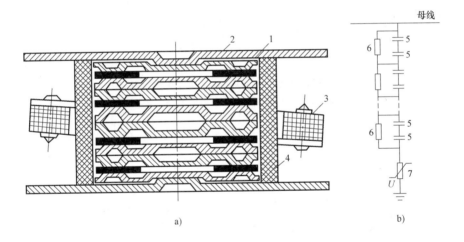

图 9-17　在间隙上并联分路电阻
a）标准火花间隙组（普通阀式避雷器）　b）原理图
1—单个火花间隙　2—黄铜盖板　3—半环形分路电阻　4—瓷套筒
5—火花间隙等效电容　6—分路电阻　7—接地电阻

所示，可分为小电流区、非线性区和饱和区。

目前金属氧化物避雷器已广泛用作低压设备的防雷保护。随着制造成本的降低，它在高压系统中也开始获得推广应用。

三、工厂供电系统防雷

（一）架空线路的防雷保护

输电线路的防雷措施主要做好"四道防线"：防止输电线路导线遭受直击雷；防止输电

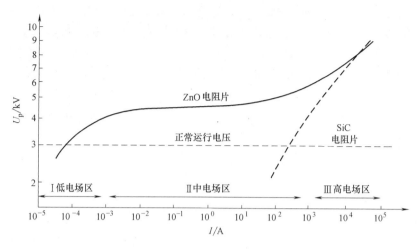

图 9-18 氧化锌阀片的伏安特性

线路受雷击后绝缘发生闪络；防止雷击闪络后建立稳定的工频电弧；防止工频电弧后引起中断电力供应。

确定输电线路防雷方式时，还应全面考虑线路综合因素，因地制宜地采取合理的保护措施。主要保护措施如下：

(1) 架设避雷线　这是防雷的有效措施，但造价高，因此只在 66kV 及以上的架空线路上才全线架设。35kV 的架空线路，一般只在进出变配电所的一段线路上装设。而 10kV 及以下的架空线路上一般不装设。

(2) 提高线路本身的绝缘水平　在架空线路上，可采用木横担、瓷横担或高一级电压的绝缘子，以提高线路的防雷水平，这是 10kV 及以下架空线路防雷的基本措施之一。

(3) 利用三角形排列的顶线兼作防雷保护线　对于中性点不接地系统的 3~10kV 架空线路，可在其三角形排列的顶线绝缘子上装设保护间隙。当出现雷电过电压时，顶线绝缘子上的保护间隙被击穿，通过其接地引下线对地泄放雷电流，从而保护了下边两根导线。由于线路为中性点不接地系统，一般也不会引起线路断路器跳闸。

(4) 装设自动重合闸装置　线路上因雷击放电造成线路电弧短路时，会引起线路断路器跳闸，但断路器跳闸后电弧会自行熄灭。如果线路上装设一次自动重合闸，使断路器经 0.5s 自动重合闸，电弧通常不会复燃，从而能恢复供电，这对一般用户不会有多大影响。

(5) 个别绝缘薄弱地点加装避雷器　对架空线路中个别绝缘薄弱地点，如跨越杆、转角杆、分支杆、带拉线杆以及木杆线路中个别金属杆等处，可装设排气式避雷器或保护间隙。

(二) 变电所防雷保护

发电厂和变电所是电力系统的枢纽，设备相对集中，一旦发生雷害事故，往往导致发电机、变压器等重要电气设备的损坏，更换和修复困难，并造成大面积停电，严重影响国民经济和人民生活。因此，发电厂和变电所的防雷保护要求十分可靠。

变电所中出现的雷电过电压有两个来源：一个是雷电直击，另一个是沿输电线入侵的雷电过电压波。

变配电所内有很多电气设备 (如变压器等) 的绝缘性能远比电力线路的绝缘性能

低，而且变配电所又是电网的枢纽，如果变电站内发生雷害事故，将会造成很大损失，因此必须采用防雷措施。变电站对直击雷的防护，一般装设避雷针，装设避雷针应考虑两个原则：

1）所有被保护的设备均应处于避雷针的保护范围之内，以免受到直接雷击。

2）当雷击避雷针后，雷电流沿引下线入地时，对地电位很高，如果它与被保护设备之间的绝缘距离不够，就有可能在避雷针受雷击之后，从避雷针至被保护设备发生放电，这种情况叫逆闪络或反击。

变电站内的避雷针分为独立避雷针和构架避雷针两种。独立避雷针和接地装置一般是独立的。构架避雷针是装设在构架上或厂房上的，其接地装置与构架或厂房的地相连，因而与电气设备的外壳也连在一起。

35kV 及以下配电装置的绝缘较弱，所以其构架或房顶上不宜装设避雷针，而需用独立的避雷针来保护。独立避雷针及其接地装置，不应装设在工作人员经常通行的地方，距离人行道路应不小于 3m，否则要采取均压措施，或铺设厚度为 50 ~80mm 的沥青加碎石层。

60kV 及以上的配电装置，由于电气设备或母线的绝缘水平较强，不宜造成反击，所以为降低造价、便于布置，可将避雷针（线）装于架构或房顶上，称为架构避雷针（线）。

架构避雷针的接地利用变电站的主接地网，但应在其附近装设辅助集中接地装置，同时为了避免雷击避雷针时主接地网电位升高太多造成反击，应保证避雷针接地装置与接地网的连接点距离 35kV 及以下设备的接地线的入地点沿接地体中的距离大于 15m。由于变压器在变电站中较为贵重，并且绝缘较弱，在其门型架上不得安装避雷针。任何架构避雷针的接地引下线入地点到变压器接地线的入地点，沿接地体中距离不得小于 15m，以防止反击击穿变压器的低压绕组。

为防止侵入变电站的行波损坏电气设备，应从两方面采取保护措施：一是使用阀式避雷器；二是在距离变电站适当距离内装设可靠的进线保护。使用阀式避雷器后，可将侵入变电站的雷电波通过避雷器放电限制在一定的数值内。变电站中所有设备的绝缘都要受到阀式避雷器的可靠保护。变压器在变电站中是最贵重的设备，且其绝缘水平较低，故避雷器设置应尽量靠近变压器。为了对变压器有保护作用，避雷器的伏秒特性上限应低于变压器伏秒特性的下限。避雷器应安装在变电站的母线上，在任何运行的情况下，变电站均应受到避雷器的保护，各段母线上均应装设避雷器。变电站 3~10kV 配电装置（包括电力变压器），应在每组母线和架空进线上装设阀式避雷器。

（三）高压电动机防雷

高压电动机的定子绕组是采用固体介质绝缘的，其冲击耐压试验值大约只有相同电压等级的油浸式电力变压器的 1/3。加之长期运行，固体介质还要受潮、腐蚀和老化，会进一步降低其耐压水平。因此高压电动机对雷电波侵入的防护，不能采用普通的 FS 型或 FZ 型阀式避雷器，而应采用专用于保护旋转电机用的 FCD 型磁吹阀式避雷器，或采用有串联间隙的金属氧化物避雷器。对定子绕组中性点能引出的高压电动机，就在中性点装设磁吹阀式避雷器或金属氧化物避雷器。为降低沿线路侵入的雷电波波头陡度，减轻其对电动机绕组绝缘的危害，可在电动机进线上加一段 100~150m 的引入电缆，并在电缆前的电缆头处安装一组普通阀式或排气式避雷器，在电动机电源端（母线上）安装一组并联有电容器（0.25 ~0.5μF）的 FCD 型磁吹阀式避雷器。

【任务实施】

分组讨论工厂供配电系统防雷的措施，以及如何选用避雷装置。

姓名		专业班级		学号	
任务内容及名称					
1. 任务实施目的			2. 任务完成时间：1学时		
3. 任务实施内容及方法步骤					
4. 分析结论					
指导教师评语(成绩)					
				年　月　日	

【任务总结】

通过本任务的学习，让学生了解雷电的形成及危害，掌握变配电所对直击雷的防护，熟悉变电所对雷电入侵波的防护。

任务2　电气装置的接地设计

【任务导读】

电力系统过电压对电力系统的设备都会造成严重的威胁，必须采取各种措施进行防护，各种防护措施都需要电气装置有良好的接地装置。本任务将讨论机械厂电气设备的接地问题。

【任务目标】

1. 了解接地的有关概念。

2. 熟悉电气装置的接地种类。

3. 接地装置的装设与布置。

【任务分析】

本任务要求大家了解接地的有关概念，掌握电气装置的接地种类；熟悉接地装置如何进行装设与布置，以便对电气设备进行防雷保护。

【知识准备】

电气装置的某部分与大地之间进行良好的电气连接，称为接地。在电力系统中，运行需要接地如中性点接地，称为工作接地；电力设备的金属外壳、钢筋混凝土杆和金属杆塔，由于绝缘损坏有可能带电，为防止这种电压危及人身安全而设的接地称为保护接地；过电压保护装置为了消除过电压危险影响而设的接地，称为过电压保护接地。埋入地中并直接与大地接触的金属导体，称为接地体。连接接地体与设备、装置接地部分的金属导体，称为接地线。

一、接地的有关概念

1. 接地装置

接地：电气设备的某部分与大地之间做良好的电气连接。

接地体：在土壤中直接与大地接触，作散流用的金属导体。专门为接地而装设的接地体，称为人工接地体；兼作接地体用的各种地下金属管线及建筑物混凝土基础的钢筋等称为自然接地体。

接地线：连接接地体与电气设备接地部分的金属导体。

接地装置：接地体与接地线的总和，称为接地装置。

接地网：由若干个接地体在大地中相互用接地线连接起来的一个整体，称为接地网，如图9-19所示。

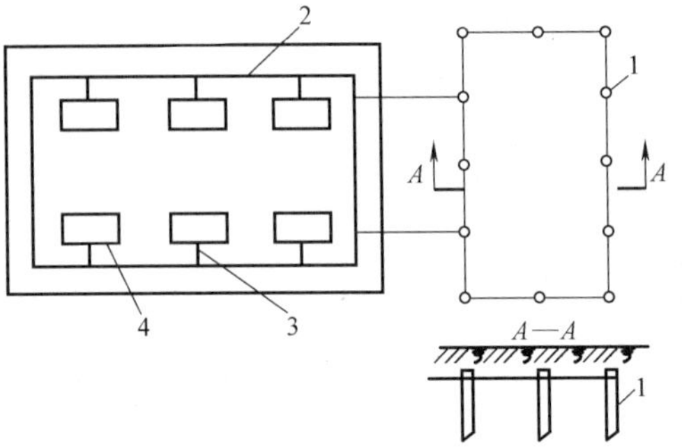

2. 地和对地电压

当电气设备发生接地故障时，接地电流I_E通过接地体向大地半球形散开，如图9-20所示。

实践证明：在距接地体20m以外的地方，流散电阻已趋近于零，也即电位趋近于零。该电位等于零的地方称为电气上的"地"或"大地"。电气设备的接地部分与零电位地之间的电位差，称为接地部分的对地电压，用U_E表示。

图9-19 接地网示意图
1—接地体 2—接地干线 3—接地支线 4—电气设备

3. 接触电压和跨步电压

接触电压：当电气设备发生接地故障时，人体触及的电气设备和大地上任意两点之间的电位差，称为接触电压U_{tou}，如图9-21所示。例如人站在发生接地故障的电气设备旁边，手触及设备的金属外壳，则人手与脚之间所呈现的电位差即为接触电压。

跨步电压：人在接地故障点附近行走时，两脚之间的电位差，称为跨步电压U_{step}，如图9-21所示。越靠近接地故障点或跨步越大，跨步电压越大。离接地故障点达20m时，跨步电压为零。

4. 接地电阻

流散电阻：接地体的对地电压与通过接地体流入地中的电流之比，称为流散电阻。

接地电阻：电气设备接地部分的对地电压与接地电流之比，称为接地装置的接地电阻。

工频接地电阻：工频接地电流流经接地装置所呈现的接地电阻，称为工频接地电阻，用R_E表示。

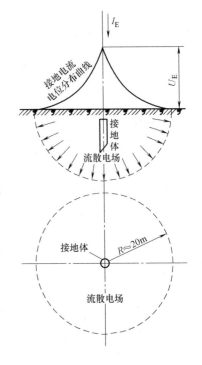

图9-20 接地电流和对地电压分布图

冲击接地电阻：雷电流流经接地装置所呈现的电阻，称为冲击接地电阻，用R_{sh}表示。

二、电气装置的接地种类

电气装置的接地种类按其功能可分为工作接地、保护接地、雷电保护接地以及静电接地四种方式。另外为进一步确保接地可靠性而设置重复接地，如图9-22所示。

1. 工作接地

在正常或故障情况下为了保证电气设备可靠地运行，而将电力系统中某一点接地称为工作接地，例如电源（发电机或变压器）的中性点直接（或经消弧线圈）接地、电压互感器一次绕组的中性点接地、防雷设备的接地。这种接地方式可以起到降低触电电压，迅速切断故障设备或降低电气设备对地的绝缘水平等作用。

2. 保护接地

在故障情况下可能呈现危险的对地电

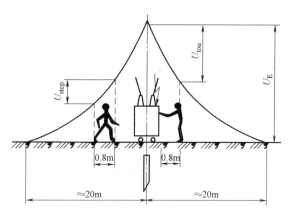

图 9-21　接触电压和跨步电压

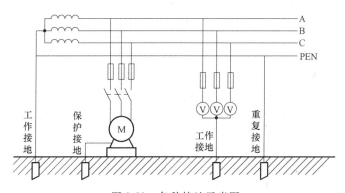

图 9-22　各种接地示意图

压的设备外露可导电部分进行接地称为保护接地，例如电气设备上与带电部分相绝缘的金属外壳接地。保护接地在 TT 系统和 IT 系统中，设备的金属外壳分别通过各自的接地线（PE线）直接接地。

保护接地的形式有两种：一种是设备的外露可导电部分经各自的接地线（PE线）直接接地；另一种是设备的外露可导电部分经公共的 PE 线或经 PEN 线接地，这种接地习惯称为"保护接零"。

如图 9-23 所示，设备外壳未接地时，一旦绝缘损坏，人触及外壳即与故障相对地电压接触，是相当危险的。有了保护接地后，则在发生故障时设备外壳上的对地电压将为

$$U_E = I_E R_E \qquad (9\text{-}6)$$

式中，I_E 为单相接地电流；R_E 为接地装置的接地电阻。

当人触及设备外壳时，接地电流将同时沿着接地体和人体两条通路流过，流过人体的电流为

$$I_p = I_E \frac{R_E}{R_p + R_E} \qquad (9\text{-}7)$$

式中，R_p 为人体的电阻；

结论：接地装置的接地电阻 R_E 越小，流过人体的电流就越小。只要适当地选择 R_E，即

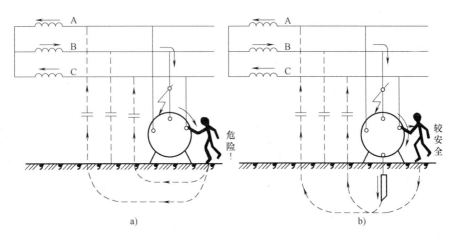

图 9-23　保护接地作用的说明

可降低或免除人的触电危险。

必须注意：同一低压配电系统中，不能有的采取保护接地，有的又采取保护接零，否则当采取保护接地的设备发生单相接地故障时，采取保护接零的设备外露可导电部分将带上危险的电压。

3. 雷电保护接地

雷电保护接地是给防雷保护装置（避雷针、避雷线、避雷网）向大地泄放雷电流提供通道。

4. 静电接地

静电接地是为了防止静电对易燃、易爆气体和液体造成火灾爆炸，而对储气液体管道、容器等设置的接地。

5. 重复接地

如图 9-24 所示，在中性点直接接地的 TN 系统中，为确保公共 PE 线或 PEN 线安全可靠，除在中性点进行工作接地外，还必须在 PE 线或 PEN 线的一些地方进行多次接地，这就是重复接地。

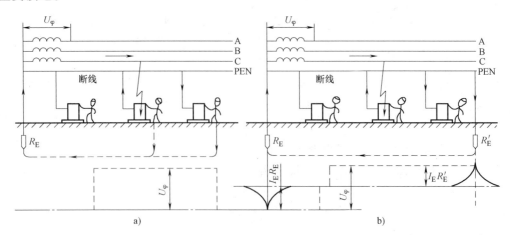

图 9-24　未重复接地及重复接地示意图

a）未重复接地　b）已重复接地

在 TN 系统中为确保公共 PE 线或 PEN 线安全可靠，除电源中性点进行工作接地外，还必须在 PE 线或 PEN 线的下列地方进行必要的重复接地：

1）电缆或架空线在引入建筑物或车间处。

2）在架空线的干线和分支线的终端及沿线每 1km 处。

3）重复接地虽可使 PE 线或 PEN 线断线，发生一相接地故障时对人的危险程度大大降低，但毕竟还是有危险的，所以，PE 线或 PEN 线一定要可靠牢固，不允许装设开关或熔断器。

若没有采取重复接地，当发生 PE 线或 PEN 线断线，且在断线的后面又有设备发生一相碰壳时，接在断线后面的所有设备外壳上都将呈现接近于相电压的对地电压，这是很危险的。采取重复接地后，发生同样故障时，设备外壳的对地电压降低了，危险程度也大大降低。

三、接地装置的装设与布置

（一）一般要求

在设计和装设接地装置时，首先应充分利用自然接地体，以节约投资、节约钢材。如果实地测量所利用的自然接地体接地电阻已满足要求，且这些自然接地体又满足短路热稳定度条件，除 35kV 及以上变配电所外，一般就不必再装设人工接地装置了。

人工接地装置的布置应使接地装置附近的电位分布尽可能均匀分布，以降低接触电压和跨步电压。

（二）自然接地体的利用

可利用的自然接地体，按 GB 50169—2006《电气装置安装工程 接地装置施工及验收规范》规定有：

1）埋设在地下的金属管道，但不包括可燃和有爆炸物质的管道。

2）金属井管。

3）与大地有可靠连接的建筑物的金属结构。

4）水工建筑物及其类似的构筑物的金属管、桩等。

对于变配电所来说，可利用其建筑物的钢筋混凝土基础作为自然接地体。对 3~10kV 变配电所来说，如果其自然接地电阻满足规定值时，可不另设人工接地。对 35kV 及以上变配电所，则还必须敷设以水平接地体为主的人工接地网。

利用自然接地体时，一定要保证其良好的电气连接。在建筑物、构筑物结构的结合处，除已焊接者外，都要采用跨接焊接，而且跨接线不得小于规定值。

（三）人工接地体的装设

自然接地体不能满足接地要求或无自然接地体时，应装设人工接地体。人工接地体大多采用钢管、角钢、圆钢和扁钢制作。一般情况下，可采用单根人工接地体的装设，多根接地体的装设，环路接地体及接地网的装设。

1. 单根人工接地体的装设

人工接地体有垂直埋设的和水平埋设的基本结构形式。最常用的垂直接地体为直径 50mm、长 2.5m 的钢管。如果采用的钢管直径小于 50mm，则因钢管的机械强度较小，易弯曲，不适于用机械方法打入土中；如果钢管直径大于 50mm，则钢材耗用增大，而流散电阻减小甚微，很不经济（例如钢管直径由50mm增大到125mm时，流散电阻仅减小15%）。如果采用的钢管长度小于2.5m时，流散电阻增加很多；如果钢管长度大于2.5m时，则难以打入土中，而且流散电阻也减小不多。由此可见，采用直径为50mm、长度为2.5m的钢管作为垂直接地体是最为经济合理的。但是为了减少外界温度变化对流散电阻的影响，埋入地下的接地体，其顶端离地面不宜小于0.6m。

2. 多根接地体的装设

在建筑供电系统中，单根接地体接地电阻有时不能满足要求，常将多根垂直接地体排列成行并以钢带并联起来，构成组合式接地装置。当多根接地体相互靠拢时，由于相互间磁场影响，入地电流的流散受到排挤，这种影响入地电流流散的作用，称为屏蔽效应。由于这种屏蔽效应，使得接地装置的利用率下降，所以垂直接地体的间距一般不宜小于接地体长度的两倍，水平接地体的间距一般不宜小于5m。

3. 环路接地体及接地网的装设

环路接地体及接地网在建筑供电系统特别是工厂被广泛采用。

在环路式接地装置范围内，每隔5~10m宽度增设一条水平接地带作为均压连接线，接地网络环路内电位分布均匀，跨步电压和接触电压大大减小。

接地环路外侧，特别是有人出入的走道处，应采用高绝缘路面，或加装帽檐式均压环。

接地体与建筑物基础间保持不小于1.5m的水平距离，一般取2~3m，距墙脚2~3m打入一圈接地体，再用扁钢连成环路。

【任务实施】

分组讨论电气设备的接地原理和类型，保护接地和保护接零供电方式的选择及对接地电阻的要求。

姓名		专业班级		学号	
任务内容及名称					
1. 任务实施目的			2. 任务完成时间：1学时		
3. 任务实施内容及方法步骤					
4. 分析结论					
指导教师评语（成绩）					
				年　月　日	

【任务总结】

通过本任务的学习，让学生掌握接地的基本概念、接地的类型、接地电阻及其要求；了解接地装置的敷设，低压配电系统的等电位联结。

任务3　静电防护及防爆

【任务导读】

静电现象是一种常见的带电现象。它有其可利用的一面，如静电复印等；但也有其有害的一面，如静电放电，在粉尘和可燃气体多的地方，甚至可能引起爆炸等。因此，对其有害的一面应尽量避免。本任务讨论工厂供配电系统的静电防护问题。

【任务目标】

1. 了解静电产生及防护。

2. 熟悉静电放电形式及干扰的传递。

3. 掌握消除静电的方法。

4. 了解防爆安全要求。

【任务分析】

本任务主要要求大家了解静电产生及防护的相关概念，分析静电有害和有利的一面，熟悉静电的各种放电形式及传递的途径，掌握消除静电的各种方法；最后了解电气防爆的安全要求。

【知识准备】

静电现象是指电荷在产生与消失过程中所表现出的现象的总称，它广泛地存在于自然界、工业生产和日常生活中。自然界中的大气静电现象，如大气带负电、闪电现象等；工业中的静电现象则更为我们所熟知，如电子器件带电，塑料、橡胶带电，摩擦起电，感应电荷等；日常生活中的静电现象，如冬天脱衣服时的静电放电产生电火花，握手时因两人静电电位不同而出现电击，电视荧屏因静电而吸附灰尘等。

一、静电产生及防护

与电流相比，静电是相对静止的电荷。静电现象是一种常见的带电现象，如雷电、电容器残留电荷和摩擦带电等。静电既有有利的一面，也有有害的一面。以下主要介绍静电的危害及防静电的方法。

1. 静电的概念及其产生

摩擦起电是大家熟悉的一种物理现象，通过摩擦使物体带上的电荷称为"静电"。静电在人们的生活中可以说是无处不在。早在公元前600年就已经发现并记载了静电，当时称为"鬼火"。静电现象是一种常见的带电现象，包括雷电或电容器残留电荷、摩擦带电等。

物体的静电带电现象，按照伏特-赫姆霍兹假说，可以把静电带电机理分为接触、分离、摩擦三个过程。而人们日常生活中所遇见的静电现象绝大多数是固体与固体的接触和分离起电。分离起电的机理，就是指两种不同的固体紧密接触、分离以后，带上符号相反、电量相等的电荷，除了固体与固体接触、分离起电外，还有剥离起电、破裂起电、电解起电等。在生产和生活中，由于两种不同物质的物体相互摩擦，就会产生静电，例如生产工艺中挤压、切割、搅拌、喷溅、流动和过滤，以及生活中的行走、起立、穿脱衣服等都会产生静电。正负极性的电荷分别积蓄在两种物体上形成高电压。

2. 静电的危害

静电的危害有爆炸和火灾、电击、妨碍生产。

（1）爆炸和火灾　静电电量虽然不大，但因其电压很高而且容易发生放电现象，产生静电火花。在具有可燃液体的作业场所（如油品运输场所），可能因静电火花引起火灾；在具有爆炸性粉尘或爆炸性气体、蒸汽的作业场所（如煤粉、面粉、铝粉、氢气等），可能因静电火花引起爆炸。

（2）电击　带静电荷的人体（人体所带静电可高达上万伏）在接近接地体的时候就有可能发生电击。由于静电能量很小，静电电击不至于直接使人致命，但可能因电击坠落、摔倒引起二次事故。

（3）妨碍生产　在某些生产过程中，如不清除静电，将会妨碍生产或降低产品质量。例如，在纺织行业，静电使纤维缠结、吸附尘土，降低纺织品质量；在印刷行业，静电使纸张不齐，不能分开，影响印刷速度和质量；静电还可能引起电子元器件误动作。

二、静电放电形式及干扰的传递

1. 静电放电形式

静电放电属于脉冲式干扰，干扰程度取决于脉冲能量和脉冲宽度。以人体为例，设人体等效电容为150pF，等效放电电阻为150Ω（IEC对人体的模拟值），若有10kV，所含能量为7.5×10^{-3}J的静电电压通过人体电阻突然放电时，放电脉冲宽度可达22.5ns，在放电瞬间的功率峰值高达667kJ。图9-25所示为人体带电的等效电路。

能量大，固然易形成电磁干扰，能量微弱但在极短时间内起作用时，其瞬间的能量密度也可达到具有危害作用的程度。

2. 静电放电干扰的传递

静电放电干扰传递有多种途径，大致可分为以下几种：

（1）设备信号线与地线上的直接放电

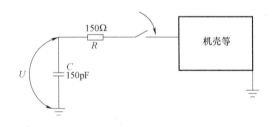

图9-25　人体带电的等效电路

对地线的放电使地电位发生变化，造成电子设备误动作。如键盘或显示装置等接口处的放电犹如"直击雷"，干扰后果极为严重。

（2）在设备金属外壳上的放电　在电子设备金属外壳上放电是最常见的静电放电，放电电流流过金属外壳，产生电场和磁场，通过分布阻抗耦合到壳内的电源线、信号线等内部走线，引起误动作。该电流通过电感耦合、电容耦合、辐射电磁场以及放电电流在导线上引起的电位差和相位差。

一般认为，感应耦合起主要作用，电感耦合比电容耦合影响更大，电磁场的辐射则能波及相当远的距离。感应电压的大小与脉冲有关，当脉宽为10ns时，感应电压幅值为1.6V；当脉宽小于10ns时，感应电压幅值急剧升高，脉宽为4ns时，感应电压幅值为9V。

注意：近距离时，高频电磁场的感应作用很大。

三、防静电方法

（一）防静电接地要求

1）车间内每个系统的设备和管道应可靠连接，接头处接触电阻在 0.03Ω 以下。

2）车间内和栈桥上等平行管道，其相距约 10cm 时，每隔 20m 要互相连接一次；相交或相距近于 10cm 的管道，应该在该处互相连接，管道与金属构架在相距 10cm 处也要互相连接。

3）气体产品输送管干线头尾部和分支线处都应接地。

4）储存液化气体、液态碳氢化合物及其他有火灾危险的液体贮罐，贮存易燃气体的贮气罐以及其他贮器都应接地。

（二）防静电措施

消除静电危害的措施大致有接地法、泄漏法、中和法和工艺控制法。

1. 接地法

接地是消除静电危害最简单的方法。接地主要用来消除导电体上的静电，不宜用来消除绝缘体上的静电。在有火灾和爆炸危险的场所，为了避免静电火花造成事故，应采取下列接地措施：

1）凡用来加工、贮存、运输各种易燃液体、气体和粉体的设备、贮存池、贮存缸以及产品输送设备、封闭的运输装置、排注设备、混合器、过滤器、干燥器、升华器和吸附器等都必须接地。如果袋形过滤器由纺织品类似物品制成，可以用金属丝穿缝并予以接地。

2）厂区及车间的氧气、乙炔等管道必须连接成一个连续的整体，并予以接地。

3）注油漏斗、浮动缸顶和工作站台等辅助设备或工具均应接地。

4）汽车油槽车行驶时，由于汽车轮胎与路面有摩擦，汽车底盘上可能产生危险的静电电压。为了导走静电电荷，油槽车应带金属链条，链条的上端和油槽车底盘相连，另一端与大地接触。

5）某些危险性较大的场所，为了使转轴可靠接地，可采用导电性润滑油或采用集电环、电刷接地。

6）静电接地装置应当连接牢靠，并有足够的机械强度，可以同其他目的接地用一套接地装置。

2. 泄漏法

采取增湿措施和加抗静电添加剂，促使静电电荷从绝缘体上自行消散，这种方法称为泄漏法。

增湿就是提高空气的湿度。这种消除静电危害的方法应用比较普遍。增湿的主要作用在于降低带静电绝缘体的绝缘性，或者说增强其导电性，这就减小了绝缘体通过本身泄放电荷的时间常数，提高了泄放速度，限制了静电电荷的积累。

加抗静电添加剂：抗静电添加剂是特制的辅助剂，有的添加剂加入产生静电的绝缘材料以后，能增加材料的吸湿性或离子性，从而把材料的电阻率降低，以加速静电电荷的泄放。

采用导电材料代替绝缘材料：用金属工具代替绝缘工具；在绝缘材料制成的容器内层，衬以导电层或金属网络，并予以接地；采用导电橡胶代替普通橡胶等，都会加速静电电荷的泄漏。

3. 静电中和法

静电中和法是消除静电危害的重要措施。静电中和法是在静电电荷密集的地方设法产生带电离子，将该处静电电荷中和掉。静电中和法可用来消除绝缘体上的静电。静电中和法依其产生相反电荷或带电离子的方式不同，主要有以下几种类型。

1）感应中和器：感应中和器没有外加电源，一般由多组尾端接地的金属针及其支架组成。根据生产工艺过程的特点，中和器的金属针可以成刷形布置，可以沿径向成管形布置，也可以按其他方式布置。

2）外接电源中和器：这种中和器由外加电源产生电场，当带有静电的生产物料通过该电场区域时，其上电荷发生定向移动而被中和和泄放；另外，外加电源产生的电场还可以阻止电荷的转移，减缓静电的产生；同时，外加高压电场对电介质也有电离作用，可加速静电电荷的中和和泄放。

3）放射线中和器：这种中和器是利用放射性同位素的射线使空气电离，进而中和和泄放生产物料上积累的静电电荷。α射线、β射线、γ射线都可以用来消除静电。采用这种方法时，要注意防止射线对人体的伤害。

4）离子风中和法：这种方法是把经过电离的空气，即所谓离子风，送到带有静电的物料中以消除静电。这种方法作用范围较大，但必须有离子风源设备。

4. 工艺控制法

前面说到的增湿就是一种从工艺上消除静电危险的措施。不过，增湿不是控制静电的产生，而是加速静电电荷的泄漏，避免静电电荷积累到危险程度。在工艺上，还可以采用适当措施，限制静电的产生，控制静电电荷的积累。

四、防爆安全要求

（一）危险环境

不同危险环境应当选用不同类型的防爆电气设备，并采用不同的防爆措施。因此，首先必须正确划分所在环境危险区域的大小和级别。

1. 气体、蒸气爆炸危险环境

根据爆炸性气体混合物出现的频繁程度和持续时间将此类危险环境分为 0 区、1 区和 2 区。危险区域的大小受通风条件、释放源特征和危险物品性能参数的影响。

（1）0 区（0 级危险区域）　指正常运行时连续出现或长时间出现或短时间频繁出现爆炸性气体、蒸气或薄雾的区域。除有危险物质的封闭空间（如密闭容器内部空间、固定顶液体贮罐内部空间等）以外，很少存在 0 区。

（2）1 区（1 级危险区域）　指正常运行时预计周期性出现或偶然出现爆炸性气体、蒸气或薄雾的区域。

（3）2 区（2 级危险区域）　指正常运行时不出现，即使出现也只是短时间偶然出现爆炸性气体、蒸气或薄雾的区域。

爆炸危险区域的级别主要受释放源特征和通风条件的影响。连续释放比周期性释放的级别高；周期性释放比偶然短时间释放的级别高。良好的通风（包括局部通风）可降低爆炸危险区域的范围和等级。

爆炸危险区域的范围和等级还与危险蒸气密度等因素有关。

2. 粉尘、纤维爆炸危险环境

根据爆炸性物质混合出现的频繁程度和持续时间将此类危险环境分为 10 区和 11 区。

（1）10 区（10 级危险区域） 指正常运行时连续或长时间或短时间频繁出现爆炸性粉尘、纤维的区域。

（2）11 区（11 级危险区域） 指正常运行时不出现，仅在不正常运行时短时间偶然出现爆炸性粉尘、纤维的区域。

（二）防爆安全要求

电气的爆炸是与火灾有联系的，发生火灾的同时发生爆炸。因此，防爆安全除按防火安全要求外，还要注意以下几点：

1. 防爆电气设备的选用

应当根据安装地点的危险等级、危险物质的组别和级别、电气设备的种类和使用条件选用爆炸危险环境的电气设备。所选用电气设备的组别和级别不应低于该环境中危险物质的组别和级别。当存在两种以上危险物质时，应按危险程度较高的危险物质选用。

在爆炸危险环境，应尽量少用或不用携带式电气设备，应尽量少安装插销座。

2. 防爆电气线路的安装

在爆炸危险环境和火灾危险环境，电气线路的安装位置、敷设方式、导线材质和连接方法等均应与区域危险等级相适应。

3. 防爆安全技术

（1）消除或减少爆炸性混合物 消除或减少爆炸性混合物包括采取封闭式作业，防止爆炸性混合物泄漏；清理现场积尘、防止爆炸性混合物积累；设计正压室，防止爆炸性混合物侵入有引燃源的区域；采取开式作业或通风措施，稀释爆炸性混合物；在危险空间充填惰性气体或不活泼气体，防止形成爆炸性混合物。

（2）隔离 危险性大的设备应分室安装，并在隔墙上采取封堵措施。电动机隔墙传动、照明灯隔玻璃窗照明等都属于隔离措施。

（3）消除引燃源 按爆炸危险环境的特征和危险物的级别、组别选用电气设备和设计电气线路，保持电气设备和电气线路安全运行。安全运行包括电流、电压、温升和温度不超过允许范围，包括绝缘良好、连接和接触良好、整体完好无损、清洁、标志清晰等。

（4）接地措施 在爆炸危险环境中的接地应注意：应将所有不带电金属物体做等电位连接；如低压由接地系统配电，应采用 TN-S 系统，不得采用 TN-C 系统；如低压由不接地系统配电，应采用 IT 系统，并装有一相接地时或严重漏电时能自动切断电源的保护装置或能发出声、光双重信号的报警装置。

【任务实施】

分析讨论静电各种放电形式及传递途径，消除静电各种方法，以及电气防爆的安全要求。

姓名		专业班级		学号	
任务内容及名称					
1. 任务实施目的			2. 任务完成时间:1 学时		
3. 任务实施内容及方法步骤					
4. 分析结论					
指导教师评语(成绩)					年　月　日

【任务总结】

通过本任务的学习，让学生了解静电产生过程及静电的危害，了解静电放电形式及干扰的传递途径，掌握消除静电危害的措施。

任务 4　电气安全与触电急救

【任务导读】

在低压配电系统中，发生电击伤亡事故是难以避免的，即使在经济、技术发达的国家，国民文化水准较高的社会，也不例外。因此，必须加强安全保护的技术措施。根据 IEC 标准得出的防电击三道防线中，第三道防线是防触电死亡措施，它是指人身受到电击后，如何减轻其危害程度，不至于有生命危险。

【任务目标】

1. 了解电流对人体的作用。

2. 了解影响人体触电后果的主要因素。

3. 掌握安全电压及电气安全的一般措施。

4. 掌握人体触电的急救方法。

【任务分析】

本任务主要要求大家了解电流对人体的作用、人体触电事故类型及触电事故原因，了解影响人体触电后果的主要因素；掌握人体的安全电压和保证电气安全的一般措施；掌握常用的触电急救知识。

【知识准备】

预防触电事故保障人身及设备安全的主要技术措施，有采用安全的特低电压，保证电气设备的绝缘性能，采取屏护、障碍，保证安全距离，合理选用电气装置，装设漏电保护装置和自动断开电源等。

一、电流对人体的作用

1. 电流对人体的作用

电流通过人体时，人体内部组织将产生复杂的作用。人体触电可分为两大类：一是雷击或高压触电，较大的电流数量级通过人体所产生的热效应、化学效应和机械效应，将使人的机体受到严重的电灼伤、组织炭化坏死以及其他难以恢复的永久性伤害；另一种是低压触电，在几十至几百毫安的电流作用下，使人的机体产生病理、生理性反应，轻者出现针刺痛感，或痉挛、血压升高、心律不齐以致昏迷等暂时性功能失常，重者可引起呼吸停止、心跳骤停、心室纤维颤动等危及生命的伤害。

2. 人体触电事故类型

当人体接触带电体或人体与带电体之间产生闪络放电，并有一定电流通过人体，导致人体伤亡现象，称之为触电。

人体触电可受到以下两种伤害：

电击：是指电流流经人体内部，人体的重要器官受到损害（大脑、心脏、呼吸系统、神经系统），使心脑和呼吸机能的正常工作受到破坏，人体发生抽搐和痉挛，失去知觉；电流也可能使人体呼吸功能紊乱，血液循环系统活动大大减弱而造成假死。如救护不及时，则会造成死亡。电击是人体触电较危险的情况。

电伤：是指电流流经人体表面或因电弧、造成肤体表面灼伤，人体的局部器官受到损害（手、脚、胳膊）。电伤是人体触电事故较为轻微的一种情况。

3. 人体触电事故原因

1）违反安全工作规程，如在全部停电和部分停电的电气设备上工作，未落实相应的技术措施和组织措施，导致误触带电部分。

2）工作时没有遵守有关安全规程，直接或过分靠近带电体。

3）运行维护工作不及时，如架空线路断线导致误触电。

4）人体触及到了因绝缘损坏而带电的电气设备外壳和与之相连的金属体。

5）设备安装不符合要求，带电体对地距离不够；进行室内外配电装置安装时，不遵守国家电力规程有关规定，野蛮施工，偷工减料，采用假冒伪劣产品等，均是造成事故的原因。

6）不懂电气知识，随便乱拉电线、电灯等造成触电。

二、影响人体触电后果的主要因素

1. 电流

通过人体电流越大，对人体伤害也就越严重。对于健康成年人而言，若是工频交流，则：①感知电流为1mA；②摆脱电流为10mA；③危险电流为50mA；④致命电流为100mA以上。

感知电流：指电流通过人体时可引起感觉的最小电流。感知电流值与时间因素无关。实验表明，成年男性的平均感知电流约为1.1mA；成年女性的平均感知电流约为0.7mA。

摆脱电流：指人在触电后能够自行摆脱带电体的最大电流。摆脱电流值与时间无关。

致命电流：在较短时间内危及生命的电流，如100mA电流通过人体1s，足以使人致命。

安全电流：指人体触电后最大的摆脱电流。我国一般取 30mA（工频 50Hz 交流）为安全电流，触电时间按不超过 1s 计，即 30mA·s。

2．触电时间

一般说电流通过人体的时间越长，越容易引起心室纤维性颤动，后果越严重。国际电工委员会（IEC）提出的人体触电时间和通过人体电流（50Hz）对人身肌体反应的曲线，如图 9-26 所示。

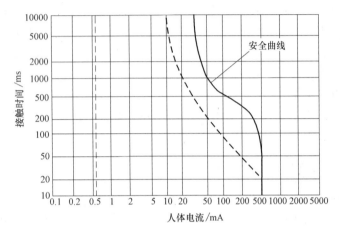

图 9-26　人体触电时间和通过人体电流对人身肌体反应的曲线

3．电流性质

人体对不同频率电流在生理上的敏感性是不同的，具体来说，直流、工频交流和高频交流电流通过人体时，其对人体的危害程度是不同的。直流电流对人体的伤害较轻；工频交流对人体的伤害最为严重。

从趋肤效应的原理来说，工频交流危害最大，高频和直流危害较小。

4．电流路径

电流对人体的伤害，随着路径的不同，程度也不同。电流流经心脏、中枢神经（脑部和脊髓）和呼吸系统是最危险的。所以电流从手到脚，特别是从一只手到另一只手是最危险的。

5．人体状况

经试验研究表明，触电危险性与人体的状况有关。健康人的心脏和衰弱病人的心脏对电流损害的抵抗能力差别很大；触电者的年龄、精神状态和人体电阻等都会使电流对人体的危害程度有所差异。

三、安全电压和人体电阻

安全电压是指人体触电后，不致使人直接死亡或致残的电压。实际上，从触电的角度来说，安全电压与人体电阻有关。作用人体的电压越高，人体电阻越小，则通过人体的电流就越大，触电的危害程度就越严重。因此，我国根据不同的环境条件，规定安全电压为：在无高度危险的环境为 65V，有高度危险的环境为 36V，特别危险的环境为 12V。

我国规定的安全电压等级为 65V、42V、36V、24V、12V 和 6V。

人体电阻由体内电阻和皮肤电阻两部分组成。体内电阻约 500Ω，与接触电压无关。皮肤电阻随皮肤表面的干湿、洁污状态和接触电压而变。从触电安全的角度考虑，人体电阻一般下限为 1700Ω。由于我国安全电流取 30mA，如人体电阻取 1700Ω，则人体允许持续接触的安全电压为 50V。

四、电气安全的一般措施

在供配电系统中，必须特别注意安全用电，否则可能会造成严重后果，如人身触电事故，火灾、爆炸等，给国家、社会和个人带来极大的损失。保证电气安全的一般措施有：

1）加强电气安全教育。无数电气事故的教训告诉人们，人员的思想麻痹大意，往往是造成人身事故的重要因素。因此，必须加强安全教育，使所有人员都懂得安全生产的重大意义，人人树立安全第一观点，个个都做安全教育工作，力争供电系统无事故运行，防患于未然。

2）严格执行安全工作规程。经验告诉我们，国家颁布和现场制定的安全工作规程是确保工作安全的基本依据。只有严格执行安全工作规程，才能确保工作安全。例如，在变配电所中工作，就必须严格执行 GB 26860—2011《电业安全工作规程 发电厂和变电站电气部分》的有关规定。

3）加强运行维护和检修试验工作。加强日常的运行维护工作和定期的检修试验工作，对于保证供电系统的安全运行具有很重要的意义，特别是电气设备的交接试验，应遵循 GB 50150—2016《电气装置安装工程 电气设备交接试验标准》的规定。

4）采用安全电压和符合安全要求的相应电器。对于容易触电的场所和有触电危险的场所，应采用安全电压。

在易燃、易爆场所应采用符合要求的相应设备和导线、电缆。涉及易燃、易爆场所的供电设计与安装，应遵循国家相关规定。

5）确保供电工程的设计安装质量。经验告诉我们，国家制订的设计、安装规范，是确保设计、安装质量的基本依据。供电工程的设计安装质量，直接关系到供电系统的安全运行。如果设计或安装不合要求，将大大增加事故的可能性。因此，必须精心设计和施工。要留给设计和施工足够的时间，并且不要因为赶时间而影响设计和施工的质量。严格按国家标准，如按照 GB 50052—2009《供配电系统设计规范》、GB 50054—2011《低压配电设计规范》、GB 50148—2010《电气装置安装工程 电力变压器、油浸电抗器、互感器施工及验收规范》、GB 50168—2006《电气装置安装工程 电缆线路施工及验收规范》、GB 50173—2014《电气装置安装工程 66kV 及以下架空电力线路施工及验收规范》等进行设计、施工，验收规范，确保供电系统质量。

6）按规定采用电气安全用具。电气安全用具分为基本安全用具和辅助安全用具两类。

7）普及安全用电常识。

8）正确处理电气失火事故。

五、触电及其急救

因某种原因发生人员触电事故时，对触电者的现场急救，是抢救过程的一个关键。如果能正确并及时地处理，就可能使因触电而假死的人获救；反之则可能带来不可弥补的后果。因此，从事电气工作的人员必须熟悉和掌握触电急救技术。

1．脱离电源

在触电者未脱离电源前，救护人员不得直接用手触及触电者。

1）如果触电者是触及低压电，应迅速切断电源或使用绝缘工具、干燥木棒等不导电物体解脱触电者，也可抓住触电者干燥而不贴身的衣服将其拖开，可戴绝缘手套或将手用干燥衣物包起后解脱触电者，也可站在绝缘垫或干木板上进行救护，最好用一只手进行救护。

2）如果触电者触及高压带电设备，救护人员应迅速切断电源，或用适合该电压级的绝缘工具（如高压绝缘棒）解脱触电者，救护人员在抢救过程中，应注意保持自身与周围带电部分必要的安全距离。

3）如果触电者处于高处，解脱电源后，可能会从高处坠落，要采取相应的措施，以防触电者摔伤。

2．急救处理

当触电者脱离电源后，应根据具体情况，迅速救治，同时赶快通知医生。

1）如触电者神志尚清，则应使之平躺，严密观察，暂时不要站立或走动。

2）如触电者神志不清，则应使之仰面平躺，确保气道通畅，并用5s时间，呼叫触电者或轻拍其肩部，严禁摇动头部。

3）如触电者失去知觉，停止呼吸，但心脏微有跳动时，应在通畅气道后，立即施行口对口的人工呼吸，如图9-27所示。

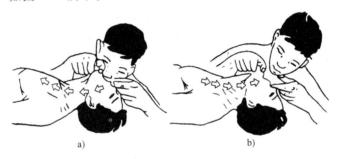

图9-27　口对口人工呼吸

a）贴紧吹气　b）放松换气

4）如触电者　心跳和呼吸已停止，完全失去知觉，则在通畅气道后，立即施行口对口人工呼吸和胸外按压心脏的人工循环（见图9-28）。先按胸外4~9次，再口对口吹气2~3次；再按压心脏4~9次，再口对口吹气2~3次。人工呼吸要有耐心，不能急。不应放弃现场抢救，只有医生有权做出死亡诊断。

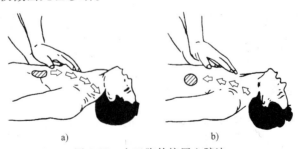

图9-28　人工胸外按压心脏法

a）向下按压　b）放松回流

【任务实施】

分组讨论电气安全的一般措施，常用安全防护用具的使用方法，练习抢救触电人员方法。

姓名		专业班级		学号	
任务内容及名称					
1. 任务实施目的			2. 任务完成时间:1 学时		
3. 任务实施内容及方法步骤					
4. 分析结论					
指导教师评语(成绩)					
				年　月　日	

【任务总结】

1. 电气安全的一般措施

（1）保证电气安全的组织措施

（2）保证电气安全的技术措施

2. 触电的急救处理

（1）触电的危害　电流对人体的伤害主要有两种类型，即电击和电伤。常见的触电类型有单相触电、两相触电和跨步电压触电。

（2）触电的急救处理　发生触电事故后，应争分夺秒进行正确的急救，首先要使触电者迅速脱离电源，然后就地进行心肺复苏抢救或立即通知医疗部门急救。

项目实施辅导

根据某厂环境与气候条件，年雷暴雨日数为 31 天，厂区土壤为砂质黏土，$\rho = 100\Omega/\mathrm{cm}^2$。由上可知该厂为第三级防雷建筑物。

一、防雷设计

1. 直接防雷保护

在变电所屋顶装设避雷针和避雷带，并引进出两根接地线与变电所公共接装置相连。如变电所的主变压器装在室外和有露天配电装置时，则应在变电所外面的适当位置装设独立避雷针，其装设高度应使其防雷保护范围包围整个变电所。如果变电所在其他建筑物的直击雷防护范围内时，则可不另设独立的避雷针。按规定，独立避雷针的接地装置接地电阻通常采用 3~6 根长 2.5m 的钢管，在装避雷针的杆塔附近做一排和多边形排列，管间距离为 5m，打入地下，管顶距地面 0.6m。接地管之间用 40mm×4mm 的镀锌扁钢焊接相连。引下线用

25mm×4mm 的镀锌扁钢，下与接地体焊接相连，并与装避雷针的杆塔及其基础内的钢筋相焊接，上与避雷针焊接相连。避雷针采用直径 20mm 的镀锌扁钢，长 1~1.5m。独立避雷针的接地装置与变电所公共接地装置应有 3m 以上的距离。

2. 雷电侵入波的防护

1）在 10kV 电源进线的终端杆上装设 FS4-10 型阀式避雷器。引下线采用 25mm×4mm 的镀锌扁钢，下与公共接地网焊接相连，上与避雷器接地端栓连接。

2）在 10kV 高压配电室内装设有 GG-1A（F）-54 型开关柜，其中配有 FS4-10 型避雷器，靠近主变压器。主变压器主要靠此避雷器来保护，防雷电侵入波的危害。

3）在 380V 低压架空线出线杆上，装设保护间隙，或将其绝缘子的铁脚接地，用以防护沿低压架空线侵入的雷电波。

二、变电所公共接地装置的设计

经分析，该工厂为第三类防雷建筑物，因此其接闪器接地引下线的冲击接地电阻 $R_{sh} \leqslant 30\Omega$。现初步考虑围绕变电所建筑物四周，距变电所外墙 2~3m，打入一圈直径 50mm、长 2.5m 的钢管接地体，每隔 5m 打入一根。管间用 40mm×4mm 的扁钢焊接相连。

（1）计算单根钢管的接地电阻　因厂区土壤为砂质黏土，$\rho = 100\Omega/cm^2$，则

$$R_{E(1)} = \rho/l = (100/2.5)\Omega = 40\Omega$$

（2）确定接地的钢管数　根据 $R_{E(1)}/R_E = 40/4 = 10$，并考虑到关键电流屏蔽效应的影响，初步选择 16 根直径 50mm、长为 2.5m 的钢管作为接地体。取 $n = 10~20$ 时，在 $\alpha/l = 2$ 时的 $\eta_E = 0.66$，可得

$$R_E = \frac{R_{E(1)}}{n\eta_E} = \frac{40\Omega}{0.66 \times 16} = 3.79\Omega$$

$$l_e = 2\sqrt{\rho} = 2\sqrt{100}\ m = 20m$$

$$l/l_e = 0.125$$

取 $\alpha = 1$，则 $R_{sh} = R_E/\alpha = 20\Omega \leqslant 30\Omega$，该选择合理。

思考题与习题

1. 电气安全包括哪两个方面？

2. 触电急救要遵循哪些原则？

3. 简述一个完整的防雷设备的组成。

4. 简述架空线路的防雷保护措施。

5. 简述变电所的防雷保护措施。

6. 简述雷电过电压的分类。

7. 爆炸危险场所内的电气设备应如何选用？

8. 人体电阻通常取多少？

9. 人体触电的方式有几种？

10. 电力系统中有哪些基本的防雷保护措施？

11. 雷电参数都包括哪些？

12. 简述避雷针保护范围的含义。

13. 电气装置都有哪些接地种类？并解释各种接地的含义。

14. 如何进行接地装置的装设与布置？

15. 叙述静电的危害。

16. 防静电都有哪些方法？

17. 简述人体触电事故的类型及原因。

18. 影响人体触电后果的主要因素有哪些？

19. 人体的安全电压通常是多少？

20. 人体触电的急救措施包括什么？

附录

附表1 工厂用电设备组的需要系数及功率因数值

用电设备组名称	K_d	二项式系数		$\cos\varphi$	$\tan\varphi$
		b	c		
小批生产的金属冷加工机床电动机	0.12~0.16	0.14	0.4	0.50	1.73
大批生产的金属冷加工机床电动机	0.17~0.20	0.14	0.5	0.50	1.73
小批生产的金属热加工机床电动机	0.20~0.25	0.24	0.4	0.55~0.60	1.33
大批生产的金属热加工机床电动机	0.25~0.28	0.26	0.5	0.65	1.17
生产用通风机	0.75~0.85	0.65	0.25	0.80~0.85	0.75
卫生用通风机	0.65~0.70	0.65	0.25	0.80	0.75
泵、活塞型压缩机、空调设备送风机、	0.75~0.85	0.65	0.25	0.80	0.75
非联锁的连续运输机械及铸造车间整砂机械	0.5~0.6	0.4	0.4	0.75	0.88
联锁的连续运输机械及铸造车间整砂机械	0.65~0.7	0.6	0.2	0.75	0.88
锅炉房和机加工、机修、装配类车间的吊车	0.1~0.15	0.06	0.2	0.5	1.73
铸造车间的吊车	0.15~0.25	0.09	0.3	0.5	1.73
自动连续装料的电阻炉设备	0.75~0.8	0.7	0.3	0.95	0.33
实验室用的小型电热设备	0.7	0.7	0	1.0	0
工频感应电炉	0.8	—	—	0.35	2.68
高频感应电炉	0.8	—	—	0.6	1.33
电弧熔炉	0.9	—	—	0.87	0.57
点焊机、缝焊机	0.35	—	—	0.6	1.33
对焊机、铆钉加热机	0.35	—	—	0.7	1.02
自动弧焊变压器	0.5	—	—	0.4	2.29
单头手动弧焊变压器	0.35	—	—	0.35	2.68
多头手动弧焊变压器	0.4	—	—	0.35	2.68
单头弧焊发电机组	0.35	—	—	0.6	1.33
多头弧焊发电机组	0.7	—	—	0.75	0.88
生产厂及办公室、阅览室、实验室照明	0.8~1	—	—	1.0	0
变配电所、仓库照明	0.5~0.7	—	—	1.0	0
宿舍照明	0.6~0.8	—	—	1.0	0
室外照明、应急照明	1	–	—	1.0	0

附表2 照明设备的需要系数

建 筑 类 别	K_d	建 筑 类 别	K_d
生产厂房(有天然采光)	0.80~0.90	体育馆	0.70~0.80
生产厂房(无天然采光)	0.90~1.00	集体宿舍	0.60~0.80
办公楼	0.70~0.80	医院	0.50
设计室	0.90~0.95	食堂、餐厅	0.80~0.90
科研楼	0.80~0.90	商店	0.85~0.90
仓库	0.50~0.70	学校	0.60~0.70
锅炉房	0.90	展览馆	0.70~0.80
托儿所、幼儿园	0.80~0.90	旅馆	0.60~0.70
综合商业服务楼	0.75~0.85		

注：1. 气体放电灯灯具或线路的功率因数应规定补偿至0.9。

2. 摘自《工业与民用配电设计手册》(第三版)。

附表3 用电设备组的附加系数 K_a

n_{eq} \ K_u	0.1	0.15	0.2	0.3	0.4	0.5	0.6	0.7	0.8	0.9
4	3.43	3.11	2.64	2.14	1.87	1.65	1.46	1.29	1.14	1.05
5	3.23	2.87	2.42	2.00	1.76	1.57	1.41	1.26	1.12	1.04
6	3.04	2.64	2.24	1.88	1.66	1.51	1.37	1.23	1.10	1.04
7	2.88	2.48	2.10	1.80	1.58	1.45	1.33	1.21	1.09	1.04
8	2.72	2.31	1.99	1.72	1.52	1.40	1.30	1.20	1.08	1.04
9	2.56	2.20	1.90	1.65	1.47	1.37	1.28	1.18	1.08	1.03
10	2.42	2.10	1.84	1.60	1.43	1.34	1.26	1.16	1.07	1.03
12	2.24	1.96	1.75	1.52	1.36	1.28	1.23	1.15	1.07	1.03
14	2.10	1.85	1.67	1.45	1.32	1.25	1.20	1.13	1.07	1.03
16	1.99	1.77	1.61	1.41	1.28	1.23	1.18	1.12	1.07	1.03
18	1.91	1.70	1.55	1.37	1.26	1.21	1.16	1.11	1.06	1.03
20	1.84	1.65	1.50	1.34	1.24	1.20	1.15	1.11	1.06	1.03
25	1.71	1.55	1.40	1.28	1.21	1.17	1.14	1.10	1.06	1.03
30	1.62	1.46	1.34	1.24	1.19	1.16	1.13	1.10	1.05	1.03
35	1.56	1.41	1.30	1.21	1.17	1.15	1.12	1.09	1.05	1.02
40	1.50	1.37	1.27	1.19	1.15	1.13	1.12	1.09	1.05	1.02
45	1.45	1.33	1.25	1.17	1.14	1.12	1.11	1.08	1.04	1.02
50	1.40	1.30	1.23	1.16	1.14	1.11	1.10	1.08	1.04	1.02
60	1.32	1.25	1.19	1.14	1.12	1.11	1.09	1.07	1.03	1.02
70	1.27	1.22	1.17	1.12	1.10	1.10	1.09	1.06	1.03	1.02
80	1.25	1.20	1.15	1.11	1.10	1.10	1.08	1.06	1.03	1.02
90	1.23	1.18	1.13	1.10	1.09	1.09	1.08	1.05	1.02	1.02
100	1.21	1.17	1.12	1.10	1.08	1.08	1.07	1.05	1.02	1.02
120	1.19	1.16	1.12	1.09	1.07	1.07	1.07	1.05	1.02	1.02
160	1.16	1.13	1.10	1.08	1.05	1.05	1.05	1.04	1.02	1.02
200	1.15	1.12	1.09	1.07	1.05	1.05	1.05	1.04	1.01	1.01
240	1.14	1.11	1.08	1.07	1.05	1.05	1.05	1.03	1.01	1.01

注：摘自《工业与民用配电设计手册》(第三版)。

附表 4　不同行业的年最大负荷利用小时数 T_{max} 与年最大负荷损耗小时数 τ

行业名称	T_{max}/h	τ/h	行业名称	T_{max}/h	τ/h
有色电解	7500	6550	机械制造	5000	3400
化　工	7300	6375	食品工业	4500	2900
石　油	7000	5800	农村企业	3500	2000
有色冶炼	6800	5500	农业灌溉	2800	1600
黑色冶炼	6500	5100	城市生活	2500	1250
纺　织	6000	4500	农村照明	1500	750
有色采选	5800	4350			

注：摘自《工业与民用配电设计手册》（第三版）。

附表 5　BW 型并联电容器的主要技术数据

型号	额定容量/kVA	额定电容/μF	型号	额定容量/kVA	额定电容/μF
BW-0.4-12-1	12	240	BWF6.3-30-1W	30	2.4
BW-0.4-12-3	12	240	BWF6.3-40-1W	40	3.2
BW-0.4-13-1	13	259	BWF6.3-50-1W	50	4
BW-0.4-13-3	13	259	BWF6.3-100-1W	100	8
BW-0.4-14-1	14	280	BWF6.3-120-1W	120	9.63
BW-0.4-14-3	14	280	BWF10.5-22-1W	22	0.64
BW6.3-12-1TH	12	0.964	BWF10.5-25-1W	25	0.72
BW6.3-12-1W	12	0.96	BWF10.5-30-1W	30	0.87
BW6.3-16-1W	16	1.28	BWF10.5-40-1W	40	1.15
BW10.5-12-1W	12	0.35	BWF10.5-50-1W	50	1.44
BW10.5-16-1W	16	0.46	BWF10.5-100-1W	100	2.89
BWF6.3-22-1W	22	1.76	BWF10.5-120-1W	120	3.47
BWF6.3-25-1W	25	2			

附表 6　绝缘导线的最小允许截面积

线　路　类　别			导线最小截面积/mm²		
			铜芯软线	铜芯线	PE 线和 PEN 线（铜芯线）
照明用灯头引下线	室内		0.5	1.0	有机械保护时为 2.5 无机械性的保护时为 4
	室外		1.0	1.0	
移动式设备线路	生活用		0.75	—	
	生产用		1.0	—	
敷设在绝缘子上的绝缘导线（L 为支持点间距）	室内	$L\leqslant 2m$	—	1.0	
	室外	$L\leqslant 2m$	—	1.5	
	室内外	$2m<L\leqslant 6m$		2.5	
		$6m<L\leqslant 15m$		4	
		$15m<L\leqslant 25m$		6	
穿管敷设的绝缘导线			1.0	1.0	
沿墙明敷的塑料护套线			—	1.0	

注：《全国民用建筑工程设计技术措施：电气》规定铜芯导线截面积最小值：进户线不小于 10mm²，动力、照明配电箱的进线不小于 6mm²，控制箱进线不小于 6mm²，动力、照明分支线不小于 2.5mm²，动力、照明配电箱的 N、PE、PEN 进线不小于 6mm²。这是从负荷发展需要和安全运行考虑的，而不是从机械强度要求考虑的。

附表7　架空裸导线的最小允许截面积

线 路 类 别		导线最小截面积/mm²		
		铝及铝合金	钢芯铝线	铜绞线
35kV 及以上线路		35	35	35
3~10kV 线路	居 民 区	35	25	25
	非居民区	25	16	16
低 压 线 路	一 般	16	16	16
	与铁路交叉跨越档	35	16	16

注：DL/T 599—2016《中低压配电网改造技术导则》规定，中压架空铝绞线分支线最小允许截面积为70mm²，低压架空铝绞线分支线最小允许截面积为50mm²。这是从城市电网发展需要考虑的，而不是从机械强度要求考虑的。

附表8　BLV绝缘导线明敷、穿管敷设载流量

额定电压/kV				0.45/0.75											
导体工作温度/℃				70											
环境温度/℃	30	35	40	30				35				40			
导线根数				2~4	5~8	9~12	12以上	2~4	5~8	9~12	12以上	2~4	5~8	9~12	12以上
标称截面积/mm²	明敷载流量/A			导线穿管敷设载流量/A											
2.5	24	23	21	13	10	8	7	13	9	8	7	12	9	7	6
4	32	30	28	18	14	11	10	16	12	10	9	16	12	10	9
6	41	39	36	24	18	15	13	22	17	14	12	21	15	13	11
10	56	53	49	33	25	21	19	31	23	19	17	29	21	18	16
16	76	71	66	47	35	29	26	43	32	27	24	40	30	25	22
25	104	97	90	65	48	40	36	60	45	37	33	55	41	34	31
35	127	119	110	81	60	50	45	74	56	46	42	69	51	43	38
50	155	146	135	99	74	62	56	91	68	57	51	84	63	52	47
70	201	189	175	127	95	79	71	117	88	73	66	108	81	67	60
95	247	232	215	160	120	100	90	148	111	92	83	136	102	85	76
120	288	270	250	189	141	118	106	174	131	109	98	160	120	100	90
150	334	313	290	217	162	135	122	200	150	125	112	184	138	115	103
185	385	362	335	254	191	159	143	235	176	147	132	216	162	135	121
240	460	432	400	307	230	191	172	283	212	177	159	260	195	162	146

注：明敷载流量值是根据 $S > 2D_e$（D_e—电线外径）计算的。

附表9　BLX绝缘导线明敷、穿管敷设载流量

额定电压/kV				0.45/0.75											
导体工作温度/℃				65											
环境温度/℃	30	35	40	30				35				40			
导线根数				2~4	5~8	9~12	12以上	2~4	5~8	9~12	12以上	2~4	5~8	9~12	12以上
标称截面积/mm²	明敷载流量/A			导线穿管敷设载流量/A											
2.5	24	23	21	13	10	8	7	13	9	8	7	12	9	7	6
2.5	25	23	21	13	10	8	7	13	9	8	7	12	9	7	6

（续）

标称截面积/mm²	明敷载流量/A				导线穿管敷设载流量/A										
4	33	31	28	18	14	11	10	17	13	11	10	16	12	10	9
6	41	38	35	24	18	15	13	22	17	14	12	21	15	13	11
10	57	52	48	33	24	20	18	30	23	19	17	28	21	17	15
16	77	71	65	45	33	28	25	41	31	26	23	38	29	24	21
25	103	95	87	62	47	39	35	57	43	36	32	53	39	33	29
35	124	114	105	77	57	48	43	71	53	44	40	65	49	41	37
50	153	142	130	94	71	59	53	87	65	54	49	80	60	50	45
70	195	180	165	122	92	76	69	113	84	70	63	104	78	65	58
95	242	223	205	151	113	94	85	139	104	87	78	128	96	80	72
120	283	262	240	179	134	112	101	165	124	103	93	152	114	95	85
150	325	300	275	207	155	129	116	192	144	120	108	176	132	110	99
185	378	349	320	241	180	150	135	222	167	139	125	204	153	127	114
240	454	420	385	293	219	183	164	270	203	169	152	248	186	155	139

注：明敷载流量值是根据 $S > 2D_e$（D_e—电线外径）计算的。

附表 10 450V/750V 型 BV 绝缘电线穿管敷设时的载流量　　（单位：A）

敷设方式	B1 类：			绝缘电线穿管明敷在墙上或暗敷在墙内								
导体工作温度	70℃											
环境温度	25℃			30℃			35℃			40℃		
芯线截面积 /mm²	不同带负荷导线根数的载流量											
	2	3	4	2	3	4	2	3	4	2	3	4
1.5	18	15	13	17	15	13	15	14	12	14	13	11
2.5	25	22	20	24	21	19	22	19	17	20	18	16
4	33	29	26	32	28	25	30	26	23	27	24	21
6	43	38	33	41	36	32	38	33	30	35	31	27
10	60	53	47	57	50	45	53	47	42	49	43	39
16	80	72	63	76	68	60	71	63	56	66	59	52
25	107	94	84	101	89	80	94	83	75	87	77	69
35	132	116	106	125	110	100	117	103	94	108	95	87
50	160	142	127	151	134	120	141	125	112	131	116	104
70	203	181	162	192	171	153	180	160	143	167	148	133
95	245	219	196	232	207	185	218	194	173	201	180	160
120	285	253	227	269	239	215	252	224	202	234	207	187

注：1. 根据 GB/T 16895.6—2014 编制或计算得出。

　　2. 管材可以是金属管或塑料管，墙体可以是砖墙或木质类墙。

附表 11　450V/750V 型 RV 等绝缘电线明敷时的载流量　　　　　　（单位：A）

敷设方式	C 类：		绝缘电线明敷在墙上、天花板下或暗敷在墙内					
导体工作温度	70℃							
环境温度	25℃		30℃		35℃		40℃	
电缆型号	RV、RVV、RVB、RVS、RFB、RFS、BVV、BVNVB							
芯线截面积 /mm²	不同电缆芯数的载流量							
	2	3	2	3	2	3	2	3
0.5	10	7.4	9.5	7	9	6.6	8	6
0.75	13	9.5	12.5	9	12	8.5	11	7.8
1.0	16	12	15	11	14	10	13	9.6
1.5	20	18	19	17	18	16	17	15
2.0	23	20	22	19	20	18	19	17
2.5	29	25	27	24	25	23	24	21
4	38	34	36	32	34	30	31	28
6	50	44	47	41	44	39	41	36
10	69	60	65	57	61	54	57	50

注：摘自《工业与民用配电设计手册》（第三版）。

附表 12　450V/750V 型 BYJ 绝缘电线穿管敷设时的载流量　　　　　　（单位：A）

敷设方式	B1 类：			绝缘电线穿管明敷在墙上或暗敷在墙内								
导体工作温度	90℃											
环境温度	25℃			30℃			35℃			40℃		
芯线截面积 /mm²	不同带负荷导线根数的载流量											
	2	3	4	2	3	4	2	3	4	2	3	4
1.5	24	21	19	23	20	18	22	19	17	21	18	16
2.5	32	29	26	31	28	25	30	27	24	28	25	23
4	44	38	34	42	37	33	40	36	32	38	34	30
6	56	50	45	54	48	43	52	46	41	47	44	39
10	78	69	61	75	66	59	72	63	57	68	60	54
16	104	92	82	100	88	79	96	84	76	91	80	72
25	138	122	109	133	117	105	128	112	101	121	106	96
35	171	150	135	164	144	130	157	138	125	149	131	118
50	206	182	164	198	175	158	190	168	152	180	159	144
70	263	231	208	253	222	200	242	213	192	230	202	182
95	318	280	252	306	269	242	294	258	232	278	245	220
120	368	324	292	354	312	281	340	300	270	322	284	256

注：1. 根据 GB/T 16895.6—2014 编制或计算得出。
　　2. 管材可以是金属管或塑料管，墙体可以是砖墙或木质类墙。
　　3. 若导线敷设在人可触及处时，应放大一级截面积选择。

附表 13　450V/750V 型 BYJ 绝缘电线明敷时的载流量　　　　（单位：A）

敷设方式	G 类：			绝缘电线有间距敷设在自由空气中				
导体工作温度	90℃							
芯线截面积 /mm²	不同环境温度的载流量				芯线截面积 /mm²	不同环境温度的载流量			
	25℃	30℃	35℃	40℃		25℃	30℃	35℃	40℃
1.5	31	30	29	27	70	367	353	339	321
2.5	42	40	38	36	95	447	430	413	391
4	55	53	51	48	120	520	500	480	455
6	72	69	66	63	150	600	577	554	525
10	98	94	90	86	185	687	661	635	602
16	136	131	126	119	240	812	781	750	711
25	189	182	175	166	300	938	902	866	821
35	235	226	217	206	400	1128	1085	1042	987
50	286	275	264	250	500	1303	1253	1203	1140

注：1. 摘自《工业与民用配电设计手册》（第三版）。

　　2. 当导线垂直排列时，表中载流量乘以 0.9。

　　3. 若导线敷设在人可触及处时，应放大一级截面积选择。

附表 14　0.6V/1kV 型 VV 电缆明敷和埋地敷设时的载流量　　　　（单位：A）

电缆带负荷芯数		3~4 芯							单芯			
敷设方式		E 类：多芯电缆敷设在自由空气中或在有孔托盘、梯架上				D 类：多芯电缆直接埋地或穿管埋地敷设			F 类：单芯电缆相互接触敷设在自由空气中或在有孔托盘、梯架上			
导体工作温度		70℃										
芯线截面积/mm²		不同环境温度的载流量										
相线	中性线	25℃	30℃	35℃	40℃	20℃	25℃	30℃	25℃	30℃	35℃	40℃
1.5		20	18	17	16	18	17	16				
2.5		27	25	24	22	24	23	21				
4	4	36	34	32	30	31	29	28				
6	6	46	43	40	37	39	37	35				
10	10	64	60	56	52	52	49	46				
16	16	85	80	75	70	67	64	60				
25	16	107	101	95	88	86	82	77	117	110	103	96
35	16	134	126	118	110	103	98	92	145	137	129	119
50	25	162	153	144	133	122	116	109	177	167	157	145
70	35	208	196	184	171	151	143	134	229	216	203	188
95	50	252	238	224	207	179	170	159	280	264	248	230
120	70	293	276	259	240	203	193	181	326	308	290	268
150	70	338	319	300	278	230	219	205	377	356	335	310
185	95	386	364	342	317	258	245	230	434	409	384	356
240	120	456	430	404	374	298	283	265	514	485	456	422
300	150	527	497	467	432	336	319	299	595	561	527	488
400									695	656	617	571
500									794	749	704	652
630									906	855	804	744

注：1. 根据 GB/T 16895.6—2014 得出。

　　2. 当电缆靠墙明敷时，表中载流量乘以 0.94。

　　3. 单芯电缆有间距垂直排列明敷时，表中载流量乘以 0.9。

　　4. 埋地敷设时，设土壤热阻系数为 2.5K·m/W。

附表 15　0.6V/1kV 型 YJV 电缆明敷和埋地敷设时的载流量　　　　（单位：A）

电缆带负荷芯数		3~4 芯				3~4 芯			单芯			
敷设方式		E 类:多芯电缆敷设在自由空气中或在有孔托盘、梯架上				D 类:多芯电缆直接埋地或穿管埋地敷设			F 类:单芯电缆相互接触敷设在自由空气中或在有孔托盘、梯架上			
导体工作温度		90℃										
芯线截面积/mm²		不同环境温度的载流量										
相线	中性线	25℃	30℃	35℃	40℃	20℃	25℃	30℃	25℃	30℃	35℃	40℃
1.5		24	23	22	21	22	21	20				
2.5		33	32	29	29	29	28	27				
4	4	44	42	40	38	37	36	34				
6	6	56	54	52	49	46	44	43				
10	10	78	75	72	68	61	59	57				
16	16	104	100	96	91	79	76	73				
25	16	132	127	122	116	101	97	94	147	141	135	128
35	16	164	158	152	144	122	117	113	183	176	169	160
50	25	210	192	184	175	144	138	134	225	216	207	197
70	35	269	246	236	224	178	171	166	290	279	268	254
95	50	326	298	286	271	211	203	196	356	342	328	311
120	70	378	346	332	315	240	230	223	416	400	384	364
150	70	436	399	383	363	271	260	252	483	464	445	422
185	95	498	456	438	415	304	292	283	554	533	512	485
240	120	588	538	516	490	351	337	326	659	634	609	585
300	150	678	621	596	565	396	380	368	765	736	707	670
400									903	868	833	790
500									1038	998	958	908
630									1197	1151	1105	1047

注：1. 根据 GB/T 16895.6—2014 编制或计算得出。
　　2. 当电缆靠墙明敷时，表中载流量乘以 0.94。
　　3. 单芯电缆有间距垂直排列明敷时，表中载流量乘以 0.9。
　　4. 埋地敷设时，设土壤热阻系数为 2.5K·m/W。

附表 16　6~35kV YJV 型电缆明敷和埋地敷设时的载流量　　　　（单位：A）

电压等级	6V/6kV,8.7V/10kV		26V/35kV		6V/6kV,8.7V/10kV			26V/35kV		
电缆芯数	3 芯	单芯	3 芯	单芯	3 芯			单芯	3 芯	单芯
敷设方式	E 类:多芯电缆敷设在自由空气中或在有孔托盘、梯架上				D 类:多芯电缆直接埋地或穿管埋地敷设					
导体工作温度	90℃									
芯线截面积/mm²	不同环境温度的载流量									
	25℃	30℃	35℃	30℃	30℃	30℃	20℃	25℃	30℃	25℃	25℃	25℃
35	173	166	159	237			129	124	120	149		
50	210	202	194	289	179	256	183	147	142	176	128	154
70	265	255	245	371	229	328	190	182	176	218	159	191
95	322	310	298	452	277	400	224	215	208	258	189	217
120	369	355	341	525	322	465	255	245	237	294	214	246

（续）

芯线截面积 /mm²	不同环境温度的载流量										
	25℃	30℃	35℃	30℃	30℃	30℃	20℃	25℃	30℃	25℃	25℃	25℃
150	422	406	390	606	371	537	289	277	268	332	242	278
185	480	462	444	694	424	615	323	310	300	372	272	313
240	567	545	523	819	500	725	375	360	349	421	314	361
300	660	635	610	947	577	839	425	408	395	477	353	406
400	742	713	684	1139	651	1009	463	444	430	515	397	457

注：1. 摘自《工业与民用配电设计手册》（第三版）。

2. 当电缆采用无孔托盘明敷时，表中载流量乘以 0.93。

3. 埋地敷设时，设土壤热阻系数为 2.5K·m/W。

附表 17 LJ、LGJ 型裸铝绞线的载流量 （单位：A）

导体类型	LJ 型铝绞线				LGJ 型钢芯铝绞线			
导体工作温度	70℃							
导线截面积/mm²	不同环境温度的载流量							
	25℃	30℃	35℃	40℃	25℃	30℃	35℃	40℃
16	105	99	92	85	105	98	92	85
25	135	127	119	109	135	127	119	109
35	170	160	150	138	170	159	149	137
50	215	202	189	174	220	207	193	178
70	265	249	233	215	275	259	228	222
95	325	305	286	247	335	315	295	272
120	375	352	330	304	380	357	335	307
150	440	414	387	356	445	418	391	360
185	500	470	440	405	515	584	453	416
240	610	574	536	494	610	574	536	494
300	680	640	597	550	700	658	615	566

注：1. 摘自《工业与民用配电设计手册》（第三版）。

2. 载流量按室外架设考虑，无日照，海拔 1000m 及以下。

附表 18 涂漆矩形铜母线（TMY）的载流量（交流）（单位：A）

导体工作温度	70℃											
母线尺寸（宽×厚）/mm×mm	每相 1 片				每相 2 片并联				每相 3 片并联			
	不同环境温度的载流量											
	25℃	30℃	35℃	40℃	25℃	30℃	35℃	40℃	25℃	30℃	35℃	40℃
30×4	475	446	418	385								
40×4	625	587	550	506								
40×5	700	659	615	567								
50×5	860	809	756	697								
50×6.3	955	808	840	774								
63×6.3	1125	1056	990	912	1740	1636	1531	1409	2240	2106	1971	1814
80×6.3	1480	1390	1300	1200	2110	1983	1857	1709	2720	2557	2394	2203
100×6.3	1810	1700	1590	1470	2470	2322	2174	2001	3170	2980	2790	2568
63×8	1320	1240	1160	1070	2160	2030	1901	1750	2790	2623	2455	2260
80×8	1690	1590	1490	1370	2620	2463	2306	2122	3370	3168	2966	2730
100×8	2080	1955	1830	1685	3060	2876	2693	2479	3930	3694	3458	3183
125×8	2400	2255	2110	1945	3400	3196	2992	2754	4340	4080	3819	3515
63×10	1475	1388	1300	1195	2560	2046	2253	2074	3300	3120	2904	2673
80×10	1900	1786	1670	1540	3100	2914	2728	2511	3990	3751	3511	3232
100×10	2310	2170	2030	1870	3610	3393	3177	2924	4650	4371	4092	3767
125×10	2650	2490	2330	2150	4100	3854	3608	3321	5200	4888	4576	4212

注：1. 摘自《工业与民用配电设计手册》（第三版）或根据其计算编制。

2. 载流量为母线立放的数据，当为平放且宽度≤63mm 时，表中数据应乘以 0.95，宽度>63mm 时应乘以 0.92。

附表 19　选择电线电缆的环境温度

敷设场所	有无机械通风	选取的环境温度
土中直埋		埋深处的最热月平均地温
室外空气中,电缆沟内		最热月的日最高温度平均值
有热源设备的厂房	有	通风设计温度
	无	最热月的日最高温度平均值加5℃
一般性厂房,室内	有	通风设计温度
	无	最热月的日最高温度平均值
室内电缆沟	无	最热月的日最高温度平均值加5℃

注：根据 GB 50054—2011《低压配电设计规范》和 GB 50217—2007《电力工程电缆设计规范》编制。

附表 20　环境空气温度不等于30℃时的校正系数（用于敷设在空气中的电缆载流量）

环境温度 /℃	绝　缘			
	PVC 聚氯乙烯	XLPE 或 EPR 交联聚乙烯、乙丙橡胶	矿物绝缘	
			PVC 外护层和易于接触的裸护套70℃	不允许接触的裸护套105℃
10	1.22	1.15	1.26	1.14
15	1.17	1.12	1.20	1.11
20	1.12	1.08	1.14	1.07
25	1.06	1.04	1.07	1.04
35	0.94	0.96	0.93	0.96
40	0.87	0.91	0.85	0.92
45	0.79	0.87	0.77	0.88
50	0.71	0.82	0.67	0.84
55	0.61	0.76	0.57	0.80
60	0.50	0.71	0.45	0.75

注：摘自 GB/T 16895.6—2014。

附表 21　埋地敷设时环境温度不同于20℃时的校正系数

埋地环境温度/℃	绝　缘		埋地环境温度/℃	绝　缘	
	PVC	XLPE 和 EPR		PVC	XLPE 和 EPR
10	1.10	1.07	35	0.84	0.89
15	1.05	1.04	40	0.77	0.85
25	0.95	0.96	45	0.71	0.80
30	0.89	0.93	50	0.63	0.76

注：摘自 GB/T 16895.6—2014。

附表 22　土壤热阻系数不同于 2.5K·m/W 时的载流量校正系数

土壤热阻系数/(K·m/W)		1.0	1.2	1.5	2.0	2.5	3.0
载流量校正系数	电缆穿管埋地	1.18	1.15	1.10	1.05	1.00	0.96
	电缆直接埋地	1.30	1.23	1.16	1.06	1.00	0.93

参 考 文 献

[1] 刘介才. 工厂供电 [M]. 5 版. 北京：机械工业出版社，2009.

[2] 刘介才. 工厂供电设计指导 [M]. 2 版. 北京：机械工业出版社，2011.

[3] 杨晓敏，等. 电力系统继电保护原理及应用 [M]. 北京：中国电力出版社，2006.

[4] 中华人民共和国机械工业部. 机械工厂电力设计规范 JBJ 6—1996 [S]. 北京：机械工业出版社，1996.

[5] 黄明达. 2005 版工厂常用电气设备选型、设计与技术参数及性能速查实用手册 [M]. 吉林：吉林电子出版社，2005.

[6] 丁毓山. 雷振山. 中小型变电所实用设计手册 [M]. 北京：中国水利水电出版社，2000.

[7] 张静. 工厂供配电技术：项目化教程 [M]. 北京：化学工业出版社，2013.

[8] 何金良，曾嵘. 电力系统接地技术 [M]. 北京：科学出版社，2007.

[9] 李高建，马飞. 工厂供配电技术 [M]. 北京：中国铁道出版社，2010.

[10] 航空工业部第四规划设计研究院. 工厂配电设计手册 [M]. 北京：水利电力出版社，1983.

[11] 任元会. 工业与民用配电设计手册 [M]. 北京：中国电力出版社，2005.

[12] 李友文. 工厂供电 [M]. 2 版. 北京：化学工业出版社，2007.

[13] 郭建林. 建筑电气设计计算手册 [M]. 北京：中国电力出版社，2011.

[14] 张素玲. 工业企业供电与变电 [M]. 北京：石油工业出版社，2009.

[15] 王士政，冯金光. 发电厂电气部分 [M]. 3 版. 北京：中国水利水电出版社，2005.

[16] 华智明. 电力系统 [M]. 重庆：重庆大学出版社，2005.

[17] 熊信银，张步涵. 电力系统工程基础 [M]. 武汉：华中科技大学出版社，2003.

[18] 刘宝林. 电气设备选择施工安装设计应用手册 [M]. 北京：中国水利水电出版社，1998.

[19] 住房和城乡建设部工程质量安全监管司. 全国民用建筑工程设计技术措施/电气 [M]. 北京：中国计划出版社，2009.

[20] 孙克军. 电工手册 [M]. 2 版. 北京：化学工业出版社，2012.